2022年

农业主推技术

中华人民共和国农业农村部 编

中国农业出版社

北 京

图书在版编目（CIP）数据

2022 年农业主推技术 / 中华人民共和国农业农村部
编 . —北京：中国农业出版社，2023.7
ISBN 978 - 7 - 109 - 30850 - 3

Ⅰ.①2⋯　Ⅱ.①中⋯　Ⅲ.①农业技术—技术推广—
中国—2022　Ⅳ.①F324.3

中国国家版本馆 CIP 数据核字（2023）第 112981 号

中国农业出版社出版

地址：北京市朝阳区麦子店街 18 号楼
邮编：100125
责任编辑：郭银巧　　文字编辑：张田萌
版式设计：王　晨　　责任校对：吴丽婷
印刷：中农印务有限公司
版次：2023 年 7 月第 1 版
印次：2023 年 7 月北京第 1 次印刷
发行：新华书店北京发行所
开本：787mm×1092mm　1/16
印张：28.75
字数：720 千字
定价：198.00 元

编 委 会

主　任　张　文　刘瑞明

主　编　崔江浩　周雪松

副主编　张振东　侯亚男　顾　鹏

编　委　崔江浩　周雪松　张振东　侯亚男　顾　鹏

　　　　周　珂　张　凯　张辛欣　万克江

前 言

　　为贯彻中央领导同志关于梳理并推广成熟农业技术的指示精神，落实唐仁健部长"好东西不耽误、及时推"的批示要求，我们会同有关司局单位，广泛调动全国科研推广单位、国家现代农业产业技术体系及相关企业等，按照增产潜力较大、产业发展急需、技术成熟配套等标准，遴选出 2022 年度粮油生产主推技术 114 项，这些技术具有高产、高效、优质、抗逆、广适等特点，有利于充分利用土地和光热资源，对支撑"两稳两扩"发挥了重要作用。

　　下一步，重点依托基层农技推广体系改革建设补助项目，协同国家现代农业产业技术体系、高素质农民培育体系，发挥公益性推广机构和社会化服务组织优势，持续开展主推技术培训指导和示范普及，不断推动技术推广应用、指导服务农业生产。

　　为方便各省农业农村部门、科研机构、基层农技推广机构等相关单位和人员研究运用主推技术，特将 2022 年入选的粮油生产主推技术结集出版，供广大读者参考学习。

农业农村部科技教育司

中国农学会

2022 年 12 月

目 录

农 机 加 工 技 术

绿 色 生 态 技 术

植 保 综 合 技 术

稳产丰产技术

WENCHAN FENGCHAN JISHU

水稻精确定量栽培新技术

一、技术概述

（一）技术基本情况

我国水稻年种植面积 4 亿多亩*，种植区生态条件差异大、稻作制度复杂、品种类型繁多。随着劳动力转移等影响，普遍存在栽培技术不规范、肥水投入不合理、产量与效益徘徊等严重制约水稻生产与持续发展的重大问题，水稻生产迫切需要向轻简高效的精确定量方向转变。一方面，单产由中高产迈向高产优质，无论是高产还是优质，都有自身系统的栽培规律，需要有精确定量指标和调控技术；另一方面，减少用肥、用水、用工等，更要求精确定量的高效投入，才能丰产增效、改善环境；此外，快速发展的机械化轻简化栽培，带来季节紧、管理难度大等问题，技术稍有不当，就会严重影响产量和品质；还有新型经营主体的规模经营，新型经营主体对先进栽培技术极为渴望，但往往不能很好准确掌握，先进栽培技术难以精准到位入田。加快研究推广既简化省工、节省肥水，又能协调优质高产的水稻精确定量栽培先进实用技术，已成为我国水稻生产的重大技术需求。

为此，扬州大学联合全国科教推等优势力量，研究明确了水稻生育进程精确定量的统一模式、群体动态精确定量的共性指标、栽培措施精确定量与实时调控的范式，集成创立了能使水稻生育全过程各项调控技术指标精确化的水稻精确定量栽培技术体系。在生产中用适宜的最少作业次数、在最适宜的生育时期、实施最小的投入数量，对水稻生长发育进行有序的精准调控，使水稻栽培管理"生育依模式，诊断看指标，调控按规范，措施能定量"，利于达到"高产、优质、高效、生态、安全"协调的综合目标，总体研究成果达国际同类研究领先水平。

（二）技术示范推广情况

2013 年，该技术被列为公益性行业（农业）专项，加快了长江中下游稻区、南方双季稻区、西南单季稻区、东北寒地稻区不同主产区水稻精确定量栽培技术及其参数的因地制宜本土化、区域化，已在苏、皖、鄂、赣、豫、川、渝、云、贵、黑等 10 多个省份示范推广。

（三）提质增效情况

水稻精确定量栽培技术应用后增产增效显著。2016—2018 年，通过苏、皖、鄂、赣、豫、川、渝、云、贵、黑等 10 多个省份 46 个精确定量栽培万亩示范片与相邻常规栽培田的严格比较，精确定量栽培平均亩增产 94.0kg，增产 15.3%；平均亩减施氮肥量 2.2kg，节约 15.1%；平均减少灌溉次数 3.3 次，减少 20.2%；平均亩节工 1.03 个，省工 17.6%；品质明显改善，平均亩增收 178.4 元，增收 22.6%。

（四）技术获奖情况

该技术理论与实践基础扎实，先进可靠，具有广泛的适应性与普遍指导性，在我国大面

---

* 亩为非法定计量单位，1 亩=1/15hm²。后同。——编者注

积水稻绿色增产增效中发挥重要作用，先后获得 2011 年度国家科学技术进步奖二等奖（水稻丰产定量栽培技术及其应用）、2018—2019 年度神农中华农业科技奖一等奖（我国水稻主产区精确定量关键技术创新与应用）。

二、技术要点

（一）技术特点

生育进程定量化：按主茎叶龄定量化准确地掌握水稻的生育进程，既有利于趋利避害地安排水稻的一生，又利于提高栽培措施的针对性。

群体动态指标定量化：按叶龄进程定量化诊断高产群体的发展动态，既利于正确评价群体现状，又能分析成因并预测可能的发展动态，从而提高了诊断的准确性。

栽培措施定量化：按照生育进程与群体动态的准确诊断及措施的效应规律，"瞻前顾后"地定量化、系统配套水稻一生各栽培措施实施的时间与强度，从而有效地提高了生产投入的利用效率，增强了栽培措施的高效性。

实时调控定量化：通过整体控制与局部微调的结合，在水稻关键生育时期进行诊断后的量化调节，使水稻群体始终在高产轨道上发展，达到水稻生产全程栽培的精确化。

（二）关键技术

掌握当地水稻品种主要生育类型共性生育模式（即掌握叶龄进程与生育进程、器官建成及产量形成的关系），以便准确掌握水稻生育进程及其器官建成，并进行有效的预测。

掌握水稻关键叶龄期（3 叶期、移栽期、有效分蘖临界期、拔节期、穗分化期、结实期）高产高效群体的量化生育指标及其诊断技术，以便看苗"对症"性地采取调控措施。

掌握优化播期、培育叶蘖同伸壮秧、计算基本苗、精确施氮、节水灌溉等栽培关键技术的定时定量指标与调节原则，以便在掌握应用水稻精确定量栽培技术体系过程中，重点突出关键技术的量化实施，使精确栽培在实践上落实到位。

（三）技术内容要点

1. 不同类型水稻品种高产优质形成的量化生育指标及其诊断技术，特别是调控群体质量的关键叶龄期及其形态生理指标与诊断方法

根据水稻出叶和各部器官生长之间的同步、同伸规则，以叶龄模式对水稻品种各部器官（根、叶、蘖、茎、穗）的建成和产量因素形成在时间上做精确定量诊断。重点是在掌握水稻品种主茎总叶片数（N）、伸长节间数（n）基础上，明确与应用有效分蘖临界期（$N-n$，5～7 个伸长节间的品种，或 $N-n+1$，4 个伸长节间的品种或单本稀植条件下）、拔节期（$N-n+3$）、穗分化期（叶龄余数 0～3.5）等生育关键时期共性生育指标与精确量化诊断方法，使众多的品种归类，实现栽培技术模式化、规范化。其中共性生育指标与诊断方法是：高产群体茎蘖动态的变化应在有效分蘖临界期或稍前达到目标产量预期穗数，高峰苗出现在拔节期，为预期穗数的 1.3～1.4 倍（单季稻）与 1.4～1.5 倍（双季稻），抽穗期群体茎蘖数实现预期穗数；群体叶色的变化应在有效分蘖临界期前显黑（顶 4 叶大于顶 3 叶，下同），有效分蘖临界期至拔节期显黄（顶 4 叶小于顶 3 叶，下同），倒 3 叶至孕穗期（叶枕距为 0，剑叶完全抽出时）显黑，抽穗扬花期显略黄，扬花后叶色逐渐上升，至成熟前 20d 叶色显黑，尔后逐渐转色下降。

2. 标准壮秧定量化培育技术

根据不同地区种植制度与栽培方式，选择最适宜的育秧方式，培育矮壮敦实、生长整齐、叶色翠绿、无病斑、叶身直立、基部扁平、根系发达粗白的适龄秧苗，其共性核心量化诊断指标是秧苗器官生长基本符合同伸同步规则。其中，常规肥床旱育秧 30～40d，叶龄 5～7 叶，单株分蘖发生率 95％以上、带蘖 2～3 个；抛秧塑盘旱育秧 20～30d，叶龄 4～6 叶，单株平均带蘖 1～2 个；机插小苗秧 15～20d，叶龄 3～4 叶，苗高 12～15cm，常规粳稻成苗 1.5～3.0 株/cm²，杂交稻成苗 1.0～1.5 株/cm²，发根数 12～16 条，根系盘结牢固，带土厚度 2.0～2.5cm，形如毯状，提起不散，无病虫草害，秧苗发根力强，栽后活棵快分蘖早。

3. 基本苗精确定量技术

根据凌启鸿等建立的水稻群体基本苗公式：X（合理基本苗）＝Y（每亩适宜穗数）/ES（单株可靠成穗数），进行群体基本苗精确计算。其中，ES 用移栽（或播种后）至有效分蘖临界期可靠发生的分蘖数来替代本田期主茎不同有效分蘖叶龄数对应的分蘖发生数的理论值，分别为 1—1（即有效分蘖叶龄数—对应的分蘖发生理论数）、2—2、3—3、4—5、5—8、6—12。具体计算时则根据移栽活棵后至 $N-n$ 叶龄期以前的有效分蘖叶龄数和相应的分蘖理论值，以及当地高产田平均的分蘖发生率（超高产栽培籼型杂交稻一般取 0.8，粳稻取 0.7），来计算单株可靠成穗数。推广时由推广部门据当地主推品种的主体栽培方式的有关参数确定适合大面积的基本苗数发布给农户即可。

移栽时抓好合理扩大行距和浅栽（插）两个重要环节。

4. 精确定量施肥技术

氮肥的精确定量通过斯坦福的差值法求取，其公式为：施氮总量＝（目标产量需氮量－土壤供氮量）/氮肥当季利用率。其中，南方单季粳稻亩产量 600～700kg 的地力水平下稻谷每 100kg 需氮量为 1.9～2.0kg，亩产量 300～400kg 的地力水平下稻谷每 100kg 需氮量为 1.5～1.6kg；东北粳稻亩产量 600～700kg 的地力水平下稻谷每 100kg 需氮量为 1.5～1.6kg，亩产量 300～400kg 的地力水平下稻谷每 100kg 需氮量为 1.4～1.5kg；南方单季籼稻亩产量 600～700kg 的地力水平下稻谷每 100kg 需氮量为 1.7～1.8kg，亩产量 300～400kg 的地力水平下稻谷每 100kg 需氮量为 1.4～1.6kg；南方双季籼稻亩产量 500～600kg 的地力水平下稻谷每 100kg 需氮量为 1.6～1.7kg，亩产量 300～400kg 的地力水平下稻谷每 100kg 需氮量为 1.4～1.5kg；氮素当季利用率 40.0％～42.5％（一般取 40％，高产田可取 42.5％）。

氮肥的合理运筹模式是长江中下游单季稻大、中、小苗高产栽培的基蘖肥与穗肥比例分别为 4∶6、5∶5、6∶4，前茬作物秸秆全量还田条件下，基蘖肥比例提高 10 个百分点；穗肥在中期叶色变淡后倒 4 叶、倒 2 叶施入，施入量分别占穗肥总量的 60％、40％。东北粳稻高产栽培的基蘖肥与穗肥比例为 7∶3 或 8∶2，5 个伸长节间的品种在中期叶色变淡后倒 4 叶、倒 2 叶分别施用穗肥总量的 70％、30％，4 个伸长节间的品种可于倒 3 叶或倒 2 叶因苗一次性施用；南方双季籼稻高产栽培的基蘖肥与穗肥比例为 7∶3；穗肥分别在中期叶色变淡后倒 3 叶、倒 1 叶施用总量的 60％、40％。

磷、钾肥用量按当地测土施肥配方比例而定；磷肥基施，钾肥 50％作基肥，50％作拔节肥。

5. 80%够苗搁田为核心的定量节水灌溉模式

水稻精确灌溉技术，按活棵返青期、有效分蘖期、控制无效分蘖期、长穗期和结实期5个时期精确定量实施。①活棵返青期采取2～3cm水层与间隙露田通气相结合，特别是秸秆全量还田条件下，在栽后2个叶龄期内应有2～3次露田，其中水稻机插小苗移栽后一般宜湿润灌溉；②移栽后长出第2枚叶片后，应结合施分蘖肥和化除开始建立2～3cm浅水层；③当全田茎蘖数达到预期穗数80%左右时及早自然断水搁田，直至拔节期通过2～3次轻搁，使土壤沉实不陷脚，叶片挺起，叶色显黄；④拔节后的整个长穗期实施浅水层间歇灌溉，以促进根系增长，控制基部节间长度和株高，使株型挺拔、抗倒，改善受光姿态；⑤结实期实施湿润灌溉，保持植株较多的活根数及绿叶数，植株活熟到老，以提高结实率与粒重。

三、适宜区域

我国水稻各主产区。

四、注意事项

掌握当地水稻主推品种类型主茎总叶片数、伸长节间数、高产结构等关键参数，明确调控群体质量的关键叶龄期与对应的定量生育诊断指标。掌握精确定量基本苗、施肥等栽培技术参数及计算方法。技术部门追踪当地主栽水稻品种叶龄，定期发布关键叶龄期及其对应的定量化管理技术。

技术依托单位

1. 扬州大学
联系地址：江苏省扬州市邗江区文汇东路48号
邮政编码：225009
联 系 人：戴其根　张洪程
联系电话：0514-87973037
电子邮箱：qgdai@yzu.edu.cn　hczhang@yzu.edu.cn
2. 全国农业技术推广服务中心
3. 南京农业大学

稻再油（肥）绿色高效栽培技术

一、技术概述

（一）技术基本情况

该技术适用于稻田轮作周年种植中稻、再生稻和冬油菜（菜用、饲用或肥用）的种植模式。选用生育期适宜、综合抗性好、品质优良的中稻品种提早种植，在中稻（头季）收割后，采用适当的栽培管理措施，使收割后的稻桩上存活的休眠芽萌发再生蘖，进而抽穗成熟再收一季水稻（再生季）；选用生育期较短、生长快及适合菜用、饲用和肥用的油菜品种，在再生稻收获后播种，油菜作为菜用、饲用或肥用。

（二）技术示范推广情况

2021 年，在枝江市、荆州区、沙市区、公安县、石首市、监利市、洪湖市、沙洋县、蕲春县、浠水县、武穴市、咸安区等 12 个县（市、区）进行示范推广，共示范样板 32 个，建立核心示范区 3.23 万亩，推广面积 83.2 万亩，超预期目标 3.2 万亩。推广应用面积较大的有监利市 30 万亩、洪湖市 20 万亩。

（三）提质增效情况

一是增加粮食。应用该技术比种植一季中稻亩均增产 200 多 kg 稻谷，有利于稳粮增收，而且综合利用了温、光、水资源，提高了生产效益。二是省工节本。水稻一种两收，既不需要再播种、育秧，又不需要翻耕耙田，省种、省工、省时、省水、省肥、省药。三是优质优价。再生稻由于生长期间温差大、不用药或少用药，米质明显高于头季稻，食味好，价格较高。四是培肥地力。油菜作绿肥，培肥了地力，减少了化肥施用量，生态效果好。

（四）技术获奖情况

"机收再生稻丰产高效栽培技术集成与应用"获 2018 年度湖北省科学技术进步奖一等奖。"湖北省再生稻产业协同推广机制创新与实践"获 2016—2018 年度全国农牧渔业丰收奖合作奖。"机收再生稻丰产高效技术集成与协同推广应用"获 2021 年度湖北省科技成果推广奖三等奖。

二、技术要点

1. 品种选择

中稻选择生育期 135d 以内、品质优、再生力强的品种。油菜选用早熟、双低、生长茂盛、抗性强的优良品种。

2. 中稻栽培

3 月中下旬适时播种，培育壮秧，机插秧秧龄 20d 左右。移栽后 5～7d 追施返青肥，晒田复水后亩追施尿素 5kg。头季稻适时机收，收割前 10～15d 亩施尿素 7.5～10kg 促芽肥。收割前 7d 排水，自然落干。机收时注意减少碾压稻桩，留茬高度 35～40cm。运用绿色防控技术，及时防治病虫害。

3. 再生稻栽培

头季稻收割后，立即灌水护苗，亩施尿素 3～5kg，提高腋芽的成苗率。完熟期择晴收割。

4. 油菜（绿肥）栽培

再生稻收割后及时播种油菜。冬前重点防治蚜虫、菜青虫，花期重点防治菌核病。适时收获，茬口紧张的田块可采用机械两段收割，早熟油菜可用机械联合收获，不能适期成熟的油菜直接机械粉碎还田作绿肥。

三、适宜区域

江汉平原、鄂东、鄂东南等光温资源"一季有余两季不足"的单双季稻混作区。

四、注意事项

水稻栽培以间歇灌溉、湿润为主。适时晒田，收获前切忌断水过早，确保收割时不要过干或过湿，头季机收时，注意减少碾压稻桩，留茬高度 35～40cm 为宜，若 8 月上旬收割，可适当留低稻桩。

技术依托单位

1. 湖北省农业技术推广总站

联系地址：湖北省武汉市武珞路 519 号

邮政编码：430064

联 系 人：蔡 鑫 李忠正

联系电话：027-87667157

电子邮箱：hbsnjtgzz@126.com

2. 华中农业大学植物科学技术学院

联 系 人：杜缠缠 王 飞

联系电话：027-87284131

3. 湖北省农业科学院粮食作物研究所

联 系 人：徐得泽 薛 莲 郑兴飞

联系电话：027-87389584

水稻叠盘出苗育秧技术

一、技术概述

（一）技术基本情况

水稻叠盘出苗育秧技术是针对现有水稻机插育秧方法存在的问题，根据水稻规模化生产及社会化服务的技术需求，经多年模式、装备和技术创新的一种现代化水稻机插二段育供秧新模式。该技术是采用一个叠盘暗出苗为核心的育秧中心，由育秧中心集中完成育秧床土或基质准备、浸种消毒、催芽处理、流水线播种、温室或大棚内叠盘、保温保湿出苗等过程，而后将针状出苗秧连盘提供给用秧户，由不同育秧户在炼苗大棚或秧田等不同育秧场所完成后续育秧过程的一种"1个育秧中心＋N个育秧点"的育供秧模式。在暗室叠盘，通过控温控湿，创造利于种子出苗的环境，解决出苗难题，提早出苗2～4d，提高成秧率15％～20％；种子出苗后分散育秧，便于运秧和管理，方便机插作业，有利于扩大育供秧能力，降低运输成本，推动机插育秧模式转型、育秧社会化服务。

（二）技术示范推广情况

水稻叠盘出苗育秧技术的创新及应用，提升了我国水稻机插秧技术水平，近几年分别在浙江、湖南、江西、云南、江苏、山东等省建立了一批水稻机插工厂化叠盘育秧中心，大面积推广应用该技术模式，与全国农业技术推广服务中心合作，制定了该模式的农业行业标准，为水稻规模化生产和社会化服务提供技术，推进生产机械化发展。水稻叠盘出苗育秧技术入选2018年度中国农业科学院十大科技进展及浙江省十大农业科技成果，入选2019年、2021年农业农村部农业主推技术。

（三）提质增效情况

水稻叠盘出苗育秧技术目前已在我国长江中下游稻区浙江、江西、湖南等省大面积推广应用，增产效果显著，与传统育秧及机插技术相比，具有出苗率高、秧苗素质好、机插伤秧伤根率和漏秧率低、插后返青快和促进早发等优点。据初步统计，近几年在浙江省不同地方、季节、品种试验示范，增产幅度为3％～15％，每亩平均增产37.11kg，通过节约育秧成本、节省机插漏秧补秧用工及节种和节肥，实现节本增效，累计平均每亩新增纯收益99.45元。2021年，该技术在浙江杭州、绍兴、温州等11个市推广应用面积为185.25万亩，平均增产5.85％，预计在湖南、江西、江苏等省份年推广应用超500万亩，社会经济效益显著。

（四）技术获奖情况

以该技术为核心的科技成果"粮油产业技术团队协作推广模式的创新与实践"获2016—2018年度全国农牧渔业丰收奖合作奖，以及2019年度浙江省科学技术进步奖一等奖。

二、技术要点

（一）品种选择

考虑当地生态条件、种植制度、种植季节、生产模式等因素，根据前后作茬口选择确保能安全齐穗的水稻品种，双季稻区应注意早稻与连作晚稻品种生育期合理搭配，争取双季机插高产。

（二）种子处理

种子发芽率常规稻要求 90%，杂交稻种子 85% 以上。种子处理包括选种、浸种消毒、催芽。先晒种 1～2d，以提高种子发芽势和发芽率，然后用盐水或清水选种；为防止恶苗病、干尖线虫等病虫害发生，用使百克＋吡虫啉、劲护、适乐时等浸种消毒 48h。清水洗净后催芽，采用适温催芽，催芽要求"快、齐、匀、壮"，温度控制在 35℃ 左右。当种子露白，摊晾后即可播种。

（三）育秧土或基质准备

可选择培肥调酸的旱地土或育秧基质育秧，旱地土育秧应选择 pH 为中性偏酸、疏松通气性好、有机质含量高、无草籽、无病虫源的肥沃土壤。为防止立枯病等，需要做好土壤调酸、消毒；建议采用水稻机插专用育秧基质育秧，确保育秧安全，培育壮苗。

（四）适期播种

适期播种：南方早稻在 3 月气温变暖时播种，秧龄 25～30d；南方单季稻一般在 5 月中下旬至 6 月初播种，秧龄 15～20d；连作晚稻根据早稻收获时间合理安排播种期，一般秧龄在 15～20d。

（五）流水线精量播种

根据品种类型、季节和秧盘规格合理确定播种量，实现精量播种，南方双季常规稻播种量，一个 9 寸*秧盘一般 100～120g，每亩 30 盘左右；杂交稻可根据品种生长特性适当减少播种量；单季杂交稻一个 9 寸秧盘播种量 70～100g。7 寸秧盘按面积作相应的减量调整。选择叠盘暗出苗的专用秧盘，采用播种均匀、播量控制准确、浇水到位的机插秧播种流水线播种，一次性完成放盘、铺土、镇压、浇水、播种、覆土等作业。流水线末端可加装叠盘机构，以及配装自动上料等装备。播种前做好机械调试，调节好播种量、床土铺放量、覆土量和洒水量。

（六）叠盘暗出苗

将流水线播种后的秧盘，叠盘堆放，每 25 盘左右一叠，最上面放置一个装土而不播种的秧盘，每个托盘放 6 叠秧盘，约 150 盘，用叉车运送托盘至控温控湿的暗出苗室，温度控制在 32℃ 左右，湿度控制在 90% 以上。放置 48～72h，待种芽立针（芽长 0.5～1.0cm）时用叉车移出，供给各育秧点育秧。

（七）摆盘育秧

早稻摆放在塑料大棚内，或秧板上搭拱棚保温保湿育秧，单季稻和连作晚稻可直接摆秧田秧板育秧，有条件可放入防虫网大棚内育秧。

---

* 寸为非法定计量单位，1 寸＝3.33cm。后同。——编者注

（八）秧苗管理

南方稻区早稻播种后即覆膜保温育秧，棚温控制在 22～25℃，最高不超过 30℃，最低不低于 10℃，注意及时通风炼苗，以防烂秧和烧苗。注意控水，采用旱育秧方法，注意做好苗期病虫害防治，尤其是立枯病和恶苗病的防治。

（九）壮秧要求

秧苗应根系发达、苗高适宜、茎部粗壮、叶挺色绿、均匀整齐。南方早稻 3.1～3.5 叶，苗高 12～18cm，秧龄 25～30d；单季稻和晚稻 3.5～4.5 叶，苗高 12～20cm，秧龄 15～20d。

（十）病虫害防治

秧田期间重点防治立枯病、恶苗病、稻蓟马等。立枯病防治首先做好床土配制及调酸工作，中性或微碱性土壤需施用壮秧剂或调酸剂进行土壤调酸处理，把 pH 调至 6.0 以下，同时做好土壤消毒；恶苗病防治首先选栽抗病品种，避免种植易感病品种，并做好种子消毒处理，建议用氰烯菌酯、咪鲜胺等药剂按量浸种。提倡带药机插。

三、适宜区域

适合在长江中下游稻区、华南稻区、西南稻区、东北稻区等水稻机械化生产中推广应用。

四、注意事项

（一）通风降温

早稻水稻种子叠盘出苗，秧盘从暗室转运出来，室内外温差不宜太大，注意转运前先让暗室通风降温 1～2h，再将出苗秧盘移出暗室。

（二）炼苗

目前，南方生产上水稻秧苗较多在大棚育秧，机插前需做好炼苗，增强秧苗抗逆性。

技术依托单位

1. 中国水稻研究所

联系地址：浙江省杭州市体育场路 359 号

邮政编码：310006

联 系 人：朱德峰　陈惠哲　张玉屏

联系电话：0571-53371376

电子邮箱：chenhuizhe@163.com

2. 浙江省农业技术推广中心

联系地址：浙江省杭州市凤起东路 29 号

邮政编码：310020

联 系 人：王岳钧　陈叶平　秦叶波

联系电话：0571-86757880

电子邮箱：qyb.leaf@163.com

机插水稻无土基质育秧技术

一、技术概述

（一）技术基本情况

我国水稻种植面积约 4.5 亿亩，其中机插秧种植面积超过 40%。随机插水稻种植面积的不断扩大和育秧取土对耕地与生态环境的破坏，完全替代土的无土基质育秧技术显得愈发重要，目前已在水稻生产上大规模应用。据不完全统计，我国每年机插水稻无土基质育秧面积已超过 500 万亩，无土基质生产及育秧技术已相对成熟。但目前我国水稻无土育秧基质生产与育秧环节缺乏相应技术规程来规范，给农技推广人员、经销商和厂商以及广大稻农带来诸多不便。制定机插水稻无土基质育秧主推技术，对我国水稻机插秧的大规模推广应用和水稻机械化种植水平的提高具有重要推动作用，应用前景广阔。

水稻无土育秧基质主要指以无害化处理的农业废弃物等为主原料生产的可完全替代土、适宜水稻秧苗生长的介质。机插水稻无土基质育秧技术是水稻整个秧苗期在无土基质上进行育秧，适宜在温室、田间、育秧工厂等多场所集中育秧，通过种子处理、流水线播种、叠盘出苗和秧苗管理等步骤，待秧苗长至适宜机插后将水稻秧苗连盘提供给农户。该技术通过合理配比和规范化管理，提高了水稻秧苗素质，解决了水稻育秧过程中取土难题，还解决了机插秧过程中机械负荷过大的问题，降低运输成本，提高机插育秧效益。

该技术具有自主知识产权，成果总体达到同类研究国际先进水平。该技术的知识产权主要包括：9 项发明专利，如《一种水稻机插育秧专用有机基质及其生产方法》等；1 项农业行业标准 NY/T 3838—2021《机插水稻无土基质育秧技术规范》；11 项实用新型专利，如《一种轻型无土水稻育秧基质的专用装盘进料装置》等；2 项软件著作权，如《水稻育秧基质信息管理系统》等。授权的专利中有 7 项已与相关农业企业开展合作，发布的农业行业标准已在生产中应用。

（二）技术示范推广情况

该技术已在我国主要稻区累计推广 503.1 万亩，农户自发应用无土基质育秧的面积已经超过 3 000 万亩。

（三）提质增效情况

使用该技术进行育秧，一方面通过该技术直接减少农户育秧成本，提高水稻育秧质量和机插水稻产量；另一方面也因为使用无土基质促进了秸秆等农业废弃物的循环利用效率，减少因秸秆焚烧产生的温室气体和农田优质表层土的开采利用。

1. 节本增效

用该技术育成的水稻秧苗健壮，以浙江省中早 39 在秧龄 15d 时的秧苗素质为例，根系活力可达 80μg/(g·h)（FW，鲜重），株高为 13.5～14.4cm，根长为 7.4～7.8cm，茎基宽为 0.18～0.19cm，每株秧苗干物重达 0.018～0.019g。产量较常规育秧提高 4.2%～5.6%。自 2017 年以来，稻谷累计增产 16.7 万 t，新增销售额 28 994.3 万元，节省育秧成本 8 042.9 万元。

2. 固碳减排

自 2017 年以来,该技术育秧过程中累计使用无土育秧基质 13.8 万 t,利用作物秸秆和其他农业废弃物累计 8.93 万 t,经计算可累计减排因秸秆焚烧产生的 CO 排放量 0.91 万 t、CO_2 排放量 12.42 万 t、CH_4 排放量 0.03 万 t,折算后累计减少总碳排放量 3.79 万 t。

3. 耕地保护

每使用 1 500 亩的无土基质进行育秧可保护 1 亩农田耕作层土壤,目前我国有超过 1.8 亿亩的水稻使用机插秧,如果换算成无土基质育秧,累计可保护 120 万亩耕地的耕作层土壤。推广使用机插水稻无土基质育秧技术有利于推行国家保护耕地红线政策。

(四)技术获奖情况

该技术获 2020 年度中国农业科学院科学技术成果奖。

二、技术要点

(一)无土基质选择

选择以腐熟陈化后的农业废弃物为主原料生产的无土育秧基质。无土育秧基质容重 0.15~0.6g/cm³,pH 5.0~7.0,有机质含量≥30%,$N+P_2O_5+K_2O$ 含量≥1.5%,电导率≤4mS/cm。

(二)种子处理

选择适宜品种,常规稻品种晒种 1~3d,杂交稻品种晒种 3~4h。北方稻区选择包衣的干种子直接进行播种,直接进行步骤(五)。南方稻区用杀螟·乙蒜素或 25% 咪鲜胺乳油等杀菌剂浸种,其中粳稻 2~3d,籼稻 1~2d,杂交籼稻间隙浸种 0.5d 左右。

(三)催芽处理

将浸泡好的种子捞出催芽,在催芽室等适宜场所进行催芽,种子破胸露白前调节室温至 30~35℃,破胸露白 80% 以上后,将温度调节至 25~28℃。根据需要进行补水,每日翻动谷堆 3~4 次,直至芽长 0.5~1.0mm。

(四)流水线播种

选择合适的无土基质进行播种,根据品种类型、季节和秧盘规格合理确定播种量,用流水线进行播种,以 9 寸秧盘为例,双季常规稻一般每盘播种量 110g,单季杂交稻每盘播种量 70g。秧盘播种后覆盖约 0.5cm 厚的无土基质作为盖土。播种时喷水以秧盘底土淋透、基质表面无积水、盘底无滴水为宜。

(五)叠盘出苗

将流水线播种后的秧盘,叠盘堆放,每叠不超过 30 盘为宜,置于黑暗条件下出苗,温度控制在 30℃左右,湿度控制在大于 90%。待芽谷出苗至苗高 0.5cm 后,将秧盘移至适宜的育秧场所进行常规育秧。

(六)秧苗管理

北方稻区:水稻在温室大棚或育秧工厂等育秧场所内育秧,以 20~25℃为宜,不低于 10℃。南方稻区:南方早稻在温室大棚或育秧工厂等育秧场所内育秧,以 20~25℃为宜,不低于 12℃,防止温度大起大落。当棚内温度高于 30℃时,注意通风降温炼苗。南方单季稻、晚稻在室外或育秧工厂等育秧场所育秧,白天温度以 20~30℃为宜,不高于 35℃,夜间温度以 15~25℃为宜,不高于 30℃。采用旱育秧方式进行育秧,水分以维持秧盘基质表面湿润为宜。注意苗期立枯病和恶苗病的防治，可在出苗后立即喷施噁霉灵等药剂进行防治。

三、适宜区域

我国主要稻区均可适用。

四、注意事项

选用的无土育秧基质电导率要在限定范围内；在水稻育秧过程中，应注意各稻区不同的育秧模式，尤其北方稻区育秧期间注意温度与水分的保障措施。

技术依托单位

1. 中国水稻研究所

联系地址：浙江省杭州市富阳区水稻所路 28 号

邮政编码：311401

联 系 人：张均华

联系电话：0571-63163103

电子邮箱：zhangjunhua@caas.cn

2. 浙江省耕地质量与肥料管理总站

水稻钵苗机插优质丰产栽培技术

一、技术概述

（一）技术基本情况

自 2010 年以来，扬州大学联合常州亚美柯机械设备有限公司与江苏省内外 30 多个单位合作，联合研发建立了水稻钵苗精确机插优质高产栽培新技术，可培育长秧龄壮秧，将水稻生长季向前延伸，无植伤移栽，发苗快，生长发育充分，有利于优质高产的协同，在多地创造高产典型的同时获得了较大面积的推广应用，并且在 2017 年和 2018 年分别获江苏省科技技术奖一等奖和国家科学技术进步奖二等奖。近年来，优质稻种植和稻田综合种养绿色生产模式发展迅速，针对中高端优质稻小苗机插与直播条件下生育不充分从而制约品质产量、稻虾田泥脚深机插难和生产风险大等突出问题，项目组研发了适于中高端优质稻与虾田稻生产的 2ZB-6AK（RXA-60TK）型、2ZB-6AKD（RXA-60TKD）加强型两种宽窄行水稻钵苗插秧机及其成套装备，不仅可以宽窄行（33cm/23cm）作业，增加栽插穴数（0.84 万～2.05 万穴），优化秧苗在田间的布局，增强水稻后期的通风透光性，提高群体质量，还增加了侧深施肥装置，减少了施肥用工，提高了肥料利用率。同时，加强型宽窄行水稻钵苗插秧机还加大了后轮直径，增强了动力，大幅提高稻虾田深泥脚作业质量与效率，其穴距可调范围也进一步扩大，最高可栽 2.05 万穴，满足稻虾田水稻高密度栽插需求。该技术先进适用，不仅有效解决了小苗机插与直播等轻简栽培条件下生育不充分、品质不优、产量不丰等突出问题，也有利于生育期长的中高端优质稻扩大种植范围，还解决了综合种养水稻难以机插、水稻群体质量不高、产量不高的技术难题。

（二）技术示范推广情况

江苏稻区每年钵苗推广面积在 30 万亩左右，主要分布在黄海农场及响水、海安、盱眙、阜宁等。江苏是稻麦两熟制及少部分有机稻，为保证基本苗充足主要是推广 33cm/23cm 宽窄行技术，主推品种为南粳 9108、南粳 5718 等优质品种，2021 年亩产量均在 720kg 左右，同比毯苗亩产量增长 100kg 左右。

浙江东南稻区从 2017 年开始，台州、义乌、慈溪等地累计推广钵苗插秧机 100 台，该技术也得到了浙江省农业农村厅和省农业科学院的认可，2021 年试验点早晚双季稻亩产量突破 1 400kg，单季晚稻亩产量突破 800kg。

东北稻区以黑龙江农垦和哈尔滨地区为主，积极采用超早育苗和钵苗机插相结合的农机农艺融合方案，实现优质寒地水稻跨积温带种植，达到提质增效和优质高产双重效益。截至目前，东北水稻钵苗机插技术应用已达 100 多套（台）。2020 年和 2021 年两年试验表明，种植盐丰 47，增产 10%，亩产量达到 770kg，亩增效 236 元；种植越光，亩产量 450kg，亩增效 250 元。

南方稻区以江西和广东为主，在广东兴宁实现了双季稻亩产量突破 1 500kg，达 1 536kg，并广泛应用在优质稻品种丝苗米种植上，核心解决双季稻区域晚稻生产茬口紧张及生长期短等生产难点并实现高产栽培技术。

贵州省由于寡照、多雨等地理条件限制，导致水稻产量持续上不去，2022年贵州力争通过2～3年时间，在全省推广100万亩钵苗技术，为贵州粮食增产提供栽培技术保障。

（三）提质增效情况

该技术每亩节省育苗用种40％以上，每亩节省育苗用土近50％，每亩节省补苗成本近50元，每亩节省缓青肥投入近20元，氮肥利用率提高5％～10％，稻米品质提高0.5～1.0个等级，亩产优质稻谷550～650kg，粮食增产达8％～20％。该技术可通过延长秧龄提高光温利用率，通风透光性好，有害生物影响低，抗逆性强，病情指数降低67.0％左右，早期上水可实现以水抑草、生态控草，减少化肥农药使用量实现水稻绿色生产，具有较大的经济效益、社会效益和生态效益。

（四）技术获奖情况

2017年和2018年，以钵苗机插技术为核心内容的"多熟制地区水稻机插栽培关键技术创新及应用"项目分别荣获江苏省科学技术奖一等奖和国家科学技术进步奖二等奖。2019年，以钵苗机插技术为重要支撑内容的"水稻优质绿色机械化栽培关键技术集成与推广"项目荣获全国农牧渔业丰收奖一等奖。2021年，由扬州大学牵头起草的农业行业标准NY/T 3839—2021《水稻钵苗机插栽培技术规程》正式颁布并实施。

二、技术要点

（一）培育标准化壮秧

1. 壮秧指标

秧龄25～35d，叶龄3.0～5.5，苗高15～20cm，单株茎基宽0.30～0.50cm，单株绿叶数≥4.0；平均单株带蘖0.3～0.5个。根系发达，单株白根数13～16条，单株发根力5～10条；百株干重8.0g以上，秧根盘结好，孔内根土成钵完整。成苗钵孔率，常规稻≥95％，杂交稻≥90％；平均钵孔成苗数，常规粳稻3～4株，杂交粳稻2～3株，常规籼稻2株，杂交籼稻1～2株。秧苗带蘖率，常规稻≥30％，杂交稻≥50％。秧盘间、孔穴间的苗数、苗高以及粗壮度整齐一致。

2. 秧田整地与秧板制作

育秧前20d，秧田用无机肥培肥，参考用量为每亩秧田施纯氮9～13kg、纯磷3～5kg、纯钾7～10kg，均匀施肥后及时翻耕，达到全层均匀施肥。育秧前10～15d进行整地，地表平整，无残茬、秸秆和杂草等，田块高低差不超过3cm。上水，经过2d的沉实后排水晾田，开沟作畦，畦面平整，高低差不超过1cm。根据钵盘尺寸规格，畦宽160cm、畦沟宽35～40cm、沟深20～30cm。做到灌、排分开，内、外沟配套，能灌能排。

3. 精确播种

常规粳稻每亩用种3.0～3.5kg，每孔适宜3～5株苗，每孔播种5～6粒为宜。杂交粳稻每亩用种1.5～2.0kg，每孔适宜2～3株苗，每孔播种3～4粒为宜。常规籼稻每亩用种2.0～2.5kg，每孔适宜3～4株苗，每孔播种4～5粒为宜。杂交籼稻每亩用种1.0～1.5kg，每孔适宜1～2株苗，每孔播种2～3粒为宜。根据各品种千粒重计算每盘播干种子重。

4. 摆盘覆膜

摆盘前畦面铺细孔纱布（网孔面积＜0.5cm×0.5cm）。播种后将秧盘沿长度方向并排对放于畦上，盘间紧密铺放，秧盘与畦面紧贴不吊空。秧板上摆盘应摆平、摆齐，可在摆好的秧盘上放置木板用脚适度踩压。摆盘后在盘面铺置适量麦秆或竹片，使盘面上方留出间隙，再盖无纺布，也可用塑料薄膜替代无纺布，塑料薄膜上加盖麦秆，遮阴降温，膜内温度控制在 35℃ 以内。在覆盖无纺布或薄膜后，应立即灌 1 次平沟水，水深不超过盘面，盘孔土充分湿润后立即排出。

（二）精确机插

针对常用的钵苗插秧机（行距：33cm/23cm 宽窄行，平均行距 28cm）机型，根据水稻品种不同，合理选择相应的穴距，保证基本苗。

中、小穗型常规粳稻一般采用穴距 12.4cm 或 13.2cm，每亩插 1.92 万穴或 1.80 万穴，每穴 4～5 株苗，基本苗 7 万～9 万株。大穗型常规粳稻一般采用穴距 13.8cm 或 14.1cm，每亩插 1.73 万穴或 1.69 万穴，每穴 3～4 株苗，基本苗 5 万～7 万株。杂交粳稻一般采用穴距 16.5cm 或 16.8cm，每亩插 1.44 万穴或 1.42 万穴，每穴 2～3 株苗，基本苗 3 万～4 万株。常规籼稻一般采用穴距 15.7cm 或 16.5cm，每亩插 1.52 万穴或 1.44 万穴，每穴 3～4 株苗，基本苗 4 万～5 万株。杂交籼稻一般采用穴距 17.9cm，每亩插 1.33 万穴，每穴 1～3 株苗，基本苗 3 万株左右。

栽插时，调整并控制好栽插深度，一般在 1.5～2.5cm 范围内；根据田块形状、面积大小，合理规划作业行走路线，栽插时直线匀速行走，接行准确。

（三）精确施肥

各地应根据土壤肥力水平、前茬种类等因地制宜，配方施肥。中等地力条件下总施氮量粳稻以每亩施用 15～20kg 纯氮为宜，籼稻以每亩施用 12～15kg 纯氮为宜。氮肥运筹比例为基蘖肥：穗肥＝5:5～7:3。一般在栽后 5d 左右适当重施分蘖肥；生育中后期集中施好促花肥，一般应在倒 4 叶或倒 3 叶期施用。磷肥一般全部作基肥使用；钾肥则 50% 作基肥、50% 作促花肥施用。

（四）精准控水

薄水栽秧，浅水分蘖，够苗到拔节期分次轻搁田，拔节后至抽穗扬花期采取"水层—湿润—落干"过程反复交替，灌浆结实期采取"浅水—湿润—落干"过程反复交替，直到成熟前 7d 断水落干。

三、适宜区域

适宜我国水稻各主产区。

四、注意事项

该技术示范推广过程中，要结合当地农艺要求，建立健全标准化育秧技术规程，掌握机插钵苗标准化壮秧培育方法，特别是控种（苗数）、控水、化控，可提高钵孔成苗率。摆盘前铺设细孔纱布（切根网），方便起盘。播种盖土时清理好孔间土，秧田期水不能漫过秧盘面，防止孔间秧苗串根而影响机插秧质量。

技术依托单位

1. 扬州大学

联系地址：江苏省扬州市邗江区文汇东路 48 号

邮政编码：225009

联 系 人：张洪程

联系电话：0514-87979220

电子邮箱：hczhang@yzu.edu.cn

2. 全国农业技术推广服务中心

联系地址：北京市朝阳区麦子店街 20 号

邮政编码：100125

联 系 人：万克江

联系电话：010-59194544

3. 常州亚美柯机械设备有限公司

联系地址：江苏省常州市钟楼经济开发区樱花路 19 号

邮政编码：213023

联 系 人：徐小林

联系电话：0519-83282338

电子邮箱：czamec@126.com

节水抗旱稻旱直播节水栽培技术

一、技术概述

（一）技术基本情况

节水抗旱稻是指一类结合了水稻和旱稻优良特性的新品种类型，是在水稻科技进步的基础上，通过整合旱稻的节水、抗旱和耐直播等优良特性而育成的。与传统旱稻相比，节水抗旱稻具有抗旱性和节水性，同时摒弃了传统旱稻产量低、品质差的缺点。2016年4月，农业部正式颁布实施行业标准 NY/T 2862—2015《节水抗旱稻 术语》，对节水抗旱稻的定义进行规范。节水抗旱稻的栽培特性具体如下：

1. 节水性

节水抗旱稻的节水性体现了提高植物水分利用效率和增强抗旱性的有效结合，是一种利用较少水分生产较多干物质的能力。节水抗旱稻的节水性主要体现在整个生育期不需要保持水层，是一种大幅度节约灌溉用水的能力。研究表明，种植节水抗旱稻，土壤水势高于 $-35kPa$ 时不需要灌溉。相较于水稻，节水抗旱稻表现出较强的节水特性，籼型节水抗旱稻品种旱优73较同类水稻品种H优518可节水20％以上，灌溉量为常规灌溉量的80％时，旱优73的水分利用效率比H优518提高33.3％，在无外来水源的条件下，实际灌溉量为 $6\ 951.0m^3/hm^2$ 时，产量为 $9.6t/hm^2$。

2. 抗旱性

抗旱性，即节水抗旱稻在一定的干旱条件下仍能正常生长、结实并获得足够产量的能力。抗旱性是避旱性、耐旱性和复原抗旱性的总和。不同节水抗旱稻品种在不同类型的抗旱性上存在差异。在生产上，往往以综合抗旱性即在干旱胁迫下的经济产量来衡量品种的抗旱能力。其中，避旱性指作物在干旱的条件下减少失水或维持吸水，从而保持高水势的能力，主要是通过发展强大的根系来吸收水分并运转至地上部分和通过适量关闭气孔或不渗透的角质层来减少水分散失。耐旱性指作物在叶片水势低的情况下维持代谢的能力，主要是在干旱条件下，植物通过细胞内渗透调节物质的主动积累，进而增加渗透调节的能力以维持较高的膨压。复原抗旱性指作物在经过一段时期的干旱后的恢复能力，主要指植株耐干化、耐脱水及恢复生长的能力。

3. 耐直播特性

在种子萌发过程中，位于幼苗胚芽鞘节与胚根基部之间的中胚轴组织的伸长有助于从土壤深处出苗，反映了品种的耐深埋能力。现已育成的大多数节水抗旱稻品种，如旱优73，在埋土8cm厚的情况下，依靠中胚轴伸长，可达到正常的出苗率。同时，节水抗旱稻根系发达，而且分泌有机酸的能力较强，有利于分解出土壤中被固定的磷素，提高土壤磷肥的利用率。在栽培技术上，节水抗旱稻一般采用直播节水栽培技术，省去浸种、催芽、育秧和插秧等环节，直接进行干谷播种，相较于传统的插秧栽培简单易行。

发展节水抗旱稻在缓解水资源危机、保护生态环境、增加粮食面积、降低农业生产成本和保障粮食安全等方面展现出较大潜力。节水抗旱稻的应用前景广阔，包括但不限于：①传统水田种植，可改变传统种植方式，实现资源节约、环境友好。节水抗旱稻可采用免耕旱直播栽培，全生育期可不淹水种植。相对于传统水稻种植，可节约灌溉水资源50%以上、少施化肥10%以上，减少面源污染，减少甲烷排放90%以上，同时减少浸种、催芽和育秧等环节，降低种植成本和劳动强度。②旱地种植，可优化调整种植结构，实现农业利润增加。可与棉花、玉米、大豆等旱地作物进行轮作或替代种植，消除连作障碍，实现粮食面积增加，稳定粮食产量，提高旱地作物的经济效益。③在新开垦的土地种植，可拓展水稻种植空间。我国滩涂地在各个流域均有广泛分布，其中淮河干流行洪区的滩涂地达194.3万亩，长江流域仅洞庭湖区滩地面积就达328.95万亩，黄河下游河南山东两地的滩地面积就约574.2万亩。滩涂及次生盐碱地的面积约5亿亩，这些土地土壤质地劣，不具备良好的灌溉条件，以往大多以种植旱地农作物或撂荒，现均可种植节水抗旱稻，可大幅度增加水稻种植面积，为我国确保18亿亩基本农田的粮食生产面积提供新的途径，保障粮食安全。

在栽培技术的配套上，最主要解决的是发挥节水抗旱稻的栽培特性，集成种子处理、播种、除草、土壤适宜湿度管理等共性栽培技术；然后结合不同的环境条件，制定出适应不同环境的栽培技术。目前，上海市农业生物基因中心研发出"一种测定节水抗旱稻耗水量的栽培装置及其使用方法"，可用于指导田间水分管理。

（二）技术示范推广情况

节水抗旱稻旱直播节水栽培技术作为节水抗旱稻主要配套栽培技术，在我国的安徽、湖北、湖南、江西、广西、四川、重庆、贵州以及东北等地，南亚和非洲等地，已累积种植2 000余万亩，现年推广面积接近300万亩，且呈逐年增加趋势。

（三）提质增效情况

一是经济效益显著。节水抗旱稻配合适宜的栽培技术，可显著增加水稻种植的经济效益。在不同地力土壤条件，经济效益增加的幅度也有所不同。在水田条件下，采用旱直播旱管栽培模式进行种植，全生育期灌水2次，总灌水量1 200m^3/hm^2，实际产量为9 288.1kg/hm^2。旱直播旱管模式相较于机插秧模式，省去了浸种、催芽、育秧、秧苗运输、插秧等环节，平均可减少成本3 750～4 500元/hm^2。采用免耕旱直播模式进行种植，相较于机插秧，则可再节省机耕费18 000元/hm^2，产量可达9 985.5kg/hm^2，较同等产量下进行机插秧的利润可增加4 950～5 700元/hm^2。在旱地条件下，采用旱直播旱管栽培模式，节水抗旱稻单产可达到8 817kg/hm^2，进行淹灌种植的普通水稻单产为9 652.5kg/hm^2，节水抗旱稻和普通水稻平均出售价格差异不大，分别为2.3元/kg和2.32元/kg。节水抗旱稻在准备农田、插秧、收割、作物保险以及灌溉水电费用方面较普通种植的水稻具有成本优势，节水抗旱稻单位面积净利润可比普通水稻高出2 404.3元/hm^2。在旱地调整种植结构方面，种植节水抗旱稻的收益显著高于种植玉米和大豆的收益，平均收益比玉米增加6 525元/hm^2，比大豆增加5 385元/hm^2。

二是社会效益重大。节水抗旱稻种植于传统水田种植，改变传统种植方式，实现资源节约、环境友好；在旱地种植，可优化调整种植结构，实现农业利润增加；在新开垦的土地种植，可拓展水稻种植空间。轻简化的栽培方式，减少了水稻生产种植成本。该技术在缓解水资源危机、保护生态环境、增加粮食面积、保障粮食安全等具有重大社会效益。

三是生态效益突出。节水抗旱稻具有显著的温室气体减排优势。传统稻田水稻生长期间，土壤长期处于淹水状态，氧化还原电位低，促使 CH_4 不断产生和排放。节水抗旱稻田在节水栽培条件下，CH_4 排放量较普通水稻田降低 71.7%，温室气体排放通量降低 90% 以上。据估测，安徽省如果以节水抗旱稻替代普通水稻种植，水稻生产温室气体减排可达到 16.92Mt 二氧化碳当量。

同时，节水抗旱稻也具有较大的面源污染减排优势。普通水稻田在施肥后如遇强降雨或人工排水，大量氮、磷养分随地表径流进入自然水体，造成农业面源污染。节水抗旱稻种植可显著减少灌溉次数，进而降低化肥、农药的渗漏和流失，大幅降低面源污染的产生。在节水灌溉条件下，种植节水抗旱稻土壤总氮径流流失总量较普通水稻降低 35%。高欢等的研究表明：在旱播旱管种植模式下，节水抗旱稻土壤总氮和总磷径流流失总量比普通水稻分别降低 67.6% 和 33.3%，农药总流失量降低 85% 以上。

（四）技术获奖情况

节水抗旱稻遗传、育种和栽培学相关的研究，获得多个奖项，"水稻抗旱基因资源挖掘和节水抗旱稻创制"获 2013 年度国家技术发明奖二等奖，"水稻遗传资源的创制保护和研究利用"获 2020 年度国家科学技术进步奖一等奖，《节水抗旱稻 术语》标准获得 2022 年度上海市标准创新贡献奖三等奖。

二、技术要点

（一）播前准备

1. 整地和开沟

要求土壤深耕或深松，耕深 20～25cm。深耕后将土块耙碎、耙细，无明暗坷垃，做到土壤质地均匀一致。耕前粗平，耕后复平，作畦后细平，稻田坡度要求不超过 0.3%，畦内起伏不超过 5cm，畦面宽 2m。表土细碎，下无架空，达到上虚下实。对过于疏松的土壤，应进行播前镇压。播前土壤墒情不足的应造墒，坚持足墒播种。

距地边每 2m 的距离，开宽 20～30cm、深 20～30cm 的浅沟。

2. 选种及晒种

品种的抗旱性应高于 3 级，且种子质量符合 GB 4404.1 的规定。播种前选晴朗天气，晒 2～3h，摊薄、勤翻。

（二）播种技术

1. 适期播种

应在平均气温达到 15℃ 以上。

2. 墒情适度

播种时土壤墒情良好，田间土壤水势不低于 -20kPa，土壤相对含水量 40%～60%。

3. 适量播种

取分蘖发生起始叶龄 4，有效分蘖发生率 60%，计算合理基本苗数为每亩 3.26 万株（种子苗），据此计算播种量。

实例：按种子发芽率 85%、千粒重 28g、出苗率 50% 计算，亩播种量 2.1kg（干谷）。

4. 播种方式

一般采用机条（穴）播。

麦茬旱地条直播机播种（安徽，明光）

5. 覆盖镇压

采用机条（穴）播条件下，播种机器后悬挂镇压器进行镇压；人工撒播条件下，需先用旋耕机轻旋，深度为1～2cm，播种后再用悬挂镇压器的拖拉机镇压，压碎土块，使土壤沉实，提高土壤的保水能力，有利于出苗整齐。

（三）大田期田间管理

1. 前期管理（苗期至分蘖期）

（1）水分管理　播种后至3叶期，土壤水势低于−20kPa，需灌溉1次，标准为全田土壤浸湿即可，无须留水层。

3叶期至有效分蘖临界期，田间土壤水势低于−35kPa，需灌溉3～4次。

无效分蘖期，田间土壤水势高于−50kPa，无须灌溉。

（2）合理施肥　施肥以基蘖肥为主。第一次施肥在播前，亩用45％复合肥20kg＋尿素5kg＋钾肥5kg；第二次在秧苗3～5叶期，亩施45％复合肥10kg＋尿素5kg＋钾肥5kg。

（3）病草害防治　稻纵卷叶螟：每亩可选用17％阿维·毒死蜱乳油100mL或5％甲氨基阿维菌素苯甲酸盐水分散粒剂16～20g，或20％氯虫苯甲酰胺悬浮剂10～15mL，兑水30～40kg，均匀喷雾；施药适期为1～2龄幼虫高峰期；施药时，田间应保持薄水层。

杂草防除：①封闭处理，播种后当天或后1d每亩使用42％丁·噁乳油（150～200mL）或33％施田补乳油（100～150mL）＋10％草克星可湿性粉剂（10～15g）或二甲戊灵100mL兑水20kg进行封闭处理；用药时注意，用药后至苗龄3叶前，田间始终处于湿润状态（土壤水势大于−20kPa）。②苗龄4叶期后化除，在杂草2～3叶期每亩用150mL韩秋好（100mL装1.5瓶），在杂草3～4叶期每亩用200mL韩秋好（2瓶），兑水20～30kg对杂草茎叶进行喷雾。

旱直播节水栽培的苗期长势（安徽，明光）

分蘖期的田间苗情（安徽，怀远）

2. 中期管理（拔节孕穗期至抽穗期）

（1）水浆管理　孕穗期和抽穗期是水稻对水分要求最敏感的时期，土壤水势需高于－20kPa，如果土壤水势低于－20kPa，则需补灌。

（2）病虫害防治　螟虫：每亩选用17％阿维·毒死蜱乳油100mL，或20％哒嗪硫磷乳油100mL，或20％氯虫苯甲酰胺悬浮剂10～15mL，或15％茚虫威乳油12～15mL；施药适期为1～2龄幼虫高峰期；施药时田间保持浅水层，无法保持水层的田块，则需保持田间土壤湿润，有利于发挥药效。

纹枯病：每亩选用15％井冈霉素A可溶性粉剂35～50g，或11％井冈·己唑醇可湿性粉剂40～60g，或10％井冈·蜡芽菌悬浮剂100～150mL，或23％噻呋酰胺悬浮剂20mL；施药适期为水稻封行至孕穗期；在纹枯病大流行前（病株率5％）第一次施药，隔7～10d再施药一次；重病田在齐穗后，再补防一次，注意药剂的交替使用。

3. 后期管理（灌浆期至成熟期）

（1）水浆管理　灌浆结实期间，不需要留水层，一般土壤水势需高于－20kPa；成熟期一般不进行灌溉，利用自然降水即可。

（2）病害防治　灌浆结实期间，需防治的病害主要为稻曲病和穗颈瘟。稻曲病和穗颈瘟需防治2次，时间点分别在破口前5～7d和始穗期。每亩可选用药剂43％戊唑醇悬浮剂12～15mL，加20％井冈·三环唑可湿性粉剂100g，兑水60kg均匀喷雾。

成熟期的田间水稻长势

4. 适时收获

稻穗枝梗变黄，95％谷粒呈金黄色为适宜收获期。

三、适宜区域

安徽、湖北、湖南、江西、广西、黑龙江、吉林、辽宁等地区。

四、注意事项

旱直播后灌水使土壤相对含水量达到 40%～60%，以保证种子正常发芽。品种选择须经过抗旱性鉴定，抗旱等级须达到 3 级以上。

技术依托单位

上海市农业生物基因中心

联系地址：上海市闵行区北翟路 2901 号

邮政编码：201106

联 系 人：毕俊国　罗利军

联系电话：021-52230526

电子邮箱：sagc@sagc.org.cn

高食味粳稻全环节优质丰产高效生产技术

一、技术概述

（一）技术基本情况

超高产技术为水稻科学进步和粮食安全做出了重大贡献，但是随着经济快速发展和人民生活水平提高，粳稻生产正在从产量为主转变为产量和品质并重，甚至食味品质优先。为满足人民"吃饱"以后"吃好"的需求，发展优质水稻势在必行，但北方优质粳稻发展还面临以下主要问题：①高食味粳稻种植面积比例较小，难以满足人们对优质稻米的需求，生产供给不足；②技术集成、融合度不够，良种良法配套技术相对欠缺，导致优质粳稻产量低、不宜现代化轻简化生产，效益差；③优质粳稻区域化、规模化、标准化生产程度相对不足；④生产经营主体多参照以往经验模式开展，缺乏有效的优质技术模式，迫切需要开展高食味粳稻优质丰产高效生产技术的集成、培训及示范推广。

技术研究团队搭建了品质高效评价技术体系，提出了以高食味优质粳稻为亲本，精准配组、高效精准聚合目标基因的育种技术路线，并成功培育出沈农625和沈农598等优质丰产高效粳稻新品种。并以高食味优质粳稻品种为基础，集成配套区域布局、规模化种植、育苗播种、整地移栽、本田施肥灌溉、病虫草害防治、收获储存等各环节关键技术措施。其中，生物炭基质育苗、稀植培壮秧、晚育早插、稳蘖攻粒精准施肥等轻简高效、环境友好，能有效解决北方优质粳稻生产中良种良法配套差、技术集成融合度不高等关键问题，为高食味粳稻优质丰产高效生产提供有力技术支撑，促进北方水稻生产由高产为主转向优质、高产、高效并重发展，社会、生态和经济效益显著，标志着北方粳稻继超高产研究后在优质高效领域取得又一重大突破，促进农民增产增收、带动农村发展，助力乡村振兴。

（二）技术示范推广情况

通过优质品种选育和优质丰产高效栽培技术等成果试验示范推广应用，显著提高粳稻优质化和集约化的综合生产能力，2018年在10个示范区重点推广应用，2019年在19个示范区推广应用，2020年在31个示范区推广应用，2021年在31个示范区推广应用，目前推广应用面积720万亩以上，且呈现逐年增加趋势。其中，2020年辽宁省多地平均产量9 435.75kg/hm²，较当地平均产量8 574.47kg/hm²（国家统计局，2019）增产10%以上，优质丰产高效栽培技术模式较常规生产减氮11%~25%。高食味优质粳稻品种辅之优质丰产高效栽培技术，稻米深受市场欢迎，售价收益颇丰，效益显著。技术成果在中央和地方多个主流媒体上报道宣传推介。

（三）提质增效情况

通过高食味粳稻全环节优质丰产高效生产技术模式示范推广，初步实现了节本、提质、增效。本技术注重打牢育苗、移栽和分蘖前期基础，减少田间投入，示范区较常规模式节本增效5%以上。其中，水稻工厂化生物炭基质育苗技术促进水稻秧苗早生快发，生长加速0.2~1.3叶龄。加之植伤轻、返青快，有效生育期可延长5~10d。秧田期缩短3~5d，每万盘秧苗节省管理用工 1.5～2.5 人，轻简高效。全环节技术模式的实施实现了节本增效。通过晚育早插、稳蘖攻粒等精准施肥技术，提高水肥资源利用效率，施氮量较常规减氮 11%～25%，节水 12% 以上。同时，通过病虫草害绿色防控技术、环境友好保护耕地技术、优质丰产高效生产技术模式的实施，实现了资源节约及环境友好的同时促进农民节本增产增收，初步实现绿色增效。应用本技术规范化生产收获的优质水稻，稻米食味显著提升，品质相关指标较高，深受市场欢迎，具有较高的效益，实现了优质增效。

（四）技术获奖情况

相关技术获 2020 年度辽宁省高等学校十大科技进展、2020 年辽宁省农业主推技术、2019 年度辽宁省科学技术进步奖一等奖；在此技术支持下，沈农 508 等品种获全国优质稻品种食味品质鉴评金奖，沈农 625 获中国·黑龙江国际大米节银奖。

二、技术要点

（一）核心技术

区域化布局、规模化种植、选择优质粳稻品种、稀植晚育早插、稳蘖攻粒、水肥（前减保中优后）精准调控、节水节肥、病虫害综合防治、适期收获、单收单储存。

（二）全环节关键配套技术

1. 区域化种植

高食味优质粳稻适宜生态区。

2. 规模化种植

推广单品种连片种植。

3. 规范化种植

（1）品种选择　选择适宜本区域种植，综合抗性强，稻谷质量指标符合优质稻谷 GB/T 17891 规定 2 级及以上，稻米直链淀粉含量 14.0%～20.0%，异品种率≤3.0%，杂质含量≤1.0%，谷外糙米含量≤2.0%，黄粒米含量≤1.0%，不完善粒含量≤3.0%，色泽气味正常，整精米率≥61%，垩白度≤4.0%，食味品质≥80%；米饭颜色洁白、有光泽、结构紧密，饭粒完整，口感爽滑、黏性弹性硬度适宜，咀嚼时有清香和甜味，冷饭后黏性弹性硬度仍适中等米饭感官品质评价符合 GB/T 15682《粮油检验　稻谷、大米蒸煮食用品质感官评价方法》规定较好及以上的优质粳稻品种。

（2）种子质量　种子质量要求种子纯度≥99.5%、发芽势≥85%，发芽率≥95%，水分含量≤14.5%，盐水选种选出率≤2%。泡种前，选择晴天晒种 2～3d。用脱芒机将种子芒和小枝梗除掉，脱芒后的种子糙米率≤1%、青粒率≤0.5%、除芒率≥98%。常规浸种、消毒催芽、晾芽。

（3）产地环境　环境空气质量应符合 GB 3095《环境空气质量标准》的规定，土壤环境质量应符合 GB 15618《土壤环境质量　农用地土壤污染风险管控标准（试行）》的规定，农田灌溉水质量应符合 GB 5084《农田灌溉水质标准》的规定。

（4）育秧　采用工厂化育秧。

① 场地选择和要求。选择地势高、背风向阳、平坦、土质肥沃、有水源条件、交通方便的地块。建棚后要留有充分空地，方便运送和堆放各种育苗材料。根据水田分布状况集中建棚。育苗场地四周和育苗棚间要挖排水渠系，周边沟宽 1.5～2.0m、深 0.8m，棚间沟深

0.2～0.3m，要沟渠相连、排水通畅。秋季进行翻（旋）耙，苗床表面平整，每 10m² 内高低差不大于 0.5cm，土壤细碎，无直径大于 0.5cm 的土块和直径大于 0.2cm 的石块，没有长于 0.3cm 的根茬等杂物，整平后进行镇压。力争苗床表面平整紧实，摆盘时可与土壤紧密接触。

② 基质选择或床土配制。推荐选择水稻工厂化生物炭育苗基质。生物炭育苗基质是以农林废弃物制成的生物炭为载体，根据水稻秧苗所需养分和适宜 pH，配以腐熟的畜禽粪便、蛭石、珍珠岩、菌渣和草炭等材料，具备良好保水性、保肥性、通气性和根系固着力的混合物料。

育苗基质也可选择质地疏松、土质肥沃、无草籽和残茬的客土粉碎过筛，按照每盘客土 3.0kg 配以优质农家肥 1.0kg 以上、壮秧剂 1% 左右进行配置。育苗基质 pH 调整值 4.5～5.5，有机质含量 4% 以上、速效氮含量 150～200mg/kg、有效磷含量 20～40mg/kg、速效钾含量 150～200mg/kg，土壤容重 1.1g/cm³ 左右。

③ 播种。根据棚室温度、品种生育期和移栽时间确定播种期。一般 4 月上中旬日平均气温＞5℃即可播种，以 4 月中下旬播种为宜。播种量为每盘 3 500～4 000 粒。采取机械自动化流水线播种。每盘装育苗基质厚度 2.0～2.5cm，上平面较盘面低 2～4mm；浇水后盘内育苗基质全部湿透，盘底部稍有渗水，上面不积水。要将种子盖严，覆盖厚度 0.5～0.7cm，没有露种现象。播种后可根据实际需求选择覆盖塑料膜或无纺布，保温、保湿。

④ 苗期管理。当秧苗出苗达到 80% 以上，及时撤掉薄膜或无纺布。出苗前白天维持棚温 28～30℃，注意提温保湿，棚内温度不超过 32℃时一般不用通风，保持基质湿润。秧苗 1.5 叶期注意通风炼苗，温度维持在 25～28℃，秧苗 2.5 叶期开始温度降到 18～25℃，夜间温度保持 12～15℃，适当控水，卷叶补水。补水方式以喷淋为宜，补水时间以早晨或傍晚为宜。移栽前 3～4d 温度应不低于 12℃，断水炼苗。管水原则是缺水浇水，只浇不灌，见湿见干。育苗基质养分一般可以保证稻苗正常生长，若稻苗出现脱肥现象，酌情及时追肥。插秧前追送嫁肥，科学管水，合理施肥，调整好温度防止秧苗徒长，提高秧苗的素质，增强对病害的免疫能力。

（5）整地移栽　整地宜精细整地，田平泥烂，高低落差不超过 3cm。移栽期一般在 5 月中下旬，当气温稳定通过 13℃，秧苗叶龄 3.0～3.5 叶、株高 12～15cm、茎基部宽 2.0～2.2mm、百株鲜重 12～15g、百株干重 3g 以上且整齐一致、个体间差异小、无枯叶、无病害、成苗率高、单位面积苗数均匀、根白、根粗、根量大、起秧时不散落即可移栽。移栽密度 30cm×（14～20）cm，每穴 2～4 株苗。机插根据土壤沙黏程度，耕整地放置 1～3d 后进行移栽，泥土稀干标准以插秧时秧苗不下陷、不倾斜、不露根部茎基为宜。移栽时田间宜保持 2cm 以下的薄水层或泥土呈湿润状态。插秧深度为 1.5～2.5cm。其他按照常规整地移栽进行。

4. 规范化本田管理

（1）施肥

① 施肥要求及氮肥运筹。根据土壤肥力和水稻不同生长发育期对养分的需求规律，肥料应以有机肥为主，有机肥与无机肥相结合，大量元素与微量元素相配合，氮磷钾平衡施用。全生育期氮、磷、钾用量按照 N：P₂O₅：K₂O＝2：1：1 比例施用；纯氮施入量宜为 120～190kg/hm²，按照基肥、蘖肥、穗肥（3～4）：（2～3）：（3～4）的比例施用。肥料使

用应符合有机肥料及肥料合理使用准则的相关规定。

② 基肥。与机械整地移栽相结合，耙地前施入有机肥和化肥纯氮 45～75kg/hm²，磷肥全部施入，钾肥按照总量 50％施入。

③ 蘖肥。出穗前 50～60d 施入纯氮 30～45kg/hm²，施肥量视土壤肥力和水稻田间长势而定。

④ 穗肥。出穗前 15～30d 施入纯氮 45～75kg/hm²，钾肥按照总量 50％施入。

（2）灌溉　移栽时浅水灌溉，保持水层 1～3cm；移栽后至返青，保持水层 3～5cm；返青至有效分蘖末期，保持浅水与自然落干交替；有效分蘖临界期，晒田与适度复水交替进行；幼穗分化期至抽穗开花期浅水灌溉，保持水层 3cm 左右；乳熟期至蜡熟期浅湿间歇，干湿交替、以湿为主；黄熟期，排干水层。

（3）主要病虫草害绿色防控　病虫草害防治坚持"预防为主，综合防治"，以农业防治为基础，优先选用物理防治和生物防治措施，科学安全使用化学防治措施，实现安全、有效、经济、简便、环保的绿色防控目标。

选择优质、抗性强且适合当地种植的粳稻品种，合理布局定期轮换种植，避免长期单一化种植携带同一抗性基因的品种，注意清除菌源、压低虫源基数、加强水肥管理。

利用二化螟的趋光性，选用波长 360～480nm 的杀虫灯对二化螟成虫进行诱杀（物理防治）；通过释放赤眼蜂，在二化螟卵始见期，释放人工繁殖的赤眼蜂，每次每亩释放 12 000 头（生物防治）；还可采用二化螟性诱剂，对二化螟成虫进行诱杀，降低成虫交配繁殖数量，减轻下一代发生危害。

在生产过程中可结合浸种催芽，进行药剂浸种防治水稻恶苗病，在移栽前注意防治稻水象甲，水稻破口期防治穗颈瘟和稻曲病，水稻分蘖末期注意防治水稻纹枯病。杂草选择在插秧前 3～5d 杂草未萌发出土时防治。坚持以"预防为主，综合防治"为防治原则，按病虫草害发生规律科学防治，对症适时适量用药。

（4）抗低温强化栽培技术　如遇苗期低温冷害以物理防治措施为主，当苗期遇较严重低温天气或霜冻，夜间于育苗棚内每隔 5m 点 1 支小蜡烛或煤油灯，并在苗床表面覆盖一层地膜，待低温过后立即撤除地膜。另外，如果低温持续时间较长，可适时采用熏烟、电热线、三膜覆盖、棚外围挡稻草等酿热物等物理措施进行增温保温。低温过后，及时检查苗情，一旦发生冷害，及时采取追肥浇水等补救措施。视苗情需要科学采取化学措施。另外，还可追施一次送嫁肥，更好地达到壮秧目的。

灌浆期是保障水稻品质的关键时期，灌浆期遭遇霜冻可利用烟熏法、灌水法等措施防治。根据天气预报预测有霜冻的夜晚，在稻田周边熏烟可有效减轻和避免霜冻灾害。深灌水是预防霜冻简易可行的方法，可减慢水稻夜间温度下降速度，提高地温，注意霜冻后要及时撤水晒田。

5. 规范化收获与储藏

齐穗后 50d，当 90％的稻粒颖壳变黄时应适时收获。收获后及时晾晒，或采用烘干机械低温烘干，含水量以降至 14％～16％为宜。香型稻谷宜控制脱水时间，减少香味挥发，以免影响食味。达到安全含水量时，入库储藏。

三、适宜区域

该技术适宜在高食味优质粳稻地区推广应用。

四、注意事项

依据水稻生长不同时期的需水肥规律、当地病虫害及天气变化，及时应变管理，科学种植管理防灾减灾。

技术依托单位

沈阳农业大学

联系地址：辽宁省沈阳市沈河区东陵路 120 号

邮政编码：110866

联 系 人：唐　亮

联系电话：13842003655

电子邮箱：tang_liang@syau.edu.cn

杂交稻单本密植大苗机插栽培技术

一、技术概述

（一）技术基本情况

为应对规模化、机械化生产条件下杂交稻种植面积下滑的挑战，针对传统机插杂交稻用种量大及由此带来的秧龄期短、秧苗素质差、双季稻品种搭配难等技术难题，研发了精准定位播种、旱式育秧（干谷湿播旱管）、大苗机插、单本密植、低氮栽培等农机农艺措施有机融合的杂交稻单本密植大苗机插栽培技术。技术配套核心专利产品水稻印刷播种机通过了农机鉴定并进入批量化生产，水稻种衣剂获批农药登记并进入了产业化开发应用。

（二）技术示范推广情况

该技术为农业农村部农业主推技术、科技部农村中心"十三五"科技计划成果"进园入县"行动技术、湖南省农业主推技术。2016年以来，在湖南、江西、湖北、安徽、重庆、云南、广东、广西、海南等省（直辖市、自治区）的50多个县（市、区）对技术进行了推广应用。其中，年应用面积达1万亩以上的合作社3个、2万亩以上的合作社1个。

（三）提质增效情况

与传统机插栽培技术相比，该技术可使机插杂交早稻每亩大田用种量由3.0～3.5kg减少至1.5～1.7kg、杂交中晚稻由1.7～2.0kg减少至0.7～0.9kg，秧龄期由15～20d（叶龄2.5～3.5叶）延长至25～30d（3.9～5.7叶），秧苗素质大幅度提高，每亩大田育秧成本由60～80元减少至35～40元，杂交稻早晚稻每亩氮肥用量由10～12kg减少至8～10kg、杂交稻中稻氮肥用量由每亩12～14kg减少至10～12kg，产量提高10％以上。

（四）技术获奖情况

该技术获首届中国（三亚）国际水稻论坛组委会年度创新技术奖；技术研发团队获首届驻长高校知识产权在长转化优秀创新团队奖；技术视频获第十届湖南省优秀科普作品奖。

二、技术要点

（一）品种选择

选择适合当地种植的杂交稻品种。早晚稻品种根据当地安全齐穗要求进行搭配。

（二）种子处理

1. 种子精选

应用光电比色机对商品杂交稻种子进行精选，去除发霉变色的种子、稻米及杂质等。

2. 种子包衣

应用商品水稻种衣剂（含杀菌剂、杀虫剂、微量元素、生长调节剂），将精选后的种子进行包衣处理。

3. 定位播种

应用印刷播种机播种。早稻每个点位播种2粒，中晚稻每个点位播种1～2粒。

（三）育秧

1. 播种期

根据适宜机插的秧龄，参照当地常规栽插时间选择适宜播种期。按照生产规模做好分期播种，防止秧苗超龄。

2. 育秧方式

采用稻田泥浆育秧或分层无盘旱育秧。

（1）稻田泥浆育秧 选择交通便捷、排灌方便、土壤肥沃的稻田作为秧田。播种前 3～4d 将秧田整耕耙平后，每亩秧田施用 45% 复合肥 20～40kg。秧田开沟做厢（沟宽 50cm、厢面宽 130～140cm）。秧盘沿直线四盘靠紧竖摆于厢面上。将沟泥中的碎石、禾蔸、杂草等剔除后装盘（厚度 1.5～2.0cm）；种子朝上平铺印刷播种纸张；覆盖基质（厚度 0.5～1.0cm），喷水湿透基质。对于早稻育秧，秧床需用杀菌剂消毒。

（2）分层无盘旱育秧 选择平整的稻田、旱地或水泥坪作为育秧场地，采用岩棉＋编织袋布（或带孔薄膜）构建固定秧床进行分层无盘育秧，其技术要点如下：

构建水肥层：在育秧场地上铺放农用岩棉作为秧厢，浇水或灌水使岩棉湿透，每亩育秧场地喷施水溶性肥料（45% 复合肥）40kg 于岩棉上，然后在岩棉上铺放编织袋布（或带孔薄膜）。

构建根层：在编织袋布（或带孔薄膜）上铺放无纺布，在无纺布上覆盖专用基质（厚度 1.5～2.0cm），种子朝上平铺印刷播种纸张，覆盖基质（厚度 0.5～1.0cm）。

湿润出苗：用细雾浇水湿透种子及基质，保持基质透气、湿润（无水层）。

（四）秧田管理

早稻和中稻秧厢搭拱覆盖薄膜；晚稻秧厢用无纺布平铺覆盖。厢边用泥固定。

种子破胸后、出苗前保持厢面湿润，出苗后干旱管理炼苗。对于早稻和中稻，当膜内温度达到或超过 35℃ 时，揭开两端薄膜通风换气、炼苗；播种后遇到连续低温阴雨时，揭开两端薄膜通风换气。对于晚稻，在 1 叶 1 心期每亩秧田用 15% 的多效唑粉剂 64g 兑清水 32kg 细雾喷施，1 叶 1 心期后（最迟到秧苗 2 叶 1 心期）可揭开无纺布。

（五）大田选择与耕整

1. 大田选择

选择适宜机械化操作的稻田。

2. 大田耕整

于插秧前 2d 采用旋耕机或耕整机整地，要求翻耕深度 10～15cm，平整后的田块高低相差不超过 3cm。

（六）机械插秧

出苗后 25～30d 或秧苗 3.9～5.7 叶期进行插秧。机插密度早稻每亩 2.4 万穴以上，晚稻每亩 2.0 万～2.2 万穴，中稻每亩 1.6 万穴以上。

（七）大田管理

1. 大田施肥

每亩氮肥（N）用量早晚稻为 8～10kg，中稻为 10～12kg，分基肥（50%）、蘖肥（20%）和穗肥（30%）3 次施用。每亩磷肥（P_2O_5）用量早晚稻为 3.2～4.0kg，中稻为 4.0～4.8kg，全部作基肥施用。每亩钾肥（K_2O）用量早晚稻为 5.6～7.0kg，中稻为 7.0～

8.4kg，分基肥（50％）和穗肥（50％）2次施用。

2. 大田管水

分蘖期浅水灌溉；当每亩苗数达18万～20万株开始晒田，晒至田泥开裂；一周后复水，保持干湿交替灌溉；孕穗至抽穗保持浅水；抽穗后保持干湿交替灌溉；成熟前一周断水。

3. 大田病虫草害防治

按照当地植保部门病虫情报，确定防治田块和防治适期，对病虫草害进行防治。推荐使用翻耕灌深水灭蛹、性信息素全程诱杀、种植诱杀和天敌功能植物、稻田养鸭等绿色防控技术。

（八）收获

当90％以上的稻谷成熟时，选晴天采用收割机及时收割脱粒。

三、适宜区域

南方籼型杂交稻生产区域。

四、注意事项

在种子质量、播种质量、育秧技术等到位的情况下可确保出苗整齐，并可将机插漏蔸率控制在10％以内。在实际生产中，若机插漏蔸率超过10％，可适当增加栽插密度，以密度弥补漏穴的损失，实现机插杂交稻的高产高效绿色栽培。

技术依托单位

湖南农业大学

联系地址：湖南省长沙市芙蓉区农大路1号

邮政编码：410128

联 系 人：黄　敏　邹应斌

联系电话：0731-84618076

电子邮箱：mhuang@hunau.edu.cn　　ybzou123@126.com

水稻有序机抛高产高效栽培技术

一、技术概述

（一）技术基本情况

水稻抛秧栽培以早发、省工、节本、高效、稳产等特点受到我国稻农的欢迎和广泛接受。但是，传统的无序撒抛在作业效率、群体通风透光、病虫害控制、高产稳产等方面仍存在不足。针对上述不足，顺应生产需求，2017年湖南巽地农机制造有限责任公司发明了水稻有序抛秧机。自2018年起，湖南农业大学先后与湖南巽地农机制造有限责任公司和湖南中联重科智能农机有限责任公司（2019年收购湖南巽地农机制造有限责任公司）合作，开展了水稻有序机抛栽培与其他栽培方式的比较研究，并进行了育秧、密度、氮肥运筹、水分管理等关键栽培参数与农艺措施的研究，创新集成了机艺融合的水稻有序机抛高产高效栽培技术，克服了传统撒抛栽培的不足，在双季早稻、双季晚稻、一季晚稻、再生稻上的试验示范均表现出返青快、分蘖快分蘖多、通风透光好、穗多结实好、增产稳产等优势。2020年由湖南中联重科智能农机生产的水稻有序抛秧机正式推向市场。2020—2021年水稻有序机抛栽培技术连续两年被湖南省列为农业主推技术并于2020年底立项制定地方标准。湖南省作物学会、湖南省农学会多次组织专家对水稻有序机抛高产高效栽培技术进行了测产和第三方评价，认为该技术解决了人工抛秧分布无序、稀密不匀和机插秧深浅不一、秧苗损伤较大等问题；所研制的抛秧机具设计合理，操控性强，农艺技术先进，示范效果好，实现了有序抛秧机艺融合，具有广阔的推广应用价值。

（二）技术示范推广情况

2021年，该技术在江西、安徽、江苏、湖北、四川、黑龙江等省份进行示范。湖南省80个水稻产粮大县（区）已覆盖69个，大户有序抛秧机拥有量1 544台，GPS（全球定位系统）统计有序机抛面积2020年35.01万亩，2021年75.92万亩，累计示范推广面积已超过110万亩。在湖南醴陵市、益阳市大通湖区、常德市西洞庭管理区、岳阳市、浏阳市、衡阳市等30余个县、市、区开展了百亩对比示范，平均比机插增产5%～15%。2022年湖南省农业农村厅农业机械化管理处已明确将在75个县按四大类型进行整乡成建制重点推进，预期推广面积将超过350万亩。

（三）提质增效情况

连续4年通过大田试验和对比示范，对水稻有序机抛和机插、手抛、手插、撒直播、机直播等种植方式进行了比较，证实水稻有序机抛栽培具有节本增效、增产稳产、减肥减药和防灾减损的效果。

1. 节本增效

水稻有序抛秧机抛秧幅宽可达2.5～3.0m，高于机插的2m；作业效率达6～10亩/h，大幅高于人工撒抛，也高于机械插秧；同时，种子投入较机械插秧降低5%～15%，节本增效明显，如再生稻模式下，有序机抛的两季纯收益较其他4种种植方式每亩增加193.5～

326.2 元。

2. 增产稳产

水稻有序机抛分蘖发生快而多，成穗率高，植株田间分布有序，通风透光性好，单位面积有效穗数较机插、手插提升 15%～25%，结实率较无序撒抛提升约 5%。水稻有序机抛在双季稻、再生稻、一季晚稻等生产示范中均取得高产，在核心示范中较插秧增产 12.4%～28.3%，较无序撒抛增产 2.8%～8.9%；在湖南省 30 余个县、市、区的对比示范中，平均比机插增产 5%～15%，增产稳产作用突出。

3. 减肥减药

水稻有序机抛返青快、发苗快，通过以苗压草和以水控草，大幅减少除草剂施用，部分农户采用有序机抛可以不施用除草剂；抛秧机株距、行距可调，适于增密减氮，如早稻由每亩 1.7 万蔸增加到 2 万蔸以上，可减少化学氮肥施用 20%。

4. 防灾减损

水稻有序机抛返青快、分蘖快、成熟早，本田生育期单季较机插、直播分别平均缩短 5～14d，双季稻周年本田生育期较机插可以缩短 10～15d，有效减少双季晚稻和再生稻遭遇寒露风的风险。如 2020 年湖南省晚稻生产遭遇严重寒露风危害的情况下，水稻有序机抛结实率较机插提高近 70%，减灾稳产效果显著。

（四）技术获奖情况

该技术已获得发明专利 8 项，技术规程地方标准 3 项，编著出版《水稻机械有序抛秧栽培技术手册》1 部，但 2020 年和 2021 年被湖南省农业农村厅列为农业主推技术。

二、技术要点

（一）选好种

水稻有序机抛栽培推荐选用抗倒性较强的品种。同时，结合各地生态特点和用户需求，选择生育期适宜、抗逆性强、丰产性与稳产性好、品质优等综合性状优良的通过审定的水稻品种。

（二）育好苗

秧苗要求宜机适抛，即株高适宜（6～20cm）、成蔸不散、空蔸率低，同时盘底不黏土、蔸间不串根。

1. 用种量

（1）用种量根据品种类型而定　早稻常规种每亩 4～5kg，杂交种每亩 2.5kg 左右；晚稻常规种每亩 3～4kg，杂交种每亩 2kg 左右；一季稻常规种每亩 3kg 左右，杂交种每亩 1.5kg 左右。播种要求：早稻常规稻 6～8 粒/穴，杂交稻 3～4 粒/穴；中晚稻常规稻 4～6 粒/穴，杂交稻 2～3 粒/穴。

（2）种子要求　种子不含空秕粒与杂质、无芒、均匀，否则要清选；杂交稻种子发芽率达 90% 以上，若达不到需进行精选。

2. 种子适播处理

（1）种子精选　在浸种前采用水选、风选对种子进行精选，提高种子的适播性及发芽出苗率。有条件的建议采用重力选机进行精选。

（2）种子消毒　采用种子包衣（浸种前）、杀菌剂拌种（种子破胸后）或浸种对种子进行消毒。

（3）浸种催芽 水温 30℃左右浸种至谷壳透明、米粒易折断、腹白可见，一般常规稻早稻浸种 2～3d，中晚稻 1d 左右，杂交稻浸种时间减半。中晚稻建议采用 0.003% 多效唑溶液浸种 8h 或 0.004% 烯效唑溶液浸种 12h 以控制苗高。浸种后早稻采用催芽机温水破胸或高温破胸，中晚稻利用自然温度破胸，当种谷破胸露白率达 85%～90% 时晾干水分待播。

3. 播种与接地摆盘

采用秧盘播种流水线播种，要先按要求配制好钵土（底土和盖土）；播种后在大棚、场地或秧田育秧，或采用秧田直接摆盘播种泥浆育秧。摆盘前应在秧厢上铺设隔泥层/切根网（建议使用无纺布、编织布或细纱窗网），摆盘应良好接地。大批量生产时应分批播育秧，按 100 亩左右一批，每批间隔 3～4d，最后一批播种不晚于迟播临界期。

4. 秧田分阶段管理

（1）出苗齐苗阶段 保水保温，促出苗齐苗。秧田或旱田摆盘后灌一次水（1d），但水不漫过秧盘；大棚或设施育秧，充分喷淋水，保持床土湿润；温度控制在 35℃ 以内。

（2）秧苗生长阶段 适温控水，以控水、健根、壮苗为主。齐苗后控水，只要不卷叶，缺水补水；一叶一心期叶面喷施多效唑 1～2 次；齐苗—二叶期前，使生长速度适宜，温度控制在 25℃ 左右；二叶期—三叶期，控制在 20℃ 左右。当发现秧苗发黄，结合补水看苗施肥。

（3）炼苗、起秧阶段 三叶期后，逐渐通风炼苗，使秧苗尽快适应外界环境条件；抛秧前 2～3d 湿润施送嫁肥、送嫁药；起秧前灌跑马水。

（三）抛好秧

1. 大田选择与耕整

选择适宜机械化操作的稻田，于抛秧前 0.5～3d 采用旋耕机或耕整机整地，要求旋耕深度 10～15cm，平整后的田块高低相差不超过 5cm；平田前根据施肥要求施好基肥。

2. 抛栽密度

早稻每亩 2.2 万穴左右（55～60 盘），双季晚稻每亩 1.9 万穴左右（45～55 盘），中稻、一季晚稻和再生稻每亩 1.7 万穴左右（35～45 盘）；如漏蔸率超过 10%，需适当增加抛栽密度。

3. 有序机抛

使用水稻有序抛秧机进行抛栽，秧苗株高控制在 20cm 以下。抛秧时大田保持无水湿润或不超过 3cm 的浅水层。

（四）管好禾

1. 养分管理

氮肥（N）亩用量双季早、晚稻 8～11kg，分基肥（50%）、蘖肥（30%）和穗肥（20%）3 次施用；一季晚稻和再生稻头季 13～15kg，分基肥（50%）、蘖肥（20%）和穗肥（30%）3 次施用。磷肥（P_2O_5）亩用量早稻和双季晚稻为 3.2～4.0kg，中稻和再生稻为 5.2～6.0kg，全部作基肥施用。钾肥（K_2O）亩用量早稻和双季晚稻为 5.6～7.7kg，中稻和一季晚稻为 9.1～10.5kg，分基肥（50%）和穗肥（50%）2 次施用。

2. 水分管理

早稻抛秧后 2～3d 不灌水以利于立苗，中晚稻抛秧 1d 后应及时灌水。水分管理应注重少水促根，提高抗倒性，分蘖期田间以浅水和湿润为主，当苗数达到预计有效穗的85％时断水搁田，并转入晒田，一周后复水，保持干湿交替灌溉；孕穗至抽穗保持浅水；抽穗后保持干湿交替灌溉；成熟前一周断水。

3. 病虫害防控

按照当地植保部门病虫情报，确定防治田块和防治适期，对病虫害进行防治。推荐使用翻耕灌深水灭蛹、性信息素全程诱杀、种植诱杀和天敌功能植物、稻田养鸭等绿色防控技术。

4. 适期收获

当90％以上的稻谷成熟时，选晴天采用收割机及时收割脱粒。

三、适宜区域

适宜于全国可以进行机械化栽培的水稻产区，尤其适合于季节紧张的双季稻、再生稻和一季稻（虾稻）生产。

四、注意事项

水稻有序机抛高产高效栽培技术的运用应切合当地水稻生产特点，因地制宜落实栽培方案；同时，培育宜机适抛秧苗是重中之重，应切实做好水稻育秧工作。

技术依托单位

1. 湖南农业大学

联系地址：湖南省长沙市芙蓉区农大路1号

邮政编码：410128

联 系 人：唐启源

联系电话：15116439119

电子邮箱：qytang@hunau.edu.cn

2. 湖南中联重科智能农机有限责任公司

联 系 人：王心丹

联系电话：13975100310

寒地水稻标准化诊断调控技术

一、技术概述

（一）技术基本情况

水稻是黑龙江省的主要粮食作物，种植面积连年增加，截止到 2017 年，全省种植面积已达 6 000 万亩，居全国首位，所产稻米品质优良、绿色安全，供给区域覆盖全国各地。黑龙江省水稻产业集科研、生产、开发和销售等为一体，不仅是该省经济的重要组成部分，更为保证我国粮食安全做出了突出贡献。黑龙江省水稻科学历经多年发展，已取得长足的进步，为该省水稻行业的发展提供了坚实的理论基础和技术支撑。以"旱育稀植三化栽培技术""寒地水稻叶龄诊断技术""寒地水稻优质米生产技术"等为代表的先进生产技术构成了指导全省水稻生产的技术体系。但在技术的传播和应用上，还存在明显的不足，由于地域和传输渠道的限制，先进的水稻生产技术不能及时和精准地传播；受到自身水平的制约，农民对技术的掌握和灵活应用也进一步影响水稻的安全生产。这就导致生产上出现品种选择不合理、育秧水平低、肥水管理不当、病害和药害频发、抗自然灾害能力弱等多个问题，给黑龙江省水稻的安全生产带来极大的隐患。

黑龙江省农垦科学院水稻研究所在总结前人研究基础上，结合多年的试验结果，完善和更新寒地水稻生产的技术标准（包括水稻的生长发育标准、农时标准和农事活动标准），并与计算机、互联网、遥感及其他高新科学技术相结合，形成了现代化水稻生产新技术"寒地水稻标准化诊断调控技术"。内容涉及施肥、灌溉、植保、耕作和农田基础设施建设等多个方面，为寒地水稻生产提供了翔实、全面和科学的理论依据和技术标准。同时，研发出基于移动网络的智能手机软件《稻得经》，使水稻科学技术标准的传播以信息化的方式进行，提高了高新水稻科学技术的传播效率，开启寒地水稻生产智能模式。

该项技术于 2019 年完成课题鉴定，鉴定结果：技术水平达国内领先水平，适合在寒地稻作区推广、普及应用。

（二）技术示范推广情况

目前，寒地水稻标准化诊断调控技术已进行大面积示范推广，覆盖黑龙江省水稻的主要产区，年应用面积超过 100 万亩，累计应用面积已达 600 万亩。配套书籍《寒地水稻生育智慧调控技术》发放 10 000 余册，培训 40 余万人次；软件用户达 8 000 余人，"专家答疑"功能已向用户开放，近四年水稻种植期间，回答农户 2 000 余个问题，实现了良好的技术服务效果。

（三）提质增效情况

寒地水稻标准化诊断调控技术的推广与应用，指导农民科学选择品种，降低虚假宣传和盲目购种的风险，减少了因栽培技术差导致生产事故的概率，提高病、虫、草和冷害的防治效果，增加劳动生产效率，平均增产超过 5%，米质达国家标准三级以上，亩增效益超过 100 元。

（四）技术获奖情况

2020 年，寒地水稻标准化诊断调控技术获黑龙江省农垦总局科学技术进步奖一等奖。

二、技术要点

该技术把寒地水稻生产技术标准与计算机技术、互联网技术和其他先进科学技术相结合，形成现代化水稻生产新技术和新装备。以该技术为理论基础研发的手机软件《稻得经》，是国内首款以寒地水稻生产为目标的手机软件，具有三大主要功能：产前智慧决策、产中智能管理和产后数据分析。

（一）产前智慧决策

《稻得经》软件数据库（农事百科）收录了黑龙江省近十年及超过十年但仍有一定种植面积的审定品种信息，还收录了黑龙江省寒地稻区主要栽培模式的介绍，用户在产前根据自身情况选择适宜的种植模式和水稻品种。

（二）产中智能管理

软件中的"标准种植"提供水稻生产的全程技术标准；在"我的田"内，软件根据水稻生育信息，进行精准诊断并提供智能生产调控措施；"智能灾害预警系统"帮助农民进行病、虫和冷害防治；用户通过"专家答疑"功能程序以文字、图片和视频的方式提问，省农垦科学院水稻所专家团队在24h内回答；在"首页"的"通知公告"中，有新技术、新装备和新品种介绍和水稻技术专家撰写的科技文章。

（三）产后数据分析

软件记录水稻生产信息，包括开销、肥料使用、品种、土地及其他信息，帮助用户进行全年的生产总结。该软件2020年获得计算机软件著作权。

《稻得经》软件是"寒地水稻标准化诊断调控技术"的重要组成部分，兼具标准化、智能化、精准化、简便化和时效性的特点。该软件不仅可用于指导水稻生产，提高农民种植水平，还为从事水稻科研的科技人员提供数据支持，包括：水稻生长发育信息、农事活动时间、肥料和花销信息、品种及分布状况等。这些数据来源于生产中，具有实时、快速、准确的特点。

三、适宜区域

"寒地水稻标准化诊断调控技术"适用于黑龙江省各水稻产区。

四、注意事项

对"寒地水稻标准化诊断调控技术"配套软件进行培训，使农民能够准确熟练使用。

技术依托单位

黑龙江省农垦科学院水稻研究所

联系地址：黑龙江省佳木斯市安庆街798号

邮政编码：154007

联 系 人：杜 明

联系电话：18245491721

电子邮箱：lestat7777@126.com

再生稻高产栽培技术

一、技术概述

（一）技术基本情况

再生稻是在头季水稻收割后，采用一定的栽培管理措施促进稻桩上的休眠芽萌发生长成穗而再次收割一季的水稻种植模式。目前，全国再生稻面积 1 500 万亩以上。据测算，在不影响双季稻生产的前提下，南方一季稻区还有约 5 000 万亩适宜发展再生稻的潜力。再生稻因其生育期短、日产量高、省种、省工、节水、调节劳力、生产成本低和经济效益高等优点，已成为我国南方稻区种植一季稻热量有余而种植双季稻热量又不足的地区提高复种指数、增加单位面积产量和经济收入的有效措施之一。

但再生稻生产模式在部分地区存在政府重视不够，农民没有把再生季真正当一季粮食，往往抱着"有收就收、无收就丢"的态度，技术管理粗放，导致蓄留的再生稻产量较低，制约了再生稻的推广应用。本技术模式通过筛选适宜机械收割的再生稻品种、优化肥水管理，集成再生稻高产栽培技术，提高再生季产能，促进增产增收，以有效提高农户种植积极性，带动水稻产能提升。

（二）技术示范推广情况

该技术目前已在南方稻区种植一季稻热量有余而种植双季稻热量又不足的地区累计推广应用 1 300 万亩以上。

（三）提质增效情况

据调查，2021 年再生季亩成本 160 元（化肥 70 元、机收费 70 元、水肥管理 20 元），亩均收益 580 元（稻谷按市场价 2.90 元/kg 计算），亩纯收益达 420 元，一种双收、效益突出。再生稻生长季节高温已过、降雨减少，避开了"两迁"害虫等病虫害危害高峰，一般年份不需要喷施农药。再生稻每亩仅需施用尿素 20～25kg，化肥投入量少。湖北试验表明，与双季稻生产相比，"中稻＋再生稻"模式肥料用量减少 30％～50％，农药用量减少 40％左右，是一种化肥农药减量增效的种植方式，是促进水稻绿色发展的重要途径。

（四）技术获奖情况

"再生稻丰产高效栽培技术集成与应用"荣获 2019—2021 年度全国农牧渔业丰收奖农业技术推广成果奖一等奖。

二、技术要点

（一）优选品种

再生稻种一次收两季，要选择通过国家或地方审定、生育期 130d 左右、稻米品质优、综合抗性好、再生力强和适合机械化生产的品种。

（二）适时播种

"春分"提早播种，争取头季稻"立秋"早收，确保把头季稻和再生季的抽穗扬花期安排在光温最佳时段，同时为再生季生长争取足够的时间，降低"寒露风"的威胁。部分季节矛盾紧张的地区建议在3月上旬播种。推荐采用集中育秧方式培育壮秧，机插秧秧龄控制在30d以内。确保再生稻机械化插秧漏插率不超过5％，伤秧率低于4％，均匀度合格率不低于85％，覆盖率达到98％以上。同时，还要确保秧苗呈现直行、充足、浅栽的栽植形式，做到不漂、不倒、不深。

（三）合理密植

头季稻适当密植是再生稻争多穗的基础，杂交稻机插移栽每亩推荐密度为1.4万～1.6万丛，每丛插3～4粒谷秧；常规稻机插移栽每亩推荐密度为1.4万～1.5万丛，每丛插5～6粒谷秧。杂交稻4万～5万株基本苗，常规稻6万～7万株基本苗。

（四）科学施肥

根据目标产量要求和所推广地区稻田土壤养分含量合理确定施肥量。中等肥力稻田头季稻每亩氮、磷、钾肥参考用量分别为N 10～12kg、P_2O_5 4～6kg、K_2O 9～10kg；注意氮肥后移，根据苗情适量施穗肥；施好促芽肥和促蘖肥，促芽肥在头季稻抽穗后15d或收割前10d左右施用（如不施促芽肥，应当在头季稻收割后加大促蘖肥用量），亩施尿素5～7.5kg和钾肥3～5kg；再生季促蘖肥在头季稻收后2～3d内早施，亩施尿素7.5～10kg（如未施用促芽肥，促蘖肥用量加大到12.5～17.5kg）。

再生稻头季收获后再生芽快速萌发

（五）精细管水

头季稻浅水分蘖、提早晒田、有水孕穗、花后跑马水养根保叶促灌浆，收割前1周断水干田，以利于头季机械收割时减轻收割机对稻桩的碾压；头季稻收获后晒田2d，复水且浅水层在1～2cm，促进再生蘖生长、中后期干湿交替。再生稻抽穗扬花阶段若遇寒露风可灌深水保温护苗。

（六）合理留桩

合理的留桩高度是再生稻机收能否成功和高产的关键技术之一。留桩高度应以再生季能安全齐穗为前提，结合提高再生季成熟的整齐度来确定。头季稻收割时一般稻桩高度保留倒二叶叶枕，机收控制留桩高度为40～45cm。长江中游地区头季稻在立秋前收割，留桩高度可降低到35cm左右；如头季稻在8月15日以后收割，应采用高留桩收割，留桩高度45cm左右。

再生稻再生季齐穗期

（七）防控病虫

病虫害不仅影响头季稻产量，而且严重影响再生芽萌发，要加强测报及时防治。以农业、物理、生物等综合防治为原则，选择高效、低毒、低残留的农药，采用高效宽幅远射程喷雾机或无人机等现代植保机械进行专业化统防统治，及时绿色防控。重点防治稻瘟病和纹枯病等病害和二化螟、稻纵卷叶螟、稻飞虱等虫害。5 月中旬防治二化螟，6 月中旬防治稻纵卷叶螟、稻飞虱、纹枯病、稻瘟病、稻曲病等。

（八）适时收获

再生稻头季最好在九成熟时收割。过早过迟收割都不好，过早收割既影响头季产量，又不利于再生萌发；过迟收割既会影响再生季安全齐穗，又会导致倒二节再生芽伸长后被收割机割断。适宜选用再生稻专用收割机或割台宽/履带宽比较大的全喂入联合收割机收割，合理规划收割路线，尽量减轻稻茬的碾压程度和比例。如无后茬季节矛盾，再生季应适当迟收，让其全部成熟后再收割。

再生稻头季机械收获

三、适宜区域

南方稻区种植一季稻热量有余而种植双季稻热量又不足的地区以及中稻-冬闲地区，灌溉条件满足两季生长需要且适合机械化作业的田块。

四、注意事项

该技术示范推广过程中，一定要注意稻瘟病、纹枯病等病害的防治和再生稻的水分管理。

技术依托单位

1. 全国农业技术推广服务中心
联系地址：北京市朝阳区麦子店街 20 号
邮政编码：100125
联 系 人：冯宇鹏
联系电话：010-59194509
电子邮箱：fengyupeng@agri.gov.cn

2. 华中农业大学
联系地址：湖北省武汉市洪山区狮子山街 1 号
邮政编码：430070
联 系 人：黄见良
联系电话：13100633046
电子邮箱：jhuang@mail.hzau.edu.cn

3. 福建农业科学院
联系地址：福建省福州市仓山区城门镇福建省农业科学院
邮政编码：350018
联 系 人：黄庭旭
联系电话：13860641750
电子邮箱：610143535@qq.com

再生稻绿色丰产增效技术

一、技术概述

（一）技术基本情况

再生稻作为双季稻的一种种植模式，具有"一种两收"和"四省"（省种、省工、省肥、省秧田）、"四高"（投入产出率高、劳动效率高、经济效率高、土地利用率高）及米质更优、绿色安全等特点。发展再生稻，既可以解决种植双季稻劳动力短缺和人力成本大幅度攀升的问题，并对保证区域口粮绝对安全、调优粮食生产结构有着重要的现实意义。农业机械化是现代农业生产的必然选择，然而机械化生产条件下再生稻生产仍然面临着适宜机收的强再生力品种选择难、头季机收碾压腋芽严重、再生季腋芽成苗率不高、产量不稳定、成熟整齐度差、整精米率低等亟待解决的生产实际问题。"十三五"以来，在国家重点研发计划专项"粮食丰产科技创新工程"的支持下，突破了再生稻机械化生产条件下减损、促发、增效等关键技术，创建了再生稻"优、早、足、干、低、控、迟"绿色丰产增效技术模式（基础模式）；将基础模式结合不同生态区资源特点，创新集成"两稻三鸭"开放共育绿色增效模式、再生稻-香芋轮作技术模式，实现社会、生态、经济效益显著提升。

（二）技术示范推广情况

本技术成果体现了轻简、高效、绿色的特点，符合现代农业发展需求，在江西省的应用面积由 2016 年的 40 万亩左右发展到 2021 年的 200 多万亩，技术覆盖率达 85% 以上，其中近三年累计示范推广 430 余万亩，累计增收稻谷 23 万 t，增收 5.3 亿元。

（三）提质增效情况

与双季稻模式相比，应用再生稻技术模式每亩可减少农资 70～80 元，降低物化劳动投入 125 元以上，节省劳动力成本投入 360 元，劳动效率提高了 2.5 倍；再生季 N_2O、CH_4 及 CO_2 累积排放量低于头季稻、早稻、晚稻及一季稻；基于再生稻基本模式创新集成的"两稻三鸭"模式，可降低头季稻田间纹枯病发生率 84.4%，食灭 87.6% 田间福寿螺（优于药防效果），减少了 65% 螺卵块及田间 75% 以上杂草，减少农药施用量 30%～40%；再生季亩均增产 30% 以上，双季平均增产 10% 以上，肥料利用率提高 12% 以上，经济、生态效益显著。

（四）技术获奖情况

经成果鉴定，本技术成果整体达到国际领先水平。

二、技术要点

（一）强再生力品种选择

创建了以头季成熟期剑叶光合速率、剑叶 SPAD 衰减指数、倒 4 叶 SPAD 衰减指数、茎秆基部第二节茎粗和根系伤流强度为主要指标的再生力鉴定方法，据此筛选了一批适合不同光温资源区种植的再生稻品种，明确了甬优 4949、甬优 4149 等丰产品种再生率高、低节位腋芽萌发、穗长穗大、综合抗性强是其再生季丰产的生理基础。

（二）头季早播足苗

头季 3 月中旬早播，提高双季光温资源利用，为丰产稳产建立物质基础。头季保证足够的基本苗（每亩 1.6 万～1.7 万穴），稳定头季穗数、培育大穗及再生季多穗来形成巨大的库容量，依靠提高头季后期的群体生长率、再生季萌发更多的再生分蘖来扩大群体叶面积、增加干物质净积累（生物量），是再生稻双季高产形成的调控途径。

（三）头季机插同步深施肥

头季稻采用机插同步深施肥料技术（养分配比 30％速效、40％60d 缓释、30％90d 缓释），可实现基肥、分蘖肥、穗粒肥及保根肥一次性深施完成，在头季稻总氮量节省 20％的条件下，可延缓头季稻后期叶片衰老，减少头季稻前中期无效分蘖的发生和植株养分损失，促进再生活芽多穗。

（四）头季稻水分管理

头季稻分蘖盛期开始控制土壤体积含水量在 25％～30％至头季收割前 10d 左右田间断水排干，有利于活芽保根、减轻碾压，提高再生率，实现双季丰产。

（五）机收低留桩

基于前期头季早播种、田间水分适干管理的前提，头季稻达到九成熟，在 8 月 15 日前采用机收低留桩 15～25cm（2.5～3.5 节位高度）可协调再生季穗数与腋芽碾压损失；8 月 15 日后收割头季，宜适当提高留桩高度至 30cm 左右（3.5～4.0 节位）。

（六）腋芽促发减损综合技术

1. 肥水耦合技术

头季收割后田间立即复水，干湿交替灌溉至再生季成熟；结合水分管理在头季稻收割后 3～5d 亩施尿素 5.0～7.0kg、氯化钾 2.5kg，至 15d 每亩再施用尿素 5.0～7.0kg、氯化钾 4.0kg 作穗肥。

2. 外源植物生长调节剂促发

外源喷施芸薹素内脂或邻硝基苯酚钠，可显著提高碾压区腋芽再生。芸薹素内脂的适宜喷施时期为收获前 4d 喷施一次或收获前 4d＋收获后 10d 喷施两次，浓度为 0.01～0.03mg/kg，每亩 20kg；邻硝基苯酚钠适宜喷施时期为收获前 7d 或 4d，1.8％溶剂 4 000 倍溶液喷施。

3. 减损配套技术

改传统宽幅履带为 35cm 窄幅履带，结合规划头季稻宽窄行栽插和"川"字形收割减损路线，全田碾压面积平均降低了 10％左右，碾压区产量平均损失率由 40％以上下降至 30％以下，减损增效 43.5％以上，再生季减少产量损失 17.7％。

（七）再生季完熟迟收

再生季完熟"三黄"（穗黄、叶黄、茎黄）迟收，可明显提高稻米加工品质，显著提高整精米率，改善外观品质，而再生季稻米胶稠度、支链淀粉含量及蛋白质含量等与食味品质相关的指标没有明显变差，再生季米质整体提高。

（八）绿色防控技术

1. "两稻三鸭"综合绿色防控

基于闲-稻-稻周年种植制度共育三季鸭子，可有效防控田间主要病虫草害。

2. 生物防控

采用生物农药和生物引诱灭虫（香根草诱虫灭杀）等生物措施，控制病虫害发生。

3. 物理防控

通过灯光诱杀、色板诱杀、防虫网防虫等物理措施防治病虫害发生。

4. 化学防控

再生稻主要病虫害是螟虫、稻飞虱和纹枯病，在生物、物理防控达不到防治要求的情况下采用化学防控，农药种类符合 NY/T 393 规定。

三、适宜区域

双季稻区。

四、注意事项

再生稻关键技术核心"优、早、足、干、低、控、迟"7 字互为条件，应用推广过程中应做好水稻生育期及茬口安排，掌握肥水管理要点，严控病虫害。

技术依托单位

1. 江西省农业科学院土壤肥料与资源环境研究所

联系地址：江西省南昌市青云谱区南莲路 602 号

邮政编码：330200

联 系 人：邵彩虹

联系电话：0791-87090655　13672243223

电子邮箱：dixushao@126.com

2. 江西省农业技术推广中心

联系地址：江西省南昌市文教路 359 号江西省农业检验检测综合大楼 416 室

邮政编码：330046

联 系 人：孙明珠

联系电话：15979045429

电子邮箱：sunmingzhu518@163.com

稻油轮作高效栽培技术

一、技术概述

（一）技术基本情况

江西省是我国传统农业大省，水稻、油菜等粮油作物种植面积较大，全省水稻种植面积稳定在 5 100 万亩左右、油菜种植面积稳定在 750 万亩左右。近年来，随着粮油作物新技术的普及推广，人们用地养地意识逐渐加强，过去传统单一的粮食种植方式正逐步优化升级，集成机械化生产技术，推动了"稻—油""稻—稻—油"轮作模式向规模化、集约化发展。

"稻—油""稻—稻—油"轮作模式作为江西省最具潜力的周年高效种植模式，近年来在示范推广中取得了显著成效。该模式解决了双抢劳动力紧缺、作物连作障碍、病虫害加剧的问题，明确了茬口衔接、品种搭配、周年高产高效、病虫草害绿色防控等技术，可促进粮油周年兼丰，改善土壤肥力，实现减肥节药并改善农产品品质的目标，获取较好的生产效益。

（二）技术示范推广情况

江西省作为全国轮作休耕项目试点省，从 2017 年开始在都昌、湖口、瑞昌、万安、安福等地开展"稻—油""稻—稻—油"轮作下绿色轻简高效、全程机械化、秸秆还田、农机农艺融合、肥料农药减施等试验和示范。2019 年初步集成"稻—油""稻—稻—油"轮作规模化、集约化高效栽培生产模式，各项技术参数逐步完善，累计试验示范 2 400 亩，辐射面积 200 万亩。

（三）提质增效情况

与传统双季稻种植模式相比，稻油轮作区亩节省化肥 15～20kg，病虫害防治用药减少 1～2 次，亩增产 100kg 以上，亩节本增效 400～500 元。

在"稻—油""稻—稻—油"轮作模式中，油菜种植主要以水稻秸秆切碎还田，实现了变废为宝，不仅减少了焚烧带来的环境污染，而且秸秆旋耕还田增加了油菜有机质，减少了化肥和农药施用量，生态效益显著。

（四）技术获奖情况

相关技术获 2016—2018 年度全国农牧渔业丰收奖农业技术推广成果奖三等奖、2017—2018 年度江西省农牧渔业技术改进奖一等奖。

二、技术要点

（一）"稻—油"轮作栽培技术要点

1. 水稻栽培技术要点

（1）品种选择　选择优质、高产、稳产和抗性好的中熟水稻品种，保证收获期在 10 月上旬之前，种子品质和发芽率符合 GB/T 3543.4。如九香粘、美香占 2 号、兴安香占、赣晚籼 30（923）、隆两优 534、晶两优 534 等稻米品质达 GB/T 17891 规定标准的优质稻品种。

（2）切草还田　根据前茬水稻成熟进程、土壤保水能力和天气形势，适时排水，在水稻收获前 7～12d 排水晒田。在水稻联合收割机上加装切草、喷草装置，水稻收获时同步将稻草切碎并喷洒均匀，留茬高度不低于 30cm。

（3）适量播种　杂交稻每亩用种量为 1.5～2.0kg，常规稻每亩用种量为 2.5～3.5kg，机直播或育秧。湿润育秧按秧本比 1∶10 备足秧田，抛秧按秧本比 1∶25 备足秧田，机插育秧按照秧本比 1∶80 备足秧田。

（4）田间管理

① 科学施肥。氮肥用量根据土壤肥力状况及产量水平来确定，在肥力中上的田块，杂交稻每亩施纯氮 16～18kg，常规稻每亩施纯氮 12～14kg，施肥比例为基蘖穗肥比 5∶2∶3。磷、钾肥用量按高产栽培 $N∶P_2O_5∶K_2O=1∶(0.3～0.5)∶(0.8～1)$ 折纯量确定，磷肥作基肥一次施用，钾肥分基肥和穗肥 2 次施用，各占 50%。

② 病虫草害防治。移（抛）栽田插秧 7d 后结合分蘖肥每亩拌混 22.5% 苄·丁可湿性粉剂 80g，保水 5～7d 防除大田杂草。

病虫害防治前期主防基腐病、二化螟、稻纵卷叶螟，中后期重点防治纹枯病、稻曲病、稻飞虱和穗颈瘟等。重视稻曲病防控，重点把握破口抽穗前 7～10d 或 10～12d（判断指标：主茎剑叶和倒二叶叶枕平齐时）及破口前 3d 两次关口，选用氟环唑、苯甲·丙环唑、戊唑醇、肟菌脂·戊唑醇、噻呋酰胺、井冈霉素等药剂，用足水量（30～45kg）、喷透全株，科学防治、确保防效。

（5）适时收获　当水稻 95% 以上谷粒黄熟时进行机械收割，切忌断水和收获过早，以免影响结实率、千粒重和稻米品质。

2. 油菜栽培技术要点

（1）品种选择　选用高产、优质和多抗的双低油菜品种，品质要求符合 NY 414 标准，种子品质和发芽率符合 GB/T 3543.4。如赣油杂 8 号、赣油杂 9 号、赣油杂 11、华油杂 62、中油杂 19、阳光 2009、大地 199 等优质高产品种。

（2）播种量　可采用油菜联合播种机或油麦多功能播种机，一次性完成浅耕、施肥、播种、覆土和开沟等各个环节，每亩播种量为 250～300g；或采用免耕直播方式，先人工施肥、播种，再用手扶拖拉机配套或大型拖拉机配套的开沟机开沟，每亩播种量为 300～350g。每亩密度达到 2.5 万株以上，为夺取高产奠定基础。

（3）科学施肥　基肥按每亩复合肥 35～40kg（45% 的三元复合肥）、尿素 5kg、颗粒硼肥 0.60～0.75kg 混匀后撒施；或每亩施用油菜缓释专用肥宜施壮 30～50kg（氮 25%、磷 7%、钾 8%）。视苗情，苗期或薹期每亩追施尿素 5～7kg。

（4）病虫草害综合防治　播种后 3d 以内，选用乙草胺进行封闭除草；苗期用精喹禾灵防治单子叶杂草；苗期根据虫害发生情况，及时防治菜青虫、蚜虫、猿叶虫，使用低毒杀虫剂；盛花期用无人机喷施咪鲜胺防治菌核病。

（5）适时机收　在适宜收获期（八成黄时），采用无人机每亩用"立收油"干燥剂 80～100mL 脱水干燥，5～7d 后采用联合收获机一次性收获。或在适宜收获期（八成黄时），采用分段收获，即人工或机械割倒，5～7 个晴天后（95% 以上的荚果已干燥）机械捡拾脱粒。

3. 茬口选择

水稻宜 10 月中上旬收获，油菜 5 月中旬之前收获。

（二）"稻—稻—油"轮作栽培技术要点

1. 水稻栽培技术要点

选用早熟、高产、抗寒耐淹、抗倒伏能力强、生产潜力大的优良水稻品种。其中，早稻宜选择生育期为 105d 左右的早熟或中熟偏早品种，晚稻宜选择 115d 以内的特早熟品种。根据品种特性和播种时间确定适宜的播种量。早稻常规稻每亩用种量为 5.0～6.0kg，杂交稻每亩播种量为 2.0～3.0kg；晚稻常规稻每亩播种量为 4.0～5.0kg，杂交稻每亩播种量为 1.5～2.0kg。直播稻与移栽稻的大田施肥总量相似。一般每亩施纯氮 11～12kg、磷（P_2O_5）6～7kg、钾（K_2O）10kg。氮肥的基蘖穗肥比为 5:2:3。播前准备、田间管理及收获等参照"稻—油"轮作水稻栽培技术要点。

2. 油菜栽培技术要点

选用油菜联合播种机或油麦多功能播种机，一次性完成浅耕、施肥、播种、覆土、开沟等各个环节。选用高产、优质和多抗的双低油菜品种，如阳光 131、赣早油 1 号、赣油杂 1009 等早熟品种。油菜每亩用种量 300～400g，每亩达 3 万～4 万株。采用 40%（25-7-8）油菜缓释专用肥宜施壮装入联合播种机内施用，推荐每亩用量 30～40kg，宜施壮作为基肥一次性施用，后期不再追肥。播种前用"种卫士"等进行包衣或拌种，可有效防治冬前各种病虫，不用施药。春季主要注意防治菌核病。播前准备、田间管理及收获等参照"稻—油"轮作油菜栽培技术要点。

3. 茬口安排

水稻第二季 11 月初收获，收获后尽早播种油菜，油菜尽量在 4 月底之前完成收获。

三、适宜区域

本技术适用于水源充足、排水方便、便于机械化操作的连片水田。

四、注意事项

切草还田时，水稻留茬高度不要低于 30cm，以防止铺撒在地面上的稻草量过大，影响油菜播种出苗。

要注意水稻、油菜品种搭配，合理安排茬口衔接，"稻—油"轮作模式下水稻品种的收获期要保证在 10 月中上旬之前；"稻—稻—油"轮作模式下水稻品种的收获期要保证在 11 月初之前。

技术依托单位

江西省农业技术推广中心
联系地址：江西省南昌市文教路 359 号江西省农业检验检测综合大楼 416 室
邮政编码：330046
联 系 人：孙明珠
联系电话：15979045429
电子邮箱：sunmingzhu518@163.com

香稻增香增产栽培技术

一、技术概述

（一）技术基本情况

以增香增产为核心的优质香稻生产对破解我国水稻生产"丰产不丰收"和稻米产业"高库存、高进口"难题，有效促进粮食供给侧结构性改革，在更高质量上保障"谷物基本自给、口粮绝对安全"等有其不可或缺的作用。我国香稻的栽培至少有 1 800 年之久，但传统名贵香稻地方品种存在地域性强、产量低等缺点，因而在稻米生产中一直未能起主导作用，栽培面积极小。随着我国商品经济的发展、居民膳食结构的改善和生活品质的提高，尽管香米的价格比普通非香稻米高 2～3 倍，但香米需求量仍持续增长，我国从泰国等进口的香米量亦快速增长，已成为世界第一大米进口国。这已引起我国对香稻研究的高度重视，亦选育了一些香稻品种。但是，我国生产的香米与泰国著名品牌香米香气含量有较大差距，如何在保证香稻产量和品质的基础上提高香米的香气含量，成为香稻生产所面临的巨大挑战：一是不清楚香稻香气最主要成分 2-乙酰-1-吡咯啉（2-AP）生物合成主要途径及其关键酶和前体物质是什么，以及哪些大量元素、微量元素、生长调节物质、栽培措施能显著促进 2-AP 合成积累，而且香气调控机制不明确；二是缺乏适应轻简化、机械化需求的既增香又增产的专用调控技术，难以克服香稻种植地域性限制、香气不浓、产量低和大面积扩展应用的瓶颈问题；三是如何解决香稻谷储藏与加工过程中香气损失大，创建浓香型品牌香米以替代不断增长的进口香米等关键问题。

针对我国生产的香米比泰国香米香气含量低、香气调控机制不明确、缺乏专用调控技术、香稻谷储藏加工过程中香气损失大、缺少浓香型品牌香米等关键问题，香稻增香增产栽培技术研究阐明了香稻增香增产调控机制，创制出香稻专用肥和香稻增香叶面肥，创建了多苗稀植、精准施肥、少水灌溉、适时早收等香稻增香增产关键栽培技术。该成果的实施实现了香米增香 15% 以上，香气含量超过泰国香米水平，亩增产 12% 以上，双季香稻创造了亩产 1 300kg 的高产纪录；明确了储藏温度和碾磨精度对香气持留的影响机制，创建了香稻谷低温储藏、适度碾磨等保香储藏加工关键技术，减少 2-AP 损失 13% 以上，创建了增香高价订单生产、保香加工创制浓香型高端香米的香稻模式，开发出省级以上名牌香米 12 个。该技术成果自 2012 年起，在广东（14 个市）、广西、湖南、江西等 16 个省（自治区）大规模推广应用，累计推广应用面积 5 176.2 万亩，新增利润 139.644 亿元，突破了农民不愿种粮瓶颈，改变了我国香米长期依赖进口局面，实现了稻米产业由传统生产方式向机械化、绿色化、标准化、品牌化的现代化生产方式转变，经济、社会和生态效益显著。该技术成果获得国家发明专利授权 9 项、实用新型专利授权 24 项，肥料正式登记证 2 个，制定地方标准 1 项、企业标准 4 项，发表论文 107 篇；获全国技术模式 2 项、连续 4 年省农业主推技术 1 项、省农业技术推广奖一等奖 1 项。该成果创新性突出，产业推动作用大，由中国工程院院士官春云教授和张洪程教授等专家组成的专家组两次评价均认为：该成果整体达到同类研究国际领先水平。

（二）技术示范推广情况

1. 技术推广方法

该成果从 2012 年开始，采用以下方法推广：①通过高等院校、技术推广部门的专家组织技术培训来推广香稻增香增产栽培关键技术。②以香稻增香增产栽培技术被广东省农业农村厅评选列入广东省农业主推技术，被农业农村部列入水稻绿色高产高效创建示范县技术，大力宣传香稻增香增产关键栽培技术。③借助国家级专业技术人员继续教育基地学习网站及由农业农村部种植业管理司和全国农业技术推广服务中心共同编著的《2018 年全国农作物绿色高质高效技术模式》为宣传媒介，向各省、市、县（区）专业技术人员宣传推广香稻增香增产栽培技术。④以被纳入广东省丝苗香米产业园特别是梅州市兴宁丝苗米产业园、云浮市罗定丝苗米产业园、惠州市龙门丝苗米产业园、江门市恩平丝苗米产业园和从化香米产业园建设的主要支撑技术为契机，大力推广香稻增香增产栽培技术和香米保香加工技术，提升丝苗香米品牌建设。⑤以龙头企业或公司为主体实施订单农业，优质优价收购增香提质的香稻谷，应用香米保香加工技术加工，创建香米知名品牌，形成"公司＋合作社＋农户"多赢的利益共同体，增加农民种植香稻的经济收入，推动香稻增香增产栽培技术的大面积推广应用。⑥开展田间示范，对田间长势好、增效幅度大的示范基地进行现场观摩和培训活动，辐射带动周边地区应用。

2. 技术推广应用成效

（1）2012—2020 年，在广东（韶关、清远、茂名、阳江、河源、汕尾、梅州、湛江、云浮、惠州、揭阳、潮州、江门、肇庆等 14 个市）、湖南、江西、广西、云南、湖北和吉林等省（自治区），累计推广应用面积 5 176.2 万亩；近三年推广 3 494.9 万亩。

（2）在广东（14 个市）、湖南、江西、广西、云南、湖北和吉林等省（自治区），建立香稻增香增产栽培示范点，累计组织了 576 场（次）的现场观摩，受训人员超过 30 800 人次，发放香稻增香增产栽培技术资料 35 000 多册。

（3）该项技术成果与广州市和稻丰农业科技发展有限公司共建"从化香米研究院"，与梅州市绿粮农业科技发展有限公司共建"兴宁丝苗香米研究中心"，与龙门县云鹏双丰鱼农业科技有限公司共建"华南农业大学龙门丝苗米研究中心"，与宾阳县人民政府共建"古辣香米研究院"，与江西省新余市向冉种养农民专业合作社建立渝水区香米专家工作站，推动农业科技的转化。

（4）该成果的推广应用，促进香稻谷增香提质增值和增产增收，通过稻米龙头加工企业，优质优价收购增香提质的香稻谷，应用香米保香加工技术，开发高值品牌香米。在梅州市稻丰实业有限公司、广东米粒农业发展有限公司、广州市科誉有机农产品科技有限公司、大安市裕丰粮贸有限公司、罗定市稻香园农业科技股份有限公司、梅州市绿粮农业科技发展有限公司、龙门县云鹏双丰鱼农业科技有限公司、惠州市惠兴生态农业科技有限公司等 8 家稻米企业，创建了"公司＋合作社＋农户"订单生产新模式，合作社和农户应用香稻增香增产栽培技术生产浓香的香稻谷，公司以高于常规栽培香稻谷 30% 以上的价格收购，应用香稻保香储藏加工关键技术加工香米，创新香米产品有绿粮香米（地理标志产品、全国名特优新农产品和广东省名牌产品）、惠兴美香粘米（地理标志产品和广东省名牌产品）、绿粮富贵香米（地理标志产品、全国名特优新农产品和广东省名牌产品）、绿粮富裕优质香米（地理标志产品、全国名特优新农产品和广东省名牌产品）、绿粮贵妃香粘米（地理标志产品、全国名特优新农产品和广东省名牌产品）、龙门香粘米（地理标志产品、全国名特优新农产品和广东省名牌产品）、生态香米（地理标志产品和广东省名牌产品）、聚龙桂香占（地理标志产品、中国十大大米区域公用品牌和广东省名牌产品）、聚龙澳丝米（地理标志产品、中国十大大米区域公用品牌和广东省名牌产品）、客家情香米（地理标志产品和广东省名牌产品）、客家情象牙香粘米（地理标志产品和广东省名牌产品）、一米爱丝苗香米（地理标志产品和广东省名牌产品）、一米爱富硒香米、科誉富硒香米、味多来丝苗香米和嫩江春富硒香米等 16 个，其中前 12 个获广东省级名牌香米产品证书，其香气 2-AP 含量高于泰国著名香米水平，市场价格与泰国著名香米相当。

目前，该技术成果推广应用主要在广东省香稻生产地区，以及在湖南、江西、广西、云南、湖北和吉林等省（自治区）示范面积不断扩大，但仍不能满足我国香米市场需求增长速度。

（三）提质增效情况

香稻增香增产栽培技术，增香 15％以上，香气含量达到泰国著名香米水平；亩增产 12％以上，双季香稻创造了亩产 1 300kg 的高产纪录；解决了香稻大面积扩大生产香气淡、产量低且连年栽培香气下降的"卡脖子"问题。

技术的实施引领和推动了我国香稻产业的高质量高效益品牌化发展，解决了水稻生产中"丰产不丰收"的问题，助力乡村振兴，促进粮食安全。该成果实现了增香增产调控机制创新突破、香稻增香增产提质栽培技术突破、香稻保香储藏加工技术突破和浓香型品牌香米创建突破，具有增产和增香提质的作用，达到了香米的"香气、品质和产量的协同提高"；创建"公司＋合作社＋农户"订单生产模式，合作社和农户应用香稻增香增产栽培技术生产浓香的香稻谷，公司以高于常规栽培香稻谷 30％以上的价格收购，实行香稻保香储藏加工关键技术加工香米，打造浓香型品牌香米，形成"公司＋合作社＋农户"多赢的利益共同体，增加农民种稻的经济收入，"让国产香米成增收利器"，助力稻米产业振兴。2012—2020 年，在广东、湖南、江西、广西、云南、湖北和吉林等省（自治区），累计推广应用面积 5 176.2 万亩，提高香稻谷香气 2-AP 含量 15％以上；增产 12％以上，亩增产 50kg 以上，增产香稻谷 26.883 亿 kg，新增利润 139.644 亿元；近三年推广 3 494.9 万亩，增产香稻谷 17.301 亿 kg，新增利润 91.64 亿元。通过技术指导多家米业公司，2018—2020 年新增销售额 27.679 亿元，新增利润 4.93 亿元。通过该技术，实现香米全产业链增值，部分替代进口香米，改变我国香米长期依赖进口的局面，较大幅度地增加稻农和稻米加工企业的经济收入。

技术的实施缓解了我国香米供需矛盾，解决了香稻种植地域性限制、大面积扩大生产香气不浓、产量低且连年栽培香气下降的"卡脖子"问题。香米销售价格比非香米高 2～3 倍，但世界香米的消费量不断增长。我国缺少与泰国香米媲美的香米品牌、市场竞争力较差，香稻种植面积少而不能满足市场对优质香米的需求，长期依赖进口，特别是粤港澳大湾区年进口香米约 30 亿 kg。该成果创制出香稻的专用肥和叶面肥、增香增产关键栽培技术和保香储藏加工技术，实现大面积生产香米香气含量达到泰国著名香米水平，产量达到高产水平。国产名牌香米对进口香米替代作用突出。

技术成果显著提高水稻产业科技现代化水平。该成果研制的香稻专用肥和叶面肥，适合施肥机和无人机施用，香稻专用肥中 15％有机肥替代了化肥，减少化肥施用量 15％以上，养分利用效率提高，生态环境改善，香稻生产按《香稻栽培技术规程》执行。该成果实现了稻米产业由传统生产方式向机械化、绿色化、标准化、品牌化的现代化生产方式转变；突破了农民不愿种粮的瓶颈，增加农民收入，提高农民种粮积极性；增加国内优质香稻的供给，改变了我国香米长期依赖进口的局面，有利于保障国家粮食安全。

（四）技术获奖情况

该技术获 2019 年度广东省农业技术推广奖一等奖 1 项、2021 年度广东省科学技术进步奖一等奖 1 项，为 2020 年脱贫攻坚与乡村振兴优秀案例。

二、技术要点

（一）香稻增香增产栽培技术

1. 选用适应当地的香稻品种

如华南地区可采用美香占 2 号、象牙香占、19 香、南晶香占、野香优莉丝等香稻品种组合。

2. 多苗稀植

一般每亩栽 1.5 万～1.7 万穴，常规香稻 5～6 株/穴、杂交香稻 3～4 株/穴。

3. 基肥深施结合返青分蘖期追施"香稻专用肥"

整田时作基肥全层施用或机插秧同步侧深施用"香稻专用肥"每亩 40～50kg；栽后 6～10d，每亩追施分蘖肥"香稻专用肥"20kg。

4. 稻穗破口期喷施"香稻增香叶面肥"

在稻穗破口期结合病虫防治，每亩用 200g "香稻增香叶面肥"，兑水 15～20kg 喷施，或每亩用高浓缩型"香稻增香叶面肥"200g 兑水 3kg 无人机喷施。

5. 少水灌溉

栽后浅水返青，分蘖期、长穗期和灌浆结实期轻度落干灌溉。

6. 适时早收

比传统优质稻栽培提早 2～3d 收割：早季常规香稻 88％、杂交香稻 83％实粒黄熟；晚季常规香稻 93％、杂交香稻 88％实粒黄熟。

技术示范现场 1

技术示范现场 2

（二）配套技术

"公司＋合作社＋农户"订单生产模式下，公司高价收购香稻谷，在 15～18℃保香储藏并适碾，加工创造浓香型香米。

三、适宜区域

该技术适宜国内的所有种稻区域。

四、注意事项

香稻专用肥的施用量可根据土壤肥力特点和耕作制度等适当调整，如前作为蔬菜，香稻专用肥用量可适当减少。

技术依托单位

华南农业大学

联系地址：广东省广州市天河区五山路 483 号

邮政编码：510642

联 系 人：唐湘如

联系电话：020-85280204-618

电子邮箱：tangxr@scau.edu.cn

杂交水稻超高产精确栽培技术

一、技术概述

（一）技术基本情况

针对贵州等西南稻区杂交水稻生产中普遍出现的移栽基本苗严重不足、肥料施用不合理、习惯性淹水灌溉等技术难题，为充分发挥水稻产量潜力、大面积提升水稻产量，选用具有超高产潜力的杂交水稻品种，研究形成了以五五精确定量栽培技术为核心的"杂交水稻超高产精确栽培技术体系"。通过精确定量水稻移栽叶龄和移栽规格，保证合理的移栽基本苗，利于形成高产群体适宜穗数；通过精确定量施氮量和施氮方式，保证水稻各生育时期营养需求，显著提高了氮肥利用率；通过水分精确灌溉，有效调控肥料效应和群体结构。集成技术实现了贵州等不同生态区不同类型品种的高产群体构建，显著提升了水稻产量水平，促进了该区域水稻生产大面积增产增收。

（二）技术示范推广情况

以五五精确定量栽培技术为核心的"杂交水稻超高产精确栽培技术体系"自2010年以来一直作为贵州省粮食生产的重要支撑技术，引领贵州不同生态区水稻超高产创建，创造了一系列水稻超高产典型，促进全省水稻大面积增产增效。2014年在兴义市万峰林水稻种植基地创建的超高产示范片，经谢华安院士现场测产验收，达到亩产1 079.2kg，创当年全国水稻高产纪录。2010—2014年，技术在贵州省应用面积1 533.9万亩，新增稻谷9.52亿kg，总经济效益达18.24亿元。2016—2018年仅在遵义地区助力优质米企业实现稻谷平均增产37.6％，新增经济效益5.6亿元。2019年以来继续作为贵州省水稻核心高产技术广泛应用。2021年在兴义创造亩产1 123kg的高产新纪录。

（三）提质增效情况

根据相关专题试验研究、现场验收意见和成果评价意见，和常规技术相比，该技术可实现水稻增产25％以上，水分、肥料利用率提高15％以上，降低化肥、农药用量5％以上，亩增收节支100元以上。通过精确定量施肥，显著降低了肥料损失，提高了肥料利用率，减少了肥料面源污染，保护了生态环境。同时，该技术优化了水稻群体结构，促进了水稻壮秆大穗，增强了水稻病虫害抗性，减少了农药用量，协同提高了水稻产量和品质。

（四）技术获奖情况

制定发布贵州省地方标准DB52/T 724—2011《杂交水稻五五精确定量栽培技术规范》等，以该技术为核心，获得2011年度贵州省科学技术进步奖二等奖1项（贵州杂交水稻超高产精确栽培技术体系研究与应用），获得2015年度贵州省科学技术成果转化奖二等奖1项（贵州杂交水稻种三产四和精确栽培技术集成与应用），参与获得2018—2019年度神农中华农业科技奖科学研究类成果一等奖1项（我国水稻主产区精确定量栽培关键技术创新与应用）。

二、技术要点

(一) 品种选择

选择生育期适中、株型紧凑、茎秆粗壮、病虫害抗性较强的优质高产水稻品种。品种应通过国家或贵州省农作物品种审定委员会审定（认定），稻米品质达到国家标准三级以上。

(二) 壮秧培育

在日均温稳定通过 12℃时方可播种，一般在清明前后。种子经过消毒、浸泡、催芽露白即可播种。

采取旱育秧方式：播种盖土后，用 40％的噁草·丁草胺兑水喷雾厢面除草，覆盖地膜与拱膜。出苗立针后，去除地膜，保留拱膜，根据气温揭膜炼苗。移栽前 3～5d 施用尿素作送嫁肥，每平方米施用尿素 10～15g。

采用塑料钵盘育秧方式：每盘播种 2～3 粒，按照播底土—播种—覆土—洒水等程序，暗化 3～5d 后并排放于厢面，摆盘后灌平沟水，无纺布盖膜。1 叶期每 100 张秧盘可用 15％多效唑粉剂 6g 兑水均匀喷施，控制苗高。2 叶期前秧田坚持湿润灌溉。揭膜后每盘施用 4g 复合肥。3～4 叶期水分旱管。移栽前 2～3d 施用送嫁肥。

旱育壮秧长势   钵盘育秧长势

(三) 合理移栽

叶龄 5 叶期时进行移栽，秧龄一般为 30～35d。按照品种的分蘖类型与不同稻区目标产量有效穗数，确定基本苗与移栽密度。根据生产条件采用钵苗机插和人工移栽方式，推荐采取宽窄行移栽方式，其规格为宽行 36.7～43.3cm，窄行 20cm 左右，株距 16.7cm，杂交稻每穴栽 2 棵谷秧，常规稻 3～4 棵谷秧。等行距移栽方式的行距为 30cm，株距为 16.7cm。

宽窄行拉绳打点人工移栽

宽窄行钵苗机插

（四）精确施肥

总的原则是：施足基肥，早施分蘖肥，氮素前肥后移作穗肥，氮、磷、钾平衡施用。在不施用有机肥的条件下氮、磷、钾的优化配方为 N：P：K＝1：0.5：1，在施用有机肥条件下氮、磷、钾的优化配方为 N：P：K＝1：0.5：0.7。根据目标产量确定用肥总量，目标亩产量为 700～800kg 时，每亩施用氮肥（N）总量 10～12.5kg，基蘖肥与穗肥比例一般为 1：1，其中氮肥的基肥和分蘖肥各占 60％ 和 40％，穗肥一般施两次，各占 60％ 和 40％；钾肥分基肥和拔节肥两次等量施用；磷肥全作基肥施用。于栽插后 5～7d 施用分蘖肥；倒 4 叶（葫芦叶出现）时顶 4 叶叶色与顶 3 叶叶色相当或偏淡，即可施用穗肥，如顶 4 叶叶色偏深则推迟穗肥施用时间或减少穗肥用量。

（五）水分管理

浅水插秧，移栽后保持浅水 7d，自然落干。分蘖期保持土壤湿润，分蘖数达目标穗数的 80％ 开始晒田控苗，搁田标准以土壤板实、有裂缝，行走不陷脚为度，稻株形态以叶色落黄。搁田结束后及时复水。拔节至孕穗期保持薄水层。灌浆结实期进行干湿交替灌溉，一直保持到成熟。

（六）病虫害防治

坚持"预防为主，综合防治"的方针。水稻分蘖期重点防治稻飞虱、稻纵卷叶螟；水稻破口抽穗前注意防治稻曲病；在水稻破口期和齐穗期选用三环唑等喷雾防治稻瘟病；抽穗后用井冈霉素

超高产精确栽培示范区水稻长势

等防治纹枯病，同时防治稻飞虱、二化螟和稻纵卷叶螟等虫害。

（七）收割

一般在收割前 7d 排水晒田，当 85％ 的谷粒黄熟时用联合收割机或小型脱粒机进行收割。

三、适宜区域

我国西南杂交籼稻区。

四、注意事项

应用过程中，应特别注意水肥管理，当秧苗茎蘖数达目标穗数 80％时，及时晒田控苗，可分次轻搁，晒田结束后及时复水。同时，应准确掌握穗肥施用时间和用量，在倒 4 叶期（拔节长穗期）施用穗肥，如群体颜色褪淡、叶片挺立则正常施用穗肥，如群体颜色较深、叶片披散则减少穗肥用量或不施。

技术依托单位
贵州省水稻研究所
联系地址：贵州省贵阳市花溪区金欣社区贵州省农业科学院水稻研究所
邮政编码：550006
联 系 人：李 敏
联系电话：18212006523
电子邮箱：233652981@qq.com

水稻机插智能育供秧模式与技术

一、技术概述

（一）技术基本情况

该技术主要针对现有水稻机插育秧方法存在的问题，根据水稻规模化生产及社会化服务的技术需求，通过信息-农机-农艺融合，集成精准播种、自动化控制、工厂化暗室叠盘、智能控温控湿出苗、二段育秧等关键技术，种子出苗后分散育秧，便于运秧和管理，方便机插作业。通过控温控湿，创造利于种子出苗的环境，解决了出苗不整齐、烂种、烂秧等难题，提早出苗 2～4d，成秧率提高 15％～20％，育秧成本可下降 10％，有利于扩大育供秧能力，降低运输成本，推动机插育秧模式转型，提高育秧社会化服务水平。

自动化播种流水线

工厂化暗室叠盘

智能控温控湿出苗

摆盘育秧　　　　　　　　　　　　　　　秧苗生长

（二）技术示范推广情况

水稻机插智能育供秧技术应用提升了我国水稻机械化种植、规模化生产和社会化服务水平。近年在浙江、江苏、江西、云南等南方稻区及黑龙江等地快速推广，已在这些稻区建立了一批以叠盘出苗为核心，智能控温控湿，自动精准供盘、上土、播种、叠盘等的现代化育秧中心。通过该技术模式的大范围推广应用，为水稻规模化生产和社会化服务提供技术支撑，推进生产机械化快速发展。

（三）提质增效情况

通过水稻机插智能育供秧模式与技术的应用，大幅度提高水稻育秧效率及社会化服务能力。如浙江省建德市大同镇水稻育秧中心，年育供秧生产能力可达 20 万盘，育秧服务面积 10 000～15 000 亩；浙江省宁波市海曙区现代农业综合服务中心，采用现代化水稻机插智能育供秧模式与技术，开展早稻机插育供秧服务，助力春耕备耕，单日设计育秧能力达 10 000 盘，单季服务能力可达 1.5 万亩；2022 年新建的东海市水稻机插智能育供秧中心，通过叠盘出苗和自动上土、上盘、码盘以及机械臂、智能暗化室等模式和技术的应用，实现日播种育秧 8 万～10 万盘，有力提升东海的机插育秧社会化服务水平，促进优质稻机插技术发展。

（四）技术获奖情况

2020 年该模式的核心技术获浙江省农业农村厅科学技术进步奖一等奖。

二、技术要点

（一）品种选择

根据当地生态条件、种植制度、种植季节、生产模式等因素，作物茬口选择确保能安全齐期的水稻品种，双季稻区应注意早稻与连作晚稻品种生育期合理搭配，争取双季机插高产。

（二）种子处理

种子发芽率常规稻要求 90％，杂交稻 85％以上。种子处理包括选种、浸种消毒、催芽。晒种 1～2d 以提高种子发芽势和发芽率，然后用盐水或清水选种；为防止恶苗病、干尖线虫等病虫害发生，用使百克＋吡虫啉、劲护、适乐时等浸种消毒 48h；清水洗净后催芽，采用适温催芽，催芽要求"快、齐、匀、壮"，温度控制在 35℃左右。当种子露白，摊晾后即可播种。

（三）育秧土或基质准备

可选择培肥调酸的旱地土或育秧基质育秧。旱地土育秧应选择 pH 为中性偏酸、疏松通气性好、有机质含量高、无草籽、无病虫源的肥沃土壤；为防止立枯病等，需要做好土壤调酸、消毒。建议采用水稻机插专用育秧基质育秧，确保育秧安全，培育壮苗。

（四）适期播种

南方早稻在 3 月中下旬播种，秧龄 25～30d；南方单季稻一般在 5 月中下旬至 6 月初播种，秧龄 15～20d；连作晚稻根据早稻收获合理安排播种期，一般秧龄在 15～20d。

（五）自动码盘流水线精量播种

通过连续供盘系统，将叠盘用秧盘从堆放处自动连续转运至播种流水线自动供盘机中，实现一次性完成放盘、均匀播种、铺土、镇压、浇水等作业。南方双季常规稻播种量，9 寸秧盘一般 100～120g/盘，每亩 30 盘左右；杂交稻可根据品种生长特性适当减少播种量；单季杂交稻 9 寸秧盘播种量 70～100g/盘。7 寸秧盘按面积作相应的减量调整。

（六）叠盘暗出苗

通过自动叠盘系统和机械手将播种后的秧盘摞成叠，每 25 盘左右一叠，最上面放置一张装土而不播种的秧盘，每个托盘放 6 叠秧盘，约 150 盘，用叉车运送至智能化温控的暗室出苗，温度控制在 32℃左右，湿度控制在 90％以上，放置 48～72h，芽长 0.5～1.0cm 时用叉车移出，供给各育秧点育秧。

（七）摆盘二段育秧

早稻摆放在塑料大棚内，或秧板上搭拱棚保温保湿育秧，单季稻和连作晚稻可直接摆放在秧田秧板育秧，培育机插壮秧。

（八）秧苗管理

南方稻区早稻播种后即覆膜保温育秧，棚温控制在 22～25℃，最高不超过 30℃，最低不低于 10℃，注意及时通风炼苗，以防烂秧和烧苗。注意控水，采用旱育秧方法，注意做好苗期病虫害防治，尤其是立枯病和恶苗病的防治。

（九）壮秧要求

秧苗应根系发达、苗高适宜、茎部粗壮、叶挺色绿、均匀整齐。南方早稻 3.1～3.5 叶，苗高 12～18cm，秧龄 25～30d；单季稻和晚稻 3.5～4.5 叶，苗高 12～20cm，秧龄 15～20d。

（十）病虫害防治

秧田期间重点防治立枯病、恶苗病、稻蓟马等。立枯病防治首先做好床土配制及调酸工作，中性或微碱性土壤需施用壮秧剂或调酸剂进行土壤调酸处理，把 pH 调至 6.0 以下，同时做好土壤消毒；恶苗病防治做好种子消毒处理，建议用氰烯菌酯、咪鲜胺、乙蒜素等药剂按量浸种。提倡带药机插。

三、适宜区域

适合在长江中下游稻区、华南稻区、西南稻区、东北稻区等适宜水稻机械化育插秧的地区推广应用。

四、注意事项

（一）合理安排育秧进度

根据前后作物茬口衔接要求，合理安排播种进度，分批分量播种，实现播种、出苗、秧苗管理及机插作业的合理衔接。

(二) 通风降温

早稻种子叠盘出苗，秧盘从暗室转运出来，室内外温差不宜太大，注意转运前先让暗室通风降温 1～2h，再将出苗秧盘移出暗室。

技术依托单位

1. 中国水稻研究所

联系地址：浙江省杭州市富阳区水稻所路 28 号

邮政编码：311400

联 系 人：张玉屏

联系电话：0571-63371376

电子邮箱：zhangyuping02@caas.cn

2. 浙江省农业技术推广中心

联系地址：浙江省杭州市凤起东路 29 号

邮政编码：310020

联 系 人：陈叶平

联系电话：0571-86757880

麦田杂草"两监测三精准"综合防治技术

一、技术概述

（一）技术基本情况

麦田杂草"两监测三精准"综合防治技术即以监测杂草种群变化、监测杂草抗性发展为基础，通过实施精准防治策略、精准防治药剂、精准施药时间为主体的化除措施，辅以非化学措施，实现杂草绿色防控的目标。

1. 麦田杂草防控中存在的主要问题

杂草是小麦稳产的限制因素之一。由于轻简化栽培、除草剂不合理使用、农村劳动力转移等原因，杂草发生面积扩大，与小麦竞争加剧，控制难度增加，危害趋重。据全国农业技术推广服务中心资料统计，2015年我国麦田杂草发生面积2.6亿亩次，比2001年增加1 187万亩次，增幅5%，在全面实施控草措施后，小麦产量损失仍超过20亿kg。当前，麦田杂草防控中普遍存在以下问题：

一是难治杂草种群密度增加。在以除草剂为主导的控草体系下，杂草种群演替周期缩短，草相复杂化，治理难度加大。多地出现因除草剂对难治杂草防控失败农民翻耕改种的实例。如淄博市高青县高城镇部分麦田节节麦、雀麦等禾本科杂草密度大、防治难，除草剂防控失败，农民不得不翻耕改种。

二是抗药性杂草发展迅速。阔叶杂草对苯磺隆，禾本科杂草对甲基二磺隆、炔草酯等主打除草剂抗性增强。如河南省、河北省、山东省部分麦田播娘蒿对除草剂苯磺隆抗性指数达1 000倍以上，江苏省看麦娘对甲基二磺隆和精噁唑禾草灵抗性指数为150~200倍，常规推荐剂量难以奏效。

三是除草剂药害对粮食安全构成威胁。由于农户不清楚杂草种群变化和抗性水平，盲目选药、随意用药和超量施药，因而作物药害频发，每年可统计的药害事故达600~800起，导致小麦或后茬减产。明确小麦主产区杂草种群变化及抗性水平，在此基础上科学、合理使用除草剂，是小麦稳产高效的关键措施。

2. 技术使用情况

针对上述问题，项目组以安徽、河南、江苏、山东、河北、湖北、山西、陕西等8个小麦主产省为调研基地，开展了麦田杂草种群动态监测和杂草抗药性水平监测，以监测数据为指导进行除草剂对靶筛选、配方研制、施药技术研发，实现了麦田杂草防治策略精准、防治药剂精准、施药时间精准，即通过实施"两监测"制定"三精准"化防策略，解决了麦田杂草防治中一些突出问题：

一是解决了麦田杂草种群演替变化和发生危害情况家底不清的问题。选择有代表性的县（市、区），联合行业专家通过采取系统调查与普查相结合、一般调查与重点调查相结合等方法对麦田杂草发生分布进行调查，明确了麦田主要杂草种群演替变化规律。与20世纪80年代末我国麦田监测结果相比，旱旱轮作区由阔叶杂草为主逐渐演替为阔叶杂草和禾本科杂草混合发生，难治杂草扩散速度加快，节节麦入侵农田，雀麦发生危害加重；水旱轮作区菵草由次要杂草上升为主要杂草，日本看麦娘危害率增加。利用地理统计学、GIS（地理信息系统）和 GPS 等新方法，对节节麦等 7 种优势杂草发生范围进行分级划区，绘制了发生危害等级区域图。

二是解决了麦田杂草抗药性水平不清的问题。多年多区域定点开展了 7 种优势杂草对田间常用除草剂抗性监测，监测发现河北、山东、河南、山西、陕西旱旱轮作区麦田播娘蒿 95％的种群对苯磺隆产生抗性，江苏、安徽、湖北等水旱轮作区菵草 90％以上种群、看麦娘近 70％种群、日本看麦娘 78.6％和 92.9％种群对甲基二磺隆和炔草酯产生抗性，猪殃殃近 95％的种群对苯磺隆产生抗性；监测区域播娘蒿、猪殃殃对苯磺隆，菵草、看麦娘、日本看麦娘对炔草酯，以及菵草、看麦娘对甲基二磺隆高抗比例均超过 50％。从 2018 年开始，项目组"两监测"数据被全国农业技术推广服务中心在"全国农业有害生物抗药性监测结果报告"中采纳，并作为我国小麦主产区各级农业农村部门麦田杂草防治用药策略的重要参考依据。

三是解决了麦田杂草防治策略不科学的问题。根据小麦栽培模式以及杂草种群组成、抗药性水平、防治阈值，因地制宜组装集成以减轻药害和降低除草剂选择压力为核心的精准化除防治策略，如在江淮流域水旱轮作麦田，杂草基数较大，杂草防控采用"一封一杀"策略；在黄河流域土壤墒情较好的旱旱轮作麦田，杂草防控采用"一封一补"策略；在黄河流域土壤墒情较差的地区，土壤封闭处理除草效果不理想，杂草防控采用"一杀一补"策略。示范区比农民常规除草效果增加 15～24 个百分点，杂草平均危害损失率低于 5％，除草剂减量 15％～20％。

四是解决了除草剂过量使用的问题。针对麦田杂草发生高峰期，由春季化除改为冬前除草，把握精准施药适期。根据不同作用机理麦田除草剂室内及田间除草效果表现，结合除草剂特性、杀草谱及不同区域杂草抗性情况，分区域筛选表现较好的组合，制定了不同作用机理除草剂轮换使用技术方案，减少了除草剂过量使用和药害发生。

项目研发出了"抗 ALS 抑制剂类除草剂播娘蒿的 PCR 检测方法及试剂盒""抗 ALS 抑制剂类除草剂菵草的 PCR 检测方法及试剂盒"等 4 项专利，适用于播娘蒿、荠菜、菵草等小麦田优势杂草抗性靶标位点及抗性水平快速分子检测，生产应用快捷、简便、准确，为杂草精准防控提供了技术手段。

（二）技术示范推广情况

本项目充分发挥了推广、科研、优质农药生产企业共同优势，采用技术总结与方案研讨相结合、田间观摩与产品优化相结合、政府指导与基层联查相结合、示范展示与技术培训相结合，联合制定科学技术路线，研究与示范同步，优良试验方案＋优质企业产品同步，成功将先进除草技术及时转化为生产力，为农业增产、农民增收做出了贡献。

项目区麦田连续 3 年增产增收，辐射面积逐年扩大，2018—2021 年在河南、安徽、山东等 8 个省份 103 个示范县建立示范点 297 个，累计示范推广面积 10 115 万亩，举办麦田杂草科学防控技术培训班 1 300 多期，发放技术资料 97.6 万份，培训基层植保技术人员和种植大户 11.6 万人次。主体技术要点也被其他省份借鉴应用，综合效益显著。

（三）提质增效情况

一是经济效益显著。该成果的推广应用，提高了麦田杂草防除效果，减少了杂草危害带来的小麦产量损失和除草剂造成的小麦药害损失，增加了小麦亩产量。按农牧渔业丰收奖效益计算办法新增纯收益缩值系数 0.7、推广规模缩值系数 0.9 计，2018—2021 年项目成果累计推广 10 115 万亩，亩增收 27.5～51.6 元，创总经济效益 23.6 亿元。

二是社会效益重大。该成果的推广应用，提高了麦田杂草科学防控技术水平，促进了除草剂减量增效，解决了生产中亟须解决的问题，保障了小麦安全生产。通过在我国小麦主产区 8 个省份建立示范区、召开会议、现场考察、开展技术培训、印发技术资料、实地指导等措施，实现了麦田杂草精准化控与综合防治技术的广泛推广应用。2018—2021 年该成果累计在冬小麦种植区推广应用面积达 10 115 万亩，有效减少了麦田除草剂乱混乱配和药害频发的现状，技术应用地区公众认可率达到了 100%，极大地提高了农户的种粮积极性，保障了小麦生产的安全性。

三是生态效益突出。该成果的推广应用，推动了麦田杂草精准化除关键技术的广泛应用，推广了深翻控草、轮作控草、小麦密植控草、水网拦截等非化学控草技术普及。经测算，示范区除草剂减量 15%～20%，杂草平均危害损失率低于 5%，节省了人力与药剂成本，极大地提高了农户的投入产出比，推进了小麦绿色高质高效生产，保障了农业生态环境安全。

（四）技术获奖情况

农业农村部科技发展中心组织行业内专家对该项技术进行了评价，专家组一致认为：该成果技术创新性强、推广方法先进高效、技术到位率高、推广应用成效显著，整体达到同类研究国际领先水平。

二、技术要点

（一）主体技术

通过监测杂草发生危害程度和抗性水平，对发生量大、抗性水平高、难以除治的杂草施策，有机集成精准施药时间、精准防治药剂和精准防治策略分区域杂草治理。实施"两监测三精准"防治技术，可实现绿色治理麦田杂草的目标。具体技术要点如下：

1. 发生危害监测

选择有代表性的县（市、区）麦田，采取系统调查与普查相结合、一般调查与重点调查相结合，开展杂草种类普查、群落分布及演替变化监测，以明确旱旱轮作区、水旱轮作区不同生态区优势杂草种类。根据调查结果，绘制杂草发生危害等级区域图。

调查方法采用麦田杂草"三层三级调查法"；调查时间在小麦越冬前至返青期。

2. 抗药性监测

采用杂草对靶监测策略，播娘蒿、荠菜、猪殃殃对 ALS 抑制剂类除草剂进行监测，茵草、日本看麦娘、看麦娘、节节麦对 ACCase 和 ALS 抑制剂进行监测。利用本项目研发的杂草抗性快速分子检测专利技术，通过靶标酶基因克隆和测序，明确靶标酶基因突变及抗性水平。根据抗性监测结果，绘制主要杂草对除草剂抗药性分布与水平地图。

取样方法采用"3×3×3×10 调查法"；调查时间在小麦越冬前至收获；靶标杂草为播娘蒿、猪殃殃、节节麦、茵草、看麦娘、日本看麦娘、雀麦等 7 种优势杂草；目标除草剂为 ALS 抑制剂（苯磺隆、甲基二磺隆）和 ACCase 抑制剂（炔草酯）等；检测方法为生物测定与抗性快速分子检测相结合。

3. 防治策略精准

根据小麦栽培模式、杂草种群组成、抗药性水平、防治阈值，因地制宜组装集成以减轻药害和降低除草剂选择压力为核心的精准化除防治策略。

在江淮流域水旱轮作麦田，杂草基数较大，杂草防控采用"一封一杀"（土壤封闭加茎叶处理普施）策略；在黄河流域土壤墒情较好的旱旱轮作麦田，杂草防控采用"一封一补"（低叶龄普施加拔节前补施）策略；在黄河流域土壤墒情较差的地区，土壤封闭处理除草效果不理想，杂草防控采用"一杀一补"（茎叶处理普施加茎叶处理补施）策略。

4. 防治药剂精准

对发生量大、抗性水平高、难以除治的杂草种群施策，组装精准防治药剂。防治水旱轮作区抗性看麦娘、日本看麦娘、茵草、猪殃殃等优势杂草选用异丙隆＋氯氟吡氧乙酸·双唑草酮等"一封一杀"药剂组合。防治旱旱轮作区节节麦、雀麦和抗性播娘蒿等优势杂草，当土壤墒情较差时，选用甲基二磺隆＋唑草酮·双氟磺草胺等"一杀一补"组合；土壤墒情好时，选用吡氟酰草胺＋砜吡草唑组合封闭，补施茎叶处理剂。茎叶处理剂采用甲基二磺隆、环吡氟草酮、双唑草酮、氯氟吡氧乙酸、双氟磺草胺、啶磺草胺等替代苯磺隆、2,4-滴等老旧除草剂，并轮换用药。

5. 施药时间精准

针对麦田杂草发生高峰期前移的现状，将杂草防治主窗口期由冬后春季施药提前到冬前秋季施药，在土壤墒情好的水旱轮作区全面实施土壤封闭处理，根据杂草种群组成选配和酌情喷施茎叶处理剂；旱旱轮作区根据当年墒情，抓紧冬前杂草敏感期施药，结合冬后返青期施药。

（二）配套技术

在科学运用"两监测三精准"防治技术的基础上，结合不同作用靶标除草剂轮换使用，辅以增加小麦密度控草、玉米秸秆覆盖、小麦/油菜轮作控草、水网拦截杂草种子等非化学措施，形成适应不同区域的麦田杂草绿色防控技术模式。

1. 播前旋耕

小麦播种前深翻 30cm 左右，可以显著降低杂草种群 60％～80％，因此，采用深翻一年、浅旋耕两年相结合的农业措施，可显著降低田间杂草种群基数。

2. 轮作倒茬

小麦—玉米的轮作方式改变为小麦—水稻的轮作方式，可以显著控制节节麦等喜旱恶湿的杂草的危害，节节麦在下一茬小麦中的萌发率降低 85％～90％。

3. 适度密植

小麦播种时适当密植控草。在适期播种情况下，分蘖成穗率低的大穗型品种，每亩适宜基本苗 15 万～18 万株；分蘖成穗率高的中多穗型品种，每亩适宜基本苗 12 万～16 万株。

三、适宜区域

适合北京、天津、河北、山东、河南、山西、陕西、甘肃旱旱轮作区麦田及湖北、江苏、安徽、四川水旱轮作区麦田。

四、注意事项

第一，技术在推广应用过程中，要严格按照每个技术环节的标准和规范实施才能保证防治效果；

第二，杂草种群动态监测及抗性监测，应坚持定点、定位、定期实施；

第三，依据"两监测"结果，开展"三精准"防控技术推广应用，以实现"一减两控"绿色治理麦田杂草的目标。

技术依托单位

1. 中国农业科学院植物保护研究所

联系地址：北京市海淀区圆明园西路 2 号

邮政编码：100193

联系人：李香菊　张　帅

联系电话：010-62813309　13717897969

电子邮箱：xjli@ippcaas.cn

2. 全国农业技术推广服务中心

小麦匀播节水减氮高产高效技术

一、技术概述

（一）技术基本情况

目前，小麦生产中主要存在以下问题：①常规条播或撒播播种质量较差、种子分布不够均匀、深浅不够一致等问题，致使个体发育不均衡影响群体构成。②现有播种方式分次完成施肥、旋耕、播种、镇压等作业工序，农耗时间长、散墒较重、成本偏高。③肥水投入过多及运筹不够合理，资源利用率偏低。

针对上述问题，研发小麦立体匀播机，集"施肥、旋耕、播种、第一次镇压、覆土、第二次镇压"6道工序于一体，一次作业全部完成，并融合微喷灌水肥一体化集成本技术体系。

应用本技术可通过集成作业，实现农耗缩短：匀播机实现多项工序联合作业，减少常规条播单独施肥、单独旋耕、单独镇压等工序，平均缩短更换机具等接茬农耗时间1～2d。通过精细覆土，实现等深种植：匀播机不仅使小麦种子相对均匀分布，将常规条播麦苗集中的一条"线"变为麦苗相对分布均匀的一个"面"，而且通过精细覆土，使种子处于土壤同一深度（3cm）土层内。通过两次镇压，实现减少散墒：匀播机的两次镇压工序，使种子与土壤紧密结合的同时进一步踏实土壤，抑制散墒，减少土壤水分损失0.4～1.0个百分点。通过微喷灌水肥一体化，实现水肥高效：基于匀播小麦优势蘖水肥高效利用规律，减量浇水和施肥量，融合微喷灌水肥一体化，提高了水肥资源利用率，减少资源浪费和农田环境污染。

目前，本技术获国际专利2项、国家发明专利1项、实用新型专利2项。

（二）技术示范推广情况

核心技术由中央电视台录制专题纪录片《小麦也可以这么种》。连续6年在不同省份实产验收，较常规条播生产对照田增产3.23%～10.28%，增产效果明显。自2014年已在全国11个省、直辖市、自治区（河南、河北、山东、山西、陕西、安徽、新疆、内蒙古、宁夏、北京、天津）大范围示范推广。

（三）提质增效情况

实现减少三个"3"：3kg种子＋3kg氮肥＋30m³灌水；增加两个"5"：5%产量＋50元收入。

与常规条播技术相比，本技术每亩可减少种子用量3kg、氮素2～3kg、春季灌水30～40m³，平均提高产量5%左右，增加纯收入50元以上；同时，水、氮、光能资源利用率分别提高4%～10%、3%～8%、7%～14%，有效推动了小麦生产由高投入、低产出、多污染向高产、高效、绿色方向转变。

选用本技术的种植大户或农民均表示小麦亩产量稳定在550kg以上，在增产的同时可以节省常规条播单独施肥、整地、播种所投入的机械成本，节本增产增效明显。

本技术体系主要具有以下优势：

1. 强化均匀和等深

小麦立体匀播是以立体等深匀播为特征的新型播种技术。该技术通过匀播机械使小麦种子等深等距相对均匀地分布在土壤的立体空间中（株距根据不同的基本苗确定：3.8～6.6cm；深度3cm），确保麦苗单株营养面积和生长空间相对均衡，增加低位有效分蘖总量，在保持穗粒数及千粒重相对稳定或增加的基础上提高单株和群体生产力，实现增产约5%。

小麦立体匀播机播种及出苗情况

2. 强化节水和减氮

前茬作物收获后，采用具有分层镇压功能的匀播机械，在最适播期内趁墒实现等深匀播的同时，播前和播后的两次分层镇压可以减少土壤水分散失0.4～1.0个百分点，并使种子与土壤紧密结合，促进出苗，保证了苗全、苗匀、苗壮，形成均衡健壮个体及高质量群体，提高水、氮、光的利用效率，辅以高效微喷灌水肥一体化技术可实现每亩平均减少浇水30m³以上，节省氮肥用量2～3kg。

高效微喷灌水肥一体化技术麦田

3. 强化减耗和省种

匀播机可一次性完成"施肥、旋耕、播种、第一次镇压、覆土、第二次镇压"等6道作业工序，提高作业效率，减少接茬机械更换等农耗时间1～2d，降低作业成本。匀播机一播全苗，使麦苗相对均匀地分布于田间，单株长势相对均衡，可以增加低位优势分蘖总量，提高每亩有效成穗数 4 万～6 万，相应可减少亩播种量 2～3kg。因此，高质量播种及高质量群体同步实现减少农耗和节省种子、增产节本，增加每亩纯收入 50 元以上。

（四）技术获奖情况

2018 年，以本技术为主要内容的"小麦节水保优生产技术"被农业农村部列为十大引领性农业技术。

2019 年 2 月 28 日，本技术通过中国农学会成果评价：成果总体达到同类研究国际领先水平。评价号为：中农（评价）字〔2019〕第 18 号。

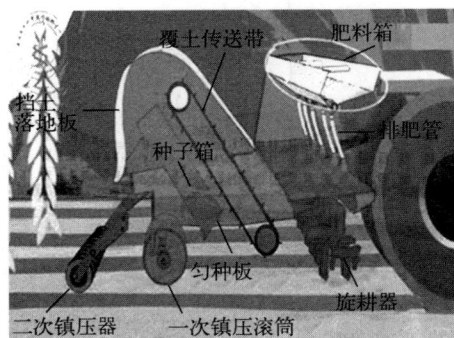
小麦立体匀播机具示意

二、技术要点

（一）立体匀播机播种

本技术体系核心技术为小麦立体匀播技术，采用立体等深匀播机械播种。在前茬作物收获秸秆粉碎还田的情况下，即可使用匀播机进行适墒播种（土壤含水量 12％～19％），同步完成"施肥、旋耕、播种、第一次镇压、覆土、第二次镇压"6 道作业工序，每亩可节省用种 2～3kg，实现一播全苗、苗匀苗壮，奠定丰产结构。

（二）微喷灌水肥一体化

匀播机完成播种后，即可根据匀播机播幅进行微喷灌带铺设，配套相应的微喷灌水肥一体化设施完成小麦生育期间的水肥管理。因立体匀播小麦出苗后无行无垄，微喷灌水肥一体化技术可根据匀播小麦群体生长需求优化水肥管理，节省了灌水和氮肥用量，同时减少后期田间操作对麦苗的损伤，最大限度保证群体成穗数和优良群体结构。

（三）优化水肥运筹

基于匀播与微喷灌的技术优势，对本技术水肥运筹进行科学优化。总体氮肥亩用量控制在 16kg 以内，施肥比例调整为基肥 50％，拔节肥占 35％～40％，开花肥占 10％～15％；每亩春季灌水 50～70m³，拔节期和开花期分别占 60％和 40％。主要通过微喷灌技术进行后期实施。

三、适宜区域

适宜应用区域包括北部冬麦区、黄淮冬麦区、新疆冬春麦区、北部春麦区、西北春麦区、东北春麦区。

四、注意事项

立体匀播机应配备 80 马力* 以上的拖拉机，且土壤含水量不宜过大或过小（壤土一般在 12％～19％范围内，最适为 16％～18％），避免影响覆土镇压效果。

---

* 马力非法定计量单位，1 马力＝0.735kW。后同。——编者注

技术依托单位

1. 中国农业科学院作物科学研究所

联系地址：北京市海淀区中关村南大街 12 号

邮政编码：100081

联 系 人：常旭虹　王德梅

联系电话：010-82108576

电子邮箱：changxuhong@caas.cn

2. 全国农业技术推广服务中心

联系地址：北京市朝阳区麦子店街 20 号

邮政编码：100125

联 系 人：鄂文弟　梁　健　刘阿康

联系电话：010-59194509

电子邮箱：liangjian@agri.gov.cn

江淮稻麦周年绿色丰产高效抗逆技术

一、技术概述

（一）技术基本情况

江淮地区常年稻—麦轮作面积 4 500 多万亩，占全国的 2/3，年产粮 4 000 万 t 以上，对保障国家口粮安全做出了重要贡献。然而，该地区稻、麦传统生产中普遍存在光温资源利用不充分，季节间分配不合理，灾害频发；农机农艺不配套，周年秸秆还田、播种质量差；防控灾害能力弱；周年水肥药投入量大、利用率低等问题，导致稻麦丰产增效抗逆难以兼顾，严重影响区域粮食增产潜力发挥和农民增收。为解决上述突出难题，安徽粮丰项目组依托"十一五""十二五""十三五"国家粮食丰产科技工程等项目，以"丰产高效与抗逆减灾协同"为目标，以"光温资源优化利用"为突破口，在江淮不同亚区选择代表性市县，采取"关键技术攻关—区域技术集成—示范推广应用"协同推进模式。经过多年研究，集成江淮稻麦周年绿色丰产高效抗逆技术。该技术创建了江淮稻麦周年"双迟"优化栽培模式，提高了光温资源利用效率；通过农机农艺融合消减秸秆还田逆境与麦季渍害，优化生育进程，防御水稻高温热害，提高了稻、麦抗灾稳产能力；建立了肥料、农药减量化施用技术，提高了肥药利用率；实现了周年丰产高效与抗逆减灾的协同。

（二）技术示范推广情况

2018 年、2019 年、2020 年，江淮稻麦周年绿色丰产高效抗逆技术在安徽阜阳、蚌埠、淮南、滁州、六安、合肥、安庆、池州、铜陵、芜湖、马鞍山、宣城，江苏苏州、常州、镇江、泰州、扬州、南通、淮安、宿迁、连云港，以及河南信阳共 22 个市推广应用面积分别达 1 398.1 万亩、1 510.1 万亩和 1 693.7 万亩，三年累计推广面积达 4 601.9 万亩，技术辐射面积覆盖了三省稻麦轮作的主要种植区。

（三）提质增效情况

与常规稻麦生产技术相比，新技术使水稻平均每亩增产 37.0 kg，增幅 6.4%，每亩节本 46.8 元；小麦平均每亩增产 32.0 kg，增幅 8.2%，每亩节本 41.0 元。三年累计增产粮食 317.46 万 t（水稻增产 170.40 万 t，小麦增产 147.06 万 t），累计增收节本总额 117.26 亿元。

（四）技术获奖情况

该技术获得 2021 年度安徽省科学技术进步奖一等奖。

二、技术要点

（一）稻—麦"双迟"茬口衔接和生育进程时序优化

水稻适期偏迟 10～15 d 播种，用足有效生长季适期晚收（收获期推迟 15～25 d），加上小麦及时接茬、适期晚收（3～5 d）。沿淮、淮北地区适宜选用优质早熟中籼/中熟中粳品种（籼稻生育期 130～135 d，粳稻生育期 135～145 d），播种期在 5 月 10—20 日（毯苗）、5 月 5—15 日（钵苗）；选用抗寒性好、抗赤霉病性强、耐渍害性强的优质半冬性小麦品种，播种期在 10 月 15—22 日。江淮地区适宜选用优质中熟中籼/迟熟中粳品种（籼稻生育期140～145d，粳稻生育期 145～150d），播种期在 5 月 15—20 日（毯苗）、5 月 10—15 日（钵苗）；选用抗赤霉病性强、耐渍害性强的弱春性小麦品种，播种期在 10 月 20—27 日。沿江、江南地区适宜选用优质迟熟中籼/早熟晚粳品种（籼稻生育期 145～150d，粳稻生育期 150～155d），播种期在 5 月 20—25（毯苗）、5 月 10—20 日（钵苗）；选用抗赤霉病性强、耐渍害性强的春性小麦品种，播种期在 10 月 25 日—11 月 5 日。

（二）周年秸秆机械化还田

秸秆还田：根据机械化作业条件，选用大马力稻麦秸秆机械反旋灭茬旱耕旱整或中马力小麦秸秆机械旱耕水整和水稻秸秆机械旋耕埋茬。秸秆切碎均匀抛撒，通过在粉碎机后加装均匀抛撒装置板控制秸秆抛撒力度、方向和范围，提高均匀度；秸秆长度≤10cm，留茬高度≤18cm，埋草覆盖率≥95%。避免或减少重耕、漏耕及小角度转弯次数，两次作业（纵横向交叉）提高埋茬效果；旋耕埋茬深度≥15cm，埋茬覆盖率≥95%，耕深稳定系数≥85%，碎土系数≥90%。

秸秆腐解：翻耕整地前增施生物促腐剂（每亩 1～2kg），均匀抛撒于秸秆表面，同时调整基肥中速效氮肥比例（增施速效氮肥，按每 100kg 秸秆施用 0.5～1kg 纯氮），调节碳氮比促进秸秆快速腐解。

有毒物质减排：水稻活棵后及时排水露田一次（2～3d），之后浅水勤灌，干湿交替，透气增氧，开挖丰产沟，中心沟与围沟相通、内外沟配套，确保灌排及时，提前烤田，促进根系发育和分蘖成穗。

（三）周年机械化种植

水稻季：育秧流水线匀播（漏播率<5%，均匀度>90%）、稀播（杂交稻毯苗 70～90g/盘，钵苗 1～2 粒/孔；常规稻毯苗 90～120g/盘，钵苗 3～4 粒/孔）。采用毯苗或钵苗插秧机适期栽插，建立合理的群体起点。本田期，中籼稻每亩纯氮用量为 13～15kg，基肥：蘖肥：穗肥=5：3：2；每亩 P_2O_5 用量为 5～7kg，每亩 K_2O 用量为 8～10kg。中粳稻每亩纯氮用量为 15～18kg，基肥：蘖肥：穗肥=5：2：3；每亩 P_2O_5 用量为 6～8kg，每亩 K_2O 用量为 9～11kg。磷肥作基肥一次性施用，钾肥分基肥与穗肥两次等量施用。或者选用专用控释肥机插同步侧深一次性施肥（籼稻）、一基＋一追（粳稻）的施肥方式，肥料总用量较常规施肥方式降低 15% 左右。

小麦季：高畦播种，收割后采用高茬还田施肥开沟高畦播种一体机一次性完成灭茬、整地、施肥、播种，田间做成一条条畦面，畦宽 1.7～2.0m，畦高 25～30cm，畦沟宽 30cm，畦平面高于原地平面 2～3cm。畦面播种，畦沟排水，降渍效果显著，尤其是灾害年份。小麦季每亩纯氮用量为 14～16kg/亩，基肥：拔节肥=6：4；每亩 P_2O_5 用量为 6～7kg，每亩 K_2O 用量为 5～6kg，磷钾肥作基肥一次性施用。

（四）病虫草害绿色防控

防控原则：水稻季"预防秧苗期，放宽分蘖期，保护成穗期"。重点防控三病（稻瘟病、稻曲病、纹枯病）、三虫（螟虫、稻飞虱、稻纵卷叶螟）；稻田杂草以土壤封闭和芽前除草（3 叶前）为主。小麦季重点防治赤霉病、纹枯病、锈病和白粉病等病害以及蚜虫、麦蜘蛛和吸浆虫等虫害；中后期重视"一喷四防（防病、防虫、防倒、防早衰）"，加强赤霉病的防治，做到"见花打药，盛花再打"；草害立足春草秋治，注重冬前化学除草，冬前未能及时除草或草害较重的麦田，返青期及时进行化学除草。

防控措施：优选农业防控（品种/健身栽培等）、生物防控（天敌/香根草等）、物理防控（频振式杀虫灯/色板诱杀技术等）、生物农药制剂等绿色防控措施，结合总体开展化学防控。化学防控优先使用低毒安全高效控失农药控制病虫害，减少施药次数 2～3 次，降低用量 20%～30%。药械联用，提高用药效率，作物冠层病虫害推荐施用控失农药（病害 85% 常规农药/虫害 70% 常规农药＋1 500 目以上每亩 15g 控失剂）＋无人机飞防小容量高浓度精准用药模式；作物中下部病虫草害推荐控失农药（病害 85% 常规农药/虫害 70% 常规农药/草害 85% 常规农药＋800 目以上每亩 15g 控失剂）＋担架式/自走式中大型大容量高压力农药喷施机械用药防控措施。

三、适宜区域

安徽、江苏、湖北、河南以及生态类型相似的稻麦轮作区。

四、注意事项

第一，不同生态亚区要选择适宜的品种和播种期搭配。

第二，选择适宜机型和配套的秸秆还田技术，缩短周年种植茬口衔接时间，提高耕整地质量。

第三，稻茬小麦播种一定要三沟配套，降低渍害。

技术依托单位

1. 安徽省农业科学院

联系地址：安徽省合肥市庐阳区农科南路 40 号

邮政编码：230031

联 系 人：吴文革

联系电话：13955176826

电子邮箱：wuwenge@aaas.org.cn

2. 扬州大学

联系地址：江苏省扬州市邗江区文汇东路 48 号

邮政编码：225009

联 系 人：戴其根

联系电话：13701442683

电子邮箱：qgdai@yzu.edu.cn

3. 全国农业技术推广服务中心

联系地址：北京市朝阳区麦子店街 20 号

邮政编码：100125

联 系 人：万克江

联系电话：13521133309

电子邮箱：wankejiang@agri.gov.cn

小麦探墒沟播适水减肥抗旱栽培技术

一、技术概述

（一）技术基本情况

针对黄土高原干旱半干旱地区小麦生产上存在的干旱缺水、土壤瘠薄、产量低而不稳、水肥利用效率低等问题，筛选抗旱高产品种；研发旱地小麦蓄水保墒技术，促进休闲期降水入渗，增加播前底墒；研发宽窄行探墒沟播技术，增温提墒，协调土、肥、水、根、苗五大关系，促进小麦生长发育；研发适水减肥技术，根据底墒情况确定施肥量，减少肥料过量施用问题，提高肥料利用率；集成"小麦探墒沟播适水减肥抗旱栽培技术"，实现高产、优质、绿色生产。采用该技术，亩穗数提高 1.5 万～3 万，穗粒数提高 2～4 粒，增产 23%～30%，水分利用效率提高 10%～15%，氮肥利用效率提高 10%～15%。

（二）技术示范推广情况

该技术自 2010 年来，经过不断优化，已实现了较大范围推广应用。在山西、陕西、甘肃等省份旱作麦区累积推广面积超过 8 000 万亩，培训农技推广人员达 5 678 人次，农户达 46 800 人次。

（三）提质增效情况

该技术近 5 年加权平均亩产量为 314.6kg，按增产 25.31% 计算，平均增产 63.5kg，增加收益 63.5kg×2.36 元/kg＝149.9 元；每亩节本约 60 元，主要节省了播前旋耕费用、播种机械费和化肥投入；每亩累积节本增收约 209.9 元。累计折合节本增收 209.9 元/亩×8 000万亩＝1 679 200 万元。采用本技术，更有利于节约资源、减少环境污染，最终增加社会经济效益和生态效益。

（四）技术获奖情况

核心技术"旱地小麦蓄水保墒增产技术与配套机械的研发应用"2015 年荣获山西省科学技术进步奖一等奖。

相关理论研究"黄土高原旱地作物根土水气系统研究与水肥高效利用机制"2019 年获山西省自然科学类二等奖。

核心技术"旱地小麦适水减肥绿色增产技术的研发应用"2021 年荣获山西省科学技术进步奖二等奖。

二、技术要点

（一）旱区小麦休闲期耕作蓄水保墒

前茬小麦收获时留高茬，入伏第一场雨后，田间撒施腐熟的有机肥 30～45t/hm^2 或精制有机肥 1.5t/hm^2，采用深翻机械深翻 25～30cm，或采用深松施肥一体机深松 30～35cm。立秋后旋耕整地，旋耕深度 12～15cm，耕后耙平地表。

（二）探墒沟播

选用带有锯齿圆盘开沟器的探墒沟播机，一次完成灭茬、开沟、起垄、施肥、播种、覆土、镇压等作业。化肥 N：P 为 1：（0.6～0.8）。具体数量为每亩施碳酸氢铵 50～60kg 或尿素 15～20kg，过磷酸钙 50～60kg，钾肥 8～10kg。开沟深度 7～8cm，起垄高度 3～4cm，秸秆残茬和表土分离于垄背上，化肥条施于沟底部中央，种子分别着床于沟底上方 3～4cm 处、沟内两侧的湿土中，形成宽行 20～25cm、窄行 10～12cm 的宽窄行种植方式。在常规播种基础上，播期提前 2～3d，每亩播量增加 0.5～1kg。

（三）冬前管理

遇雨发生板结，墒情适宜时耧划破土。小麦 3～5 叶期、杂草 2～4 叶期化学除草。

（四）春季管理

早春耙耱、划锄、镇压。返青至抽穗开花期做好病虫害防治。4 月上中旬晚霜来临之前，提前叶面喷施微肥、植物生长调节剂等。

（五）后期管理

后期做好"一喷三防"，防病虫、防早衰、防干热风。

三、适宜区域

该技术适宜在黄土高原干旱半干旱地区的山西、陕西和甘肃等省份推广。该技术及其核心技术在山西省年推广面积约 420 万亩，主要分布在运城市闻喜县、新绛县和临汾市洪洞县、翼城县等；陕西省年推广面积约 120 万亩，主要分布在咸阳市长武县、永寿县和渭南市白水县、合阳县等地；甘肃省年推广面积约 80 万亩，主要分布在天水市。

四、注意事项

旱区小麦结合休闲期耕作蓄水保墒技术保水效果显著，一定要配合立秋后耙耱收墒才能发挥蓄水保墒的良好效果。

采用宽窄行探墒沟播机，作业拖拉机不小于 120 马力，播种作业速度不大于 5km/h。

技术依托单位
山西农业大学
山西省农业农村厅

稻茬小麦免耕带旋高产高效栽培技术

一、技术概述

（一）技术基本情况

稻茬小麦主要分布于长江流域，常年种植面积约 7 000 万亩，占全国小麦总面积 20％。稻茬小麦生产能力的提升对于稳定和提升全国小麦生产能力至关重要。

播种质量不高是稻茬小麦产量、效益不高不稳的主要原因。土壤质地黏重、湿度过大、秸秆过多乃是影响稻茬小麦播种质量的三个核心要素。传统的"秸秆粉碎→翻埋还田→机械播种→机械镇压"技术模式，不仅动力需求大、耗油多、成本高，而且常常造成粗耕烂种、立苗质量差、麦苗长势弱，尤其是随水稻产量水平的不断提高和规模化生产的发展，进一步增加了规范化播种的难度。

国家小麦产业技术体系西南区高产栽培岗位聚焦稻茬小麦播种难题，将机具设计创新和农艺优化创新相结合，研究集成了"稻茬小麦免耕带旋高产高效栽培技术"，一举解决了稻茬小麦长期面临的"播不下、出不齐、长不好"的重大技术难题。

该技术的优势特点：①将原有技术的 4～5 次作业工序简化为 1～2 次，大幅度提高了播种效率；②免耕作业避免了对土壤结构的破坏，利于排水降渍；③免耕降低了动力需求，从小四轮到中型拖拉机都能驱动，机械重量降低，能耗减少，对黏湿土壤的适应性显著增强；④通过带旋播种和刀片优化设计，增强了秸秆的通透性，避免缠绕、堵塞，播种深浅一致、均衡，能实现一播全苗；⑤稻秸覆盖于地表，减少棵间蒸发，提高了中后期土壤保墒抗旱能力。

同翻耕技术模式相比，该技术播种效率提高 50％以上，出苗率提高 20％，低位分蘖提高 10％以上。该技术目前已在长江上游得到规模化应用，并被长江中下游的湖北、安徽、江苏、河南（南部）等地引进推广。2017 年以来，四川多地连片百亩乃至千亩应用，实收亩产都超 500kg（最高达 703.2kg），较传统技术增产 20％以上；安徽庐江县示范增幅达 15.8％；江苏泰州市示范平均增产 12.1％；2020 年河南淮滨县首次引进示范就取得显著成效，亩产 560.7kg，增产 18.98％。

（二）技术示范推广情况

本技术重点解决长江流域稻茬小麦播种难题，节本、提质、增效显著，深受种粮大户、家庭农场和合作社的欢迎，配套的免耕带旋播种机连续几年出现供不应求的局面。目前，该技术已在四川、重庆、湖北等省份得到广泛应用；江苏、安徽、云南、贵州等省份引进示范效果突出，也在扩大应用。农户的意见反馈极具典型性和代表性。四川梓潼县大户古国洪感言，"田湿！多草！适时播期！三重不利因素，要想机械化？今天困扰多年的难题终于圆满解决了！"湖北南漳县基层技术人员感叹，该技术"湿时播得下，干时能保墒""干旱年景更显保墒护墒含墒之神力，因为保护性栽培，地表层未受破坏，土壤墒情不挥发，足够种子发芽之水分，确保一播全苗齐苗匀苗壮苗健苗，实乃抗灾应灾应变好措施"，南漳县一个合作社一次性购买了 15 台免耕带旋播种机,以解决过湿麦田的播种难题。农业农村部小麦专家指导组到四川、安徽进行了多次现场考察,并形成了现场鉴定意见,认为该技术先进成熟,应加大推广力度。2019 年以来,每年应用面积都在 100 万亩以上,被农业农村部列为 2021 年农业主推技术。

(三) 提质增效情况

一是显著节约成本。和传统耕翻播种技术相比,播种量降低 25%,每亩节种 4~6kg,价值 20 元;燃油用量显著减少(减少工序 2 次以上,减轻机器重量和动土比例),每亩节约成本 25 元;每亩减施氮肥(纯氮)2~3kg,折价 16.3 元;减少 1 次化学除草,药剂每亩成本减少 9 元;多数年景可以取消灌溉拔节水,每亩节约成本 10 元;每亩用工成本节约 30 元。各项合计每亩节本 110.3 元。

二是显著增加效益。每亩可增产 40~70kg,即增值 90~160 元(平均 125 元)。加上节约的成本 110.3 元,合计增加效益 235.3 元。

三是显著提升品质。由于群体起点控制、氮肥用量降低,因而倒伏得到有效控制,不完善粒比例明显下降,品质得以明显提升。这主要体现在容重提高 20~40g/L,不完善粒下降 3~5 个百分点,优质膨化小麦、酿酒小麦原料质量至少提高 1 个档次。

四是利于耕地保护和农业可持续发展。免耕结合稻草覆盖栽培,利于保护土壤结构、提升土壤肥力,减少温室气体排放,且能够降低氮素淋溶损失,提高氮素利用效率,氮肥偏生产力从 40kg/kg 提高到 50kg/kg 以上。该技术由于绿色、环保特色明显,因而 2021 年入选中国农业绿色发展研究会编制的《中国主要粮油作物绿色发展报告》。

(四) 技术获奖情况

该技术入选了 2021 年农业主推技术,其核心知识产权已获得国家发明专利(ZL 201310455004.4)和多项实用新型专利授权(ZL 201521034141.1、ZL 201820544557.5、ZL 202021258869.3);发表多篇学术论文;并形成了四川省技术标准(DB51/T 2748—2021);同时,以该技术为核心的科技成果获得过 2012 年度四川省科学技术进步奖一等奖。

二、技术要点

(一) 稻草处理

水稻生育后期及时排水晾田,尽量避免收割机对土壤产生碾压破坏。根据当地生产条件和水稻收割机类型选择相应的秸秆处理方式。如果水稻收割机无秸秆粉碎装置,可以采用高留茬收获,留茬高度 30~50cm,既可减少机械负载、提高收获效率,又利于节约燃料和省略后续粉碎作业。小麦播前适当时机用 1JH-150 型或类似型号的秸秆粉碎机进行灭茬粉碎作业,粉碎后的秸秆要求细碎(<8cm)、分布均匀。如果收割机加装了切草、粉碎、分散装置,在水稻收获过程中可以直接将秸秆粉碎或切碎,使其均匀分布于田面,播前不再进行其他机械作业。

(二) 播前开沟排水

排水不畅的田块在水稻收获后,立即进行人工或机械开沟,要求边沟、厢沟深度达到 20~30cm,沟沟相通,最大限度沥干渍水。

(三) 免耕带旋播种

采用 2BMF-8、2BMF-10、2BMF-12 等型号的免耕带旋播种机播种。播前调试机器,根据种子大小调节播量，亩用种量控制在 12～13kg（基本苗 18 万～20 万株）范围即可。种肥选择养分配比适宜的复合肥，使其基肥的纯氮量占全生育期的 50%～60%、磷钾肥用量占到总用量的 100%。一次作业即可完成开沟、播种、施肥、盖种等工序，有的型号还能完成除草剂喷施，即边播种边进行封闭除草。

（四）苗期化学除草

灭茬作业后秸秆覆盖于土表，播前一般不进行化学除草。杂草种子伴随小麦出苗而陆续萌发，应在小麦 3～5 叶期进行苗期化学除草。根据杂草种类选择适宜的除草剂。如果选择具有封闭除草功能的免耕带旋播种机型号，在播种时完成了封闭除草程序，苗期可不再进行化学除草。

三、适宜区域

长江流域稻茬麦区及类似生态区域，以及播种时土壤黏湿的旱地麦区。

四、注意事项

第一，水稻生育后期及时排水晾田，避免土壤过湿而被过度碾压破坏、沟壑纵横，影响播种作业质量。

第二，提高秸秆粉碎质量。粉碎机类型、刀片质量以及机手作业的规范化程度，都会影响秸秆粉碎质量。如果粉碎质量达不到要求，如秸秆过长或堆积过多，都将影响播种质量。

第三，极端黏湿土壤，配套履带式拖拉机。对于大多数稻茬田，轮式拖拉机能够下田作业，但对于丘陵稻茬田或长江下游部分特湿田块，可采用履带式拖拉机作为动力驱动播种机，以免造成进一步的碾压破坏。

技术依托单位

四川省农业科学院作物研究所

联系地址：四川省成都市狮子山路 4 号

邮政编码：610066

联 系 人：汤永禄

联系电话：028-84504601　13518156838

电子邮箱：ttyycc88@163.com

稻茬小麦精控机械条播高产高效栽培技术

一、技术概述

（一）技术基本情况

我国稻茬小麦种植面积 7 000 多万亩。不同于旱作小麦生产区，稻茬小麦区域降雨较为丰富，小麦生产很少受水资源不足的制约，增产空间很大。但稻茬土壤质地黏重，土壤略干或偏湿均会严重降低土壤耕作质量，宜耕期短。而且稻茬小麦种植区域，在秋末冬初降雨偏多，易导致土壤湿烂，土地耕整难度很大。此外，在南方粳稻种植区域，粳稻生育期偏长，水稻收获至小麦播种之间的空闲期很短，几乎没有土地耕整时间。同时，水稻秸秆量大，秸秆还田质量差。上述因素导致稻茬小麦难以适期适墒播种，加上常规播种机排种均匀性差、控制精度低、入土深浅不一，导致稻茬小麦播种质量差、成苗差、壮苗难。麦农大多通过增加播种量、烂耕烂种、抢茬撒播，通过弱苗、大群体弥补播种质量的不足。此外，生产中还会通过加大基肥用量，以弥补麦苗质量与播期偏迟等不利因素，进一步提高了稻茬小麦生产成本。这些成为制约稻茬小麦高产及全程机械化生产水平提升的主要技术障碍。

该技术依托新型小麦格栅式精控播种施肥一体机，通过自主研发的格栅式排种排肥器和数控电机实现精控精量均匀排种、排肥；配合研制的压沟轮开沟器，实现稻秸旋/翻耕还田整地，或稻茬地表匀铺免耕条件下形成开沟深度、底沟宽度均匀的播种沟；结合精控排种机构，将种子匀铺于 3cm 左右条状播种沟底，实现不同土壤墒情、不同土壤耕整条件下稻茬小麦播种深浅一致，均匀度高。此外，该机具还具有同步精控施肥功能，将基肥在播前均匀条施于播种条带，实现种肥同带分布。在此基础上，配套播后镇压、高效施肥、绿色综合防控等技术，形成了稻茬小麦精控机械条播高产高效栽培技术，实现了稻茬小麦高质量节种减肥增产增效。核心技术专利：一种小麦全自动电控精确定量播种机（专利号 ZL201720287136.4），稻麦播种压沟器（专利号 201822250591.4），数字式电控排种排肥装置（专利号 201822254228.X），一种新型稻麦播种施肥箱（专利号 201922245344.X），一种新型稻麦播种压沟装置（专利号 201922245342.0），一种精确定量播种施肥免耕一体机（专利号 201922245356.2）。

（二）技术示范推广情况

该技术于 2018—2020 年在江苏省金坛区、句容市等推广应用，已累计应用面积达 50 000 亩以上。

（三）提质增效情况

依托长期大田试验的结果，结合 2018—2020 年示范区的跟踪调查，综合效果如下：

高产：产量较常规种植增产 8% 以上。

高效：减种 20%，减肥 5%～10%，氮肥利用率提高 10% 左右，亩增效益 100 元以上。

（四）技术获奖情况

无。

二、技术要点

（一）核心技术：精控播种与施肥技术

依据小麦生产目标产量，适期播种量为 112.5～150kg/hm²，氮肥施用量为 210～240kg/hm²，氮肥运筹用基肥 40%、拔节孕穗肥 60%，磷、钾肥均按 50%基肥和 50%拔节肥施用。依托新型小麦格栅式精控播种施肥一体机，解决小麦施肥粗放、肥料利用率低、播种无法精确定量和播种质量差的问题，同时实现施肥播种高效一体化。

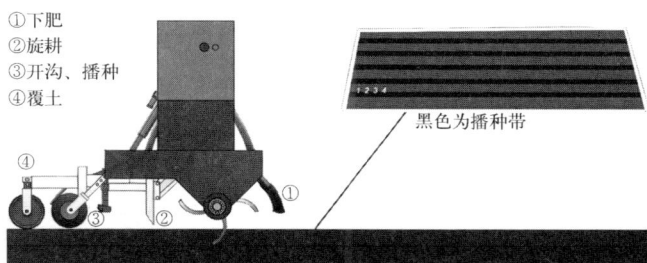

①下肥
②旋耕
③开沟、播种
④覆土

黑色为播种带

播种机实物示意　　　　　　　　　　播种技术原理图

播　种　　　　　　　　　　　　　出　苗

（二）配套技术

1. 秸秆还田与高效耕整

稻秆留低茬，长度在 3～5cm，粉碎匀铺。如墒情适宜，稻秆 12～15cm 深旋耕全量还田。如土壤较为湿烂，则直接板茬播种，该技术提供的播种机能满足较高的播种质量要求。

2. 播后镇压

播种机自带镇压提高出苗质量，根据土壤墒情和苗情酌情开展冬前镇压抗逆和春后镇压防倒。

3. 绿色植保综合防控技术

采用高效植保机械、植保无人机精准施药、高效低毒低残留新型药剂喷施以及一喷综防等技术，实现高效精准机械化绿色植保综合防控技术。

三、适宜区域

本技术适于南方稻茬小麦种植区域。

四、注意事项

该技术核心配套机械为新型小麦格栅式精控播种施肥一体机，前茬水稻收获适当留低茬，秸秆粉碎匀铺更能发挥本技术的优势；播种出苗质量和基肥利用率较高，播种量较常规减量 15%～20%，基肥较常规减量 5%～10%，具体播种量与基肥用量根据田块土壤肥力、耕整质量、土壤墒情等酌情调整。

技术依托单位

1. 南京农业大学

联 系 地 址：江苏省南京市卫岗 1 号南京农业大学农学院

联 系 人：姜　东　蔡　剑

联 系 电 话：13815874922　13915971660

电 子 邮 箱：jiangd@njau.edu.cn　caijiang@njau.edu.cn

2. 江苏省农业技术推广总站

联 系 地 址：江苏省南京市江苏省农业技术推广总站

联 系 人：王龙俊　束林华

联 系 电 话：025-86263333

电 子 邮 箱：13601403866@163.com　slh8088@163.com

优质小麦全环节高质高效生产技术

一、技术概述

（一）技术基本情况

随着经济快速发展和人民群众生活水平不断提高，小麦生产呈现结构性供求矛盾，全国各地积极发展优质专用小麦，面积不断扩大。但在生产中面临以下主要问题：①全环节集成技术推广力度不够，各个环节、各种技术之间融合度不高、衔接性不强，导致优质小麦产量不高，品质不达标，价格优势不能充分发挥；②区域化种植、规模化生产、单收单种单储程度低，不利于订单生产；③生产经营主体发生变化，缺乏有效推广机制。因此，迫切需要开展优质专用小麦技术集成、熟化、培训与示范推广，提升优质专用小麦生产质量效益和竞争力。

该技术模式以强筋小麦品种为基础，集成配套区域化布局、规模化种植、土壤培肥、深耕或深松、高质量播种、水肥后移、后期控水、叶面喷氮、病虫害综合防治、风险防控、适期收获、单收单储等各个环节关键技术措施，能够有效解决优质小麦生产中良种良法不配套，技术集成度、融合度不够，产量品质效益不同步等问题，为优质小麦发展提供技术支撑。

（二）技术示范推广情况

2017年在19个示范县重点推广应用，2018年在37个示范县重点推广应用，2019年、2020年、2021年在37个示范县和黄泛区农场重点推广应用，目前河南省推广应用面积1 200万亩左右，且呈逐年增加趋势。2019年，优质小麦全环节高质高效生产技术模式图在中央电视台《壮丽70年奋斗新时代——重温嘱托看变化》节目中体现。2019—2021年，印发优质小麦全环节高质高效生产技术挂图、台历、明白纸52万份。

（三）提质增效情况

通过优质小麦全环节高质高效生产技术模式示范推广，一是初步实现了节本增效，该技术注重打牢播种基础，减少后期田间投入，初步实现了项目区节本增效5％以上的目标任务。如示范推广的规范化耕种技术，不仅平均亩减少播量1.5～2.5kg，而且有利于培育冬前壮苗，提高综合抗逆能力，减少了田间管理。二是初步实现了绿色增效。示范推广的测土配方、机械深松、氮肥后移等节水节肥技术，有效提高了水肥资源利用效率；示范区全面推广病虫害统防统治，不仅提高了防治效率，而且减少农药用量。三是初步实现了优质增效。项目区运用规范化生产技术收获的优质专用小麦受到用粮企业的欢迎，收购价格较高。

（四）技术获奖情况

2020年获得河南省农业技术推广成果奖一等奖，2018年、2019年、2020年获得河南省农业主推技术，2020年获得河南省十大农业绿色技术模式，2021年获得河南省农业主推技术，2021年获得全国农业主推技术。

二、技术要点

（一）核心技术

区域化布局＋规模化种植＋土壤培肥＋深耕或深松＋高质量播种＋水肥后移＋后期控水＋叶面喷氮＋病虫害综合防治＋风险防控＋适期收获＋单收单储。

（二）全环节关键技术

1. 区域化种植

强筋小麦适宜生态区。

2. 规模化种植

推广单品种集中连片种植。

3. 规范化耕种

（1）品种选用　选用适宜在强筋小麦生态区种植的稳产高产优良品种。

（2）种子和土壤处理　根据病虫发生情况，选用包衣种子或药剂拌种，地下害虫严重发生地块，进行土壤处理。

（3）深耕耙耱配套　耕深应达到 25cm，耕后耙实耙透，达到地表平整，上虚下实，表层不板结，下层不翘空。

（4）高效精准施肥　推广测土配方施肥，增施有机肥，补施硫肥。一般亩产 500kg 左右的田块，每亩总施用量氮肥（N）为 12～14kg、磷肥（P_2O_5）6～8kg、钾肥（K_2O）3～5kg。磷肥、钾肥和硫肥一次性基施，氮肥分基肥与追肥两次施用，基肥与追肥比例为 5∶5 或 6∶4。

（5）适期播种　一般豫北麦区适播期：半冬性品种 10 月 10—15 日；豫中、豫东麦区适播期：半冬性品种为 10 月 15—20 日。

（6）控制播量　在适宜播期范围内，适当控制播量，一般每亩播量 8～10kg。整地质量差、土壤偏黏地块应适当增加播量。

（7）高效播种　推广宽幅匀播机、宽窄行播种机等高效复式作业机具，播深 3～5cm，随播镇压或播后镇压。

4. 规范化田间管理

（1）前期管理（出苗至越冬）

① 化学除草。冬前是麦田化学除草的有利时机，可选用炔草酸、精噁唑禾草灵等防除野燕麦、看麦娘等；用甲基二磺隆、甲基二磺隆＋甲基碘磺隆防除节节麦、雀麦等；用双氟磺草胺、氯氟吡氧乙酸、唑草酮、苯磺隆、溴苯腈和二甲四氯水剂等防除双子叶杂草。防治时间宜选择在小麦 3～5 叶期、杂草 2～4 叶期、气温 10℃以上的晴朗无风天气。

② 科学灌水。若冬前降水较少，土壤墒情不足，要浇好分蘖盘根水，促进冬前长大蘖、成壮蘖。对秸秆还田、旋耕播种、土壤悬空不实和缺墒的麦田必须进行冬灌，以踏实土壤，保苗安全越冬。冬灌一般在日平均气温 3℃以上时进行，在封冻前完成，一般每亩浇水量为 40m³，禁止大水漫灌，浇后及时划锄松土，增温保墒。

（2）中期管理（返青至抽穗）

① 肥水后移。在小麦拔节期，结合灌水追施氮肥，每亩灌溉量以 40～50m³ 为宜，追氮

量为总施氮量的 40%～50%。但对于早春土壤偏旱且苗情长势偏弱的麦田，灌水施肥可提前至起身期。

② 防治病虫害。在返青至抽穗期间，重点防治小麦纹枯病、条锈病、红蜘蛛。坚持"预防为主，综合防治"的防治原则，按病虫害发生规律科学防治，对症适时用药。

③ 预防倒伏。小麦起身期是预防倒伏的最后关键时期，对整地粗放、坷垃较多的麦田，开春后要进行镇压，以踏实土壤，促根生长；对长势偏旺的麦田，可在起身初期喷洒化控剂，另外，可采用深中耕断根，控制麦苗过快生长。

优质小麦拔节期灌水追肥

④ 预防冻害。及时浇好拔节水，促穗大粒多，增强抗寒能力，特别是要密切关注天气变化，在降温之前及时灌水，防御冻害。低温过后，及时检查幼穗受冻情况，一旦发生冻害，要落实追肥浇水等补救措施。

（3）后期管理（抽穗至成熟）

① 合理灌溉。干旱年份或缺墒地块在抽穗前后灌溉，保证小麦穗大粒多，每亩灌溉以 30～40m³ 为宜，一般不提倡浇灌浆水，严禁浇麦黄水。

② 防治病虫。在小麦抽穗至扬花期应对赤霉病进行重点防治。小麦齐穗期进行首次防治，若天气预报有 3d 以上连阴雨天气，应间隔 5d 再喷施一次。若喷药后 24h 内遇雨，应及时补喷。同时，灌浆期应注意防治白粉病、叶锈病、叶枯病、黑胚病及蚜虫等，成熟期前 20d 内停止使用农药。

③ 叶面喷肥。灌浆期结合病虫害防治，每亩用尿素 1kg 和磷酸二氢钾 0.2kg 兑水 50kg 进行叶面喷施，促进氮素积累与籽粒灌浆。

优质小麦生育后期叶面喷施氮肥

5. 规范化收获与储藏

抽齐穗后 10～20d 进行田间去杂，拔除杂草和异作物、异品种植株。机械化收获时按同一品种连续作业，防止机械混杂。收获后按单品种晾晒和储藏。

单品种连片种植与单收单储

三、适宜区域

该技术模式适合在豫北强筋小麦适宜生态区和豫中、豫东强筋小麦次适宜生态区推广应用，土壤质地偏沙、瘠薄及无灌溉的田块不宜推广。

四、注意事项

第一，在强筋小麦适宜生态区推广单品种集中连片种植。

第二，真正掌握整地播种质量标准和技术要领，确保田间整地播种作业质量。

第三，依据不同时期苗情、墒情、病虫情和天气变化，强化应变管理，科学防灾减灾。

技术依托单位

河南省农业技术推广总站

联系地址：河南省郑州市农业路 27 号

邮政编码：450002

联系人：毛凤梧 蒋 向 王 策 赵 科 龚 璞

联系电话：0371-65917929

电子邮箱：xialiangke@126.com

长江中下游稻茬小麦机播壮苗肥药双控栽培技术

一、技术概述

(一) 技术基本情况

全国稻茬小麦种植面积约为 7 000 万亩，占全国小麦种植面积的 20％左右，长江中下游地区是稻茬小麦的主要生产区域，温光资源丰富，是最具增产潜力的区域。但长江中下游麦区地处南北过渡地带，气候多变，湿害、冻害、倒伏等灾害频发，病虫害较重；长期种植水稻的水稻土，湿度大、土质黏重、耕整困难，加之前茬水稻收获偏迟，季节紧张，不利于稻茬小麦适时播种和提高播种质量；水稻秸秆还田量大，机播壮苗培育难；这些因素造成本区域肥料农药用量偏高，高产、稳产、优质、高效、安全生产的压力大。

本技术针对长江中下游地区稻茬小麦生产中的主要问题，围绕"低产变高产，高产更高产，逆境能稳产"的目标，依据"以适宜（尽可能少）的基本苗实现最佳穗数，以减少小花退化数为重点增加每穗粒数，以抗逆防早衰为中心提高粒重"的高产技术路线，以"精种、调肥、抗逆"为核心，以"播期播量与耕播方式协调、化肥农药协同双控、综合化调化保"为关键技术，主要通过适期适量机械耕播、化肥农药控量减次、综合抗逆促壮防早衰等技术的应用，推进本区域稻茬小麦实现播种质量提升、肥药利用效率提高，实现小麦高产优质高效生产。

(二) 技术示范推广情况

本技术的成功推广，促进了长江中下游地区稻茬小麦产量水平的不断提升，在江苏、上海、安徽等地的多个部省级小麦高产创建示范点，稻茬小麦小面积攻关田多年多点亩产突破650kg，其中，2021 年江苏省方强农场实产验收 3.01 亩，创造了亩产 762.6kg 的稻茬小麦单产新纪录。在生产中多年、多点大面积示范应用，单产均明显高于当地大面积生产水平，增产率均在 10％以上，最高 35％。

(三) 提质增效情况

本技术结合其他技术的集成应用，通过精种壮苗实现节种、精确高效施肥喷药实现节肥节药，节本显著，安全高效，据 2017—2019 年江苏省典型示范方数据统计，小麦加权平均亩产 382.3kg，比对照增产 41.9kg，增 12.3％；节肥 4.25％，节药 6.14％。同时，根据不同类型小麦品种产量与品质目标，通过适量施用肥药和合理运筹，实现产量、品质与效益的协同提高，增产增收、效益显著，并为用麦企业提供了优质原料，也提高了企业效益。

(四) 技术获奖情况

以本技术作为核心技术完成的成果"稻茬小麦'两主体三配套'精准栽培技术体系集成与应用"获 2017 年度中国作物科技奖；"稻茬小麦'三调三控'绿色高效栽培技术体系示范推广"获 2020 年度江苏省农业技术推广奖一等奖；"稻—麦两熟丰产高效绿色栽培关键技术创建与应用"获 2020 年度江苏省科学技术奖一等奖。

二、技术要点

（一）核心技术

1. 因墒机械耕播壮苗培育技术

根据土壤墒情选用适宜的耕播作业流程与机械。土壤墒情适宜（土壤相对含水量为70%～80%）条件下采用水稻秸秆切碎匀铺、深旋（耕翻）、旋/耙、种肥一体条播＋盖籽＋镇压＋开沟、封闭化除的作业流程，可用中、大型多功能播种机械；土壤偏湿（土壤相对含水量为80%～85%）条件下采用水稻秸秆切碎匀铺、深旋、种肥一体条播＋盖籽＋轻压＋开沟、封闭化除的作业流程，可用中型多功能播种机械；土壤过湿（土壤相对含水量≥85%）条件下采用水稻秸秆切碎匀铺、旋耕灭茬＋施肥＋条（撒）播＋盖籽、因墒适时镇压、开沟、化除的作业流程，可用小型播种机械，能实现较高的籽粒产量、氮肥农学效率和经济效益，且籽粒品质也较好。

本区域大面积生产中长江以南地区11月上旬、长江以北地区10月25日—11月5日播种，每亩基本苗12万～16万株，能实现亩产量500kg以上。迟于播种适期，要适当增加播种量，每晚播1d，每亩基本苗增0.5万株，最多不超过预期穗数的80%（晚播独秆栽培每亩基本苗最多不超过25万株）。

2. 肥料控量高效运筹技术

根据实施地点土壤类型、地力水平、小麦品种类型及其产量水平等，合理确定Stanford方程中的麦田土壤当季供肥量、目标产量需肥量、肥料当季利用率三个参数的合理值，计算小麦目标产量下的施肥量，合理确定氮、磷、钾配比，构建小麦精确定量施肥技术。正常条件下，中、强筋小麦亩产目标500kg左右、品质达标，亩施氮量控制在14～15kg，N：P_2O_5：K_2O采用1：0.5：0.5的比例配合施用磷、钾肥；弱筋小麦亩产目标400kg左右、品质达标，亩施氮量控制在12～14kg，N：P_2O_5：K_2O采用1：0.4：0.4的比例配合施用磷、钾肥。

根据农田季节性供肥规律和小麦养分吸收特性，合理调整小麦肥料运筹比例，降低前期基蘖肥比例，增加后期拔节孕穗肥比例，提高肥料利用率。中、强筋小麦氮肥运筹基追比控制在5：5，以基肥：壮蘖肥：拔节肥：孕穗肥＝5：1：2：2为宜，3/0～4/0叶期视群体大小和地力水平及时施壮蘖肥；倒3叶看苗施好拔节肥，剑叶抽出期施好孕穗肥。磷、钾肥的基肥：追肥比例为5：5，追肥在拔节期施用，推荐施用多元高效复合肥。弱筋小麦氮肥运筹基追比控制在7：3，以基肥：壮蘖肥：拔节肥＝7：1：2为宜；磷、钾肥的基肥：追肥比例为5：5，可在拔节期施用多元高效复合肥。

推介缓释（混）肥二次机械施用节本增效技术，等量条件下，建议采用硫包膜缓释肥，分为60%基肥＋40%返青肥（机械抛撒施或条施）施用，群体易优化，产量水平提高，且减少了施肥次数，降低了人工施肥成本，经济效益得到提升；或减量（纯量）15%条件下能实现稳产增效、生态安全。

3. 病虫草害综合化保技术

在选用综合抗性好的品种基础上，推广应用以麦作丰产、优质、保健栽培为基础，结合农业防治，坚持病虫害防治指标、科学使用农药、保护利用自然天敌控制作用的麦作病虫草害综合防治体系，在农药使用种类、浓度、时间、残留量方面按照NY/T 393《绿色食品农药使用准则》，保证产品安全性。

化学除草要求"一封一杀"（播后药剂封闭、冬前化学除草），春季田间杂草多时再补除（一封一杀一补）。纹枯病防治的关键时间是拔节期；白粉病防治的关键时间是拔节期至开花期；赤霉病药剂防治的关键时期是开花期，要坚持"适期防治、见花施药"。

药剂选择上应注意选择高效药剂，加大新型、低毒药剂及其复配制剂的推广应用力度，并轮换使用不同作用机理的药剂品种，延缓抗药性产生；同时，药剂配置上可病虫害兼顾，减少施药次数与用工量。

在传统人力植保机械应用基础上，推广统防统治和专业化防治服务，加大悬挂式、牵引式、自走式喷杆喷药机等植保机械的应用力度；推广无人机飞防植保技术，提高喷药效率与效果。

（二）配套技术

1. 优质品种选用技术

根据种植区域的生态条件、市场需求选择适合各地推广应用的优质小麦品种，其中沿江和沿海的沙土和高沙土地区以综合抗性好、产量水平高的弱筋小麦品种为主，搭配种植红皮强筋小麦和中筋小麦品种；其他地区选择配麦质量高、综合抗性好、产量水平高的中筋小麦品种，部分区域可选用市场需要的红皮强筋小麦品种。

2. 秸秆深埋还田精种技术

推广秸秆碎草匀铺深埋还田，要求适时断水（水稻收获前 7～10d 及时断水，为小麦播种创造好的墒情）、碎草匀铺（水稻收获时将秸秆切碎为 5～8cm 的小段，收获时利用机械将稻草抛撒均匀平铺于地表）、深埋稻草（深耕 25cm 或深旋 12～15cm，防止稻草富集于播种层）、机械匀播（实现播深适宜、深浅一致、出苗均匀、苗量合理）、适墒镇压（播种前后或冬前根据土壤墒情适时镇压）。播种时根据土壤墒情调节播种深度，墒情好时控制在 2～3cm，土壤偏旱时播深调节为 3～4cm，行距 20～25cm。

3. 适时灌排防旱降渍技术

因区域、小麦生育期、天气状况采用合理的灌排方式，排水降湿，实现节水节本高效。

（1）配套沟系 重点在播种前后机械开好田间三沟（竖沟、横沟、腰沟）和田外三沟（隔水沟、农排沟、排降沟），做好内外"三沟"配套，确保能灌能排。

（2）精播镇压 水稻收获后及时精细整地，机械匀播，防止烂耕烂种。播后、冬季和早春返青期，根据土壤墒情、苗情、天气等适时适度镇压，提墒保墒，护根健苗。

（3）清沟理墒 冬季和早春及时清沟理墒、疏通田内外沟系，保证排水畅通，要做到雨止田干、沟无积水。冬春干旱少雨时可及时沟灌润水，保证蘖、根、穗、花正常分化发育。

4. 综合抗逆促壮防早衰技术

调整播期播量和进行种子处理以减轻病害、冻害、倒伏等发生的概率；根据逆境发生特点选用适宜的缓解或补救技术；因品种类型合理化调增粒增重。

重点做好以下几个环节：①提前制定抗灾应变技术措施预案，灾害发生时，及时准确地落实应对措施。②推广种子处理，提高植株自身抗逆能力。③科学调整播期播量，减少因小麦过早播种、生育进程过于提前发生的冻害，以及群体过大、旺长带来的倒伏风险。④在播种时可采用生长延缓剂如多效唑、矮苗壮等拌种或苗期喷施，中期注意应用镇压、喷施生长延缓剂等措施，有效地防御冻害、倒伏等。⑤后期注意"一喷三防"措施的应用，预防高温逼熟，增重防早衰。⑥适时收获，防止烂麦场和穗发芽。

三、适宜区域

长江中下游稻茬小麦种植地区，包括江苏、安徽、上海、浙江、湖北、河南南部稻茬小麦种植区。

四、注意事项

提倡水稻田开沟并注意控制好最后灌水时间，为小麦耕作播种创造好的墒情条件。要突出强化水稻成熟即收的意识，家庭农场、种田大户受晒干或烘干条件的制约常常赶不上收获进度与播种进度，尤其要注意早做预案，以加快收割与播种进度。

应注意根据水稻腾茬早晚、土壤质地、墒情状况、农机具配套等情况，选择适宜的播种作业程序。

在秸秆还田量较大、地表过松过软时，播种机自带镇压轮常难以达到理想的镇压效果，可在播种前墒情适宜时用专用镇压机压实播种层后再播种，提高播深均匀度；也可在播种后一周内，墒情适宜时用专用镇压机具进行播后镇压，使耕层紧密，以利于提高出苗率，促进全苗、齐苗。秋冬季及早春可根据土壤疏松程度及苗情、墒情进行镇压，但拔节后不能再镇压。

技术依托单位

1. 扬州大学农学院

联系地址：江苏省扬州市邗江区文汇东路 48 号

邮政编码：225009

联 系 人：朱新开　郭文善

联系电话：0514-87979300

电子邮箱：xkzhu@yzu.edu.cn　guows@yzu.edu.cn

2. 江苏省农业技术推广总站

联系地址：江苏省南京市江苏省农业技术推广总站

联 系 人：王龙俊　束林华

联系电话：025-86263333

电子邮箱：13601403866@163.com　slh8088@163.com

3. 全国农业技术推广服务中心

联系地址：北京市朝阳区麦子店街 20 号

邮政编码：100125

联 系 人：梁　健

联系电话：13240920099

电子邮箱：liangjian@agri.gov.cn

西南冬麦区小麦绿色丰产栽培技术

一、技术概述

（一）技术基本情况

西南冬麦区（含贵州省全部，四川省、云南省大部，陕西省南部，甘肃省东南部，以及湖北、湖南两省西部）是我国小麦主产区域之一，常年小麦种植面积约 3 000 万亩。小麦作为域内主要的粮食作物和种粮大户的挣钱作物，用途多元化（传统面制品、休闲食品、制曲酿酒等），在保障区域粮食安全、农民稳步增收以及国民经济发展中都占有重要地位。但该区域地形地貌多样、生态环境复杂，小麦机械化水平不高，生物和非生物胁迫因子多，产量和效益偏低，严重影响小麦产业健康稳定发展。

在国家小麦产业技术体系专项资金支持下，四川省农业科学院作物研究所组织多部门、跨学科连续多年开展技术攻关，创新集成了突破系列障碍因子、显著提升生产效率和水肥资源利用效率及实现绿色、节本、丰产、增效多元目标的"西南冬麦区小麦绿色丰产栽培技术"。该技术已在西南冬麦区的四川、湖北、云南、贵州、重庆等省份规模应用，多次创造西南冬麦区最高单产纪录（最高达每亩 729.8kg），助力西南冬麦区平均单产持续攀升，促进粮食规模化经营的快速发展。

（二）技术示范推广情况

该技术重点解决西南冬麦区小麦机械化水平低、逆境灾害损失大、产量和效益低等产业发展中的技术难题，主要内容有丰产抗逆品种、创新的耕作栽培技术、配套的机械，以及先进实用的养分管理、病虫害防控、防灾减灾技术，在保护环境、绿色生产基础上，实现了生产效率、产量、效益的协同提升。近年已在四川、湖北、云南、贵州、重庆等小麦主产区规模化应用，仅四川省每年应用面积就在 200 万亩以上。2020 年，四川省江油市创造了亩产729.8kg 的西南冬麦区最高单产纪录，2015 年以来，四川广汉、绵竹、梓潼、中江及湖北襄阳、云南楚雄等多地实产验收亩产均超 500kg，和传统技术相比，该技术增产 10%～15%，节本 20%以上，节支增效 30%以上。

（三）提质增效情况

一是显著节约成本。采用该技术体系，成本节约贯彻全程，前茬作物收获、秸秆处理、小麦播种、田间管理以及收获仓储均由配套机械进行，劳动成本可降低 50%以上；采用免耕方式播种，减少了 2 次以上的播前耕整地程序；选用抗病抗逆品种、配合高效播种技术和田管技术，每亩减少氮肥用量 2～3kg，减少病虫草害防控 2～3 次，合计节本 120 元以上。

二是显著增加效益。效益增加源于增产和节本两个方面。据 2015 年以来各示范区实收结果，旱地小麦亩产 400～500kg，稻茬小麦亩产 450～600kg，和传统技术相比，每亩增产50～80kg，平均增值 150 元，加上节本部分，每亩效益增加 270 元以上。

三是显著改善品质。该技术通过多技术配合，减少倒伏风险，降低病虫害，减轻渍水、低温、烂场雨等逆境因子带来的不利影响，小麦质量得到保障，抽样样品都在国家标准三级以上。同时，围绕产业需求布局优质专用品种，满足了终端产品的原料需求。

四是利于耕地保护和农业可持续发展。该技术采用免耕方式播种，秸秆全量覆盖还田，利于土壤保护和肥力提升，优化了养分和病虫草害的管理，大幅减少了化肥、农药等化学品的投入（降幅 10％以上）。

（四）技术获奖情况

其核心知识产权已获得了 2 项国家发明专利（ZL 201310455004.4、ZL 201310403518.5）、5 项实用新型专利（ZL 202020542279.3、ZL 201120207154.X、ZL 201020247821.2、ZL 201120229360.0、ZL 201120230241.7），以该技术为核心的科技成果获得过 2012 年度四川省科学技术进步奖一等奖，其核心内容"稻茬麦免耕栽培技术""旱地套作小麦带式机播技术"2011—2016 年连续 6 年入选农业部农业主推技术名单。

二、技术要点

（一）选用丰产抗逆抗病小麦品种

选择布局适于本区域气候生态条件的丰产优质抗逆抗病小麦品种，即高抗条锈病、白粉病，耐花期低温、耐穗发芽，氮高效，为绿色丰产奠定遗传基础。播前采用杀虫剂（如吡虫啉）、杀菌剂（如戊唑醇）混合拌种。

（二）前作秸秆高效还田

基于生产条件和播种方式选择适宜的秸秆还田方式。稻麦轮作系统小农户采取"免耕露播＋稻草覆盖"模式、种粮大户采取"秸秆粉碎＋免耕带旋播种"模式实现稻草还田。旱地套作小麦实施"玉米秸秆就地覆盖还田＋带式机播"技术、净作小麦在玉米秸秆立茬或粉碎条件下采用免耕带旋播种实现秸秆还田。

（三）采用节能高效的播种技术

西南冬麦区适宜的播种期是 10 月底至 11 月上旬。无论稻茬小麦和旱地净作小麦都可以采用免耕方式播种。

1. 稻茬小麦

小农户可以采用 2B-4、2B-5 型简易播种机进行免耕露播，播后覆盖稻草；种粮大户和合作社可采用 2BMF-8、2BMF-10、2BMF-12 等型号的免耕带旋播种机播种，在秸秆粉碎条件下一次性完成播种、施肥、盖种甚至封闭除草等工序。

2. 旱地小麦

净作种植情况下，可先将玉米秸秆进行粉碎，之后采用免耕带旋播种技术；或直接在玉米秸秆立茬条件下采用专用的免耕带旋播种机播种。对于套作小麦，播前对播种带浅旋一次，之后采用微耕机驱动的小型播种机播种。

根据种子大小、土壤墒情确定适宜的播种量，一般亩播种量控制在 12～14kg（亩基本苗 18 万～20 万株）范围。全生育期亩施氮量 10～12kg，五氧化二磷和氧化钾亩施用量均为 5～6kg。基肥选择养分配比适宜的复合肥，使其基肥氮用量占全生育期的 50％～60％（稻茬小麦）或 70％～80％（旱地小麦）、磷钾用量占到总用量的 100％。

（四）采用简化高效的田间管理技术

1. 苗期化学除草

采用免耕露播稻草覆盖技术的，应在播前 7d 喷施灭生性除草剂，抑制杂草滋生；采用免耕带旋技术的，播前无须开展化学除草，应在小麦 3～5 叶期进行苗期化学除草，根据杂草种类选择适宜的除草剂。常年杂草危害较轻的区域，也可采用封闭除草技术，苗期不再进行化学除草。

2. 拔节期田间管理

拔节初期重点实施三项技术：灌拔节水、追施拔节肥、喷施植物生长延缓剂（矮丰或矮壮素）。秸秆覆盖具有良好的保墒效果，拔节期视土壤墒情补充灌溉一次即可。稻茬小麦的拔节期氮肥占全程总氮量的 40%～50%，旱地小麦拔节期氮肥应占总氮量的 20%～30%，采取借雨追肥或结合灌溉进行。三项措施能有效协调群体与个体矛盾，促进分蘖成穗、减少小花败育，从而增加单位面积粒数和产量。拔节肥和生长延缓剂施用均可无人机实施。部分旺长麦田还可以进行机械镇压。

3. 抽穗开花期实施"一喷多防"

以抗病品种为基础，配合药剂拌种，可以控制抽穗期以前的病虫害。在齐穗至扬花初期，以预防赤霉病为中心，兼防条锈病、白粉病、蚜虫、红蜘蛛，将杀菌剂、杀虫剂及增效剂混合喷施，确保灌浆和高粒重。

（五）及时收获烘干仓储

蜡熟后期及时收获，收获过程中将麦秆切碎抛撒，以利于秸秆还田操作和下茬水稻栽插。小麦收后应及时晾晒或烘干，含水量低于 13.0% 时进仓储藏，预防霉烂。

三、适宜区域

西南冬麦区及类似生态区域。

四、注意事项

第一，品种会随着推广年限增加而逐渐丧失抗性，播种前需关注主管部门发布的主导品种信息。第二，前茬水稻生育后期及时排水晾田，避免因土壤过湿造成土壤过度碾压破坏，影响播种作业质量。排水不畅的田块，在水稻收获后及时开好边沟、厢沟，排出田间积水，为播种创造一个良好的墒情环境。第三，提高秸秆粉碎质量。粉碎机类型、刀片质量以及机手作业的规范化程度，都会影响秸秆粉碎质量。如果粉碎质量达不到要求，如秸秆过长或堆积过多，都将影响接下来的播种质量。

技术依托单位

1. 四川省农业科学院作物研究所

联系地址：四川省成都市狮子山路 4 号

邮政编码：610066

联 系 人：汤永禄

联系电话：028-84504601　13518156838

电子邮箱：ttyycc88@163.com

2. 四川省农业技术推广总站

联系地址：四川省成都市武侯祠大街 4 号

邮政编码：610041

联 系 人：薛晓斌

联系电话：028-85505453

电子邮箱：scnj@vip.163.com

黄淮海冬小麦双镇压精量匀播栽培技术

一、技术概述

（一）技术基本情况

1. 技术提出的背景

黄淮海冬麦区是我国最适宜于小麦种植的区域，其小麦播种面积及总产量分别占全国小麦播种面积和总产量的45％及48％以上。搞好小麦生产对确保国家粮食安全具有非常重要的意义，但目前黄淮海冬麦区域内小麦生产还存在整地播种环节烦琐（秸秆粉碎、翻耕、旋耕、起畦、播种、镇压），小麦种植成本居高不下；播种质量不高（旋耕后直接播种造成播种深浅不一），小麦缺苗断垄严重；光热资源和水肥利用效率低（行距大，群体个体关系失调；零株距籽粒集中造成个体瘦弱、群体郁闭），小麦产量低而不稳。针对存在的上述问题，山东省农业科学院联合山东省农业技术推广中心研究提出了黄淮海冬小麦双镇压精量匀播栽培技术。该技术实现了农田翻耕后直接播种小麦，做到农田翻耕与小麦高质量播种的零衔接，锁住土壤水分，提高土壤水分生产效率，一次性完成耙耢整地、播前镇压、施种肥、播种和播后镇压多个作业环节，在确保小麦播种深度一致的同时实现了土壤沉实和播前播后二次镇压，提高了小麦出苗率和出苗整齐度，协调了群体个体矛盾，提高了对干旱和低温冻害等逆境的综合抗性，显著提高了小麦产量，节本增效突出。

与该技术相关的小麦耙压一体精量匀播栽培技术、小麦减垄增地宽幅绿色生产技术、小麦播前播后二次镇压抗逆高效技术的三项核心技术分别于2021年、2020年被评为山东省农业主推技术。

2. 解决的主要问题

① 本技术将传统小麦整地播种包括的秸秆粉碎、翻耕、旋耕、起畦、播种、镇压等多个烦琐环节，改为秸秆粉碎、耕翻、一体化播种三道工序，有效降低了种植成本。

② 该技术采用播前播后二次镇压技术，能够保证小麦播种深浅一致，减少了耕作措施导致的土壤水分蒸发，提高了小麦出苗率和出苗整齐度，有效解决了小麦缺苗断垄问题。

③ 该技术采用缩行扩株、精量匀播技术，有效解决了群体个体矛盾，有利于个体健壮生长，群体合理消长，充分利用了光热资源，提高了对倒伏、病害、干热风等逆境的抵抗能力。

④ 该技术与减垄增地相结合，解决了常规生产中畦面过小、畦埂过宽造成的土地利用率不高问题，有利于增加麦田相对种植面积，提高亩穗数，显著提高产量。

（二）技术示范推广情况

黄淮海冬小麦双镇压精量匀播栽培技术已在山东省及周边的河南省新乡市、郑州市和河北省邯郸市实现了规模化应用。应用主体以种粮大户、专业合作社和家庭农场等新型经营主体为主。2021年秋播，该技术应用面积已突破1 050万亩。

（三）提质增效情况

1. 节水效果明显

黄淮海冬小麦双镇压精量匀播栽培技术充分发挥了土壤"水库"的调节功能，通过播种机具备的二次镇压，显著减少了土壤水的蒸发损失，全生育期节省灌溉1～2次，水分利用效率较传统生产提高20%以上。

2. 节本效果突出

该技术显著提高了小麦生产比较效益。小麦生产中由频繁的精细整地多道烦琐工序，改为一体机简化整地播种，每亩生产成本由传统技术的160元降低至120元（传统小麦播种：旋耕灭茬两遍30元，翻耕60元，播前旋耕破土40元，耙平10元，播种20元；双镇压精量播种：旋耕灭茬两遍30元，翻耕60元，播种30元），节本率为25%，粮食生产比较效益突出。

3. 增产效果显著

经多年多点试验表明，该技术与传统种植相比，亩穗数可提高10%以上，千粒重提高5%左右，籽粒产量提高12.3%～17.5%，增产效果显著。

耙压一体精量匀播1

耙压一体精量匀播2

对照1

对照2

（四）技术获奖情况

1. 山东省农业主推技术

① 小麦"耙压一体"精量匀播栽培技术，2021年山东省农业主推技术，鲁农科教字

〔2021〕16 号。

②小麦减垄增地宽幅绿色生产技术，2021 年山东省农业主推技术，鲁农科教字〔2021〕16 号。

③小麦播前播后二次镇压抗逆高效技术，2020 年山东省农业主推技术，鲁农科教字〔2020〕37 号。

2. 发明专利

①基于分蘖特性的黄淮海小麦健壮群体培育栽培方法，发明专利，ZL 201810872201.9。

②基于土壤基础肥力的黄淮海麦区小麦氮肥高效施用方法，发明专利，ZL 201410599567.5。

③黄淮海麦区小麦"两深一浅"简化高效栽培方法，发明专利，ZL 201510171422.X。

④一种黄淮海地区小麦玉米周年氮素养分的管理方法，发明专利，ZL 201610276798.1。

⑤一种滚筒无极变速自适应控制方法、控制系统及其收获机，发明专利，ZL 202011034911.8。

⑥一种滚筒无级变速的自动控制方法及控制系统和收获机，发明专利，ZL 20191002788.4。

⑦用于农用机械的自动导航驾驶系统及方法，发明专利，ZL 201910751631.X。

3. 获得奖励情况

①小麦宽幅精播高产栽培技术研究与示范推广，2016—2018 年度全国农牧渔业丰收奖农业技术推广成果奖一等奖。

②小麦壮根调冠抗逆高效技术，2020 年度山东省科学技术进步奖二等奖。

③基于北斗的农业机械自动导航作业关键技术及应用，2020 年度国家科学技术进步奖二等奖。

④智能农机装备电液传动与控制系统关键技术及产业化，2020—2021 年度神农中华农业科技奖科学研究类成果一等奖。

二、技术要点

（一）农机农艺结合，严格掌控播种质量

小麦双镇压精量匀播机实现了小麦籽粒网格化均匀播种，播前由翻耕机对农田进行深翻，随即由双镇压精量匀播机播种，避免耕层土壤失水和农田坷垃的形成。

小麦双镇压精量匀播机侧面　　　　　　小麦双镇压精量匀播机正面

（二）良种良法配套，选用高产潜力大的多穗型品种

黄淮海小麦双镇压精量匀播栽培技术能够避免小麦播种环节的疙瘩苗及缺苗断垄等问题的产生，后期田间通风透光好，病虫害轻，小麦抗逆性提高，因此，应选用高产潜力大的多穗型品种。

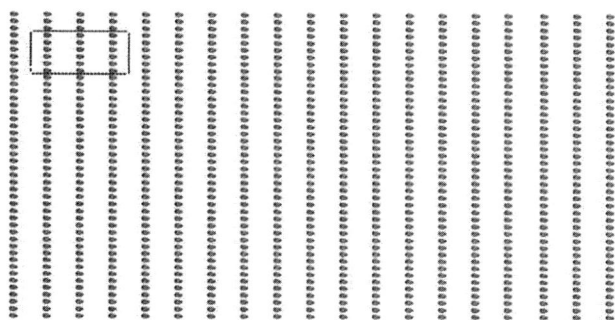

黄淮海冬小麦双镇压精量匀播栽培技术
小麦籽粒农田分布状况示意

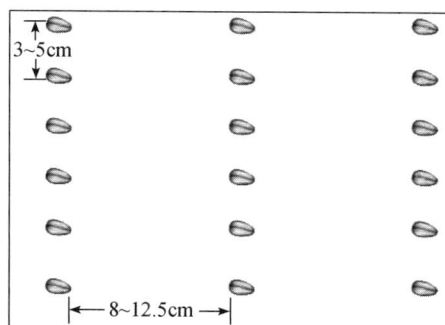

黄淮海冬小麦双镇压精量匀播栽培技术
小麦籽粒局部特写示意

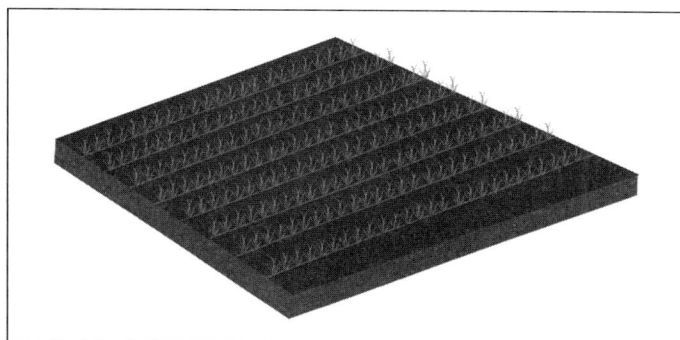

黄淮海小麦双镇压精量匀播栽培技术麦苗田间群体构建示意

（三）提高机械作业质量，确保节本增效

该技术显著减少了农机作业环节和用工，实现了省种、省工、节水的协同提质增效，得到农民特别是种粮大户、专业合作社和家庭农场的认可，综合计算每亩可增加效益 120 元以上，可显著提升粮食生产比较效益。

黄淮海冬小麦双镇压精量匀播栽培技术播种现场（农田翻耕后直接播种）

三、适宜区域

黄淮海麦区小麦亩产量潜力水平在 500～800kg 的水浇地均可采用该技术。

四、注意事项

第一，小麦品种选用有高产潜力、分蘖成穗率高的多穗型品种，并做好种子精选和包衣。

第二，加强病虫害预测预报，及时进行统防统治。

技术依托单位

1. 山东省农业科学院作物研究所

联系地址：山东省济南市历城区工业北路 202 号

邮政编码：250100

联 系 人：李升东　王法宏　冯　波　王宗帅　刘树堂　司纪升　李华伟　张　宾

联系电话：0531-66658123

电子邮箱：lsd01@163.com

2. 山东省农业技术推广中心

联系地址：山东省济南市历下区解放路 15 号

邮政编码：250014

联 系 人：鞠正春　吕　鹏

联系电话：0531-67866308

电子邮箱：juzhengchun@163.com

3. 潍柴雷沃重工股份有限公司

联系地址：山东省潍坊市坊子区北海路 192 号

邮政编码：261200

联 系 人：田大永　储成高

联系电话：15263678099

电子邮箱：tiandayong@lovol.com

关中灌区小麦玉米吨半田技术

一、技术概述

（一）技术基本情况

针对关中地区耕地周年产量水平比较低、作物周年光热资源配置的利用效率不高、小麦播种前茬空置时间长、单项作业多、复式作业少，生产成本居高不下等瓶颈问题，研究并初步集成了关中灌区周年冬小麦＋夏玉米单产吨半技术。该技术立足耕地资源周年高效利用，通过农水结合、农机农艺融合，集高标准农田建设、地力提升、高效节水、高产栽培等技术于一体，实现品种与气候资源配置优化、地力持续培育与养分周年高效配置优化、投入与两茬作物高效生产配置优化、管理与作物周年生产配置优化，达到周年高效利用种、水、肥、地、药、光、热及作业机械等，大幅度提高耕地周年产量，降低周年生产成本。

（二）技术试验示范情况

核心技术"关中灌区小麦玉米吨半田技术"是西北农林科技大学、陕西省农业农村厅在总结 2008—2015 年关中 18 个县（区）实施农业农村部和陕西省粮食高产创建及绿色模式攻关实践基础上提出，并于 2016 年开始联合三原县农业科学技术中心和武功县农业技术推广站等单位，在西北农林科技大学岐山优质小麦试验站（岐山县益店镇宋村）、三原县陂西镇安乐社区西毛村和武功县海鎏皇嘉农业种植专业合作社进行小面积探索，经测产小麦亩产在 650～730kg，玉米亩产在 600～670kg，耕地周年亩产 1 350～1 400kg。2019—2020 年相继在三原县西毛村郭财有 7.2 亩耕地周年亩产 1 373.5kg，其中小麦亩产 719.5kg，夏玉米亩产 654.0kg；岐山宋村 12 亩耕地周年亩产 1 303.4kg，其中小麦亩产 723.4kg，夏玉米亩产 580.0kg。2020 年秋播联合三原县农业科学技术中心、武功县农业技术推广站、富平县农业技术推广中心和渭南市东雷二期抽黄工程管理中心等相关单位，在三原西毛村、武功凉马村、岐山宋村、富平臧村和渭南市东雷二期抽黄工程管理中心试验站多点试验示范。2019—2020 年在蒲城、富平等地实施"一增三改"密植高产栽培技术模式，创造夏玉米亩产超过 800kg 的高产纪录，为小麦玉米一年两茬实现亩产吨半奠定良好的基础。

（三）提质增效情况

本技术与吨粮田技术相比，耕地周年亩产可提高 300kg，亩减少劳动力投入 2～3 人，亩增产 100～150kg，亩均节本增效超过 150～200 元。

（四）技术获奖情况

无。

二、技术要点

（一）地块选择

选择关中灌区高标准农田，耕层土壤容重小于 1.25g/cm³，有机质含量不低于 17g/kg，速效氮（碱解氮）含量不低于 60mg/kg，有效磷（P_2O_5）含量不低于 20mg/kg，速效钾（K_2O）含量不低于 150mg/kg。

（二）冬小麦生产（亩产 680～750kg）

1. 选择品种

选择优质、丰产、节水、抗寒、抗病、分蘖成穗率较高的冬小麦品种，如中麦 895、农大 1108、伟隆 169、西农 822、中麦 578、西农 511 等。

2. 种子处理

精选种子，保证种子发芽率不低于 95％。并用 7.4％苯醚甲环唑·吡唑醚菌酯悬浮种衣剂拌种。

3. 施足基肥

每亩施农家有机肥 4 000kg，或商品有机肥 400～500kg，缓控释化肥 65～80kg（22-17-5），微量元素肥料 4～5kg。

4. 宽幅播种

在耕层土壤相对含水量不低于 65％的情况下，采用宽幅精播或宽幅沟播。深松、旋地、施肥、播种、镇压一次完成。

5. 适期播期

播种一般在 10 月 12—22 日。播期偏晚可适量增加播种量。

6. 适量播种

在适播期内，按照每亩 20 万～24 万株基本苗确定播种量。

7. 冬前管理

（1）查苗补缺　出苗后垄内 15cm 以上无苗或断垄的，应及时用同一品种催芽补种。

（2）破除板结　小麦播种后遇雨或浇出苗水后发生板结，墒情适宜时耧划破土。

（3）化学除草　小麦越冬前 4～6 叶期，选择日均温 7℃以上的晴天中午，叶面喷施除草剂。

（4）提早冬灌　11 月下旬—12 月中旬浇越冬水，每亩浇水量 80～100m³。

（5）适时镇压　越冬前进行镇压，弥合裂缝，提温保墒。

8. 春季管理

（1）早春镇压　返青期至起身期，顶凌耙糖或镇压。

（2）适时春灌　起身期进行春灌，每亩灌水量不低于 60m³。

（3）适量追肥　返青期至拔节期结合浇水或降雨每亩追施纯氮（N）4.0～5.0kg。

（4）化学控旺　返青期每亩总茎蘖数超过 90 万以上的麦田，每亩用 15％多效唑可湿性粉剂 40～60g，兑水 25～30kg 用背负式喷雾器叶面喷施。自走式喷灌机每亩用液量不少于 15kg；飞防每亩用液量不少于 1.5kg。

（5）预防倒春寒　根据天气预报，寒潮来临之前及时浇水预防低温冷害或晚霜冻害。发生冻害或冷害的麦田及时浇水追肥，每亩追施尿素 5～8kg，或叶面喷施以海洋寡糖为主要成分的调节剂（参考产品推荐用量）等。

（6）化学除草　在返青期至起身期，杂草严重的麦田，及时进行中耕除草或化学除草。方法与越冬前化除相同。拔节后人工拔除杂草。

（7）绿色防治病虫　依据监测结果，结合春季化除对纹枯病和茎基腐病进行防治，同时加强对麦蚜、麦红蜘蛛、小麦条锈病、赤霉病和白粉病等病虫害的监测，依据监测结果有针对性进行化学防治。

9. 后期管理

（1）一喷多防　小麦抽穗期至开花期，每亩麦田叶面喷施吡虫啉乳油 10～15mL＋20％三唑酮乳油 50～70mL 或戊唑醇 6～8g＋高效脂溶性渗透剂"柔脂通"10mL，并增加营养型调节剂混合喷施；也可依据预报结果选择配方进行喷施，达到一喷防病、防虫、防干热风，促粒增重多重效果。

（2）严格取杂　收获前 7～10d，人工拔除节节麦、燕麦等杂草和杂株。

10. 适时收获

完熟期，采用联合收割机适时收获，留茬高度 15～20cm。

联合收割机适时收获小麦

小麦现场实产验收 1

小麦现场实产验收 2

（三）夏玉米生产（亩产量 750～800kg）

1. 选高产耐密品种

选用高产（亩产量潜力 900kg 以上）、耐密（每亩 5 000～5 500 株）、抗倒伏（在密植条件下不倒伏)、抗病（抗茎基腐病、大斑病、小斑病、穗腐病等主要病害）和适应广的玉米品种。

2. 条带深松精量播种

前茬小麦收获后，抢墒早播，适播期一般为 6 月上中旬。选用 2BSF-4 玉米深松施肥精量播种机完成条带深松、一次性分层机械施肥、单粒精量播种。

3. 合理密植

亩保苗 4 800～5 300 株，地力基础较好的地块每亩种植密度可适度增加 500～700 株。以密度定播量，采用精量播种的种子粒数要比确定的适宜留苗密度多 10％～15％。

4. 化学除草

播后苗前，土壤墒情适宜时用 40％乙·莠合剂或 48％丁草胺·莠去津、50％乙草胺等除草剂，兑水后进行封闭除草。也可在玉米出苗后用 48％丁草胺·莠去津或 4％烟嘧磺隆等除草剂，兑水后进行苗后除草。做到不重喷、不漏喷，并注意用药安全。

5. 科学施肥

亩施纯 N 18～20kg、P_2O_5 8～10kg、K_2O 8～10kg。采用一次性分层机械施肥方式，选用玉米专用缓控释配方肥。

6. 旱灌涝排

播种时土壤墒情不足，播后及时补浇"蒙头水"。苗期如遇暴雨积水，要及时排水；孕穗期至灌浆期如遇旱，应及时灌溉，避免因干旱严重减产。

7. 绿色防病治虫

采用绿色防控技术防治玉米螟、茎腐病等病虫。

8. 适时晚收

在不耽误下茬小麦播种的情况下，一般在 10 月 5—10 日收获。

9. 秸秆还田

使用联合收获机自带的粉碎装置粉碎玉米秸秆并抛撒均匀。茎秆切碎长度≤10cm，切碎长度合格率≥85％。

关键技术集成与示范 1

关键技术集成与示范 2

关键技术集成与示范 3

关键技术集成与示范 4

三、适宜区域

关中灌区小麦玉米两熟区。

四、注意事项

注意小麦播种深度的调节；玉米要抓好播种与收获 2 个关键环节，以及玉米密植后防倒伏、提高整齐度、延缓早衰 3 个关键问题，机收时间应适当推迟。

技术依托单位

1. 陕西省小麦产业技术体系

联系地址：陕西省杨凌示范区邰成路 3 号

邮政编码：712100

联系人：张 睿 薛吉全

联系电话：029-87082065 13772162100 13709129113

电子邮箱：zhangwushi@163.com xjq2934@163.com

2. 陕西省玉米产业技术体系

黄淮海夏玉米防灾增产技术

一、技术概述

(一) 技术基本情况

针对黄淮海区夏玉米高温热害、风灾倒伏、阴雨寡照、旱涝灾害等频发重发，品种生育期偏长、抗逆广适性不强，传统栽培管理措施不符合夏玉米生产节本增效、绿色增产的需求，夏玉米产量、品质和效益难以协同提高等突出问题，集成黄淮海夏玉米防灾减灾、节本增效、绿色增产技术体系。通过选用优良品种，特别是耐密植抗倒伏能力突出及对干旱、涝渍、高温、寡照等非生物逆境具有较强抗耐能力的玉米新品种，并配套抢早播种、贴茬直播、合理密植、科学肥水管理、化控调节、适时晚收等综合技术措施，避灾和抗灾相结合，应对不利气象条件对玉米生长发育的影响，最大限度减少灾害造成的玉米产量损失，提高丰产性、稳产性和籽粒品质，解决黄淮海夏玉米生产中普遍存在的品种选择不合理、栽培措施亟须优化、防灾减灾能力弱、丰产稳产性和籽粒品质差、种植效益较低等突出问题，实现黄淮海夏玉米高产稳产、节本增效、绿色增产。

(二) 技术示范推广情况

目前，该技术在黄淮海夏玉米区已开展示范推广。在近年多次遭遇高温热害、洪涝灾害、严重旱灾、风灾倒伏、阴雨寡照等不利气候条件下，通过实施该技术降低了玉米产量损失，实现了玉米高产稳产优质、节本增效绿色生产，推广应用前景广阔。

(三) 提质增效情况

和常规技术相比，应用该集成技术玉米可增产 10％以上；同时，可减少种、肥、水、药、工投入 10％以上。综合运用该集成技术，可实现显著的增产增效、提质增效和防灾减损、节本增效的绿色增产效果。

(四) 技术获奖情况

以该技术为核心的科技成果"玉米雨养旱作节水技术研究与示范推广"获得北京市科学技术奖；"京农科 728 等系列早熟宜粒收玉米新品种"获得 2020 中国农业农村十大新产品；MC121 既能收果穗，也能收籽粒，且高抗锈病，被科学技术部遴选为国家重点研发计划"七大农作物育种"重点专项标志性成果，并参加国家"十三五"科技创新成就展；"黄淮东部小麦玉米两熟丰产高效技术集成研究与应用"获山东省科学技术进步奖。

二、技术要点

(一) 选用耐密中早熟抗倒品种

选用通过国家或省级审定的中早熟、高产稳产、多抗广适、综合性状优良，特别是耐密抗倒能力突出，并对干旱、涝渍、高温、寡照等具有较强抗耐能力的玉米优良品种及高质量种子，种子发芽率应达 95％以上，满足机械单粒精量播种需求。

（二）抗逆互补品种间混种植

利用不同基因型玉米品种间的抗性互补、育性互助，例如，将抗倒性较弱的品种与抗倒性强的品种、雄穗小花粉量较少的品种与雄穗大花粉量多的品种搭配进行间混种植，可进一步提高群体抗逆能力，实现减灾稳产。

（三）抢早播种

小麦收获、秸秆处理还田后，抢早播种、贴茬直播夏玉米，确保关键生育阶段处在较好的气候条件，减轻或避开不利天气的影响。选用多功能、高精度、种肥同播的玉米单粒精播机械，一次完成开沟、施肥、播种、覆土、镇压等作业。注意种、肥隔离，避免烧种烧苗。争取在 6 月 20 日前完成播种。60cm 等行距种植，播深 3～5cm。确保一次播种实现苗全、苗匀、苗壮。

（四）合理密度

在品种合理密度范围内，采取下限密度种植，重在提高整齐度，构建高质量合理群体结构。如某品种的适宜亩密度株数在 4 500～5 500 株范围内，在该密度范围内产量没有显著差异，则应该以亩保苗 4 500 株为宜，地力水平高、肥水条件好的地块可因地制宜地适当提高留苗密度。及时喷施除草剂，有效防控田间杂草，有条件时可去除田间小、弱、病株，提高群体整齐度，减少对光、温、水、肥等资源的竞争，改善通风透光条件，提高光能利用率。

（五）水分管理

适墒抢早播种，首要是及时抢早播种，如果墒情不足时，播后及时补浇"蒙头水"。苗期适当蹲苗，促进根系下扎和基部节间粗壮，提高植株中后期抗倒能力。如遇涝灾，应及时排水。高温来临前，及时灌溉，通过自身蒸腾作用降低植株温度，保持稳定正常"体温"，同时还可改善小气候，降低田间温度。

（六）肥料运筹

前茬小麦秸秆还田地块以施氮肥为主，适当增施钾肥并补施适量微肥，提高茎秆机械强度和植株抗倒能力。也可选用高质量玉米专用控释肥一次基深施。遭遇阴雨寡照天气，及时排涝，适当追施氮肥、微肥及喷施多胺等，改善植株营养状况，强根壮穗。高温干旱条件下，必要时可用无人机或植保机叶面喷施磷酸二氢钾营养液，降低群体冠层叶片温度，补充营养，增强植株抗逆性，提高叶片光合生产能力。

（七）化控防倒

对于倒伏频发地区以及种植密度较大、长势过旺的地块，可在玉米 6～8 展叶期即拔节至小喇叭口期喷施化控试剂，控制基部节间长度，增强茎秆强度，预防倒伏。

（八）病虫防控

在采用抗病虫品种及高质量种衣剂包衣种子的基础上，加强病虫害特别是突发性、流行性病虫害如草地贪夜蛾等的动态监测和预报预警，并进行绿色防控。可根据病虫发生情况，利用植保无人机及时飞防，确保适宜药剂选择和飞防质量。

（九）适期晚收

在不影响下茬小麦播期情况下，根据籽粒灌浆进程和乳线情况适时晚收，机收果穗或直收籽粒。籽粒含水率降至 28% 以下时，可选择籽粒破碎率低、秸秆粉碎均匀、动力充足、作业效率高且经广泛使用表现良好的主导机型机收籽粒，确保总损失率≤5%、破碎率≤5%、杂质率≤3%。收获后及时晾晒或烘干，以防霉变，提高产量和品质。

三、适宜区域

黄淮海夏玉米区。

四、注意事项

如开花散粉期遇到连续高温或阴雨天气，必要时可采用人工或利用无人机进行辅助授粉。无人机辅助授粉时，飞行高度不宜过低，应根据功率大小适当调整飞行高度。

进行间混作的两个玉米品种的株型、株高及生育期应基本一致。

技术依托单位

1. 北京市农林科学院玉米研究所
联系地址：北京市海淀区曙光花园中路 9 号
邮政编码：100097
联系人：赵久然
联系电话：010-51503936
电子邮箱：maizezhao@126.com
2. 全国农业技术推广服务中心
联系地址：北京市朝阳区麦子店街 20 号
邮政编码：100125
联系人：贺娟 鄂文弟
联系电话：010-59194183
电子邮箱：hejuan@agri.gov.cn ewendi@agri.gov.cn
3. 山东农业大学
联系地址：山东省泰安市岱宗大街 61 号
邮政编码：271018
联系人：张吉旺
联系电话：0538-8241485
电子邮箱：jwzhang@sdau.edu.cn

玉米条带耕作密植增产增效技术

一、技术概述

（一）技术基本情况

我国玉米生产普遍存在着群体结构不合理、土壤耕层障碍严重、秸秆还田难度大等问题，这些问题限制了播种质量和密植高产潜力的充分挖掘。目前，秸秆深翻与免耕深松等耕作方法，难以解决秸秆腐熟慢、地力提升慢、动力消耗大及播种质量差等问题。本技术在玉米非播种带采取秸秆深埋、播种带采取推茬清垄交错方式的条带耕作方法，创造的"虚实相间"耕层构造兼具免耕与深耕的优点，可有效解决秸秆还田条件下最为关键的播种质量问题。同时，采用缩行密植栽培，有利于构建合理群体结构和优化冠层环境，是实现玉米绿色丰产高效的有效途径。条带耕作和密植群体调控等技术与设备获国家发明专利4项〔玉米推茬清垄旋耕播种方法（ZL 201410326942.9）、一种抗低温干旱种子处理剂及其制备方法（ZL 201510937960.5）、一种提高玉米产量的方法（ZL 201811398846.X）、玉米耕免交错秸秆带状还田栽培方法（ZL 201810746432.6）〕、实用新型专利2项〔条带推拌秸秆还田机构及包含其的装置（ZL 201821082338.6）、玉米推茬清垄深旋播种机（ZL 201420385351.4）〕，相关技术内容作为该技术的核心技术环节进行了集成与应用。

（二）技术示范推广情况

2015—2021年在东北区域的内蒙古通辽、赤峰，辽宁铁岭、沈阳，吉林公主岭、梅河口等14地进行较大范围的示范应用。

（三）提质增效情况

该技术在东北玉米主产区14地进行试验和示范推广，有效解决了不同生态区秸秆全量还田的问题，与当地传统种植方式相比，显著提高了玉米出苗率和群体质量，每亩平均增产7.6%～20%，节本增收90～160元，其中铁岭县蔡牛镇张庄农机专业合作社创建100亩示范方，组织专家实地测产验收亩产超过850kg，相比当地农户增产20%，推进了我国玉米绿色高效生产发展。

（四）技术获奖情况

以该技术为核心的科技成果获得2018—2019年度神农中华农业科技奖科学研究类成果一等奖（玉米温光资源定量优化增产增效技术与应用，证书编号：2019-KJ007-1-D01）、获地方标准1项（DB21/T 3209—2019《玉米秸秆间隔条带还田机械化栽培技术规程》）。

二、技术要点

（一）秸秆条带还田

玉米机械化收获后进行秸秆灭茬，选用秸秆条带还田机将秸秆集中于非播种带，通过条带深旋刀进行条带混拌，深旋还田、条带镇压一次性完成，播种带处于自然无茬状态。改全层作业土壤耕作为平作条带耕作，并使秸秆残茬条带状均匀混拌于0～20cm土层，翌年于播种行免耕播种。

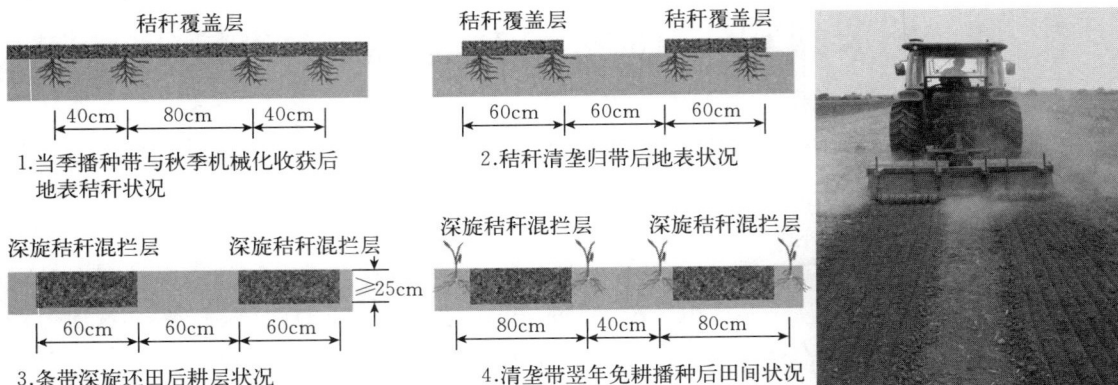

玉米秸秆条带还田示意（左）与田间作业现场（右）

（二）适时播种

根据生产条件，因地制宜选用耐密抗逆品种，播前人工精选种子并进行抗逆种衣剂包衣，以保证种子发芽率及纯度，待温度适宜时抢墒播种，实现一播全苗。

（三）缩行密植栽培

改等行距种植方式为宽窄行种植，播种行采用单行直线或小双行错株方式，构建合理群体结构、优化冠层环境。根据品种特性和地力水平确定适宜留苗密度。通过机械免耕精量播种，每亩保苗密度达到 4 500～5 000 株。

玉米条带耕作密植播种机械（左）与田间出苗效果（右）

（四）配方合理施肥

根据产量目标和地力基础配方施肥，施用纯氮量为 180～240kg/hm²、磷量（P_2O_5）80～85kg/hm²、钾量（K_2O）95～100kg/hm² 的缓释复混肥，结合氮肥机械深施和缓释专用肥一次性施用，施肥深度 5～8cm，侧距种子 4～6cm。

（五）综合防治病虫害

按照"预防为主，综合防治"的原则，制订防治方案。玉米在苗期重点防治蓟马、黏虫和地老虎等地下害虫；玉米在大喇叭口期和抽雄期重点防治玉米螟。采用虫害天敌（如赤眼蜂等）、Bt 乳剂、白僵菌等，或采用杀虫灯、性诱剂等防治。

（六）适时机械收获

玉米成熟后，利用玉米联合收获机进行收获。当籽粒含水率≥25％时，采用玉米联合果穗收获机收获；当籽粒含水率<25％时，可采用玉米联合籽粒收获机收获。

三、适宜区域

东北及西北地势平坦的玉米主产区。

四、注意事项

技术应用过程中，注意前茬作物灭茬粉碎的秸秆长度小于 10cm，以免影响推茬清垄的作业效果；同时，田间作业时，注意提前及时调整机械作业状态，保证秸秆带状均匀混拌于 0～20cm 土层。

技术依托单位

1. 内蒙古农业大学

联系地址：内蒙古自治区呼和浩特市赛罕区昭乌达路 306 号

邮政编码：010018

联 系 人：高聚林　王志刚

联系电话：13734813561

电子邮箱：imauwzg@163.com

2. 中国农业科学院作物科学研究所

联系地址：北京市海淀区中关村南大街 12 号

邮政编码：100081

联 系 人：李从锋　赵　明

联系电话：010-82106042

电子邮箱：licongfeng@caas.cn

玉米地膜替代绿色生产技术

一、技术概述

（一）技术基本情况

地膜覆盖具有增温、保墒、促进作物生长发育的作用，是热量不足、干旱半干旱地区扩大种植面积和提高作物产量水平的重要措施，但覆膜会带来长期、严重的残膜、微塑料环境污染。玉米地膜替代绿色生产技术在灌溉或补充灌溉种植区，根据当地热量资源配置合理熟期的玉米品种、增加种植密度、高质量群体调控等关键技术措施，替代地膜的增产效用，是一项轻简节能、节本增效、环境友好的适用生产技术。

地膜覆盖　　　　　　　　　残膜污染　　　　　　　　无膜的浅埋滴灌

（二）技术示范推广情况

该技术是农业绿色可持续生产理念的物化成果，已在新疆、甘肃河西走廊及沿黄灌区、宁夏、陕北、内蒙古等地膜覆盖的灌溉玉米区累计推广应用 1 000 万亩，取得了良好的社会、经济和生态效应。

（三）提质增效情况

玉米地膜替代绿色生产技术减少了地膜的购置、铺设和回收环节，杜绝了残膜污染；通过密植适宜区域积温的玉米品种提高产量，实现节本增效的绿色可持续发展。新疆奇台示范基地多年调查表明，滴灌条件下不覆盖地膜的增密种植较常规种植平均增产 9.5%～12.6%，每亩节约地膜和残膜回收成本 70～85 元，增加收入 25%～30%；内蒙古呼和浩特和林格尔示范基地，浅埋滴灌密植较常规覆膜滴灌栽培平均增产 6.3%～8.5%，每亩节约地膜及残膜回收成本 65～70 元，增加收入 12%～18%。

（四）技术获奖情况

无。

二、技术要点

（一）适宜熟期品种

根据当地热量条件，选择露地栽培能够充分成熟，同时具有耐密、抗倒、抗旱、抗

（耐）病的优质高产玉米品种。品种熟期选择应以生育期积温占当地可用积温的 86.6％以下为宜（较当地地膜覆盖种植少 200～250℃，生育期短 5～7d）。

适宜积温玉米品种筛选早熟（左）、中熟（中）和晚熟（右）

（二）密植栽培

鉴于早中熟品种个体生物量小，亩种植密度较常规生产增加 500～1 000 株，通过扩大群体保障产量水平。

（三）精量播种、提高出苗质量

选用发芽率在 93％以上的单粒点播种子，注意适温播种（土壤表层 5～10cm 温度连续 5～7d 稳定在 10～12℃播种），单粒精量播种，不缺不漏、播种深浅一致，滴水出苗，保证群体整齐。播后 1～3d 喷洒封闭除草剂进行封闭除草，结合苗后除草，控制杂草危害。株行距配置，40～70cm；滴灌带布设在窄行中间，浅埋 3～5cm。

导航单粒精量播种（左）、滴水出苗（中）和苗后化学除草（右）

（四）水肥精准运筹

不覆盖地膜的玉米根系前期发根慢，但后期不早衰，根据玉米长势监测与诊断调控技术进行玉米水肥调控，通过精准管理提高水肥利用效率。

滴灌水肥一体化设施（左）和水肥精准调控大田长势（右）

（五）化控防倒、保健栽培

玉米 6～8 展叶期，喷施玉米生长调节剂、控制基部节间长度，降低植株倒伏风险；苗期病虫害主要通过种子包衣防控，中后期病虫害以玉米螟和穗粒腐病防控为重点。

苗期化控防倒

无人机病虫害综合防控

（六）适期收获、秸秆处理

当玉米达到籽粒成熟标志后（籽粒基部剥离层组织变黑，黑层出现，籽粒乳线消失）收获，机械粒收应在籽粒含水率降至 25％以下时进行。秸秆处理可参照常规技术执行。

三、适宜区域

实行地膜覆盖且有灌溉条件的玉米产区，如新疆、甘肃河西走廊及沿黄灌区、宁夏、陕北、内蒙古河套地区，其他如河

玉米机械籽粒直收

北北部春播区、山西、东三省西部玉米补充灌溉区均可参照执行。

四、注意事项

第一，根据当地热量条件选择品种，适宜增密种植提高产量。

第二，水肥运筹需按照适宜熟期、密植玉米群体的水肥需求规律进行调整。

第三，重视化学除草，减少杂草危害。

技术依托单位

1. 中国农业科学院作物科学研究所

联系地址：北京市海淀区中关村南大街 12 号

邮政编码：100081

联 系 人：谢瑞芝　张国强

联系电话：010-82105791

电子邮箱：xieruizhi@163.com

2. 宁夏农林科学院农作物研究所

联系地址：宁夏回族自治区银川市黄河东路 590 号

邮政编码：750002

联 系 人：王永宏

联系电话：0951-8400067

电子邮箱：Wyhnx2002-3@163.com

3. 全国农业技术推广服务中心

联系地址：北京市朝阳区麦子店街 20 号

邮政编码：100125

联 系 人：鄂文弟　贺　娟

联系电话：010-59194183

电子邮箱：hejuan@agri.gov.cn

夏玉米防灾减灾稳产栽培技术

一、技术概述

（一）技术基本情况

近年在黄淮海夏玉米主产区，玉米生产中干旱、渍涝、热害、阴雨寡照、病虫害等逆境高发、频发、重发，造成种植面积减少、生育期延迟、土壤养分淋失、植株发育迟缓、产量三因素失调、收获困难、产量降低等不良后果，影响我国玉米产量的进一步提升和国家的粮食安全。研究玉米生育期内主要逆境对发育及产量形成的影响机理，有针对性地提出防灾、避灾、减灾措施，以确保高产稳产。

本技术主要的核心是"四法抗旱、四法防涝、化控促壮、一防两减、抗热抗阴"，通过良种、良田、良法配套技术体系，有效降低旱、涝、热害、寡照等逆境对玉米产生的不利影响，减少了干旱时土壤中水分的流失，保持了渍涝时土壤的养分，改善了土壤的理化形状和空间微生态环境，为玉米提供有利的地上地下生长环境，实现良种良法配套和农机农艺融合。通过"覆盖保墒、中耕促根、磷钾抗旱、集雨补灌"等技术，有效减少土壤水分蒸发、增强玉米的根系吸水能力，促进旱季玉米的正常生长；运用"疏通沟渠、降墒种植、中耕减渍、追肥壮苗"等防御渍涝对策，促进了涝期地面径流和加快排泄速度，快速降低了土壤耕层的滞水量，改善了玉米根系分布土壤的通气条件，有效避免或减轻了渍涝的危害，使植株根系尽快恢复正常生长。通过合理使用化控剂，控制合理株高，增强植株抗倒性。通过增加田间湿度，减轻高温热害。通过飞机扰动，增加授粉机会，提高穗粒数。通过喷施叶面肥，提高植株光合性能，降低阴雨寡照造成的不利影响。通过以上措施，因地因情因灾制宜，为玉米授粉和灌浆创造良好的条件，充分挖掘了夏玉米的高产潜力，实现高产高效。

（二）技术示范推广情况

该技术在山东、河北等地开展了应用推广示范，实现了较大面积的推广应用。核心技术"玉米避涝减灾"技术自 2010 年初进行专题试验研究并全部获得成功，于 2011 年初开始示范推广，至 2019 年累计推广避涝面积达 500 万亩，玉米保收率从避涝前（2011—2013 年）平均的 61.3% 上升到避涝后（2016—2019 年）平均的 96.7%。核心技术"夏玉米抗旱适水"技术在山东和河北自 2003 年实施到 2020 年，干旱年份夏玉米产量提升 8.7%～13.6%。2021 年"洪涝、干旱灾害防灾减灾技术"在山东全省进行推广示范，获得良好效果，为实现大灾之年夺丰收和秋粮高产高效打下良好基础。目前，该技术正在黄淮海夏玉米种植区推广应用。

（三）提质增效情况

和常规技术相比，应用该技术旱季夏玉米可增产 10% 以上，水分、肥料利用率提高 10% 以上，降低化肥、农药用量 5% 以上，亩增收节支 60 元以上；涝季玉米保收率提高到 95% 以上，基本达到不减损的目的。应用该技术可以有效应对夏玉米种植期间发生的旱涝灾害，根据旱涝灾害发生时期、发生程度，因地制宜，科学做好防灾减灾工作，把因灾损失降到最低。提高授粉质量，保证粒数，确保光合面积和时间，防止早衰，增加粒重，促进玉米及时恢复生长，以提高单产弥补因灾减产，减少对产量的影响。

（四）技术获奖情况

国家科学技术进步奖二等奖 1 项，全国农牧渔业丰收奖二等奖 2 项，2021 年山东省农业主推技术 1 项。

二、技术要点

（一）"良种良田"两基本御旱涝技术

1. 良种抗逆

抗逆品种选择与地力、灌溉条件等充分结合。对于生产条件较好的地区，选择增产潜力大的品种；对于一般地区，应选择抗逆能力强尤其是稳产的品种。种子包衣在常规杀虫、杀菌的基础上增加调控根冠比类化控制剂，推荐采用超声波处理活化种子。

2. 良田防旱涝

耕地合理耕层构建。采用秋深松和夏免耕技术，秋深松和夏免耕均可显著提高土壤水分储量、减少蒸腾量和提高作物抗逆能力。秋深松深度为 25～30cm，频率为 2～3 年 1 次；有条件地区，可在玉米播种时实施条带旋耕，可有效蓄积夏季降雨资源。增施有机肥、实施黄淮海地区秸秆"一覆盖一深埋"技术，即小麦全量秸秆覆盖还田和玉米粉碎深耕还田技术，解决该区域两季秸秆难还田的问题，构建耕地合理耕层。

（二）"四法"抗旱技术

1. 覆盖保墒

冬小麦秸秆机械还田后平铺于播种土地的表面，不仅可以有效减少水分流失，还可以节约大量的人力物力，也是进行夏玉米种植中节约水资源、提升土壤肥力的一项有效措施。

2. 中耕促根

中耕一般应进行 2 次，苗期可机械浅耕 1 次，以松土、除草为主。到拔节前，再中耕第二次，掌握苗旁宜浅、行间要深的原则，主要作用是松土、除草，改善土壤透气性，增加土壤微生物活动能力，减少地面水分蒸发，减少地面径流，以促进根系生长，提高玉米抗旱能力。

3. 磷钾抗旱

增施磷肥、钾肥可促进玉米根系生长，提高玉米抗旱能力。要改"一炮轰"施肥为分次施肥，肥力高的地块氮肥以 3∶5∶2 比例为宜，即全部有机肥、70％磷钾肥和 30％氮肥作基肥，30％的磷钾肥和 50％氮肥用作穗肥，20％氮肥用作粒肥；中肥力地块氮肥以 3∶6∶1 比例为宜，即全部有机肥、70％磷钾肥和 30％氮肥作基肥，30％的磷钾肥和 60％氮肥用于穗期，10％氮肥用于粒期。根据试验，旱地玉米适宜的施肥量为亩施 N 18～21kg、P_2O_5 5～7.5kg、K_2O 5～6kg。

4. 集雨补灌

在中低产田地块和没有灌溉条件的地区，修建集雨窖（池），在夏玉米缺水期，尤其在玉米抽雄再到吐丝期间，由于气温较高，蒸腾作用旺盛，对水分的需求量较大，给予玉米植株必要的水分供给。

（三）"四法"防涝技术

1. 疏通沟渠

因地制宜地搞好农田排水设施，雨涝发生后积水能够顺畅及时排除。

2. 降墒种植

采用大垄双行或开挖沥水沟。一是利于耕层土壤沥水，快速降低土壤耕层的滞水量；二是提高玉米根系着生和分布高程，改善玉米根系分布土壤的通气条件。

3. 中耕减渍

渍涝发生后及早中耕松土，不仅可疏松表土、增加土壤通气性、促进表层土壤水分的散失、减轻渍涝危害，还能改善土壤水、气、热条件。土壤较湿时，可以沿玉米垄先划锄一边，这样既可以减轻对根系的伤害，又能提高松土的效率。

4. 追肥壮苗

受涝地块容易造成土壤养分流失和根系缺氧，出现渍涝情况下要及时喷施叶面肥，排涝后应及时补充速效氮肥，促进玉米及时恢复生长，减少渍涝对产量的影响。穗肥以氮肥为主，每亩追施尿素 15～20kg、硫酸钾 15～18kg，高产地块适当加大施肥量。利用机械在距植株 10cm 左右处开沟，10cm 深施。

（四）"一防双减"防病虫

大喇叭口至雌穗萎蔫期是进行"一防双减"的关键时期，应科学组配氟苯虫酰胺、氯虫苯甲酰胺、四氯虫酰胺、氯虫·噻虫嗪、除脲·高氯氟等杀虫剂和吡唑醚菌酯、唑醚·氟环唑、丙环唑·嘧菌酯等杀菌剂，利用大型车载施药器械或无人机进行规模化防治，压低玉米中后期穗虫发生基数、减轻病害流行程度，降低病虫害造成的产量损失。病虫害防治要防治结合、统防统治、整体推进，确保防治效果。

（五）化控促壮防倒伏

玉米生育前期，水肥充足或群体过大，容易造成植株旺长，增加倒伏风险，可在玉米 7～11 展叶期喷施化控剂，适度控制株高，增强抗逆能力和抗倒伏能力，有利于改善群体结构。使用化控剂要注意合理浓度配比，以免影响施用效果。密度合理、生长正常的田块和低肥力的中低产田、缺苗补种地块不宜化控。

（六）增湿喷肥降温促光合

通过种植耐热品种和及时灌溉，以及叶面喷施微肥、寡糖类等调控制剂，提高植株抗逆性，防御高温热害。开花授粉期遇到高温热害或阴雨寡照，严重影响授粉质量，可采取人工辅助授粉等补救措施，提高结实率，防止花粒，增加穗粒数。有条件的地方可用小型无人机低飞辅助散粉，提高效率。

三、适宜区域

黄淮海夏玉米种植区，主要包括山东、河南、河北中南部等地区。

四、注意事项

玉米拔节后进入营养生长和生殖生长并进期，是大穗的关键时期，也是旱涝多发的季节，此时应抗旱、防涝一起抓，做到旱能及时浇水、涝能及时排水。进入 7 月应结合施穗肥抓紧浇水，尽快解除旱情，保证玉米正常生长。玉米进入后期浇水更为重要，一是应重点浇好开花水，因为抽雄开花是玉米需水的临界期，缺水会造成小花败育，籽粒明显减少；二是浇好灌浆水，根据降雨情况，一般玉米抽雄开花到成熟应小水浇 2～3 次，以满足玉米开花灌浆对水分的需求，同时要注意防洪防涝，提前做好玉米排水准备。

技术依托单位

1. 山东省农业技术推广中心

联系地址：山东省济南市历下区解放路 15 号

邮政编码：250014

联 系 人：韩　伟

联系电话：0531-67866302

电子邮箱：whan01@163.com

2. 中国农业科学院农业环境与可持续发展研究所

联系地址：北京市海淀区中关村南大街 12 号

邮政编码：100081

联 系 人：刘恩科　吕国华

联系电话：010-82109773

电子邮箱：liuenke@caas.cn

3. 中国农业科学院作物研究所

联系地址：北京市海淀区中关村南大街 12 号

邮政编码：100081

联 系 人：马　玮　赵　明

联系电话：010-82106042

电子邮箱：mawei02@caas.cn

玉米密植高产低水分籽粒直收技术

一、技术概述

（一）技术基本情况

玉米是西北第一大作物，在农民增收和草畜产业高质量发展中具有举足轻重的作用。传统玉米收获（穗收）需要摘穗、拉运、入场翻晒、再脱粒、再晾晒、再烘干等，作业环节多、生产成本高、劳动强度大。机械收粒可有效提高作业效率，降低生产成本，是未来玉米收获的主要趋势，是实现玉米全程机械化生产的"最后一公里"。制约玉米机械收粒的主要因素是收获时籽粒含水率高，导致籽粒破碎率高，收获质量不高，玉米籽粒商品性差；同时，收获时籽粒含水率较高增加了籽粒烘干成本和霉变风险，严重影响了玉米的品质，已成为制约机械粒收技术应用推广的重要因素。

西北灌区玉米一年一熟，区域光热资源丰富，气候干燥少雨，玉米正常生理成熟后有充足的光热资源和时间用来玉米籽粒脱水。以宁夏引黄灌区、扬黄灌区为例，9 月下旬至 10 月中旬日平均气温为 $10.48\sim15.52℃$，降水量为 $3.83\sim14.09mm$，针对"两季不足一季有余"的热量资源和干旱气候特点，玉米成熟后延期晚收、站秆晾晒、籽粒脱水，低水分时"像收小麦一样收获玉米"，籽粒归仓，秸秆还田，有利于充分利用区域热量资源。

该技术可大幅度降低生产成本，减轻劳动强度，提高玉米籽粒商品品质，也有利于秸秆还田培肥地力，实现藏粮于地，具有节本、提质、增效等作用。宁夏农林科学院和中国农业科学院作物科学研究所率先在宁夏灌区开展适宜低水分籽粒直收的玉米新品种筛选，研究玉米低水分籽粒直收关键技术，创新优化区域热量资源与品种籽粒脱水特征定量配置技术，构建了宁夏引黄灌区/扬黄灌区玉米籽粒脱水模型，明确了玉米籽粒含水率与收获时期的关系 $y=0.006\ 1x^2-531.51x+1\times10^7$（$R^2=0.891\ 1$，$P<0.01$，$n=4\ 147$）；明确了不同品种脱水类型及低水分的积温需求与产量关系及区域分布，构建了玉米密植高产低水分籽粒直收技术模式，与省、市、县农业技术推广部门联合在宁夏引黄灌区、扬黄灌区等地建立大面积示范并推广应用。该技术被列入宁夏玉米主推技术，是实现区域玉米高质量发展的新技术途径，经济社会效益显著。

（二）技术示范推广情况

玉米密植高产低水分籽粒直收技术在宁夏引黄灌区、扬黄灌区率先开展研究并应用，属全国领先水平，目前已在甘肃、新疆、陕西、内蒙古等西北灌区同类型区推广应用，将推动区域玉米高质量发展。

（三）提质增效情况

改传统玉米穗收为粒收，改 9 月中下旬收获玉米为 10 月中下旬；降低籽粒含水率就是改善品质，籽粒含水率降至 16% 以下直接机械收粒入仓。玉米低水分粒收亩生产成本比机械收穗减少 263.4 元，比人工收获减少 378.4 元，可大幅度降低生产成本，减轻劳动强度，能明显改善籽粒品质；同时，有利于秸秆还田培肥改土，具有节本、提质、增效等作用，解决了全程机械化"最后一公里"问题，是助推玉米生产竞争力提升的关键生产技术。

（四）技术获奖情况

以"玉米密植高产低水分籽粒直收技术"为核心的"玉米机械籽粒收获高效生产技术"（2020-XJS-03）入选 2020 中国农业农村重大新技术新产品新装备——十大新技术；以"玉米密植高产低水分籽粒直收技术"为核心的科技成果："西北灌区玉米密植机械粒收关键技术研究与应用"获 2019 年度新疆维吾尔自治区科学技术进步奖一等奖、"玉米调结构转方式优质高效生产关键技术研究与示范"获 2020 年度宁夏回族自治区科学技术进步奖一等奖。

二、技术要点

（一）核心技术

抗倒耐密高产宜机收品种＋北斗导航抗旱单粒精量播种＋合理密植＋集中侧深施肥、磷肥深施/一次性机械集中侧深施肥＋病虫草害绿色防控＋延期晚收、站秆晾晒、低水分机械籽粒直收＋秸秆粉碎深翻还田。

（二）技术要点

1. 整地保墒

早春地表解冻耙糖保墒，播种当日或头一天浅旋耕 10～15cm。

2. 品种选择

选用抗倒耐密高产宜机械粒收的玉米品种，种子发芽率达到 93％以上。

3. 机械播种

适期北斗导航抗旱单粒精量播种，划开干土层、深播种（播深 5～6cm）、浅覆土、播后镇压；亩种植密度 6 000～6 500 株。

4. 科学施肥

目标亩产量 800～1 000kg 时，亩施 N-P_2O_5-K_2O（kg）：25-10-5，磷、钾肥随播种一次性施入，尿素 1/3 作种肥、2/3 拔节期机械中耕深松施肥；或亩施配方 50％（N-P_2O_5-K_2O：28-12-10）或 45％（N-P_2O_5-K_2O：28-12-5）（1/3 尿素＋2/3 控释肥）的玉米专用控释型配方肥 65～75kg，采用种肥同播侧深施肥方式，施肥深度 10～15cm。注重集中施肥、磷肥深施，肥料与种子保持 4～5cm 安全距离。

5. 适期灌溉

测墒灌溉，苗期切忌灌水，拔节期至小喇叭口期灌头水，大喇叭口期至吐丝期充分灌溉，灌浆中后期根据降水量和田间湿度适时灌溉，做到"早施肥、迟灌头水，以水调肥，节水灌溉"。

6. 病虫草害绿色防控

播前封闭除草，封闭不好的田块于玉米苗 3～5 叶期进行苗后除草；出苗后至拔节前田间发现地老虎危害，于早晨或傍晚在玉米基茎部喷雾防治；中后期预防红蜘蛛。

7. 低水分粒收

充分利用后期热量资源，玉米成熟后延期晚收、站秆晾晒、籽粒脱水，至 10 月中下旬，田间玉米籽粒含水率降至 16％以下的低水分时，进行机械籽粒直收。

8. 秸秆粉碎，深翻还田

收获后，秸秆机械二次粉碎，亩撒施尿素 5～10kg，深耕翻 30～35cm，秸秆还田；充分冬灌。

三、适宜区域

宁夏引黄灌区、扬黄灌区及西北灌区同类型地区。

四、注意事项

一是后期脱水速率快、宜机收品种的应用。籽粒含水率是影响玉米机械粒收的主要因素。高的含水率不仅造成籽粒破碎，同时增加烘干成本（环保压力大）和霉变风险，成为阻碍机械粒收技术应用推广的重要因素，适宜机械粒收的籽粒含水率一般应低于 25％。所以，选育生育后期脱水速率快、适宜机收的品种是籽粒直收技术推广应用的关键。

二是品种的抗倒性。玉米成熟后期需要站秆晾晒，就需要植株具有较好的抗倒性，抗倒性的好坏直接决定延迟晚收的时间。

三是适宜收获机械的引进。收获时要注意适宜机械的引进，降低籽粒破碎率，减少机械损失。

技术依托单位
宁夏农林科学院农作物研究所
中国农业科学院作物科学研究所
宁夏回族自治区农业技术推广总站

玉米"一翻两免"秸秆全量还田轮耕技术

一、技术概述

（一）技术基本情况

玉米"一翻两免"秸秆全量还田轮耕技术是针对东北地区耕作方式单一，耕层浅、实、硬，秸秆全量还田难度大，秋整地作业时间紧张等问题研究形成的技术体系。通过该技术，以三年为一个轮耕周期，年际分别采用翻耕、免耕和深松耕作技术，实现了玉米秸秆全量还田，解决了秸秆还田常年耕作方式单一化造成的耕层土壤质量差等问题。通过三年轮耕，在土壤下层（≥25cm）、土壤表层（0cm）和中层（0～15cm）形成"立体"的秸秆储存库，实现秸秆分层、分步有效腐解，以及土壤耕层的全面培肥。通过翻埋还田，提高了秸秆降解效率，可增加土壤有机质，培肥地力；通过玉米秸秆覆盖地表，提高了土壤水分利用效率，可有效地恢复耕地生产和生态功能；通过深松，打破犁底层加深耕层，提高了渗透性和土壤库容量，作物根系扎得深、抗倒伏、产量高。该技术实现了土地生产力全面提升，增加作物产量，提高玉米产业竞争力。

（二）技术示范推广情况

核心技术"玉米一翻两免秸秆全量还田轮耕技术"于2018年作为黑龙江省地方标准（DB23/T 2232）颁布实施，2020—2021年被选为黑龙江省农业主推技术，目前在黑龙江省各大农场及哈尔滨市、绥化市等玉米主产区推广应用，近3年累计推广应用5 000多万亩。

（三）提质增效情况

与农民传统的旋耕种植模式相比，该技术每亩节本增效可达84元以上，同时秸秆全量还田，解决秸秆焚烧污染，让空气更洁净，增加人民对环境改善的幸福感；解决以往持续小型农机动力浅耕作业及农田重用轻养掠夺性生产方式导致的耕层变浅、犁底层加厚、土壤缓冲能力减弱等耕层环境恶化、耕地质量下降等问题，有效解决玉米的耕层障碍，实现玉米进一步高产稳产，促进玉米产业健康发展。

（四）技术获奖情况

该技术作为"农作物秸秆区域全量利用关键技术研发与集成应用"中的一项主体技术，获得2018—2019年度神农中华农业科技奖科学研究类成果二等奖。

二、技术要点

玉米"一翻两免"秸秆全量还田轮耕技术模式以三年为一个轮耕周期，第一年秋季玉米收获后实施翻耕作业，玉米秸秆翻埋还田；第二年秋季玉米收获后不进行土壤耕作，玉米秸秆地表覆盖还田，翌年春季采取免耕播种；第三年秋季玉米收获后进行土壤松耙作业，秸秆碎混还田，翌年春季采取免耕播种；第四年开始新一轮的轮耕周期。

（一）第一年秸秆翻埋还田

1. 作业流程

玉米机械化收获→秸秆粉碎→翻耕→耙地→起垄→镇压→翌年播种。

2. 作业要求

（1）玉米收获　用玉米收获机完成摘穗或籽粒直收，同时进行秸秆粉碎抛撒，作业质量符合 NY/T 1355 的规定。

（2）秸秆粉碎　应采用 90 马力以上的拖拉机为牵引动力，配套秸秆粉碎还田机。作业时秸秆要经过 3～5d 晾晒；如果垄沟内有长秸秆，可在车头前加装搂草装置把秸秆清理到垄台上再进行粉碎作业。秸秆粉碎长度≤10cm、宽度≤5cm，切碎长度合格率≥85%，留茬平均高度≤7.5cm，秸秆抛撒不均匀度低于 30%，无堆积，无漏切，其他作业质量应符合 NY/T 500 的要求。

（3）翻地　应在土壤水分含量≤25% 时进行，不应湿翻地。一般要求以 180 马力以上的拖拉机为牵引动力，配套 3 铧或 5 铧以上的液压翻转犁，前后犁铧深浅一致，不留生格，翻垡一致，要求翻深≥25cm，到头到边。翻耕仅限于有效土层（黑土层）25cm 以上的土壤，如遇到耕层下有石头、盐碱土、黄土等，此处不应进行翻耕作业。

（4）耙地　土壤水分含量 25% 左右时，采用 180 马力以上的拖拉机牵引圆盘重耙进行对角线或与垄向呈 30°角交叉耙地 2 遍，耙后不起黏条，土壤散碎，混拌秸秆均匀，耙深 15～20cm，作业质量符合 NY/T 741 的规定。

（5）起垄　采用 120 马力以上的拖拉机牵引中耕机或起垄施肥机进行作业，起平头大垄，垄距 1.1～1.3m，垄台高 15～18cm，垄台宽≥90cm，整齐，到头到边，垄距均匀一致，垄向直，100m 误差≤5cm，垄面平整，土碎无坷垃。

（6）镇压　在表土风干 1cm 以上时采用 V 形镇压器作业，压实土壤。

（7）播种　采用播种机精量播种，种肥同播，播后及时镇压。

机械化粒收

秸秆粉碎

秸秆翻埋

重耙

秸秆翻埋还田

（二）第二年秸秆覆盖还田

1. 作业流程

玉米机械化收获→春季秸秆粉碎→免耕播种→中耕深松。

2. 作业要求

（1）玉米收获　同（一）第一年秸秆翻埋还田的玉米收获。

（2）秸秆粉碎　播种前，采用秸秆粉碎还田机进行秸秆粉碎，秸秆粉碎质量同（一）第一年秸秆翻埋还田的秸秆粉碎。

（3）播种　应采用配有切刀和拨草轮的免耕播种机进行播种，作业质量符合NY/T 1628 的规定。

（4）中耕深松　玉米苗期进行中耕深松，宽窄行栽培方式在宽行上深松 30cm左右；均匀垄栽培方式，深松深度 20cm左右。

免耕播种

（三）第三年秸秆碎混还田

1. 作业流程

玉米机械化收获→秸秆粉碎→深松→耙地→起垄（或平作）→免耕播种。

2. 作业要求

（1）玉米收获和秸秆粉碎　分别同（一）第一年秸秆翻埋还田的玉米收获和秸秆粉碎。

（2）深松　一般要求以 260 马力以上的拖拉机为牵引动力，配套 4 行或 4行以上的深松机。深松作业深度 35cm 以上，具体深度以打破犁底层为准，要求到头到边，其他作业质量符合 NY/T741 的规定。

深松作业

（3）耙地　同（一）第一年秸秆翻埋还田的耙地。

（4）起垄　低洼易涝地应起平头大垄，垄高 15cm 左右，防止秸秆集堆。漫岗地可以不起垄，采用平作，春季直接播种。

（5）免耕播种　采用免耕播种机播种，种肥同播，播后及时镇压，作业质量符合 NY/T1628 的规定。

三、适宜区域

技术适用于活动积温≥2 300℃、年降水量≥400mm 的玉米种植区，不适用于风沙干旱区。

四、注意事项

第一，本技术是一个前后呼应、优势互补的新型耕作体系，三种还田方式年际应按既定顺序实施，才能真正发挥技术的生产潜力和后续效应。

第二，秸秆粉碎质量是本技术的一项重要指标，关系着玉米后期的播种质量和保苗密度。本技术秸秆粉碎质量应符合以下标准：秸秆粉碎长度≤10cm、宽度≤5cm，切碎长度合格率≥85%，留茬平均高度≤7.5cm，秸秆抛撒不均匀度低于30%，无堆积，无漏切，其他作业质量应符合 NY/T 500 的要求。

第三，翻埋还田时，翻地作业应在有效土层（黑土层）25cm 以上的土壤和土壤水分含量≤25%时进行，不应湿翻地。并且秸秆翻埋作业之后要及时耙地，起垄镇压，达到待播状态，避免土壤立垡越冬。

技术依托单位

黑龙江省农业科学院耕作栽培研究所
联系地址：黑龙江省哈尔滨市松北区科技创新 3 路 800 号
邮政编码：150028
联 系 人：钱春荣
联系电话：13845073906
电子邮箱：qcr3906@163.com

旱地春玉米抗旱适水种植技术

一、技术概述

（一）技术基本情况

针对我国北方旱地农田频旱多变、水土资源过度利用、春玉米生产稳定性下降等问题，以提高旱地农田干旱应变能力和春玉米生产稳定性为目标，研究形成旱地春玉米抗旱适水种植技术。通过土壤增碳扩容、地表覆盖抑蒸、冠层塑型提效的机理，建立了北方旱地春玉米生产的土壤—地表—冠层协同调控的抗旱适水种植技术。通过土壤增碳扩容技术，提高旱地土壤蓄水保水的能力；运用地表覆盖抑蒸技术，降低土壤蒸发、提高降雨入渗能力；通过冠层塑型提效技术，提高作物抗旱适水的能力。通过本技术的应用，实现了北方旱地春玉米生产土壤—地表—冠层协同调控的目标，达到旱地春玉米稳产增产。

（二）技术示范推广情况

该技术自 2010 年起在山西、甘肃、辽宁等地开展了应用推广示范，实现了较大面积的推广应用。在山西省的晋城、长治、晋中、忻州、临汾、吕梁、朔州等市的沟川坝地及垣坪旱地，推广应用"旱地玉米秸秆适水还田技术"，配套深耕、缓释专用肥、合理密植等技术，玉米水分利用效率 $22.5 \sim 27.0 kg/(mm \cdot hm^2)$，较常规提高 8%～10%。2017—2019 年，该项技术在山西省累计推广 1 764 万亩，新增粮食 63.926 万 t，按照当年玉米价格及生产资料价格计算，累计新增效益 112 971.9 万元。在甘肃省中东部旱作区，推广垄膜沟种、一膜两年用、少免耕等旱地农田覆盖集雨抗旱适水种植技术，玉米水分利用效率 $30 kg/(mm \cdot hm^2)$，小麦水分利用效率 $15.75 kg/(mm \cdot hm^2)$，较常规提高 10%～15%。该技术应用以来，在甘肃中东部旱作区累计推广应用了近 4 000 万亩，其中，2017—2019 年累计应用 1 997 万亩，新增粮食 159.307 万 t，新增效益 362 444 万元。在辽西北旱作区，推广旱地春玉米"改土、构表、塑冠"适水抗旱技术。通过应用作物种植模式优化、间作轮作、交替深松、秸秆条带还田、覆盖免耕等旱地农业技术，降水利用率提高 5.5 个百分点，水分利用效率提高 12%，即 $2.7 kg/(mm \cdot hm^2)$。其中，2017—2019 年累计应用 2 520 万亩，新增粮食 154.7 万 t，新增效益 21.12 亿元。

（三）提质增效情况

和常规技术相比，应用该技术可增产春玉米 10% 以上，产量波动降低 13% 以上，土壤持水能力提高 12% 以上，单位碳足迹减少 15% 以上。该技术从旱地土壤—地表—作物整体上解决旱地资源高效利用问题，技术更具有系统性和精准性。该技术解决了土壤高效集雨、土壤高效蓄水和春玉米高效用水的问题，增强了旱地抗旱能力，提高了春玉米水分利用效率和作物生产力，并有效降低玉米生产中的碳足迹问题，达到了作物产量提升和生态环境相协调的目标。

（四）技术获奖情况

以该技术为核心的科技成果于 2021 年获国家科学技术进步奖二等奖 1 项，获 2016—

2017 年度神农中华农业科技奖优秀创新团队。

二、技术要点

旱地春玉米抗旱适水种植技术，主要是通过土壤增碳扩容、地表覆盖抑蒸、冠层塑型提效，建立了北方旱地春玉米生产的土壤—地表—冠层协同调控的抗旱适水种植技术。

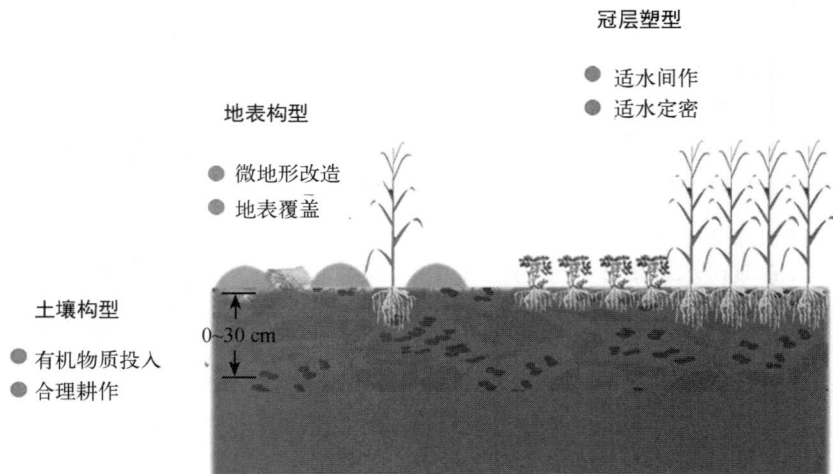

抗旱适水种植技术示意

（一）土壤增碳扩容

1. 土壤合理构型

利用长期定位试验，建立了北方旱地主要土壤类型的合理构型参数，依据该参数建立的土壤构型，可增加土壤蓄水保水能力，降低春玉米生产碳足迹。

主要类型土壤合理构型参数

土壤类型	耕层土壤水库容量/mm	田间持水量/%	容重/g/cm³	耕层厚度/cm	大团聚体占比/%	有机碳含量/g/kg	稳定入渗率/mm/h
褐土	90~120	27~30	1.10~1.35	25~35	45~55	11.0~14.5	15~22
黑垆土	85~110	25~28	1.15~1.30	20~30	35~45	9.5~13.0	18~25
潮土	95~125	26~30	1.10~1.30	22~30	30~40	11.5~15.0	20~28
棕壤土	105~140	28~32	1.20~1.35	22~32	50~60	12.0~16.0	25~33

2. 秸秆交替间隔深松还田

第一年秋季作物收获后或春季播种前垄台上深松，第二年玉米拔节前结合中耕垄沟深松，第三年与第一年相同，以此类推，秸秆全部粉碎直接还田。

3. 有机无机肥秋季深翻还田

适当的有机肥（厩肥或商品有机肥）采用深翻的方式施入农田，还田深度15~35cm。

交替间隔深松

（二）地表覆盖抑蒸

1. 覆盖抑蒸保墒

春玉米秸秆平铺或者粉碎于播种土地的表面，不仅节约大量的人力物力，还可以有效减少水分蒸发、提升土壤肥力。

2. 微地形改造

根据集雨量、作物需水规律，建立合理垄型，合理的垄沟结构参数：垄底宽 24～32cm、垄高 11～16cm、沟垄宽幅比 2.1～2.13。并在沟底覆盖秸秆保墒抑蒸。

（三）冠层塑型提效

1. 适水定密

"适水定密"使土壤水分更多用于植物蒸腾，产量和水分利用效率比当地生产习惯提 12.0％～20.6％和 12.7％～17.4％。在 300～550mm 降水条件下，每毫米降水承载覆膜春玉米 9.9 株。

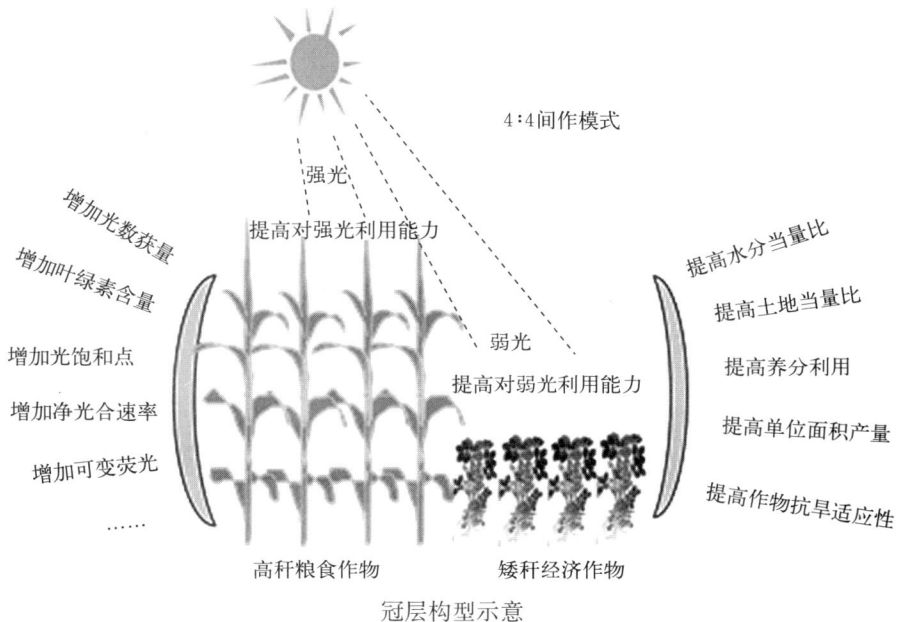

冠层构型示意

2. 合理间作

玉米、谷子等高秆作物与花生、大豆等矮秆作物间作，协调了根系在土壤中的纵向分布，高秆作物冠层截获更多的辐射和降水，创造了水分、养分横向流动条件，提高了土壤水分养分的有效性。适合机械作业的玉米花生 4：4 间作、谷子花生 2：4 间作，丘陵区玉米大豆 4：4 间作、玉米甘蓝 2：4 间作。

三、适宜区域

北方旱地春玉米种植区，主要包括山西、陕西、甘肃、辽宁、吉林、内蒙古等地区。

四、注意事项

在技术的实施过程中，还需要及时防治病虫害。

技术依托单位

中国农业科学院农业环境与可持续发展研究所
联系地址：北京市海淀区中关村南大街 12 号
邮政编码：100081
联 系 人：梅旭荣　刘恩科　李昊儒
联系电话：010-82109773
电子邮箱：liuenke@caas.cn　lihaoru@caas.cn

玉米水肥一体化密植高产粒收技术

一、技术概述

（一）技术基本情况

增粮和提高资源利用率是当前我国农业生产的主要任务。产量不高、水资源不足、干旱以及水肥利用率低、生产成本高等问题是制约玉米产业发展的主要问题。密植是国内外玉米增产的主要途径，玉米水肥一体化可以有效解决干旱和水肥利用率低的问题，并有效增加种植密度，显著提高产量。集成密植、水肥一体化精准调控及机械籽粒直收为一体的"玉米水肥一体化密植高产粒收技术"，是行之有效的增粮与资源高效协同的技术模式。

（二）技术示范推广情况

2009—2021 年，以密植高产、水肥精准调控和机械籽粒直收为核心的玉米生产技术在新疆（北疆 900 万亩）、宁夏（450 万亩）、甘肃河西走廊（300 万亩）等地进行大面积推广应用，近三年累计推广面积超过 5 000 万亩。2019—2021 年，该项技术模式在东北春播玉米区的内蒙古通辽、赤峰地区，以及辽宁、吉林、黑龙江西部地区开展示范推广，辐射带动面积已超过百万亩。

因此，该项技术已在新疆、甘肃、宁夏、陕西、内蒙古、辽宁、吉林、黑龙江等地进行了示范展示，属于在较大范围的推广应用。

（三）提质增效情况

自 2004 年以来，中国农业科学院作物科学研究所作物栽培生理创新团队系统探索玉米产量提升的技术途径，将密植高质量群体调控的栽培学理论与滴灌水肥一体化的农业工程技术相结合，以密植为增产核心，滴灌为密植保障，配套耐密抗倒宜机收品种筛选、单粒精量点播与导航播种、秸秆覆盖与免耕、机械籽粒直收等全程机械化关键技术，构建了玉米节水增粮的密植高产水肥精准调控全程机械化技术体系，先后 7 次刷新中国玉米高产纪录，2020年最高亩产达到 1 663.25kg。

2021 年收获季节，对在东北采用玉米水肥一体化密植精准调控技术模式的 173 户进行测产验收，96.5％的农户亩产超过 1 000kg，平均达到 1 064.4kg；采用常规密度水肥一体化模式的 46 户平均亩产达到 900.5kg；示范田周边采取传统低密度漫灌种植模式的 21 户平均亩产为 689.7kg。采用玉米水肥一体化密植精准调控技术模式的农户亩产较常规密度水肥一体化模式和传统低密度漫灌种植模式的农户亩产分别提高 163.9kg（18.2％）和 374.7kg（54.3％）。

该技术模式不仅能够大幅度增加产量，还能够显著提高资源利用率：与传统施肥灌溉方式对比，每亩在相同施氮量（18kg，纯氮）和灌溉量（300m³）条件下，氮肥偏生产力、灌溉水利用效率和水分生产效率分别增加了 33.2％（15.6kg/kg）、32.9％（0.93kg/m³）和 59.5％（0.91kg/m³）。增密种植与水肥一体化精准调控技术融合运用，不仅显著提高玉米生产水平，而且能在不增加水肥投入量的前提下，实现产量、效率与效益的协同提升，是灌溉区和补充灌溉区的节水增粮新模式。

（四）技术获奖情况

以该技术为核心的成果分别获得新疆生产建设兵团 2016 年度、新疆维吾尔自治区 2019 年度科学技术进步奖一等奖，宁夏回族自治区 2020 年度科学技术进步奖一等奖。

二、技术要点

（一）铺设滴灌管道

根据水源位置和地块形状的不同，主管道铺设方法主要有独立式和复合式两种：独立式管道的铺设方法具有省工、省料、操作简便等优点，但不适合大面积作业；复合式管道的铺设适合大面积滴灌作业，要求与水源较近，田间有可供配备使用动力电源的固定场所。支管的铺设形式有直接连接法和间接连接法两种：直接连接法投入成本少但水压损失大，造成土壤湿润程度不均；间接连接法具有灵活性、可操作性强等特点，但增加了控制、连接件等部件，一次性投入成本加大。支管间距离在 50～70m 的滴灌作业速度与质量最好。

（二）精细整地，施足基肥

播种前整地，采用灭茬机灭茬翻耕或深松旋耕，耕翻深度要求 28～30cm，结合整地施足基肥，做到上虚下实，无坷垃、土块，达到待播状态。一般每亩施优质农肥 1 000～2 000kg、磷酸二铵 15～20kg、硫酸钾 5～10kg 或者用复合肥 30～40kg 作基肥施入。采用大型联合整地机一次完成整地作业，整地效果好。

（三）科学选种，合理密植

选择株型紧凑，穗位适中，抗倒抗逆性强，耐密性好，穗部性状好的中秆、中穗，增产潜力大，熟期适宜，适合机械籽粒直收的玉米品种。合理增加种植密度，其中，西北灌溉区亩种植密度 6 000～7 500 株，东北补充灌溉区 5 000～6 000 株，黄淮海夏播区 5 000～6 000 株。

（四）宽窄行配置，导航精量播种

利用带导航的拖拉机和玉米精播机将铺滴灌带、施种肥和播种等作业环节一次性完成。行距采用 40cm＋（70～80）cm 宽窄行配置，导航精量播种，毛管铺设在窄行内，一条毛管管两行玉米，毛管铺设采用浅埋式处理，埋深 3～5cm，主要起固定毛管作用。

机械导航播种，宽窄行配置，铺设滴灌带与播种同时进行

（五）密植群体调控

1. 滴水出苗

播种后立即接通毛管并滴出苗水，达到出全苗、出苗整齐一致的目的。干燥土壤每亩滴水 20～30m³，墒情较好的土壤每亩滴水 10～15m³。

播种后连接滴灌系统，滴水出苗提高出苗整齐度

2. 化学调控

为防止密植植株倒伏，在 6～8 展叶期用玉米专用生长调节剂化控。

拔节期进行化控调节，降低株高、提高抗倒伏能力

3. 综合植保

通过种子精准包衣解决土传病害和苗期病虫害；苗前苗后化学除草控制杂草；在大喇叭口期和吐丝后 15d 各进行一次化防，每次喷洒杀虫剂、杀菌剂防治玉米螟、叶斑病、茎腐病和穗粒腐病。

（六）按需分次精准灌溉与施肥

1. 精准灌溉

根据玉米需水规律进行灌溉，灌水周期和灌溉量依据不同生育时期玉米耗水强度和不同耕层最佳土壤含水量来确定。拔节期土壤湿润深度控制在 0.4～0.5m，孕穗期土壤湿润深度控制在 0.5～0.6m。如果采用水分传感器监测进行自动化灌溉，采取小灌量、高频次灌溉，应始终把耕层土壤水分控制在田间合理持水量上下较小的波动变幅内，更有利于提高产量和水分生产效率。

2. 精准施肥

优先选用滴灌专用肥或其他速效肥，根据玉米水肥需求规律，按比例将肥料装入施肥器，随水施肥，做到磷肥深施、氮肥后移、适当补钾。按照氮肥少量多次分次追肥原则，基肥施入氮肥的 20%～30%、磷钾肥的 50%～60%，其余作为追肥随水滴施。吐丝前施入氮肥的 45% 左右，吐丝至蜡熟前施入氮肥的 55%，防止玉米前期旺长、后期脱肥早衰，提高水肥利用率。

3. 灌溉与施肥建议

在东北补充灌溉区，7～8 展叶期滴第一水，参考亩灌溉量 20～30m³，亩施纯氮 3kg；10～12d 后滴第二水，参考亩灌溉量 20～30m³，亩施纯氮 4kg；8～10d 后滴第三水，参考亩灌溉量 25～30m³，亩施纯氮 4kg；8～10d 后滴第四水，参考亩灌溉量 30～35m³，亩施纯氮 3kg；8～10d 后滴第五水，参考亩灌溉量 25～35m³，亩纯氮 2kg；10～12d 后滴第六水，参考亩灌溉量 20～35m³，亩施纯氮 2kg；10～12d 后滴第七水，参考亩灌溉量 20～25m³，亩施纯氮 1kg；10d 后，沙土滴第八水，参考亩灌溉量 20～25m³。

高整齐度玉米长势　　　　　　　　　　高整齐度玉米吐丝期长势

（七）机械籽粒直收

为使玉米充分成熟，降低籽粒含水率，提高品质，应在生理成熟后、籽粒含水率降至 25% 以下时进行，收获质量达到以下标准：籽粒破碎率不超过 5%，产量损失率不超过 5%，杂质率不超过 3%。

籽粒生理成熟后田间脱水干燥，机械籽粒直收

（八）回收管带与秸秆处理

回收管带：收获前后，清洗过滤网、主管和支管，收回田间的支管和毛管；秸秆处理：在回收管带作业之后，秸秆粉碎翻埋还田，达到培肥土壤、改善土壤结构的目的。翻耕前通过增施有机肥，提高土壤有机质含量。秸秆翻埋还田时，耕深不小于 28cm，耕后耙透、镇实、整平，消除因秸秆造成的土壤架空。秸秆量大的地块可将一部分秸秆打捆作饲草料。

三、适宜区域

适宜在西北灌溉玉米区与东北灌溉和补充灌溉春玉米区推广应用，黄淮海夏播区和西南玉米区可参照执行。

四、注意事项

第一，注意增密群体的倒伏、大小苗和早衰等问题；可以通过选用耐密抗倒品种、化控、滴水出苗、水肥调控、耕层构建等关键技术综合施用，实现密植群体防倒、防衰和提高整齐度。第二，根据密植群体的生长发育和水肥需求规律，按需分次灌溉和施用肥料，避免"一炮轰"式施肥带来的前期旺长、后期倒伏和早衰，实现群体生长的精准调控。第三，每次施肥时结合灌溉，水肥一体化，应计算出每个灌溉区的用肥量，将肥料在大的容器中溶解，再将溶液倒入施肥罐中，每次施肥前，先滴清水 2h，然后再开始滴肥，以保证施肥的均匀性。收获后，及时排空管道内积水，防止冻裂。第四，玉米机械化生产要抓好播种与收获两个关键环节，播种行距要与收获机割台相匹配。机械收粒时间应适当推迟，籽粒含水率下降至 25％以下时，可有效提高收获质量。

技术依托单位

1. 中国农业科学院作物科学研究所

联系地址：北京海淀区中关村南大街 12 号

邮政编码：100081

联 系 人：王克如　薛　军　侯　鹏

联系电话：010-82108595　18600806492

电子邮箱：wkeru01@163.com　Xuejun@caas.cn　Houpeng@caas.cn

2. 全国农业技术推广服务中心

联系地址：北京市朝阳区麦子店街 20 号

邮政编码：100125

联 系 人：吴　勇　陈广锋

联系电话：010-59196092　15901103889

电子邮箱：wuyong@agri.gov.cn

3. 安徽科技学院

联系地址：安徽省凤阳县东华路 9 号

邮政编码：233100

联 系 人：余海兵

联系电话：15855037906

电子邮箱：2870421562@qq.com

玉米秸秆覆盖轮作大豆保护性耕作技术

一、技术概述

（一）技术基本情况

保护性耕作能够有效减轻土壤风蚀水蚀、增加土壤肥力和保墒抗旱能力、提高农业生态和经济效益，是《国家东北黑土地保护工程实施方案（2021—2025年）》中确定的主要技术措施。2020年开始，国家在内蒙古、辽宁、吉林、黑龙江等省份实施东北黑土地保护性耕作行动计划，力争到2025年，保护性耕作实施面积达到1.4亿亩。

针对保护性耕作免耕播种难、杂草危害重、作物产量不稳等问题，以20余年的研究成果为基础，集成先进的机械、农艺、植保等技术，形成玉米秸秆覆盖轮作大豆保护性耕作技术。该技术通过标准化的秸秆处理，既能保证防止土壤风蚀，又解决了播种拥堵问题，提高播种质量和播种效率；通过合理配方施肥，促进大豆生长，提高肥料利用率；通过机械与化学相结合除草，解决杂草危害，减少除草剂用量，提高杂草防除率。该技术作为2020年、2021年内蒙古自治区黑土地保护性耕作主推技术发布并大面积实施，并与合作单位依托科技与工程项目在黑龙江省、吉林省等地示范推广，为保障保护性耕作实现稳产增效发挥了重要作用。

（二）技术示范推广情况

2006年以来，技术团队研发的核心技术"玉米秸秆覆盖轮作大豆保护性耕作技术"在大兴安岭南麓等大豆主产区大面积推广。由本地团队研发于2013年和2017年由内蒙古自治区质量技术监督局发布了《嫩江流域保护性耕作大豆田杂草综合控制技术规范》《大兴安岭南麓大豆保护性耕作丰产栽培技术规程》2个内蒙古自治区地方标准并大面积应用。由本地团队研发编制的"玉米秸秆覆盖轮作大豆保护性耕作技术"经内蒙古自治区农牧厅发布，作为2020年、2021年内蒙古自治区黑土地保护性耕作主推技术在内蒙古呼伦贝尔市、兴安盟、赤峰市、通辽市等地区全面推广，并在黑龙江省、吉林省等地示范应用，年度应用面积达400万亩以上。

（三）提质增效情况

本项技术通过秸秆覆盖还田减少水土流失，不断提升土壤肥力和蓄水保墒能力，提高水分和肥料利用率，与常规翻耕种植技术相比，可减少土壤风蚀35%～70%，大豆增产8%左右，每亩减少耕翻、整地、清理秸秆等作业成本40～60元，平均亩增收节支70～120元，经济、社会和生态效益十分显著。

（四）技术获奖情况

以本项技术为核心的成果，先后获国家科学技术进步奖二等奖1项和省部级科技一等奖6项，主要包括：①"干旱半干旱农牧交错区保护性耕作关键技术与装备的开发与应用"项目，获2010年度国家科学技术进步奖二等奖；②"农牧交错区旱作农田丰产高效关键技术与装备"项目，获2014年度内蒙古自治区科学技术进步奖一等奖；③"北方农牧交错风沙区农艺农机一体化可持续耕作技术创新与应用"项目，获 2014—2015 年度中华农业科技奖科学研究成果一等奖；④"退化农田地力提升综合配套技术与装备"项目，2018 年获内蒙古自治区农牧业丰收奖一等奖；⑤"北方农牧交错区耕地保育与高效利用技术应用"，获 2016—2018 年度全国农牧渔业丰收奖农业技术推广成果奖一等奖；⑥"北方农牧交错区退化农田风蚀防治与地力培育关键技术"，获 2020—2021 年度神农中华农业科技奖科学研究类成果一等奖。

二、技术要点

（一）前茬玉米秸秆覆盖

秸秆留高茬覆盖：玉米机械化收获过程中留茬 25～40cm，剩余秸秆利用秸秆打捆机具或人工打捆移除或部分移除，秸秆覆盖度在 30% 以上。

秸秆全量覆盖：玉米收获过程中留茬高度在 10cm 以上，其余秸秆切碎（长度≤10cm）均匀抛撒覆盖于地表。

（二）播前土壤与秸秆处理

原则上应直接免耕播种，对于秸秆覆盖量大、均匀度差、播种难的地块，可通过轻耙、重耙或二次粉碎还田等方式进行秸秆处理，使秸秆均匀分布于地表，防止播种机拥堵，提高播种质量。对于地表不平整、影响播种质量的地块，结合秸秆处理，可通过耙、耱等措施适度平整土地，一般动土深度小于 8cm。秸秆处理和土壤平整后应及时播种，保证土壤墒情，提高出苗成苗率。

（三）播种机选择与调试

播种机选择：要选择破茬开沟、播种、施肥、覆土、镇压等多道工序一次性完成的免耕精量播种机。要求作业通过性强、无堵塞、播种质量好且能同时深施化肥。

播种机调试：播种前要通过试播，调整并确认播种量、施肥量、播种深度、施肥深度、株行距和镇压力等符合播种要求，方可进行正式播种作业。

（四）选择优质高产抗逆大豆品种

根据当地气候条件和土壤类型，选用经国家和省级审定的优质、高产、抗逆性强的大豆品种，纯度不低于 98%，净度不低于 99%，发芽率不低于 85%，含水率不高于 13%。

精选过的种子播种前于晴天 10:00—15:00 阳光下晾晒 2～3d；晒种后采用 35% 多·福·克大豆种衣剂按药种比 1:70 包衣，防治大豆胞囊线虫病和根腐病。根瘤菌拌种时不可与杀菌剂同时使用。

（五）免耕播种

播种时间：在春季 10cm 土层温度稳定通过 10℃ 以上时开始播种，一般播期为 5 月中上旬。

播种要求：要求大豆开沟器开沟深度在 5cm 左右，覆土厚度在 3cm 左右，保证播种深度控制在 3～4cm。种子一定要播到湿土上，各行播深要一致并落籽均匀。

播种密度：大豆免耕播种量依据品种性状、土壤与气候条件和产量要求具体确定，一般亩播量为 4～6kg，亩保苗 1.5 万～2.2 万株。

（六）合理施肥

种肥：大豆免耕播种时选用专用复合肥〔N：P：K 比例为（18～22）：13：（12～15）〕，每亩施复合肥 12～18kg；大豆免耕播种时选用磷酸二铵、尿素、硫酸钾肥时，每亩施磷酸二铵 10～12kg、尿素 2～4kg、硫酸钾 3～5kg；侧位深施在种子侧下方 3～5cm 处，施肥深度一致。

追肥：如果大豆出现缺肥现象，可在大豆封垄前结合中耕除草亩追施尿素 5～10kg，也可结合 0.2%～0.3%磷酸二氢钾溶液进行叶面喷施。

（七）杂草防控

播前机械除草：在大豆播前 1～3d 利用除草机具除草，与播种连续作业最佳，严防松土后土壤跑墒。

播后苗前封闭除草：大豆播后 5d 内进行土壤封闭处理。可选用乙草胺·嗪草酮·滴辛酯、扑草净·乙草胺等复配除草剂，苋菜危害重的地块可选用乙草胺·噻吩磺隆。施药时应注意查看杂草出土情况，杂草出土较多时需根据杂草种类选择相应的茎叶处理除草剂同时喷施。

苗期化学除草：未封闭除草或封闭效果不好的农田，一般在大豆 1～2 复叶期、杂草 2～4 叶期采用茎叶处理进行除草。防除禾本科杂草可选用精喹禾灵、高效氟吡甲禾灵、烯禾啶或精吡氟禾草灵；防除阔叶杂草可选用灭草松、三氟羧草醚或氟磺胺草醚。

（八）病虫害防治

大豆生长期应密切监测灰斑病、褐纹病、蚜虫、红蜘蛛、苜蓿夜蛾、焰夜蛾、草地螟和食心虫等病虫害的发生情况，在发生初期及时选择适宜药剂进行防治。具体病虫害防治方式、方法以及药剂选择结合当地生产实际进行。

（九）机械收获

在大豆叶片全部落净、豆粒归圆时使用联合收获机进行及时收获，以防落粒。收获留茬高度在 10cm 左右，其余秸秆粉碎均匀抛撒覆盖于地表。要求无漏割，总损失率 2%以内，破碎率不超过 2%。

三、适宜区域

内蒙古、黑龙江、吉林等北方玉米、大豆一年一熟区。

四、注意事项

秸秆全量覆盖保墒效果好但地温回升较慢，宜在坡岗地或土质疏松的壤土、沙壤土、沙土等地块上应用。在积温较低的地区，应进行秸秆归行、耙碎或条耕等有利于地温提升的处理。

秸秆留高茬覆盖地温回升接近翻耕地块，但保墒效果不及全量覆盖，播种前应少动土，尽量直接免耕播种。

春季易干旱的区域，耙糖、灭茬、条耕等处理宜在春季播种前进行，处理后及时播种；春季不易干旱且有效积温偏低的区域，宜在秋收后进行作业。

技术依托单位

1. 内蒙古自治区农牧业科学院

联系地址：内蒙古自治区呼和浩特市玉泉区昭君路 22 号

联 系 人：路战远

联系电话：18747993812

电子邮箱：lzhy281@163.com

2. 黑龙江省农业科学院黑土地保护研究院

联系地址：黑龙江省哈尔滨市南岗区学府路 368 号

联 系 人：周宝库

联系电话：13936078348

电子邮箱：zhoubaoku@aliyun.com

3. 内蒙古大学

联系地址：内蒙古自治区呼和浩特玉泉区昭君路 24 号

联 系 人：张德健

联系电话：15247115588

电子邮箱：zhangdejian00@163.com

玉米宽窄行交替休闲种植技术

一、技术概述

（一）技术基本情况

东北平原是我国商品粮的主要产区，是著名的玉米带，是典型的黑土区，属一年一熟的雨养农业区，年降水量平均500mm，年际和时空分布差异较大，常受旱涝灾害的影响，因受地下水资源和气候条件等因素制约，发展设施农业比较困难。现行耕作方式和方法存在种种弊端，犁底层越来越浅，土壤有机质含量逐年减少（年平均下降0.01%～0.02%），粮食单产在5 000～6 000kg/hm² 徘徊，持续高产高效困难。因此，现行耕作方法的改革迫在眉睫。另外，近几年来沙尘暴频繁发生，沙尘除了来源于西部的荒漠化沙土外，还有重要的一个来源就是耕地，由于春旱，春风把耕地表土带走，破坏了生态环境。

本项新技术已经通过鉴定，并获国家发明专利，同时通过国家农业科技成果转化资金项目完成了该项成果的技术熟化，形成了一套完整的技术体系和技术规范。该项实用技术主要解决现行耕法存在的问题：①春秋两季整地土壤失墒较重，夏季地表径流严重，降水利用效率低。②实施秸秆还田困难，土壤风蚀严重，土地用养失调，黑土层变薄。③耕作层变浅，犁底层加厚。④田间作业环节多，成本高。

（二）技术示范推广情况

近3年来，新技术在吉林省累计推广面积1 100万亩，粮食产量提高5%以上，亩增产粮食50kg左右，累计增产粮食5.5亿kg，增加效益11亿元。

（三）提质增效情况

玉米宽窄行交替休闲种植技术示范10 000亩，按平均增产10%计算，增产750kg/hm²，共可增产粮食50万kg（按玉米2.0元/kg计算），增加收入100万元。采用该技术降低生产成本20%，可节约费用400元/hm²，10 000亩可降低生产成本27万元。节本增产共获效益127万元。

配套农机具产业化开发，生产精密播种机500台，每台按效益300元计算，可获效益15万元，生产深松追肥机100台可获效益20万元，共获效益35万元。如果配套农机具生产数量增加，示范推广面积扩大到10万亩，可获直接经济效益1 000万元。

（四）技术获奖情况

2009年，"玉米宽窄行留高茬种植技术与配套农机具研究示范"获得农业部中华农业科技奖二等奖。2009年，"玉米宽窄行交替休闲种植新技术示范"项目获得吉林省农业技术推广一等奖。2011年，"玉米立茬覆盖保护性耕作技术研究"获吉林省自然科学学术成果奖。

二、技术要点

（一）留高茬自然腐烂还田

收割玉米秸秆时留高茬（40cm左右）自然腐烂还田，还田秸秆量占秸秆总量的30%以上，并保留根茬不动，至翌年经风吹、日晒、雨淋、冻融自然腐烂还田，具有增加土壤有机质含量、培肥地力、减少土壤风蚀的作用。

（二）秋季宽行旋耕整地

留高茬后，用条带旋耕机在宽行进行旋耕整地，以备翌年种床，达到播种标准。翌年春季不整地直接播种，有利于保墒、保苗。采用免耕播种机的条件下，可视宽行平整状况决定是否进行旋耕作业。

（三）精密播种

精密播种指精细整地和精量播种。窄行精密播种指在秋季精细整地基础上，上一年宽行实施精量播种，形成新的窄行苗带（40cm），可节约用种量，降低成本。

（四）茬带宽幅深松

玉米拔节前（一般为 6 月中旬），在茬带（90cm 宽行）宽幅深松，深松幅宽为 30～40cm、深度为 30～40。此时已经进入雨季，深松可接纳和储存更多的降水，形成土壤水库，做到伏雨秋用和翌年春用，提高自然降水利用效率。

技术模式图如下：

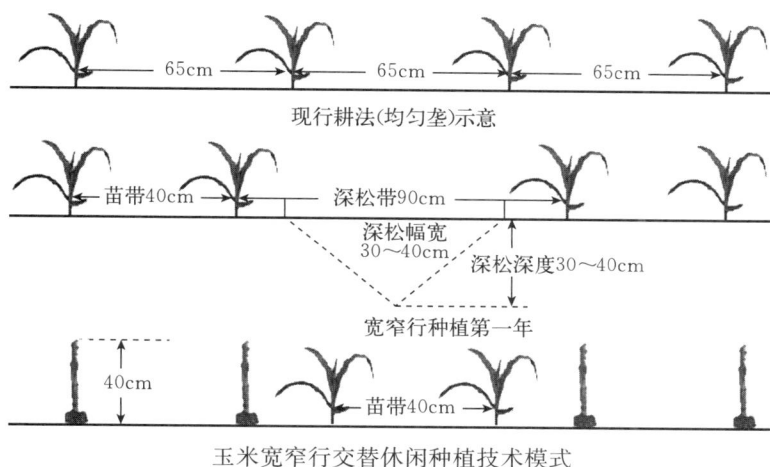

玉米宽窄行交替休闲种植技术模式

秋旋耕整地

春精密播种

苗带重镇压

深松追肥

三、适宜区域

新技术适宜在吉林长春、四平、辽源、松原、白城等中部和西部少雨旱作地区推广应用，既高产又高效，同时还能改善农业生态环境，减少土地风蚀和水蚀，做到建立土壤水库和土壤培肥相结合，合理利用和保护土地，实现农业可持续发展。

四、注意事项

推广玉米宽窄行交替休闲种植技术，需配套大型动力机械设备，包括耕整地、播种、收获等保护性耕作机械，使农业机械化的科技贡献率大幅度提高。

技术依托单位
吉林省农业科学院
联系地址：吉林省长春市生态大街 1363 号
邮政编码：130124
联 系 人：郑金玉
联系电话：0431-87063160
电子邮箱：15844052867@163.com

半干旱区玉米秸秆覆盖还田免耕补水播种技术

一、技术概述

（一）技术基本情况

近年来，玉米保护性耕作技术推广较快，免耕播种面积迅猛增加。针对半干旱地区春旱频发、蒸发强度大、耕层含水量低以及玉米免耕播种出苗率低、出苗整齐度差、产量波动大的重大生产问题，吉林省农业科学院通过多年的技术攻关试验研究，已在"水、土"协同调控保苗理论及机械化抗旱免耕补水播种关键技术和配套设备方面取得了突破性进展。研发的BMZFS系列产品填补了国内免耕播种补水装置的空白。技术的应用使玉米播种保苗率提高10%以上，生产效率比传统坐水播种提高5倍以上，玉米单产提高8%以上；大幅度提高了农业水资源利用效率、生产效率和产量，有效解决了半干旱地区玉米秸秆覆盖还田免耕播种受干旱胁迫和玉米出苗率低、整齐度差的问题，实现了由传统秸秆离田坐水播种向秸秆覆盖还田免耕补水播种转变的重大技术变革。以该项技术为核心的通过验收的成果1项，鉴定免耕补水产品2项，获得专利2项，制定地方标准1项，该技术是2022年吉林省农业主推技术之一。

（二）技术示范推广情况

近3年来，该技术在东北半干旱地区累计推广面积200万亩以上，粮食单产提高8%以上，亩增产粮食40kg以上，累计增产粮食达到8万t，增加效益16 000万元，经济、社会和生态效益显著，技术应用前景广阔。

（三）提质增效情况

该技术的应用，大幅度提高了水资源利用效率、农业生产效率和粮食产量。播种用水量仅是传统坐水播种的1/30；生产作业效率[6.0～7.5hm²/（人·d）]是传统坐水播种的5倍以上；玉米出苗率比免耕播种提高12.5%，玉米单产提高8.6%，节水、保苗、增产作用显著。

（四）技术获奖情况

该技术是2019年度国家科学技术进步奖二等奖"黑土地玉米长期连作肥力退化机理与可持续利用技术创建及应用"部分内容。以该技术为核心制定并颁布了吉林省地方标准DB22/T 334—2022《半干旱区玉米机械化抗旱补水保苗播种技术规程》。

二、技术要点

玉米免耕补水播种，就是在秸秆覆盖还田条件下，应用免耕精量播种机，配套补水设备，一次性完成播种带清理、种床调控、侧深施基肥、窄沟精播、种肥水施、控量补水、挤压覆土等作业。通过控量补水，建立湿润播种带，使玉米种子位于适宜萌发出苗的土壤墒情环境，解决了半干旱区玉米秸秆覆盖还田免耕播种出苗率低、整齐度差的重大生产技术难题。

玉米免耕补水播种

（一）播种机及配套补水设备

选择玉米免耕精量播种机，配套 0.4～0.6t 的水罐（桶）补水设备，50 马力以上的轮式拖拉机作动力牵引。

（二）免耕补水播种

1. 播种带清理

利用破茬圆盘刀切断秸秆、残茬和杂草等地表覆盖物，拨草轮拨开切断的秸秆、残茬和杂草，清理出 20cm 左右宽度的播种带。

2. 种床调控

（1）干土剥离　中度干旱以上的年份播种，可在免耕播种机前梁上安装深度可调的犁茬分土装置，将根茬和干土层剥离，降低种床高度，再开沟补水播种。

（2）深度调控　根据干旱程度调控种床深度，中度干旱年份调控深度 4.5～6cm，种床调控深度随干旱程度增加逐渐加深。

3. 侧深施基肥

将肥料施入种子侧 6～10cm，深度 8～12cm，随着施肥量的增加，侧向距离和深度增加。

4. 窄沟精播

采用滚动式双圆盘开沟器开沟，开沟宽度 3～5cm，深度 4～6cm，播种深度 3～5cm，株距均匀，漏播率小于 3%。

5. 种肥水施

将溶解性好的磷酸一铵 15kg/hm^2 溶入水箱中，作种肥随水施入，使种肥、水、种子同床。

6. 控量补水

调整开沟深度与宽度，确保补水量达到 1.5～3.0t/hm^2，保水性能好的壤土补水量 1.5～2.0t/hm^2，保水性能差的沙壤土补水量 2.0～3.0t/hm^2。

7. 挤压覆土

采用 V 形镇压轮挤压覆土，适宜挤压强度 $250\sim350g/cm^2$。

（三）深松蓄水

在玉米拔节期，雨季来临前，结合中耕追肥进行垄沟深松，深松深度 $25\sim30cm$。

（四）秸秆覆盖还田

玉米成熟后，机械化收获，秸秆全量覆盖还田。

三、适宜区域

本技术适用于半干旱地区。

四、注意事项

免耕补水播种时，应根据土壤类型、干旱程度调控补水流量和流速，防止种子漂移。

技术依托单位

吉林省农业科学院

联系地址：吉林省长春市净月高新区生态大街 1363 号

邮政编码：130033

联 系 人：高玉山　孙海全

联系电话：0431-87063162　0431-87063826

电子邮箱：gys1999@163.com　603140898@qq.com

鲜食玉米周年生产供给技术

一、技术概述

（一）技术基本情况

随着我国消费者对鲜食玉米需求量的不断增加、对品质要求的不断提升，以及对鲜食玉米周年供应量的增加，鲜食玉米种植面积快速扩大。但在鲜食玉米生产中盲目种植、缺乏配套技术、反季节产品缺乏等问题也愈加凸显。针对上述问题，集成了以选用良种、隔离种植、精细播种、合理密度、科学施肥、绿色防控、适时采收、冬季大棚种植周年供应等技术环节为核心的鲜食玉米绿色周年生产供给技术。该技术突出绿色优质，注重产品质量与市场认可；核心是注重产业链有效衔接，实现鲜食玉米周年供应，注重环境友好和综合效益提升，对鲜食玉米生产具有很好的引导促进作用。

（二）技术示范推广情况

目前，该技术已在全国鲜食玉米主产区多地示范应用，且符合提质增效绿色可持续生产的要求，应用前景广阔。

（三）提质增效情况

鲜食玉米周年生产供给技术可以实现亩产鲜果穗 1 000kg 左右，春季播种亩产值 2 000元以上，可比种植大田籽粒玉米亩产值增加 1 000 元以上，冬季温室大棚种植亩产值 10 000元以上，土地利用率显著提高。

（四）技术获奖情况

以该技术为核心的科技成果获得神农中华农业科技一等奖 1 项、二等奖 1 项等。农科糯336 等系列高叶酸甜加糯优质鲜食玉米新品种入选 2021 中国农业农村重大新产品。

二、技术要点

（一）选用优良品种和优质种子

根据生产和市场需求，科学选用优良品种和优质种子。选用已通过国家审定或省级审定并经过多年广泛种植得到生产检验和市场认可的品种。

（二）订单生产、计划种植、分期播种、错期上市

春季种植鲜食玉米适宜采收期相对较短。为降低种植风险，提高种植效益，应以销定产，根据市场预期需求或加工需求落实种植面积，订单生产，防止盲目跟风大面积种植。根据市场和加工需求，可结合实际灵活采用早春覆膜栽培、露地栽培等种植方式，分期播种，错期上市，保证夏季、秋季鲜食玉米供应。

（三）冬季温室大棚反季节种植技术

北方地区冬季利用温室大棚等设施开展反季节种植，可有效提高冬季土地使用效率，也可套种部分蔬菜品种，提高空间利用效率和土地使用效率，通过设施农业保证当地鲜食玉米冬季、早春供应。

（四）热带地区反季节种植技术

如海南、云南等的热带地区，可利用当地热量资源实现一年2～3季种植鲜食玉米，同时利用早熟和中熟品种搭配分批次种植，提高土地使用率，并降低因台风高温多雨带来的不利气候影响。冬季通过冷链物流向北方地区运输销售，保证北方地区周年供应。

（五）注意隔离，避免串粉影响品质

品质和口感是衡量鲜食玉米至关重要的指标。为防止串粉，保证鲜食玉米品质不受外界因素影响，鲜食玉米种植时应进行空间或时间隔离。空间隔离：可利用山岭、树林、房舍等进行障碍隔离，在没有障碍物的平原地区种植时应有200m以上的隔离带；也可以采取时间隔离，错开其他玉米花期，一般相隔25d左右播种即可避免与其他类型玉米串粉。

（六）精细整地、播种，确保苗齐、全、壮

播前精细整地，根据不同地区的自然气候及土壤条件等确定适宜播期。足墒精量下种，每亩1kg左右，不应覆土过深，适宜播深2～3cm，确保苗齐、苗全、苗壮、苗匀。

（七）合理密度，适当偏稀

鲜食玉米主要是在乳熟期收获鲜果穗，果穗大小和均匀度、整齐度是影响其等级率、商品性和市场价格的重要因素，因此，种植密度不宜过大，一般以每亩3 000～3 500株为宜，以确保穗大、穗匀，提高果穗商品性。

（八）科学肥水，提高品质

根据品种特性和生长发育规律，科学肥水管理。适墒播种，以确保播种和出苗质量，提高群体整齐度。为保证品质应注重使用有机肥或农家肥。播种时注意种、肥隔离。小喇叭口期和吐丝期根据植株长势适量追肥。生育中期特别是抽雄散粉前后20d内如土壤墒情不足，需及时补水，以保证产量和品质。避免因水肥不足而导致秃尖、瘪粒等严重影响果穗商品品质。

（九）绿色防控

选用抗病虫的优良品种，同时采用高质量包衣种子，并利用赤眼蜂、Bt菌剂等绿色安全防控技术，严禁使用高毒高残留农药，特别是采收前15d内禁用农药。

（十）适时采收

适宜采收期，糯玉米一般是在授粉后20～25d，甜玉米在授粉后18～23d，甜加糯玉米介于两者之间。但也会因不同品种和种植季节而有差异。授粉后应及时联系收购商，提前做好预售计划，注意观察籽粒灌浆进度适时采收，以免影响品质。

（十一）采后处理

一般是在清晨或上午温度较低时采收，采收后及时销售或加工。如长距离运输鲜售，运输前须采取降温预冷等保鲜措施，并保持冷链储运和保藏。

（十二）秸秆利用

鲜食玉米秸秆有较好的营养价值，是牛羊等草食牲畜的优质饲料。果穗采摘后可保留秸秆在地里面继续生长一周左右时间，光合产物可增加茎秆和叶片中的含糖量，提高青贮饲料的营养价值。

三、适宜区域

适用于全国鲜食玉米产区。

四、注意事项

鲜食玉米生产过程中，严格禁止使用高毒高残留农药，特别是采收前 15d 内严禁喷施农药，确保食用安全。

技术依托单位

北京市农林科学院玉米研究所

联系地址：北京市海淀区曙光花园中路 9 号

邮政编码：100097

联 系 人：王荣焕　史亚兴

联系电话：010-51503703　010-51503400

电子邮箱：ronghuanwang@126.com　syx209@163.com

大豆玉米带状复合种植技术

一、技术概述

（一）技术基本情况

针对我国大豆间作套种过程中存在的田间配置不合理、大豆倒伏严重、施肥技术不匹配和病虫草防控技术缺乏等四大瓶颈问题，导致产量低而不稳、难以高产出，机具通过性差、难以机械化，轮作倒茬困难、难以可持续，采用大豆-玉米带状间作套种方式，通过研究出的"选配品种、扩间增光、缩株保密"核心技术和"减量一体化施肥、化控抗倒、绿色防控"等配套技术，实现了"作物协同高产、机具通过、分带轮作"三融合，破解了间套作高低位作物不能协调高产与绿色稳产的世界难题；利用研制出的密植分控播种施肥机、双系统分带喷雾机、窄幅履带式收获机，实现了农机农艺高度融合和单、双子叶作物同步化学除草；形成了"适于机械化作业、作物高产高效和分带轮作"同步融合的技术体系，为保证国家玉米安全、大幅度提高大豆自给率提供了有效途径。

（二）技术示范推广情况

大豆玉米带状复合种植技术研究始于 2000 年，历经 22 年的研究与示范推广，技术日臻成熟。多年多点试验示范表明，与单作玉米相比不减产，多收一季大豆。自 2008 年以来，该技术已连续 12 年入选农业农村部和四川省农业主推技术，2019 年被选为国家大豆振兴计划重点推广技术。2020 年中央 1 号文件指出加大对玉米、大豆间作新农艺推广的支持力度。《"十四五"全国种植业发展规划》主推大豆-玉米带状复合种植，并提出到 2025 年，推广大豆-玉米带状复合种植面积 5 000 万亩。该技术在我国西南地区进行了大面积推广，在黄淮海及西北、东北地区进行了试验示范。专家测产表明，2021 年，四川省仁寿县现代粮食产业示范基地玉米实收亩产 569.63kg、大豆平均亩产 122.3kg，山东省肥城市双北农业种植专业合作社千亩示范片玉米亩产 542.08kg、大豆亩产 114.36kg；2020 年，四川省仁寿县在套作玉米不减产（亩产 506.4kg）的情况下，套作大豆十亩攻关田平均亩产 167.0kg、千亩示范片平均亩产 139.3kg，山东省禹城市千亩示范片玉米、大豆平均实收亩产分别为568.0kg、121.7kg。

（三）提质增效情况

应用该技术后的玉米亩产与原单作亩产水平相当，每亩还新增套作大豆 130～150kg，间作大豆 100～130kg，一亩地产出 1.5 亩地的粮食，光能利用率和土地产出率国际领先；大豆籽粒的蛋白质和脂肪含量与单作相当，异黄酮等功能性成分含量提高 20％以上；带状复合种植系统土壤有机质含量提高 20％、土壤总有机碳含量提高 7.24％、作物固碳能力增强 18.6％，年均温室气体排放强度（GWP_{N_2O}、$GHGI_{CO_2}$）降低 45.9％、15.8％；根瘤固氮量提高 9.24％，每亩减施纯氮 4kg 以上；生物多样性、分带轮作和小株距密植降低了病虫草害发生，农药施药量降低 25％～40％，用药次数减少 3～4 次。与原主产作物单作相比，每亩增收节支 400～600 元。

大豆-玉米带状套作田间长势图

大豆-玉米带状间作田间长势图

（四）技术获奖情况

该技术作为"玉米-大豆带状复合种植技术研究与应用""甘肃不同生态区大豆带状复合种植技术研究与示范""玉米-大豆带状复合种植技术体系创建与应用"的主要成果内容，分别获得 2017 年度中国作物学会作物科技奖、2018 年度甘肃省科学技术进步奖一等奖、2019 年度四川省科学技术进步奖一等奖。

二、技术要点

（一）核心技术

1. 选配品种

大豆选用耐阴抗倒伏品种，如中黄 30、吉育 441、齐黄 34、圣豆 5 号、中黄 39、徐豆 18、贡秋豆 8 号、桂夏 3 号、云黄 13 等。玉米选用当地株型紧凑、株高适中、适宜密植和机械化收割的高产品种。

2. 扩间增光

2～6 行大豆带与 2 行玉米带相间复合种植，生产单元宽度 2.0～3.0m。大豆带 2～6 行，带宽 0.3～1.5m；玉米带 2 行，带宽 0.4m；两相邻玉米带间距 1.6～2.6m，玉米带与大豆带间距 0.6～0.7m。

3. 缩株保密

大豆株距缩至 8～10cm，保证大豆的密度为当地净作大豆密度的 70%～100%；玉米株距缩至 8～14cm，保证带状复合种植的玉米密度与当地净作玉米相当（每亩 4 000～5 500 株）。

（二）配套技术

1. 营养调控技术

拌种壮苗：播种前选择大豆专用种衣剂进行包衣，如 6.25% 精甲霜灵·咯菌腈悬浮种衣剂（精歌）。化肥减量：玉米每亩施用高氮缓控释肥（含氮量＞26%）50～60kg，大豆每亩施用低氮缓控释肥（含氮量＜15%）15～20kg。调节剂控高：玉米 7～10 叶期用健壮素、玉黄金（胺鲜酯和乙烯利）等化控药剂控制株高，大豆分枝期与初花期每亩用 5% 烯效唑可湿性粉剂 20～50g 喷施茎叶控旺。微肥促花保荚：在大豆分枝期、初花期与鼓粒初期，结合

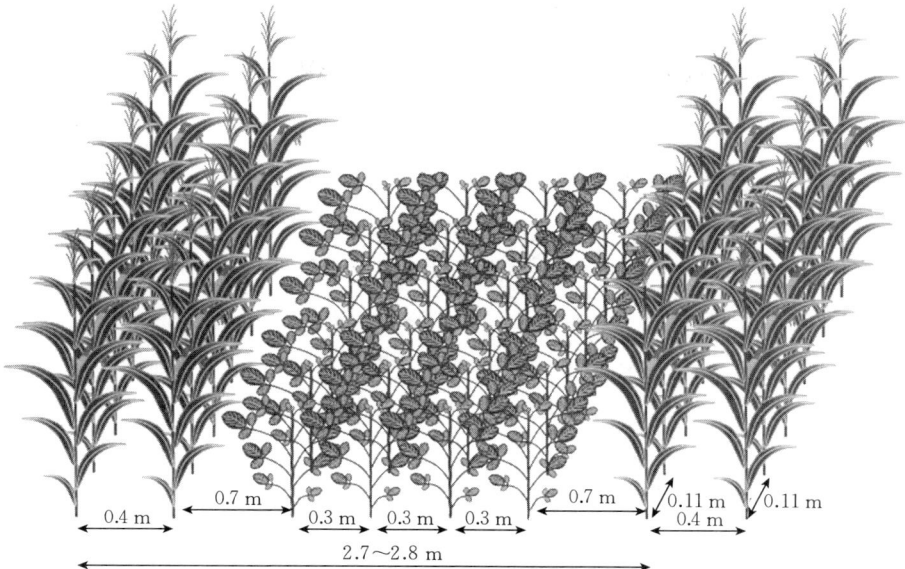

0.4 m   0.7 m   0.3 m   0.3 m   0.3 m   0.7 m   0.11 m   0.11 m
                                                              0.4 m
2.7~2.8 m

黄淮海地区大豆-玉米带状间作模式

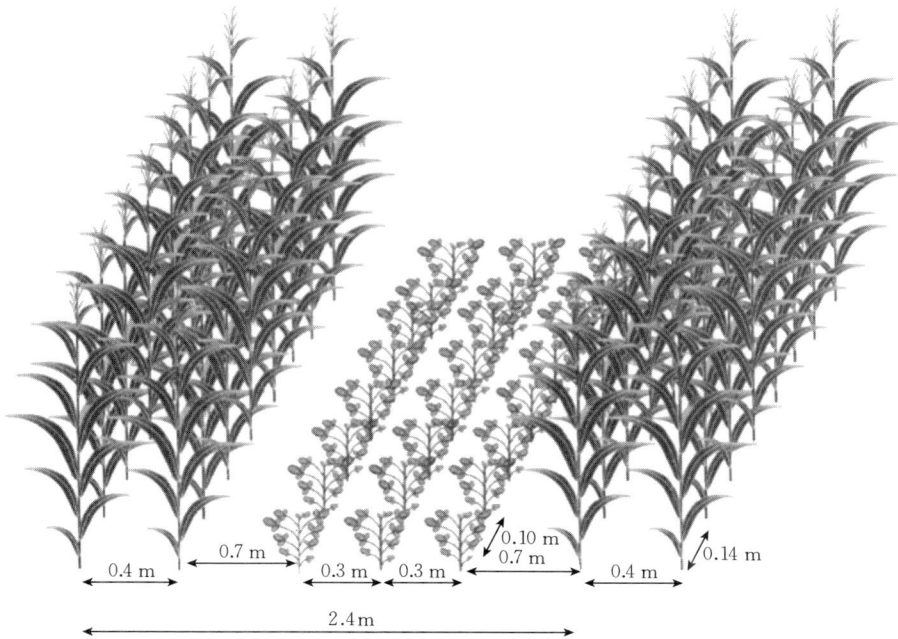

0.4 m   0.7 m   0.3 m   0.3 m   0.10 m   0.7 m   0.4 m   0.14 m
2.4 m

西南地区大豆-玉米带状套作模式

病虫统防及调节剂处理喷施叶面肥，如每亩用90％的磷酸二氢钾50g＋稀施美50mL，套作大豆可在初花期添加8％胺鲜酯20g。

2. 全程机械化技术

带状套作选用 2BYFSF-3（4）型施肥播种机，带状间作选择 2BYFSF-6 或 2BYCF-6 型播种机实施播种施肥，确保苗齐苗匀。玉米用 4YZ P-2685 或 4YZ-2A 等自走式玉米收获机实施收穗，大豆用 GY4D-2 或 4LZ-3.0Z 等联合收割机收获脱粒和秸秆还田，或利用当地原有的玉米收获机或大豆收割机一前一后同时收获。

带状间作播种机　　　　　带状套作玉米收获机　　　　　带状间作大豆玉米收获机

3. 病虫草综合防控技术

杂草防除采用苗前封闭与苗后定向除草相结合。播后芽前，每亩喷施 96% 精异丙甲草胺乳油 100mL，如阔叶草较多可混加 20% 草胺磷 80～120g；苗后利用双系统分带喷雾机定向除草两次（玉米 4 叶期与拔节期），玉米每亩用 5% 硝磺草酮·20% 莠去津 125～150mL，大豆每亩用 10% 精喹禾灵乳油＋25% 氟磺胺草醚（20mL＋20g 型）1 套。

病虫害防治采用物理、生物与化学防治相结合，利用智能 LED 集成波段杀虫灯和性诱器诱杀害虫，苗后 3～4 叶期、玉米大喇叭口-抽雄期、大豆结荚-鼓粒期，采用"杀菌剂、杀虫剂、增效剂、调节剂、微肥"五合一套餐制结合无人机统防三次病虫害。

双系统分带喷雾机定向除草

三、适宜区域

适宜长江流域多熟制地区，黄淮海夏玉米及西北、东北春玉米产区。

四、注意事项

播种前需调试播种机的开沟深度、用种量、用肥量，确保一播全苗。玉米施肥量要根据单作单株需肥量施够；如果封闭除草效果不佳，应及时采取茎叶除草，注意使用物理隔帘定向喷雾。

技术依托单位

1. 四川农业大学农学院

联系地址：四川省成都市温江区惠民路 211 号

邮政编码：611130

联 系 人：杨文钰　雍太文

联系电话：13980173140

电子邮箱：yongtaiwen@sicau.edu.cn

2. 全国农业技术推广服务中心

联系地址：北京市朝阳区麦子店街 20 号

邮政编码：100125

联 系 人：汤　松　刘　芳

联系电话：010-59194506

电子邮箱：liufang@agri.gov.cn

大豆全程机械化生产技术

一、技术概述

（一）技术基本情况

针对我国大豆生产农机农艺脱节比较严重、单产水平和比较效益较低、机械化生产标准化和集约化水平亟待进一步提高等问题，基于机器作业的工艺流程和作物生长的农艺要求，集成机械技术、生物技术和管理技术，研究形成大豆全程机械化生产技术，主要包含大豆精细耕种、田间管理和低损高质收获技术。通过该技术，提高了大豆机械化生产标准化水平、大豆产量、经济效益和农民种植积极性，提升了大豆生产质量效益和竞争力，具有重要的应用价值和现实意义。

（二）技术示范推广情况

在东北、黄淮海以及南方丘陵山地大豆主产区实现大范围推广应用，受到用户广泛欢迎。

（三）提质增效情况

该技术可减损 8% 以上、增产 10% 以上，不同程度地提高了大豆生产效益、效率和品质。

（四）技术获奖情况

该技术获全国农牧渔业丰收奖 2 项、北京市科学技术进步奖一等奖 1 项、黑龙江省技术发明奖二等奖 1 项。2016—2021 年连续六年入选农业农村部农业主推技术，并于 2019 年入选十大引领性农业技术，大豆低损高效收获装备获 2019 年度第二十一届中国国际高新技术成果交易会优秀产品奖，大豆收获机作业质量检测系统获 2020 年度第二十二届中国国际高新技术成果交易会优秀产品奖。

二、技术要点

（一）播前准备

1. 品种选择及其处理

（1）品种选择　按当地生态类型及市场需求，因地制宜地选择通过审定的耐密、秆强、抗倒、丰产性突出的主导品种，品种熟期要严格按照品种区域布局规划要求选择，杜绝跨区种植。

（2）种子精选　应用清选机精选种子，要求纯度≥99%，净度≥98%，发芽率≥95%，含水率≤13.5%，粒型均匀一致。

（3）种子处理　应用包衣机将精选后的种子和种衣剂拌种包衣。在低温干旱情况下，可用大豆种衣剂按药种比 1：（75～100）防治病虫害。防治大豆根腐病可用种子量 0.5% 的 50% 多福合剂或种子量 0.3% 的 50% 多菌灵拌种。虫害严重的地块要选用既含杀菌剂又含杀虫剂的包衣种子；未经包衣的种子，需用杀虫剂拌种，以防治地下害虫，拌种剂可添加钼酸铵，以提高固氮能力和出苗率。

2. 轮作与整地

（1）轮作　尽可能实行合理的轮作制度，做到不重茬、不迎茬。实施"玉米—玉米—大豆"和"麦—杂—豆"等轮作方式。

（2）整地　大豆是深根系作物，并有根瘤菌共生。要求耕层有机质丰富，活土层深厚，土壤容重较低及保水保肥性能良好。适宜作业的土壤含水量为15%～25%。

对于实行保护性耕作的地块，若应用普通免耕播种机播种，田间秸秆经联合收割机粉碎的覆盖状况或地表平整度，必须不影响免耕播种作业质量，应进行秸秆匀撒处理或地表平整，保证播种质量；若应用原茬地免耕覆秸精播机播种，田间秸秆播种前无须任何处理。可应用齿杆式深松机或全方位深松机等进行深松整地作业。提倡以间隔深松为特征的深松耕法，构造"虚实并存"的耕层结构。间隔3～4年深松整地1次，以打破犁底层为目的，深度一般为35～40cm，稳定性≥80%，土壤膨松度≥40%，深松后应及时合墒，必要时镇压。对于田间水分较大、不宜实行保护性耕作的地区，需进行耕翻整地。

在东北产区，对于前茬作物（玉米、高粱等）根茬较硬、没有实行保护性耕作的地区，提倡采取以深松为主的松旋翻耙、深浅交替整地方法。可采用螺旋型犁、熟地型犁、复式犁、心土混层犁、联合整地机、齿杆式深松机或全方位深松机等进行整地作业。①深松。间隔3～4年深松整地1次，深松后应及时合墒，必要时镇压。②整地。平播大豆尽量进行秋整地，深度20～25cm，翻耙耢结合，无大土块和暗坷垃，达到播种状态；无法进行秋整地而进行春整地时，应在土壤"返浆"前进行，深度15cm为宜，做到翻、耙、耢、压连续作业，达到平播密植或带状栽培要求状态。③垄作。整地与起垄应连续作业，垄向要直，100m垄长直线度误差不大于2.5cm（带GPS或BDS作业）或100m垄长直线度误差不大于5cm（无GPS或BDS作业）；垄体宽度按农艺要求形成标准垄形，垄距误差不超过2cm；起垄工作幅误差不超过5cm，垄体一致，深度均匀，各铧入土深度误差不超过2cm；垄高一致，垄体压实后，垄高不小于16cm（大垄高不小于20cm），各垄高度误差应不超过2cm；垄形整齐，不起垡块，无凹心垄，原垄深松起垄时应包严残茬和肥料；地头整齐，垄到地边，地头误差小于10cm。

在黄淮海产区，前茬一般为冬小麦，具备较好的整地基础。没有实行保护性耕作的地区，一般先撒施基肥，随即用圆盘耙灭茬2～3遍，耙深15～20cm，然后用轻型钉齿耙浅耙一遍，耙细耙平，保障播种质量；实行保护性耕作的地区，也可无须整地，待墒情适宜时直接播种。

（二）精量播种

1. 适期播种

东北地区要抓住地温早春回升的有利时机，耕层地温稳定通过5℃时，利用早春"返浆水"抢墒播种。黄淮海等无地温限制地域，要抓住前茬作物收获后土壤墒情较好的有利时机，抢墒早播。

在播种适期内，要根据品种类型、土壤墒情等条件确定具体播期。中晚熟品种应适当早播，以便保证霜前成熟；早熟品种应适当晚播，使其发棵壮苗。土壤墒情较差的地块，应当抢墒早播，播后及时镇压；土壤墒情好的地块，应根据大豆栽培的地理位置、气候条件、栽培制度及大豆生态类型具体分析，选定最佳播期。

2. 种植密度

种植密度依据品种、水肥条件、气候因素和种植方式等来确定。植株高大、分枝多的品种，适于低密度；植株矮小、分枝少的品种，适于较高密度。同一品种，水肥条件较好时，密度宜低些；反之，密度高些。东北地区，一般小垄保苗以每亩 2 万株为宜；大垄保苗以每亩 2.3 万～2.4 万株为宜。黄淮海地区麦茬地窄行密植平作保苗以每亩 2 万～2.3 万株为宜；黄淮海地区夏大豆麦茬免耕覆秸精量播种保苗以每亩 1.5 万株为宜。

3. 播种技术

黄淮海和西北地区夏大豆可采用麦茬免耕覆秸精量播种技术，播种前不对田间小麦秸秆进行任何处理。采用麦茬地大豆免耕覆秸播种机进行精量点播，清秸、开沟、施肥、播种、覆土镇压、封闭除草、秸秆覆盖等作业工序一次完成，行距 35～40cm，播种深度 3～5cm。播种完毕，秸秆均匀覆盖在地表。

4. 播种质量

播种质量是实现大豆苗全、苗匀、苗齐、苗壮与高产、稳产、节本、增效的关键和前提。建议采用机械化智能化精量播种技术，一次完成施肥、播种、覆土、镇压等作业环节。

参照中华人民共和国农业行业标准 NY/T 503—2002《中耕作物单粒（精密）播种机作业质量标准》，以覆土镇压后计算，黑土区播种深度 3～5cm，白浆土及盐碱土区播种深度 3～4cm，风沙土区播种深度 5～6cm，确保种子播在湿土上。播种深度合格率≥75.0%，株距合格指数≥60.0%，重播指数≤30.0%，漏播指数≤15.0%，变异系数≤40.0%，机械破损率≤1.5%，各行施肥量偏差≤5%，行距一致性合格率≥90%，邻接行距合格率≥90%，垄上播种相对垄顶中心偏差≤3cm，播行 50m 直线性偏差≤5cm，地头重（漏）播宽度≤5cm，播后地表平整、镇压连续，晾籽率≤2%；地头无漏种、堆种现象，出苗率≥95%。实行保护性耕作的地块，播种时应避免播种带土壤与秸秆根茬混杂，确保种子与土壤接触良好。调整播种量时，应考虑药剂拌种使种子质量增加的因素。

播种机在播种时，结合播种施种肥于种侧 3～5cm、种下 5～8cm 处。施肥深度合格指数≥75%，种肥间距合格指数≥80%，地头无漏肥、堆肥现象，切忌种肥同位。

随播种施肥，镇压做到覆土严密，镇压适度（3～5kg/cm²），无漏无重，抗旱保墒。

5. 播种机具选用

根据当地农机装备市场实际情况和农艺技术要求，选用带有施肥、精量播种、覆土镇压等装置和种肥检测系统的多功能精少量播种机具，一次性完成播种、施肥、镇压等复式作业。夏播大豆可采用全秸秆覆盖少免耕精量播种机，播种机应具有较强的秸秆根茬防堵和种床整备功能，机具以不发生轻微堵塞为合格。一般施肥装置的排肥能力应达到每亩 90kg 以上，夏播大豆用机的排肥能力达到每亩 60kg 以上即可。提倡选用具有种床整备防堵、侧深施肥、精量播种、覆土镇压、喷施封闭除草剂、秸秆均匀覆盖和种肥检测功能的多功能精少量播种机具。

（三）田间管理

1. 施肥

残茬全部还田，基肥、种肥和微肥接力施肥，防止大豆后期脱肥，种肥增氮、保磷、补钾三要素合理配比；夏大豆根据具体情况，种肥和微肥接力施肥。提倡测土配方施肥和机械深施。

（1）基肥　生产 AA 级绿色大豆地块，施用绿色有机专用肥；生产 A 级优质大豆，亩施优质农家肥 1 500～2 000kg，结合整地一次施入；一般大豆需亩施尿素 4kg、磷酸二铵 7kg、钾肥 7kg 左右，结合耕整地，采用整地机具深施于 12～14cm 处。

（2）种肥　根据土壤有机质和速效养分含量、施肥实验测定结果、肥料供应水平、大豆品种、前茬情况及栽培模式，确定各地区具体种肥施用量。在没有进行测土配方平衡施肥的地块，种肥一般氮、磷、钾纯养分按 1∶1.5∶1.2 比例配用，商品用量为每亩尿素 3kg、磷酸二铵 4.5kg、钾肥 4.5kg 左右。

（3）追肥　根据大豆需肥规律和长势情况，动态调整肥料比例，追施适量营养元素。当氮、磷肥充足条件下，应注意增加钾肥的用量。在花期喷施叶面肥，一般喷施两次，第一次在大豆初花期，第二次在结荚初期，可用尿素加磷酸二氢钾喷施，用量一般为每公顷尿素 7.5～15kg＋磷酸二氢钾 2.5～4.5kg 兑水 750kg。中小面积地块尽量选用喷雾质量和防飘移性能好的喷雾机（器），使大豆叶片上下都有肥；大面积作业，推荐采用飞机航化作业方式。

2. 中耕除草

（1）中耕培土　垄作春大豆产区，一般中耕 3～4 次。在第一复叶展开时，进行第一次中耕，耕深 15～18cm，或于垄沟深松 18～20cm，要求垄沟和垄帮有较厚的活土层；在株高 25～30cm 时，进行第二次中耕，耕深 8～12cm，中耕机需高速作业，提高拥土挤压苗间草效果；封垄前进行第三次中耕，耕深 15～18cm。次数和时间不固定，根据苗情、草情和天气等条件灵活掌握，低涝地应注意培高垄，以利于排涝。

平作密植春大豆和夏大豆少免耕产区，建议中耕 1～3 次。以行间深松为主，第一次深度为 18～20cm，第二、三次为 8～12cm，松土灭草。推荐选用带有施肥装置的中耕机，结合中耕完成追肥作业。

（2）除草　采取机械、化学综合灭草原则，以播前土壤处理和播后苗前土壤处理为主，苗后处理为辅。

① 机械除草。一是封闭除草，在播种前用中耕机安装大鸭掌齿，配齐翼型齿，进行全面封闭浅耕除草。二是耙地除草，即用轻型或中型钉齿耙进行苗前耙地除草，或者在发生严重草荒时，不得已进行苗后耙地除草。三是苗间除草，在大豆苗期（一对真叶展开至第三复叶展开，即株高 10～15cm 时），采用中耕苗间除草机，边中耕边除草，锄齿入土深度 2～4cm。

② 化学除草。根据当地草情，选择最佳药剂配方，重点选择杀草谱宽、持效期适中、无残效、对后茬作物无影响的除草剂，应用雾滴直径 250～400μm 的机动喷雾机、背负式喷雾机、电动喷雾机、农业航空植保机械等实施化学除草作业，作业机具要满足压力、稳定性和安全施药技术规范等方面的要求。

3. 病虫害防治

采用种子包衣方法防治根腐病、大豆胞囊线虫病和根蛆等地下病虫害，各地可根据病虫害种类选择不同的种衣剂拌种，防治地下病虫害与蓟马、跳甲等早期虫害。建议各地实施科学合理的轮作方法，从源头预防病虫害的发生。根据苗期病虫害发生情况选用适宜的药剂及用量，采用喷杆式喷雾机等植保机械，按照机械化植保技术操作规程进行防治作业。大豆生长中后期病虫害的防治，应根据植保部门的预测和预报，选择适宜的药剂，遵循安全施药技术规范要求，依据具体条件采用机动喷雾机、背负式喷雾喷粉机、电动喷雾机和农业航空植保机械等，按照机械化植保技术操作规程进行防治作业。各地应加强植保机械化作业技术指导与服务，做到均匀喷洒、不漏喷、不重喷、无滴漏、低飘移，以防出现药害。

4. 化学调控

高肥力地块大豆窄行密植由于群体大、植株生长旺盛，要在初花期选用多效唑、三碘苯甲酸等化控剂进行调控，控制大豆徒长，防止后期倒伏；低肥力地块可在盛花、鼓粒期叶面喷施少量尿素、磷酸二氢钾和硼、锌微肥等，防止后期脱肥早衰。根据化控剂技术要求选用适宜的植保机械设备，按照机械化植保技术操作规程进行化控作业。

5. 排灌

根据气候与土壤墒情，播前抗涝、抗旱应结合整地进行，确保播种和出苗质量。生育期间干旱无雨，应及时灌溉；雨水较多、田间积水，应及时排水防涝；开花结荚、鼓粒期，适时适量灌溉，协调大豆水分需求，提高大豆品质和产量。提倡采用低压喷灌、微喷灌等节水灌溉技术。

(四) 收获

1. 机械联合收获

采用联合收割机直接收获大豆，首选专用大豆联合收割机，也可以选用多用联合收割机或借用小麦联合收割机，但一定要更换大豆收获专用的挠性割台和脱粒部件、大豆清选专用筛、大豆籽粒输送部件等。

大豆机械化收获时，要求割茬一般 4～6cm，要以不漏荚为原则，尽量放低割台。为防止炸荚损失，保证割刀锋利，割刀间隙需符合要求，减少割台对大豆植株的冲击和拉扯；适当调节拨禾轮的转速和高度，一般早期的豆枝含水率较高，拨禾轮转速可适当提高，晚期的豆枝含水率较低，拨禾轮转速需要相对降低，并对拨禾轮的轮板加胶皮等缓冲物，以减小拨禾轮对豆荚的冲击。在大豆收割机作业前，根据大豆植株含水率、喂入量、破碎率、脱净率等情况，调整机器作业参数。一般调整脱粒滚筒线速度至 470～490m/min（即滚筒转速为 500～650r/min），脱粒间隙 30～34mm。在收获时期，一天之内大豆植株和籽粒含水率变化很大，同样应根据含水率和实际脱粒情况及时调整滚筒的转速和脱粒间隙，降低脱粒破损率。

要求割茬不留底荚，不丢枝，田间损失≤3%，收割综合损失≤1.5%，破碎率≤1%，"泥花脸"率≤5%，清选后杂质≤2%，脱净率≥98%以上。

2. 分段收获

分段收获有收割早、损失小、炸荚、豆粒破损和"泥花脸"少的优点。割晒放铺要求连续不断空，厚薄一致，大豆铺底与机车前进方向呈 30°角，大豆铺放在垄台上，豆枝与豆枝之间相互搭接，以防拾禾掉枝，做到不留"马耳朵"，割茬低，割净、拣净，减少损失。要求综合损失不超过 3%，拾禾脱粒损失不超过 2%，收割损失不超过 1%。割后 5～10d，籽粒含水率在 15%以下，及时拾禾。

3. 收获时期的选择

适期收获对保证大豆的产量和品质具有重要意义，收获时间过早，籽粒百粒质量、蛋白质和脂肪含量偏低，尚未完全成熟；收获时间过晚，大豆含水率过低，会造成大量炸荚掉粒现象。不同收割方式收获期也不同。

(1) 机械联合收获期的确定　一般在大豆完熟初期，此时大豆籽粒含水率在 20%～25%，豆叶全部脱落，豆粒归圆，摇动大豆植株会听到清脆响声。

(2) 分段收获期的确定　一般在大豆黄熟末期，此时大豆田有 70%～80% 的植株叶片、叶柄脱落，植株变成黄褐色，茎和荚变成黄色，用手摇动植株可听到籽粒的哗哗声，即可进行机械割晒作业；对于人工收割机械脱粒方式的收获期，一般在大豆完熟期，此时叶片完全脱落，茎、荚、粒呈原品种色泽，豆粒全部归圆，籽粒含水率下降至 20%，摇动豆荚有响声，即可进行人工收割。

三、适宜区域

东北春大豆、黄淮海和西北夏大豆及南部丘陵山地间套作大豆等全国大豆主产区。夏大豆麦茬免耕覆秸精量播种技术主要适用于黄淮海和西北麦豆一年两熟区，亦可供其他产区参考应用。

四、注意事项

第一，做好岗前培训，不断提高专业知识和技能水平。

第二，作业前和作业期间，必须按规定做好机器的维护保养，保证机器技术状态完好，安全信号、旋转部件防护装置和安全警示标志齐全，定期、规范实施维护保养。

第三，根据当地大豆种植情况掌握好合适的收获时期。并把好"五关"：

① 收获关。不管哪种收获方式，都要根据当地大豆种植情况适时收获，既不能过早，也不能过晚。

② 割茬关。割茬适当，既不高，又不低，比较适中，恰到好处。

③ 完整关。机械收割保证刀片锋利，人工收割刀要磨快，减少损失。

④ 清洁关。充分利用晴天地干时机，突击抢收，防止"泥花脸"，提高清洁度。

⑤ 标准关。坚持质量标准，达到质量要求，提高等级。

技术依托单位

1. 东北农业大学

联系地址：黑龙江省哈尔滨市香坊区木材街 59 号

联 系 人：陈海涛

联系电话：0451-55190081　15504508358

电子邮箱：htchen@neau. edu. cn

2. 农业农村部南京农业机械化研究所

联系地址：江苏省南京市玄武区中山门外柳营 100 号

邮政编码：210014

联 系 人：金诚谦

联系电话：025-84346200　15366092900

电子邮箱：412114402@qq. com

3. 河南农业大学

联系地址：河南省郑州市金水区农业路 63 号

邮政编码：450002

联 系 人：李　赫

联系电话：15515549801

电子邮箱：chungbuk@163. com

黄淮海大豆高效施肥及轻简化栽培技术

一、技术概述

（一）技术基本情况

1. 技术研发推广背景

大豆起源于中国，已有五千年的栽培历史，是我国重要的粮油饲兼用作物，在我国农业和工业生产中占有重要地位。随着人民生活水平的不断提高，膳食结构发生改变，我国对大豆的需求量急剧增加。但是，近年来，我国大豆生产总体效益低、国际竞争力差，大豆的种植面积和总产量占世界大豆生产的比重越来越低。为满足巨大的需求缺口，我国大豆进口量逐年增加。因此，在种植面积有限的情况下，提高大豆单产、降低成本投入成为提高大豆国际竞争力的必要措施。黄淮海地区是我国大豆的第二大产区，主要包括黄河中下游地区、海河流域和淮河以北地区，其大豆种植面积和总产量均占全国大豆种植总面积和总产量的30％左右，在我国大豆生产中占有重要的地位。在该区域的大豆生产中也存在诸多问题：一是机械化程度低，劳动生产率不高；二是技术集成度低，关键管理技术缺失；三是技术规范性差，管理随意性大，大豆丰产性、稳产性差；四是耕作管理粗放，产量低，效益差。这些问题严重影响了该区域大豆产量、品质以及土壤生态环境，影响了大豆产业的可持续发展。因此，亟须研究和推广科学合理的大豆轻简化栽培技术，提高大豆单产和品质，降低成本投入，实现黄淮海地区农业的绿色高产高效可持续发展。

针对黄淮海大豆生产的高效施肥及轻简化栽培技术，由山东农业大学牵头，组织山东省现代农业产业技术体系杂粮（含大豆）创新团队相关专家，总结创新大豆新品种选育、大豆生产高效施肥及轻简化栽培技术、大豆病虫害防治等研究成果，进行技术集成与试验示范，建立了以科学施肥、机械化生产为核心的适合黄淮海地区大豆的轻简化生产技术规程。通过全国农业技术推广服务中心等单位开展试验示范，推动了该项技术黄淮海区域的推广应用。

2. 能够解决的主要问题

① 适宜于黄淮海区域机械化收获的大豆品种选择。

② 黄淮海区域大豆栽培的科学、精准施肥。

③ 黄淮海区域大豆栽培管理的机械化。

（二）技术示范推广情况

本技术于2018—2019年，在山东省菏泽市东明县、鄄城县、牡丹区，以及济宁市嘉祥县、兖州区多地开展试验示范及验证，示范面积2 000亩。该技术现已在山东省小麦大豆栽培区逐步推广应用。相关技术内容已列入农业农村部大豆科学施肥指导意见，指导相关区域大豆生产。

（三）提质增效情况

1. 经济效益分析

该技术提高了大豆栽培的机械化水平，降低了劳动力投入成本，提高了大豆产量，降低了环境污染负荷，提升了大豆品质，每亩直接增加经济收益 200 元以上，实现了大豆的轻简化栽培。在黄淮海大豆产区大面积辐射带动推广应用，经济效益十分显著。

2. 社会效益分析

该技术提高了黄淮海地区大豆生产现代化水平，促进了大豆产业高效发展，有利于提高农民收入和解决生产关键问题；通过大豆轻简化栽培技术的实施，实现大豆生产的轻便简捷、节本增效，极大提高大豆的生产能力，实现大豆产业高效和可持续发展，增强我国大豆产业综合竞争力。

3. 环境效益分析

通过大豆轻简化栽培技术的推广应用，全面提升大豆生产的肥料和农药利用率，减轻或避免因为过量施用化肥和农药造成的生态环境污染，促进大豆产业的可持续发展，推动环境友好型技术应用，提高农民环境保护意识和适度用肥用药理念，缓解区域生态压力，促进生态环境明显改善，全面提升区域农业和农村生态环境质量。

（四）技术获奖情况

DB37/T 4136—2020《大豆轻简化栽培技术规程》作为山东省地方标准于 2020 年 9 月 25 日发布，2020 年 10 月 25 日实施。该技术相关内容已列入农业农村部《大豆根瘤菌接种及配套施肥技术指导意见》和《2022 年春季主要农作物科学施肥指导意见》。

二、技术要点

（一）品种选择及处理技术

1. 品种选择

选择已通过国家或省级审定、适宜黄淮海地区内种植的高产、优质、抗病抗倒性好、抗逆性强、生育期适宜且适合机械化收获的大豆品种，如菏豆 33、菏豆 19、菏豆 12、齐黄 34、中黄 13、安豆 203 等。

2. 种子处理

播种前采用大豆选种机对种子进行精选，剔除病斑粒、虫食粒及杂质。然后进行种子处理（可采用以下任何一种方法）：

① 大豆种子在播种前可晒种 1～2d，但避免暴晒。

② 进行种子包衣，采用大豆专用种衣剂包衣，技术条件应符合 GB/T 15671 的规定。

③ 使用根瘤菌菌剂、钼酸铵和硼酸或硼砂溶液拌种，用法用量见肥料科学施用技术部分。

（二）肥料科学施用技术

1. 有机肥

推荐每亩施用堆沤腐熟的有机肥 1 000kg 或商品有机肥 150kg，有机肥作基肥施用，结合翻地或耙地时施入土层中。

2. 大量元素肥料

依据大豆养分需求，氮、磷、钾（N：P_2O_5：K_2O）施用比例在高肥力土壤为 1：2：1.5，在低肥力土壤比例为 1：1.5：1.2。氮、磷、钾肥全部作种肥一次性施用，施在种子侧下方 4～6cm 处。

大豆亩产水平 150～200kg，每亩施用氮肥（N）1.5～2.5kg、磷肥（P_2O_5）2.5～

3.5kg、钾肥（K_2O）2～3kg；亩产水平 200～250kg，每亩施用氮肥（N）2～3kg、磷肥（P_2O_5）3～4kg、钾肥（K_2O）2.5～3.5kg；亩产水平 250kg 以上，每亩施用氮肥（N）2～3kg、磷肥（P_2O_5）4～6kg、钾肥（K_2O）3～5kg。

3. 微量元素肥料

（1）钼肥　拌种时，用 0.05％～0.1％的钼酸铵或钼酸钠溶液与根瘤菌菌剂混合后进行拌种，阴干后播种；后期出现缺素症状时，在大豆花期采用无人机每亩喷施 0.2％的钼酸铵溶液 40～50kg。

（2）硼肥　拌种时，用 0.1％硼砂溶液与根瘤菌菌剂混合后进行拌种，阴干后播种；后期出现缺素症状时，在大豆初花期和盛花期采用无人机喷施 0.2％的硼酸或硼砂溶液各 1次，每次每亩 40～50kg。

4. 微生物菌肥

大豆根瘤菌接种。根据大豆种子用量和当地生产条件，使用干净的容器或拌种机械进行拌种，将适量的根瘤菌菌剂与大豆种子混合，直至所有种子的表面都附着根瘤菌菌剂，待种子阴干后播种。不能混用杀菌剂。每亩施用菌剂 0.25kg，拌种后 12h 内播种。

（三）机械化播种及管理技术

1. 机械化整地

机械化灭茬整地或翻耕，深度 15～30cm。然后平整田面，要求畦面平整，土细均匀、无大小明暗垄。也可免耕，直接用播种机贴茬播种，无须整地。

2. 机械化播种

采用精量种肥同播机进行播种和施用种肥，每亩播种量一般为 4～6kg，一般播深 3～5cm，行距 40cm 左右，或宽行 40～50cm、窄行 20～25cm，宽窄行播种。高肥力地块，分枝多品种一般每亩为 1.3 万株左右；低肥力地块，分枝少品种一般每亩为 1.5 万～1.8万株。

夏大豆播期以 6 月 10 日—15 日为宜，正常情况下不超过 6 月 20 日。春大豆播种时间不早于 4 月 15 日。土壤相对含水量以 70％～80％为宜。墒情不足的地块，需浇水造墒后播种。

3. 病虫害防治

播种后 1d 内进行芽前土壤封闭，每亩用 72％异丙甲草胺 100～120mL 或 50％乙草胺100～150mL，兑水 25～35kg 均匀喷雾。

对于达到防治指标确需用药防治的，选用高效生物制剂或选高效低毒的化学药剂进行综合防治，如每亩施用 4.5％高效氯氰菊酯乳油 20～40mL，兑水 40～50kg；或 50％甲基托布津 90～110g，兑水 80～100kg。采用无人机或打药机喷雾施用。

4. 化学控制

大豆旺长趋势强烈的地块需要化学控制，可于初花期每亩施用 15％多效唑 50g，兑水50kg 进行叶面喷洒；或用 25％助壮素水剂 10～20mg，兑水 50kg 喷施。如盛花期仍有旺长，用药量可提高 20％～30％进行第二次旺控。化学控制均采用无人机或打药机喷雾施用。

5. 机械化收获

大豆成熟后，含水率低于 13％时收获，避免带露水收获。机械联合收割，收割机应配备大豆收获专用割台，割台高度不超过 12cm，茬高 5～6cm，综合损失率小于 3％，破碎率小于 5％，"泥花脸"率小于 5％，清洁率大于 95％。

三、适宜区域

适宜于黄淮海小麦大豆两熟区域，其他自然生态要素与本区相似的大豆种植区亦可参考使用。

四、注意事项

第一，根据区域气候、土壤等特点，因地制宜选择大豆品种。

第二，施肥量根据土壤肥力状况、目标产量适当调整。

技术依托单位

1. 山东农业大学

联系地址：山东省泰安市岱宗大街 61 号

邮政编码：271018

联 系 人：诸葛玉平　娄燕宏

联系电话：0538-8243918

电子邮箱：zhugeyp@sdau.edu.cn

2. 全国农业技术推广服务中心

联系地址：北京市朝阳区麦子店街 20 号楼 714 室

邮政编码：100125

联 系 人：杜　森　傅国海

联系电话：010-59194535

电子邮箱：natesc_fei@agri.gov.cn

3. 菏泽市农业科学院

联系地址：菏泽市牡丹区黄堽镇

邮政编码：274000

联 系 人：王秋玲　刘　艳

联系电话：0530-5646314

电子邮箱：wangqiuling@163.com

大豆油菜周年绿色高效栽培技术

一、技术概述

（一）技术基本情况

2022 年农业农村部提出当前要牢牢守住保障国家粮食安全和不发生规模性返贫两条底线，稳口粮、稳玉米、扩大豆、扩油料的总体要求。在当前保证主粮安全的前提下，促进大豆、花生等油料作物和主要粮食作物兼容发展、协调发展，乃至于相向发展，做到鱼和熊掌兼得，既要在增量上做文章，又要在耕作制度、种植模式上找办法。特粮特经作物因生育期短、种植模式多样、对土壤要求不高等优势种植面积正逐年加大，且随着人们对健康的追求，对各种特粮特经产品需求也日益增加。但特粮特经作物还存在种植模式过于单一、机械化程度低、前后茬作物农药相互影响、比较效益不高等诸多问题。

本技术以"绿色、优质、高效"为目标，通过多年来对不同模式下豆类、玉米、油菜和花生等优质高效多抗优良品种筛选，形成适宜不同区域的高效、营养健康、适合休闲观光等不同类型的品种组合，研制了系列多元多熟轻简化栽培技术、病虫草害绿色生态防控技术和肥料减量使用技术，对相关作物全程机械化技术也进行了初步研制，形成了适宜不同生态区的特粮特经绿色优质高效栽培模式。该模式一般露地栽培亩效益达到 2 000 元以上，部分品种组合亩效益可超过万元，不仅大幅度提高农民收入，而且为乡村振兴提供了新途径，促进农业可持续发展，进而为居民"保健性需求，多元化消费，高品质生活"提供可靠物质保障，在发展江苏省高质量农业、促进农民增收、带动农业转型具有极其重要的意义。

技术推广的主要优势：周年种植多季收获，增加农民收入，提升农民种植意愿；有利于土壤有机质的提升，提高耕地质量，减少化肥投入量；该技术的推广利用符合国家粮豆轮作的"绿色、高效、生态"重大科技需求。

该技术中部分模式和内容分别通过了万建民院士、喻树迅院士和张洪程院士等为首的成果评价，成果内容分别获得了 2018 年度江苏省科学技术奖一等奖、2017 年度江苏省农业技术推广奖一等奖、2015 年度江苏省科学技术奖二等奖等相关奖项，现有各类特色新品种 30 个，技术标准等 30 项，具有强大的技术支撑。

（二）技术示范推广情况

根据不同作物的形态特征、需肥规律、生育特性、经济效益、本地气候资源和传统种植习惯，研究集成了多项间套复种高效种植技术，形成以豆类、玉米、油菜和花生为主的特粮特经间套复种、多元多熟高效种植模式技术标准 30 个，构建了特粮特经多元多熟高效种植模式技术体系。在东南沿海省份江苏、浙江、山东、福建和广东等地已开始大面积应用。

（三）提质增效情况

1. 促进我国主导产业发展

特色豆类蛋白质含量高，是人体必需的各种氨基酸的主要来源之一，历来为人们所喜爱和珍视，同时豆类作物生育期短，抗逆性强，适应性广，是较好的轮作复种作物；特粮特经作物间套复种、多元多熟高效种植模式的集成与推广，提高了土地利用率、产出率，提高了种植效益，符合农业供给侧结构性改革的需要，也是江苏省现代农业多样化选择、健康型需求、生态型发展的要求。

2. 生态条件改善

豆类、花生等豆科作物是很好的养地作物，其固氮作用及鲜秸秆还田，可显著提升土壤的肥力，增加有机质含量，减少化肥施用量，改善土壤团粒结构，通过多元多熟轮作套种有利于农业可持续发展。

3. 增产增效

特粮特经作物间套复种、多元多熟高效种植模式，平均亩产值 2 000 元，亩增效 300元，在全国各地推广 300 万亩以上，累计增效 10 亿元以上。

（四）技术获奖情况

该模式形成了多项国家发明专利，制定发布了多项国家级和省市级农业地方标准，获得第三方机构的评价和认定，多次获得省部级以上的科技奖励。

1. 技术成果鉴定

"高产多抗绿豆新品种选育及应用"于 2017 年 1 月通过了江苏省农学会组织的以万建民院士为组长的专家组成果评价；"广适抗赤斑病鲜食蚕豆品种选育及标准化生产技术研发"于 2016 年 9 月通过了以张洪程为组长的专家组鉴定；"抗豆象绿豆新品种选育及其高效防控技术研究与应用"于 2017 年 1 月通过了江苏省农委组织的以邢邯教授为组长的科技成果鉴定。

2. 获奖情况

特色豆类作物间套复种、多元多熟高效种植模式先后申报获得国家国际合作奖、国家政府友谊奖、江苏省国际科技合作奖、江苏省友谊奖各 1 项；获得江苏省科学技术奖一等奖 1 项、二等奖 1 项、三等奖 2 项；中华农业科学奖一等奖 1 项（参加）；北京市科学技术奖三等奖 1 项（参加），以鲜食豆类为主体模式申报的成果获得相关南通市推广奖和科学技术进步奖。

二、技术要点

（一）核心技术

1. 高产高效优质专用新品种选择

选用市场需求旺盛和具有营养健康特色的优质高产专用特粮特经作物新品种。

大豆选用耐荫耐密抗倒早熟抗病宜机收品种，其中，淮北夏大豆种植区选用中黄 301、齐黄 34、徐豆 13 和徐豆 18 等，淮南夏大豆种植区选用通豆 7 号、淮豆 13 和苏豆 13 等；春播鲜食大豆可以选用苏新 6 号、台湾 292、苏奎 3 号和浙鲜系列等，夏播鲜食大豆可以选用苏豆 18 和通豆 6 号等品种。

玉米根据种植目标（鲜食、青贮、籽粒），选用株型紧凑、熟期适中、抗病性强、适宜密植和宜机收的高产多抗品种，鲜食玉米选择苏科糯 1505、苏玉糯 11 号，青贮和籽粒玉米选用江玉 898、苏玉 29 等兼用型品种。

大豆玉米间作

蚕豆品种宜选育苏蚕豆系列、通蚕鲜系列和通鲜系列品种；绿豆品种宜选育优质抗病虫如苏绿和中绿系列绿豆品种；耐荫花生品种如苏花 0537 等；油菜品种如宁杂 1818 等。

蚕豆玉米间作

花生玉米间作

2. 高效立体多元多熟种植模式的示范推广

推广"鲜食大豆/鲜食玉米—鲜食蚕豆（/指间作，—指前后茬轮作）""高蛋白大豆/饲料玉米—多功能油菜""特色绿豆/饲料玉米—特色油菜""高蛋白大豆/花生—鲜食蚕豆"等高效种植模式。

3. 病虫草害绿色安全防控技术示范推广

病虫草害绿色安全防控技术主要包括杀虫灯和灭虫板等物理防治方法、生物农药的使用、农药减量标准化使用技术、水旱轮作技术等。按照 GB/T 8321《农药合理使用准则》等要求选择地点及绿色农药品种并按相关要求使用。

（二）配套技术

1. 精量播种技术

技术要点：①精细整地，增施有机肥；②合理轮作，避免重茬；③选择优良品种，精选种子；④种子处理，预防病虫害；⑤适时播种，合理施肥；⑥精量播种，控制密度；⑦镇压保墒，封闭除草。

2. 肥水一体化平衡施肥技术

技术要点：①高垄覆膜种植；②足施基肥；③特色豆类配方施肥；④膜下暗灌和膜下滴灌结合；⑤水肥耦合。

3. 设施栽培技术

设施栽培技术主要包括鲜食杂粮大棚和中小棚、地膜覆盖栽培技术。

4. 机械化栽培技术

机械化栽培技术主要包括花生垄作机械化高效栽培技术、大豆玉米间作套种小型农机使用技术、油菜茬豆类（玉米）免耕覆秸精量播种机械化栽培技术、鲜食大豆（鲜食玉米）机械化采收技术等。

三、适宜区域

适宜在全国范围内尤其是我国南方地区豆类、玉米、花生和油菜等种植区域推广。

四、注意事项

第一，高效模式中注意茬口组合合理配置、品种有机搭配等。
第二，密切关注市场需求，力争效益最大化。

技术依托单位

1. 江苏省农业科学院
联系地址：江苏省南京市钟灵街 50 号
邮政编码：210014
联 系 人：陈 新 袁星星 薛晨晨
联系电话：13814087299
电子邮箱：yxx@jaas.ac.cn

2. 扬州大学
联系地址：江苏省扬州市文汇东路 12 号
邮政编码：225009
联 系 人：陆大雷
联系电话：13815844847
电子邮箱：dllu@yzu.edu.cn

3. 江苏省农业技术推广总站
联系地址：江苏省南京市鼓楼区凤凰西街 277 号
邮政编码：210036
联 系 人：俞春涛
联系电话：025-86263334
电子邮箱：yct@jsagri.gov.cn

大豆宽台大垄匀密高产栽培技术

一、技术概述

（一）技术基本情况

技术研发推广背景：目前，我国大豆年需求量为 11 000 万 t 左右，而自给率远低于 20%，存在严重安全隐患。与美国、巴西、阿根廷等大豆主产国相比，我国大豆单产水平低，且受比较效益和气候影响，年际总产量波动幅度较大。黑龙江省是我国最重要的大豆主产区之一，生产中采用三垄栽培、窄行密植、大垄密植等多种栽培模式，在特定区域起到了高产、稳产作用。但应用单位和个人技术实施不够规范，且存在品种选择、整地技术、卡种技术、调控技术、施肥方法等方面问题，亟须进一步改进、组装配套，充分挖掘大豆单产潜力。作为黑龙江省，乃至全国现代化农业生产水平的代表，北大荒集团在作物种植的标准化、规模化和集约化方面一直走在前列。"大豆宽台大垄匀密高产栽培技术"是以大豆"垄作"栽培核心技术为基础，整合资源，组装和创新已有单项技术形成的大豆高产、稳产栽培技术。本技术首先在北大荒集团试验和示范，并逐步发展成熟，不仅成为北大荒集团广泛采用的大豆栽培模式，还被越来越多的地方企业和个人采用，大幅度提升了黑龙江省大豆种植水平。

解决的主要问题：①更新了北方寒地土壤耕作体系，宽台大垄技术增加土壤含水量 10% 左右、秸秆全量还田技术增加土壤团聚体含量 10% 左右，提高了土壤蓄水保墒能力和生态保育能力。②采用种子处理与叶面喷施相结合的全程大豆化控技术，在协调群体建成、提高抗倒伏和抗逆能力、增强保花保荚能力、提高群体光能利用率等方面取得显著成效，为高产稳产奠定了基础。③采用全程立体诊断安全施肥技术，将土壤施用和叶面航化相结合实现精准施肥，化肥利用效率提高 10% 左右，实现经济效益和生态效益双丰收。

专利范围及使用情况：本技术依托专利 6 项，涉及大豆生物种衣剂、大豆疫霉根腐病生物防治制剂及其制备方法、大豆种子筛选和种植装置的研制，以及大豆施肥和灌溉装置的创制。这些专利为本技术的开发和优化提供了支撑。

（二）技术示范推广情况

已经实现大范围推广应用。

（三）提质增效情况

2017—2021 年，大豆宽台大垄匀密高产栽培技术在黑龙江省垦区和地方大豆主产区示范与推广面积逐年扩大，增产效果显著。三年累计推广面积 4 000 万亩以上，新增经济效益 20 亿元以上。

（四）技术获奖情况

相关核心技术获 2018 年度黑龙江省农垦总局科学技术进步奖一等奖，以及 2020 年度黑龙江省科学技术进步奖二等奖。

二、技术要点

1. 少耕整地技术

示范推广在浅翻深松、秸秆浅混整地基础上，减少表土作业，秋季起大垄夹肥。

2. 垄作卡种技术

示范推广以宽台大垄为基础的前茬作物收获对垄型无严重破坏的情况下大豆玉米相互卡种技术，保留深松作业，但不翻地，玉米茬打茬播种，降低生产成本，提高肥料利用率。

3. 大豆全程调控技术

示范推广大豆全生育期调控技术，防治倒伏，提高坐荚率，增加有效节数，提高大豆产量。

4. 测土配方施肥技术

示范推广科学测土配方施肥技术，结合生产实际，指导科学施肥。

5. 半矮秆品种合理密植

由于宽台大垄栽培时，大豆种植密度往往都要比当地普通垄作高，所以应尽量选择半矮秆品种，防止倒伏。

6. 化肥农药减施技术

实施玉米大豆轮作，减少氮肥用量，同时施用根瘤菌肥；增效助剂与除草剂混合使用。

三、适宜区域

本技术体系适用于大豆连片种植规模化生产区。

四、注意事项

第一，要求深松深度达到 30cm 以上，垄距 110～140cm，垄体高度不低于 22cm，百米弯曲度控制在 ±10cm，结合垄严密，误差控制在 ±2cm。

第二，垄型主要以 110cm 大垄为主，大豆播 2～4 行。

第三，选择半矮秆品种，主要品种有黑河 43、克山 1 号、东生 7 号、北豆 9 号、北豆 21 等。

技术依托单位

黑龙江八一农垦大学

联系地址：黑龙江省大庆市高新区新风路 5 号

邮政编码：163319

联 系 人：张玉先

联系电话：13836962211

电子邮箱：zyx＿lxy@126.com

大豆一三三高产栽培技术

一、技术概述

（一）技术基本情况

大豆是我国重要的粮油饲兼用作物，在国民经济发展中具有重要的战略地位。但是由于种植技术粗放，生产中不能发挥品种的产量潜力，因而我国大豆单产较低。为了发挥品种的产量潜力，本团队研究了播种以及不同时期水分、养分的产量效应，针对大豆产量构成因素，有的放矢，集成了以亩产300kg为目标的大豆一三三高产栽培技术。

该技术较好地解决了缺苗断垄、养分供应不足和干旱等严重影响大豆产量的关键问题，实现大豆产量突破，可用于指导大豆生产和高产创建。

（二）技术示范推广情况

利用该技术，本团队在黄淮海和西北地区多次创造大豆高产纪录，以亩产353.45kg（2020年）创全国夏大豆和主产区大豆高产纪录，以亩产313.75kg（2014年）和341.64kg（2019年）创山东省大豆高产纪录，以亩产335.3kg（2013年）和367.4kg（2021年）创甘肃省大豆高产纪录，以亩产313.3kg（2021年）创山西省大豆高产纪录。该技术已用于黄淮海、西北地区大豆生产和高产创建。

（三）提质增效情况

利用该技术大豆可获得亩产250～300kg的高产，比全国平均亩产高120～170kg，每亩增加产值720～1 020元，减去施肥相关投入50元、浇水相关投入50元，每亩增加效益620～920元。

（四）技术获奖情况

以大豆一三三高产栽培技术为主要创新点之一，"高产优质广适大豆新品种齐黄34"获得2021年度山东省科学技术进步奖一等奖。

二、技术要点

（一）一播全苗（选用合适的播种机、合适的时机、适宜的墒情播种）

于6月20日前，在土壤墒情适宜的情况下，选用精量点播机播种，沙质土壤轻度镇压，壤土、黏土一般不镇压，保证苗全、苗匀、苗壮。判断土壤墒情是否适宜的简单方法是用手抓起耕层土壤，握紧后可结成团，离地1m处放开，落地后可散开。也可用土壤水分测定仪测定土壤水分含量，以确定适宜的播种时间。土壤相对水分含量70%～80%时播种，大豆种子萌发良好。

（二）三水（即确保播种出苗、开花结荚和鼓粒三个关键时期的水分供应）

1. 第一播种出苗水

夏大豆播种时，干热风较重，一般情况下土壤墒情较差。如果土壤墒情不足，土壤水分含量低于70%，就应造墒播种；也可根据天气预报等降雨后抢墒播种，但易造成播种推迟，影响产量。土壤水分含量高于80%，应散墒播种，确保出苗。

2. 第二开花结荚水

开花结荚期（播种后 30～70d）大豆需水量较大，约占总耗水量的 45%，是大豆需水的关键时期，蒸腾作用达到高峰，干物质积累也直线上升。因此，这一时期缺水则会造成严重落花落荚，单株荚数和单株粒数大幅度下降。如果出现干旱（连续 10d 以上无有效降雨或土壤水分含量低于 80%）应立即浇水，减少落花、落荚，增加单株荚数和单株粒数。

3. 第三鼓粒水

鼓粒期（播种后 70～100d）大豆需水量约占总耗水量的 20%，也是籽粒形成的关键时期。这一时期缺水，则秕荚、秕粒增多，百粒重下降。如果出现干旱（连续 10d 以上无有效降雨或土壤水分含量低于 70%）应立即浇水，减少落荚，确保鼓粒，增加单株有效荚数、单株粒数和百粒重。

开花结荚期、鼓粒期供水

（三）三肥（种肥、鼓粒初期追肥和鼓粒中后期喷施叶面肥）

1. 第一种肥

高产大豆的土壤有机质含量要在 1.25% 以上。土壤肥力不足者，可于播种前每亩施腐熟好的优质有机肥 1 000kg 以上，培肥地力，保障养分的持续供应。播种时可每亩施氮磷钾复合肥 10kg 作种肥。

适墒精量播种、施种肥

2. 第二鼓粒初期追肥

鼓粒初期（播种后 70d 左右）是籽粒形成的关键时期，每亩追施氮磷钾复合肥 5～10kg，保荚、促鼓粒，增加单株有效荚数、单株粒数和百粒重。

3. 第三鼓粒中后期喷施叶面肥

鼓粒中后期（播种后 80～100d）对大豆产量形成至关重要，每 7～10d 叶面喷施磷酸二氢钾 1 次，可延缓大豆叶片衰老，促进鼓粒，增加百粒重，提高产量。

鼓粒期喷施叶面肥

三、适宜区域

黄淮海夏大豆区。

四、注意事项

第一，施用种肥时，请保持种子和肥料的间距在 10cm 以上。

第二，播种大豆时不可浇蒙头水。

技术依托单位

1. 山东省农业科学院作物研究所

联系地址：山东省济南市历城区工业北路 202 号

邮政编码：250100

联系人：徐 冉

联系电话：0531-66659348

2. 山东省农业技术推广中心

联系地址：山东省济南市历下区解放路 15 号

邮政编码：250014

联系人：杨武杰 彭科研 曾英松 姚 远

联系电话：0531-67866303

电子邮箱：sdyouliao@163.com

大豆大垄高台栽培技术

一、技术概述

（一）技术基本情况

大豆大垄高台栽培技术是针对内蒙古主产区大豆种植密度偏低、春季气温低而不稳、播种期干旱频发、生育期降雨集中、易发生涝害等生产制约因素，通过试验示范创新集成的栽培技术。该技术通过深松、少耕、秸秆还田，实现蓄水保墒、培肥地力；通过宽垄密植使垄上大豆植株分布更加合理，有效发挥单株强势和群体优势；通过起高台，垄台可增温保墒，垄沟可排涝，实现了旱涝保收，有效提高了大豆单产，实现稳产。

（二）技术示范推广情况

大豆大垄高台栽培技术 2019 年被遴选为农业农村部农业主推技术，2019—2021 年连续三年被遴选为内蒙古自治区农牧业主推技术。2020 年 9 月内蒙古自治区农牧厅组织科技成果鉴定，鉴定委员会一致认为大豆大垄高台栽培技术达到国内领先水平。2012 年开始，该技术首先在呼伦贝尔市大兴安岭农场管理局大兴安岭垦区以垄上四行、三行技术为重点开展区域试验，面积 5 万亩，莫力达瓦是达斡尔族自治旗、阿荣旗分别开展技术示范。随着绿色高产高效创建、耕地轮作等项目实施，规模化经营面积的不断扩大和社会化服务水平的提高，大豆大垄高台栽培技术推广面积逐年扩大，应用范围已全面覆盖内蒙古自治区大豆优势主产旗县，从大兴安岭农场管理局发展到莫力达瓦是达斡尔族自治旗、阿荣旗、扎兰屯市、扎赉特旗和科尔沁右翼前旗。2017 年全自治区推广面积 155.41 万亩，平均亩产 159.03kg，比传统垄三栽培技术亩增产 21.94kg，总增产大豆 3.41 万 t；2018 年推广面积扩大到 239.39 万亩，亩产 154.23kg，亩增产 26.47kg，总增产大豆 6.34 万 t；2019 年推广面积 307.31 万亩，平均亩产 163.91kg，亩增产 22.75kg，总增产大豆 7 万 t。该技术 2020 年推广面积达到 334.5 万亩，2021 年面积也在 300 万亩以上，是内蒙古大豆主产区开展大豆标准化生产，提高大豆单产水平的先进适用技术。

（三）提质增效情况

大豆大垄高台栽培技术操作简单，适用性强，易于普遍推广。该技术平均亩产为 160.14kg，较传统垄三栽培对照田亩增产 23.38kg，增幅 17.10%，亩增效 100 元左右。同时，该技术通过秸秆还田，有效提高土壤透气性和有机质含量，通过深松整地，打破犁底层，有效构建土壤水库和良好的耕层环境。

（四）技术获奖情况

"大豆大垄高台绿色高产高效栽培技术推广"项目，获 2017—2019 年度内蒙古农牧业丰收奖一等奖；DB15/T 1586—2019《大豆大垄高台栽培技术规程》，于 2019 年 1 月发布，2019 年 4 月实施。

二、技术要点

（一）采取玉米与大豆合理轮作

秋季收获时秸秆还田，利用联合整地机进行深松 35～40cm，用大型拖拉机配置专用起垄机起垄，垄距 110cm，起垄后形成一个底边宽为 110cm、上边宽 65cm、高度为 18～20cm 的梯形大垄。

（二）选用优良的高蛋白、高油专用品种

种子纯度和净度均达到 98％以上，发芽率达到 90％以上。

（三）测土配方施肥

N：P：K＝1：1.5：1 配方施肥，每亩用 55％大豆专用肥（BB 肥）15～17.5kg。

（四）机械播种

当耕层土壤温度稳定通过 8℃时即可播种，一般年份在 5 月上、中旬完成播种。用大垄高台垄上三行专用精量播种机播种，垄上三苗带，各行苗带间距为 24cm，米间落粒 13～16 粒，亩保苗达到 2.3 万～3 万株。

（五）田间管理

适时铲趟、浇水、施肥。建议应用化学除草技术、病虫害绿色防控技术。

（六）收获时间

人工收获，当植株落叶即可收割；机械收获，籽粒归仓，可在适期内抢收早收。

三、适宜区域

适宜内蒙古东部大豆种植区或其他同等生态类型的地区。

四、注意事项

第一，选用国家或自治区审定或引种备案的、适期的高蛋白、高油大豆专用品种。

第二，使用专用大垄高台起垄机起垄和专用大垄高台播种机播种。

技术依托单位

内蒙古自治区农牧业技术推广中心

联系地址：内蒙古自治区呼和浩特市赛罕区鄂尔多斯东街尚东国际 2 号楼 1308

邮政编码：010011

联系人：高杰

联系电话：13451318601

电子邮箱：nntylk@163.com

东北春大豆带状深松覆秸栽培技术

一、技术概述

（一）技术基本情况

东北垄作春播大豆区属于高寒易旱区，播种时风蚀、干旱现象较为严重。前茬为玉米（小麦）、后茬种大豆的耕整地方式，需要在玉米（小麦）收获后对秸秆、根茬进行处理，翻耕整地起垄后播种大豆，多次作业导致土壤扰动过大，水分散失严重，同时机具进地次数多，能耗大、成本高。

大豆带状深松覆秸栽培技术是在前茬玉米（小麦）机械收获后，秸秆粉碎全量还田，采用深松灭茬整地机一次完成带状深松、灭茬、秸秆归行作业，然后沿深松灭茬带播种大豆，尽量减少土壤扰动的同时达到播种带土壤疏松和蓄水保墒的目的。较玉米（小麦）秸秆翻压还田明显节本，较碎混还田明显抗旱，较覆盖还田明显增温，实现了东北地区前茬玉米（小麦）秸秆全量覆盖还田下大豆生产农机农艺融合、良种良法配套、生产生态协调。

（二）技术示范推广情况

该技术自 2015 年以来在松嫩平原、三江平原大豆产区开展试验示范和集成推广，配套研制的"垄台深松灭茬成垄整地机"获发明专利（ZL 201511034914.0），为实现标准化作业制定了黑龙江地方标准 DB23/T 2694—2020《大豆带状深松栽培技术规程》。

2015—2021 年，在东北农业大学哈尔滨市向阳试验示范基地，采用该技术小面积实收亩产均在 232.0kg 以上，最高达到 282.3kg，6 年平均亩产达到 248.3kg；2018—2021 年，在黑龙江甘南县进行大面积生产示范，平均亩产分别为 174.9kg、183.5kg、169.7kg 和 171.2kg；2020 年，在黑龙江省农业科学院佳木斯分院试验田亩产 285.2kg，在黑龙江拜泉县、宝清县、海伦市、讷河市大面积示范平均亩产分别为 183.1kg、220.2kg、210.1kg、245.7kg。目前，该技术正在东北大豆主产区推广应用。

（三）提质增效情况

较秸秆旋耕碎混还田技术相比，应用该技术大豆可增产 10% 以上；较秸秆翻压还田后种植大豆，亩节本 40 元以上，亩增收节支 50 元以上。同时，秸秆全量还田且覆盖在垄沟，避免土壤板结，提高土壤蓄水保墒能力，土壤肥力不断提高，水土流失减少，并可杜绝因秸秆焚烧造成的环境污染。通过优质高产大豆新品种应用且生产过程中减肥、减药，提高大豆品质。

（四）技术获奖情况

无。

二、技术要点

（一）作业流程

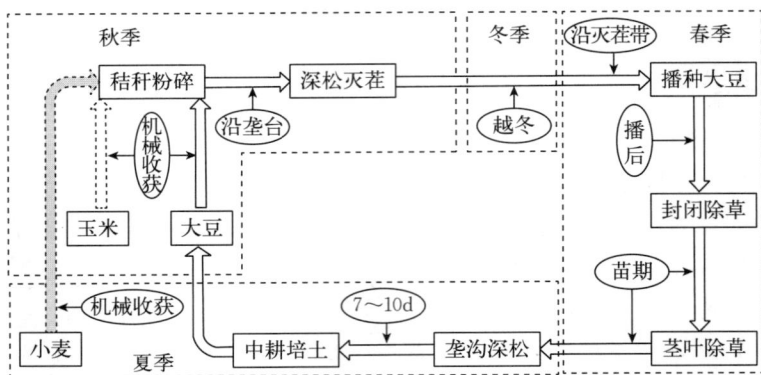

作业流程

（二）秸秆粉碎处理

前茬玉米采用具有秸秆粉碎装置的联合收获机粉碎秸秆，一次性完成收获和秸秆粉碎作业；高留茬、站秆收获及秸秆未达到粉碎要求时，采用秸秆粉碎还田机进行秸秆粉碎作业。秸秆粉碎还田作业，要求土壤含水量≤25％，粉碎后的秸秆长度≤10cm，秸秆粉碎长度合格率≥85％，留茬高度≤10cm，秸秆均匀抛撒覆盖地表。

玉米秸秆粉碎还田作业

（三）深松整地

伏秋整地为宜；未伏秋整地的地块，土壤墒情好时应随整地随播种。前茬垄作地块整地采用深松灭茬整地机沿垄台进行带状深松、灭茬，前茬平作地块整地按照下茬大豆种植的垄向进行带状深松、灭茬，深松灭茬间距与下茬大豆种植垄距相同，深松深度30～35cm，灭茬宽度30～35cm、深度10～12cm，达到土壤细碎、疏松。

深松灭茬作业

（四）品种选择与播种

选择审定推广的熟期适宜、高产、优质、抗逆性强的大豆品种，种子进行包衣处理；根据品种特性、地势、土壤肥水条件等确定密度和播种量，在土壤5cm深处地温稳定通过7～8℃时，沿深松灭茬带进行播种，播种深度3～5cm，播深一致、均匀无断条，播后及时镇压。

（五）适宜施肥量

化肥在播种时施入，采取侧深分层施肥，施于种子侧向 5～6cm，深度为种下 5～6cm 和 10～11cm 两层，各占 50％。一般施纯 N 为 30～45kg/hm²、P_2O_5 为 80～110kg/hm²、K_2O 为 40～55kg/hm²，或等养分的复合肥。

（六）化学除草与中耕

选用高效、低残留且对下茬作物安全的除草剂，宜采用播后封闭和苗期茎叶处理相结合的方式。在大豆 2～3 复叶时进行垄沟深松，深度 25～30cm。深松后 7～10d 进行中耕培土 1 次。

大豆苗期垄沟深松后田间状态

（七）病虫害综合防治

地下害虫发生较重的地区或田块，可结合分层施肥，在浅层施肥的肥料中拌入杀虫剂施入；注重防治大豆根腐病、大豆食心虫、大豆蚜虫等。

（八）大豆收获

在大豆成熟期采取机械联合收获，割茬高度以不留底荚和不出现"泥花脸"为准，不丢枝、不炸荚，损失率≤3％。秸秆还田时，秸秆粉碎均匀抛撒，秸秆长度≤10cm。

三、适宜区域

东北一年一熟区。

四、注意事项

如果因为天气原因造成封闭除草效果不佳，应及时采取茎叶处理。

技术依托单位

东北农业大学农学院

联系地址：黑龙江省哈尔滨市香坊区长江路 600 号

邮政编码：150030

联 系 人：龚振平

联系电话：0451-55190134　13936495248

电子邮箱：gzpyx2004@163.com

长江流域直播油菜密植增效生产技术

一、技术概述

(一)技术基本情况

油菜是我国第一大油料作物,常年种植面积1亿亩左右,年产食用植物油500多万t,约占国产食用植物油总量的50%。大宗食用油中,"双低"菜籽油饱和脂肪酸含量低,油酸和亚麻酸含量较高,且富含甾醇和维生素等活性成分,是"最健康的大宗食用植物油"之一。但目前我国油菜主产区生产中普遍存在的因种植密度低而导致的"单产偏低、机械化程度低、物化投入高以及人工成本高"的"两低、两高"现状制约着该产业的健康发展。因此,集成长江流域直播油菜密植增效生产技术,降低生产成本,减少人工投入,提高肥料等资源利用效率,对促进油菜产业发展和增加农民收入都具有非常重要的意义。

(二)技术示范推广情况

自2016年以来,华中农业大学和全国农业技术推广服务中心联合在湖北、江西、安徽、江苏、浙江、四川、云南等地开展了多年多点示范和推广,长江流域近3年累计推广面积达3 867.6万亩,大面积示范亩产达180kg以上,小面积示范亩产突破了250kg。2020年5月12日,华中农业大学组织专家对湖北宜昌500余亩稻田油菜绿色轻简高效示范区进行了实收测产,联合机收实收亩产为208.20kg,分段机收实收亩产为244.99kg,创造了长江中游稻田油菜实收亩产超200kg的高产典型。2021年5月12日,创造了湖北旱地直播油菜亩产281.3kg的高产纪录,含油量增加2%。《农民日报》、人民政协网、中国科技网等媒体进行了宣传报道及技术介绍。

近3年长江流域应用面积及经济效益

省份	应用面积/万亩	新增产量/万kg	总效益/万元	新增产值/万元	节本增效/万元
湖北	1 584.78	41 020.52	355 184.08	205 102.60	150 081.48
四川	989.00	18 403.20	206 188.18	112 517.90	93 670.28
云南	94.50	941.60	20 293.00	4 708.00	15 585.00
江西	638.67	12 839.05	130 318.06	69 986.75	60 331.31
安徽	396.19	9 207.38	88 796.28	51 275.66	37 520.37
江苏	164.44	4 823.53	36 883.62	21 307.20	15 576.42
累计	3 867.58	87 235.28	837 663.20	464 898.10	372 764.90

(三)提质增效情况

经济效益:与传统的直播油菜种植方式相比,该技术平均可增产12.5%,亩平均减少用工3个,肥料利用率提高9.2%,每亩净收益达365元,经济效益显著。

该技术与传统种植方式每亩投入产出差异

投入收益门类	作业内容	传统育苗移栽技术	农户习惯直播技术	全程机械化的直播油菜密植增效生产技术
物化成本/元	种子+肥料+病、虫防治+草害防控	5+120+20+5	10+120+20+10	10+100+30+15
机械作业/元	整地+播种+开沟+收获	50+50+50	50+50+40	100+80
人工投入/元	移栽、清理三沟、机械作业辅工等	800	500	200
总投入/元		1 100	800	535
菜籽亩产/kg		180	160	180
品质：含油量/%		44	42.5	45
总收益/元		900	800	900
净收益/元		−200	0	365

注：肥料价格按 50kg 120 元计；种子价格按 40 元/kg 计；人工成本按 100 元/个计；菜籽价格按照 5.0 元/kg 计。

生态效益：油菜秸秆就地粉碎还田，减少了秸秆露地焚烧；无人机飞防、油菜专用缓释肥的使用和栽培技术的优化，提高了栽培管理的科学性，提高了肥药利用效率，减少了肥药用量，生态效益显著。

社会效益：该技术在全国油菜产区的大面积示范推广，进一步带动油菜产业的发展。湖北直播油菜面积占比增长 49%，单产提高 22%；全国直播油菜面积占比增长 42%，单产提高 12%，从而可有效缓解我国食用植物油的供给矛盾。该技术提高油菜生产效益的同时，还可推动优质菜籽的标准化生产与菜籽油品牌的开发，社会效益显著。

（四）技术获奖情况

"油菜绿色轻简高效生产技术研发与应用" 2018 年通过中国农学会组织的成果鉴定，评价结果为国际先进水平。

"油菜绿色轻简高效生产技术研发与应用"获 2016—2018 年度全国农牧渔业丰收奖农业技术推广成果奖一等奖。

"直播油菜优质丰产机理与高效栽培技术研究及应用"获 2021 年度湖北省科学技术进步奖一等奖。

二、技术要点

（一）核心技术

1. 合理增加密度，采用宽窄行配置，构建高效群体

合理密植具有"以密增产、以密补迟、以密省肥、以密控草、以密适机"的作用。长江流域各油菜产区，在 10 月 5 日前，利用油菜直播机播种，每亩播种量控制在 0.25～0.30kg，并采用宽行 30cm、窄行 15cm 的宽窄行配置模式，确保每亩基本苗达 3.0 万～3.5 万株的同时进一步优化群体结构。如播种期推迟，则播种量应相应调整。10 月 5 日之后播种，播种期每推迟 5d 左右，每亩播种量相应增加 0.025～0.030kg。

2. 在窄行集中深施专用肥，提高肥效，减少追肥用工

油菜播种时，利用播种机，将基肥集中施入距地表 8～10cm 的窄行内，每亩施用 N-P-K

配比为 20-7-9 且添加了 B、Zn、Si 的油菜专用肥 40～45kg，原则上不再追肥。

3. 机械联合作业，简化播种工序，严格三沟配套

前茬作物收获后，选用联合作业直播机，一次性完成旋耕、灭茬、秸秆翻压还田、开沟、作畦、施肥、播种及镇压等多道工序。播种结束后，及时清理厢沟、腰沟、围沟。"三沟"深度要求分别达 20～25cm、25～30cm、25～30cm，确保沟沟相通，降低渍害影响。

（二）配套技术

1. 及时腾茬备播

如前茬为水稻，应在收获前 10～15d 排水晾田，且收获期不迟于 10 月 15 日。采用集秸秆粉碎与抛撒装置于一体的联合收割机收获前茬作物，要求留茬高度小于 18cm，秸秆粉碎长度为 10～15cm。

2. 合理选用品种

一般选择高产、耐密、抗病、抗倒且登记区域涵盖本产区的油菜品种。根肿病严重地区，可选用抗根肿病新品种；草害严重地区，可选用非转基因抗除草剂新品种。

3. 高质量群体的壮苗调控技术

基于冬至苗情分类调控：亩群体绿叶数达 27 万～33 万片/亩，无须调控；亩群体绿叶数达为 18 万～24 万片，需在雨前每亩追施尿素 5kg 提苗；亩群体绿叶数超过 36 万片，则利用无人机亩喷 1L 7.5g/L 多效唑（2.5g/L 烯效唑）控旺。蕾薹初期（薹高 8～12cm），利用无人机亩喷施 1L 4.5g/L 硅肥溶液或亩追施 3kg 钾肥，增强抗倒性，提高产量、品质与机收效率。

4. 科学防治病虫草害

播种结束后，选用乙草胺、精异丙甲草胺封闭除草。大田中有蚜株率达到 8％、菜青虫百株虫量达到 20～40 头及以上，喷施 10％的吡虫啉可湿性粉剂 2 000 倍液、1.8％阿维菌素可湿性粉剂 2 500 倍液，分别防控蚜虫、菜青虫。初花期喷施 40％菌核净可湿性粉剂 1 000 倍液防控菌核病。

5. 适期机械收获，干燥储藏

全株角果 70％～80％落黄，且主茎中部角果籽粒呈该品种固有籽粒颜色时，割倒平铺于田间，3～5d 后，捡拾脱粒，秸秆粉碎还田；或全田角果枯黄时，采用油菜联合收获方式收获，秸秆粉碎还田。当籽粒含水率降至 9％以下时装袋入库。

机械播种

联合收获

五密栽培

飞防

关键技术环节

三、适宜区域

本技术适用于长江流域水田和旱地油菜种植地区。

四、注意事项

第一，前茬水稻提前排水晒田，秸秆还田后影响油菜出苗成苗，做到抢墒播种，保证全苗、匀苗。

第二，秸秆按照要求粉碎翻压还田，秸秆量大的地块增加翻压深度，含水量在 70% 以下适当镇压保墒。

技术依托单位

1. 华中农业大学

联系地址：湖北省武汉市洪山区狮子山街 1 号

邮政编码：430070

联系人：蒯 婕 汪 波 周广生

联系电话：027-87288969

电子邮箱：kuaijie@mail. hzau. edu. cn

2. 全国农业技术推广服务中心

联系地址：北京市朝阳区麦子店街 20 号

邮政编码：100125

联系人：张 哲

联系电话：18612969511

电子邮箱：zhangzhe@agri. gov. cn

3. 湖北省油菜办公室

联系地址：湖北省武汉市武珞路 519 号省农业事业大厦

邮政编码：430070

联系人：陈爱武

联系电话：027-87664620

电子邮箱：hbsycbgs@126. com

油菜绿色优质高效生产技术

一、技术概述

（一）技术基本情况

针对油菜生产上施肥过量、肥料利用率不高，农药品种选择、施药时间不科学和喷施过量，生产成本高、种植效益低等突出问题，围绕"一控两减三基本"和适度规模化生产目标，提出以"肥料高效利用品种、种子包衣、开沟排湿、直播增密、有机水溶肥、油菜专用配方肥、有机替减、稻草覆盖抑草、绿色防控、分段机收"为核心的油菜绿色优质高效生产技术。该技术节省育苗、移栽、人工脱粒等用工，减少了化肥农药投入，降低了劳动强度和生产成本，同时减少了秸秆焚烧带来的环境污染，对油菜绿色高效发展具有重要支撑作用，应用前景广阔。

（二）技术示范推广情况

近年来，该技术在四川川西平原、川中丘陵油菜生产区域进行大面积示范推广，应用效果良好。

（三）提质增效情况

采用油菜绿色优质高效生产技术，较农户习惯种植模式化肥减量 25％以上，农药减量 25％以上，根肿病及菌核病综合防控效果达 80％以上，油菜籽亩均增产 3％以上，生产效率提高 3 倍以上，亩均节本增效 100 元以上。

（四）技术获奖情况

以该技术为核心的"四川油菜丰产高效技术体系创建与应用""油菜及十字花科蔬菜根肿病绿色防控关键技术创新与应用"分别获得 2016—2018 年度全国农牧渔业丰收奖农业技术推广成果奖一等奖、2018 年度四川省科学技术进步奖二等奖。

二、技术要点

（一）播前准备

水稻收获后及时开沟排湿，厢宽 3～5m，沟深 0.2～0.3m。

（二）品种选择

选用肥料高效利用、株型紧凑、分枝部位高、抗倒性好、抗裂角的双低油菜品种，如川油 36、德喜油 1000、川油 81、川油 82、川油 71、德新油 88、华海油 1 号、蓉油 18 等。

（三）种子处理

种子清选，采用兼具防治油菜苗期病害和虫害功效的种子包衣剂进行种子包衣，晾干后播种。

种子包衣

（四）施足基肥

因地制宜，一次性基施油菜专用配方肥（含硼），亩施 40～50kg。

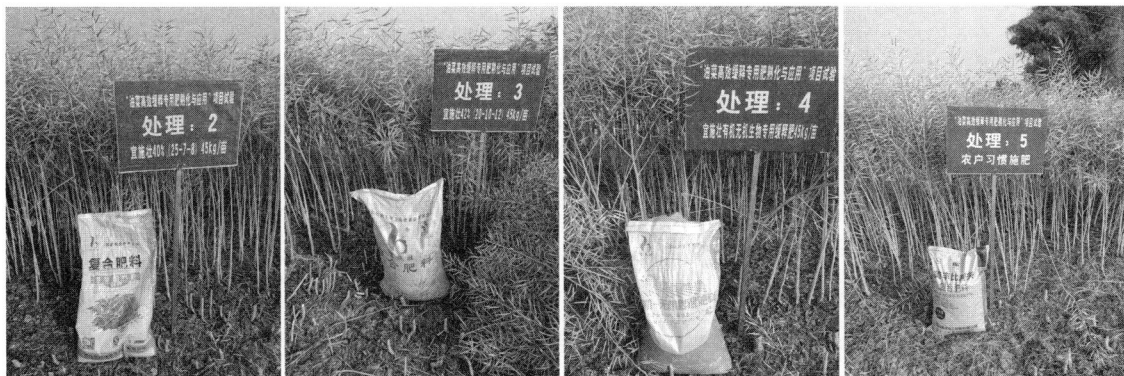

专用肥品种比较田间试验

（五）浅耕机械适期播种

选择浅耕精播施肥联合播种机或浅耕精量油菜直播机，适时机直播，每亩用种 200～300g；根肿病发病严重区域宜在 10 月 15 日前后播种，以降低根肿病发病率；播种后亩用 96％精异丙甲草胺或 50％乙草胺 30mL 进行芽前表土喷雾，封闭除草或稻草覆盖。

机械播种

（六）病虫草害绿色防控

苗期适期喷药防治地下害虫，初花期用无人植保机混合喷施咪鲜胺、速乐硼、磷酸二氢钾，一促多防。

综合防控

（七）科学田管

适时适当间苗补苗，合理追肥。

（八）适时收获

当整株 75％～80％ 及以上角果呈枇杷黄、籽粒转变为红褐色时，人工或选用油菜割晒机于早、晚或阴天割晒，田间晾晒 4～5d 后采用捡拾机捡拾脱粒；秸秆全量粉碎还田。

秸秆粉碎还田

秸秆覆盖还田

三、适宜区域

该技术适宜于四川及长江流域类似油菜产区。

四、注意事项

一是稻田要开沟排湿防渍害；二是适时直播，合理密植；三是把握油菜病虫害防治时期，提高药剂防治效率。

技术依托单位

1. 四川省农业科学院农业资源与环境研究所
联系地址：四川省成都市锦江区外狮子山路 4 号
邮政编码：610066
联 系 人：刘定辉　陈红琳　杨泽鹏
联系电话：028-84504879
电子邮箱：dinghuiliu@163.com

2. 四川省农业技术推广总站
联系地址：四川省成都市武侯寺大街 4 号
邮政编码：610041
联 系 人：薛晓斌　覃海燕
联系电话：028-85505453
电子邮箱：scnj@vip.163.com

3. 四川省农业科学院植物保护研究所
联系地址：四川省成都市锦江区静居寺路 20 号
邮政编码：610066
联 系 人：刘　勇　张　蕾　黄小琴
联系电话：028-84504089
电子邮箱：zhanglei9296@163.com

稻田油菜秸秆全量还田免耕飞播技术

一、技术概述

（一）技术基本情况

1. 技术研发推广背景

水稻—油菜轮作（稻—油、稻—稻—油、稻—再—油等）是我国油菜种植的主要复种方式之一，稻田油菜占我国冬油菜种植面积 70％左右，同时利用南方冬闲田扩种油菜也主要集中在稻田。长期以来，水稻和油菜育苗移栽保障了水稻（单、双季稻）和油菜（周年种植）获得较高的产量，但同时耗费了大量的劳动力。随着农村劳动力结构的变化和现代农业技术的进步，农业生产方式发生了重大改变，一是农事操作劳动力大量减少和轻简化种植方式普及，水稻和油菜的直播面积迅速增加，其中油菜的直播种植成为主要种植方式；二是作物秸秆直接还田面积占比越来越大且秸秆量随着产量的提高而增多，水稻种植的稻草生物量一般每亩 400～500kg，高的达 700kg 以上。这种改变直接影响到油菜的生产，有些地方水稻收获期晚留给油菜的播种茬口紧张，在稻田整理好后往往气温较低，导致油菜早期生长的积温不足，苗情差，越冬困难；有些地方在水稻收获后仓促整田，大量稻草还田在土壤表层形成一层草毯层，影响油菜播种质量和成苗；有些地方稻田土壤湿度较大，机械无法及时耕作，等到稻田土壤自然干燥时已经过了油菜适宜播种期；有些年份秋季干旱少雨，在水稻收获后耕翻耕地导致土壤水分蒸发更快，无法保障适墒播种油菜。以上几种情况均会导致油菜籽单产水平低，影响油菜种植的经济收益，甚至会导致农民失去种植油菜的信心。随着科学技术的进步和国家对油菜生产的进一步重视，自 2015 年起全国农业技术推广服务中心联合华中农业大学等单位开展了稻田油菜秸秆全量还田油菜免耕飞播技术试验研究，并进行组装配套，近年来在全国多点展示示范和应用推广，均取得了良好的节本增收效果。

2. 能够解决的主要问题

（1）有效缓解稻—油轮作的茬口矛盾　在水稻收获前后 3d 共一周左右的窗口期播种，减少了水稻收获后的田地翻耕整理工序，与整地直播相比可提早播种 7～10d，增加冬前有效积温 150～300℃。

（2）操作简便，大幅度降低劳动强度　减少了播前耕整环节，利用大型收割机在收获稻谷的同时切草还田，应用无人机种子飞播、肥料飞施、农药飞防，机械开沟，大幅提高油菜生产的机械化程度，降低人工劳动强度和成本。在油菜飞播后，可以根据土壤墒情、天气情况，灵活开展施肥、开沟、覆土等工作，操作简便，提高了农户种植积极性。

（3）实现了稻草资源高效利用和绿色发展　在机械收获水稻时，采取水稻秸秆适当留茬30～45cm、其余秸秆粉碎均匀抛撒还田的方式，解决了大量秸秆处理困难的问题，同时还充分发挥了秸秆覆盖还田的保墒、控制杂草发生和有效提高土壤有机质、减少化肥农药施用的功能，有利于油菜高效绿色生产。

（4）确保稻田油菜一播全苗　油菜播种期间，长江流域常遭遇干旱（如 2019 年）或长期阴雨（如 2020 年）的不利天气，导致油菜播种、出苗困难，影响油菜种植面积与产量。该技术充分利用稻田墒情和秸秆的保墒作用，确保油菜"一播全苗"，实现苗全、苗匀、苗壮。

3. 专利范围

获得发明专利 8 项，其中 3 项飞播方面发明专利、5 项飞防方面发明专利。制定农业行业标准 1 项、湖北省和湖南省地方标准各 1 项。

4. 使用情况

近年来，随着国家对油菜生产的高度重视和相关政策出台，尤其是长江流域油菜轮作试点项目的实施，加上我国农用无人机的广泛应用，稻田油菜秸秆全量还田免耕飞播技术经历了 2015—2017 年的相关技术参数研究、2018—2019 年的多省多点示范、2019 年后的多省推广应用阶段，为长江流域油菜种植面积的恢复性增长作出了重要贡献。

（二）技术示范推广情况

该技术自 2018 年起在长江流域冬油菜主产区域如湖北、湖南、四川、江西、安徽、江苏等地开展示范。湖北省自 2019 年起在应城、武穴、荆州、天门、仙桃、黄陂等油菜主产县（市、区）进行推广应用，据不完全统计湖北省 2020 年推广应用该技术 30 余万亩、2021 年推广应用 100 余万亩。长江流域其他省份也有较大面积的应用。

（三）提质增效情况

稻田油菜秸秆全量还田免耕飞播技术不仅降低了人工生产成本，减少了化肥和除草剂的用量，还能提高了油菜籽产量，持续改善土壤肥力，实现了生态效益和经济效益的高度统一。近 3 年在湖北、江西、湖南、安徽等油菜主产省多点大面积示范结果显示，采用该技术种植的稻田油菜稳产性好，平均亩产达 165.9kg，高产示范片亩产达 220kg。通过多点调查，该技术模式每亩投入成本可控制在 270～320 元，其中种子 15～20 元、无人机播种 10 元、机械开沟 40 元、油菜专用肥 90～110 元、农药 20 元、机防 10 元、机收 65～70 元、田管人工 20～40 元；按亩产菜籽 150～180kg、菜籽收购均价 5.5 元/kg 计算，亩产值达 800～1 000 元，扣除投入成本，亩收益超过 500 元，节本增收效果明显。同时，该技术的应用扩大了长江流域稻田油菜种植，减少了冬闲田，提高了耕地冬季绿化覆盖率，稻草全量还田得到保障，经济、生态和社会效益显著。

（四）技术获奖情况

该技术相关成果获 2016—2018 年度全国农牧渔业丰收奖农业技术推广成果奖一等奖（"植保无人机减施增效关键技术集成与产业化推广应用"）、2018 年度江苏省科学技术奖二等奖（"植保无人机高效安全作业关键技术创新与应用"）、2021 年度中国农业科学院科学技术成果奖杰出科技创新奖（"植保无人机智能化作业关键技术"）、2020—2021 年度神农中华农业科技奖科学研究类成果二等奖（"直播油菜养分精准调控与轻简高效施肥关键技术"）。

二、技术要点

（一）核心技术

1. 前茬管理

稻田后期适当留墒（土壤含水量 30% 左右），保持收割机下田不留深痕为宜。采用带秸秆粉碎抛撒装置的水稻联合收割机收割水稻，留茬高度 30～45cm，秸秆粉碎均匀还田。

2. 无人机飞播

在水稻收获前后用农用无人机飞播油菜，选择适宜的早中熟优质甘蓝型油菜品种。10月上旬腾茬的田块，在水稻收获前后 3d 内飞播油菜，亩用种量 300～350g；10月中旬腾茬的，在水稻收获前 1～3d 飞播，亩用种量 300g 左右；10月下旬腾茬的，在水稻收获前 3～5d 播种，亩用种量 350～400g。随着播期推迟相应增加用种量，适宜播种时间为 10 月，播期不晚于 11 月上旬，亩用种量最多不超过 500g。飞播作业高度以 3m 左右、播种速度以 5m/s 左右、播幅以 4.5m 左右为宜，具体参数可根据所采用机型在以上作业参数基础上进行微调。

3. 科学施肥

在水稻收割、油菜播种完成后，用机械或人工撒施肥料，一次性基肥可选用油菜专用缓释肥（$N-P_2O_5-K_2O$ 为 25-7-8，并含 Ca、Mg、S、B 等中微量元素）或其他相近配方的油菜专用肥，亩施用 40kg 左右。施肥作业在油菜播种后 10d 内进行均可，原则上宜早不宜迟。有条件的也可在飞播时采用无人机飞施基肥，或者在水稻收割机上加载施肥装置进行联合作业。

4. 机械开沟

播种施肥完成后即用开沟机开沟做厢，沟土分抛厢面。厢宽 2～2.5m，厢沟深 25～30cm、沟宽 25cm 左右，腰沟沟深 30～32cm、宽 30cm 左右，围沟深 32～35cm、宽 35cm 左右，做到三沟相通，确保灌排通畅。

（二）配套技术

1. 绿色防控

稻草全量还田控草能力强，一般田块可不用除草。常年草害严重的田块，在油菜 4～5 叶时，喷施油达（50％草除灵 30mL＋24％烯草酮 40mL＋异丙酯草醚 45mL）等油菜田专用除草剂一次，可采用无人机、田间行走机械或人工喷雾等方式。蕾薹期用无人机每亩喷施 45％咪鲜胺 37.5mL＋融透助剂 20mL 防控菌核病；菌核病偏重发生年份，在花期再用无人机喷施多菌灵、菌核净、咪鲜胺等药剂进行防治。

2. 适时收获

当全株 2/3 角果呈黄绿色、主轴基部角果呈枇杷色、种皮呈黑褐色时，进行分段机收，采用联合机收时推迟 5～7d 进行。人工收获的适宜收获期同分段机收，做到轻割、轻放、轻捆、轻运，减少损失。

三、适宜区域

本技术适用于长江流域稻田油菜种植。当水稻在 9 月下旬以后收获的均可采用本技术，播期一般不晚于 11 月上旬，尤其适合于早稻—晚稻—油菜、水稻—再生稻—油菜、一季晚稻—油菜等种植模式。

四、注意事项

第一，本技术不适合 9 月中旬之前收获水稻的稻田油菜种植。

第二，油菜与稻谷共生期一般不能超过 5d。

第三，水稻留高桩、施肥、开沟等关键技术必须配套实施。如果施肥和开沟任何一项措施未跟上均会导致技术失败。

技术依托单位

1. 全国农业技术推广服务中心

联系地址：北京市朝阳区麦子店街 20 号

邮政编码：100125

联系人：汤 松 张 哲

联系电话：010-59194506

电子邮箱：tangsong@agri. gov. cn

2. 华中农业大学

联系地址：湖北省武汉市洪山区狮子山街 1 号

邮政编码：430070

联系人：魏 鹏

联系电话：027-87281262

电子邮箱：363604300@qq. com

3. 农业农村部南京农业机械化研究所

联系地址：江苏省南京市玄武区中山门外柳营 100 号

邮政编码：210014

联系人：胡良龙

联系电话：025-84346269

电子邮箱：735178312@qq. com

油菜"两改三适两抗"生产技术

一、技术概述

（一）技术基本情况

针对当前油菜生产中存在的水田渍害、茬口紧张、低温冻害、早薹早花等瓶颈问题，近年来，全国农业技术推广服务中心大力推广油菜"两改三适两抗"生产技术。该技术通过改良秸秆处理和耕整地方式，提高油菜播种质量和效率；通过改善田间排水设施，明确"三沟"配置要求，解决稻田油菜易发生渍害的问题；通过规范播种时期、适当增加密度、选择适机品种和施肥方式，实现一播全苗，提高产量，有效降低生产成本；通过选用抗病品种，科学运筹肥水，适时化学调控，提高油菜抗病抗逆能力。该项集成技术可以实现良种良法配套、农机农艺融合，是促进长江流域油菜生产向着高质化、高效化和绿色化方向转变，推动我国油菜产业高质量发展的有效技术手段之一。

（二）技术示范推广情况

为加快该技术集成示范步伐，全国农业技术推广服务中心在多年多点试验的基础上，2021年专门制定印发了《油菜"两改三适两抗"技术集成方案》，组织长江流域油菜主产省积极开展技术集成示范。目前，该技术已在湖北、湖南、江西等稻油产区开展了大范围示范，累计推广面积超过600万亩。

（三）提质增效情况

该技术在湖北、江西、湖南等油菜主产省的多点大面积示范结果显示，采用该技术种植的稻田油菜稳产性好，平均亩产达170kg以上，较当地平均单产提高15％以上；高产示范片亩产达220kg，每亩投入成本控制在270～320元，亩收益超过500元，节本增收效果显著。

二、技术要点

（一）改良秸秆处理和耕整地方式

稻油轮作机械化直播模式，水稻收获留茬18cm以下，秸秆粉碎长度10～15cm，均匀抛撒还田，油菜翻耕深度20cm以上；稻油轮作免耕直播模式，水稻收获留茬40cm以上，均匀抛撒还田，减少稻草覆盖度，施肥播种后用盘式开沟机开沟覆土。

（二）改善田间排水设施

严格"三沟"配套，厢沟、腰沟、围沟要逐渐加深；水田厢宽1.8～2.0m；三沟深度分别为20～25cm、25～30cm、25～30cm，确保沟沟相通，雨止田干；低洼田的厢要窄、沟要深，旱地"三沟"可稍浅；迟熟水稻茬口，应在收割前10～15d进行排水晾田。

（三）适度增加种植密度

适期播种的油菜亩种植密度为3万株左右，播期推迟密度相应增加；人工撒播每亩播种量0.30kg左右，机械条播每亩0.20kg左右，无人机飞播每亩0.40kg左右；在适宜播期范围内，播期每推迟5d，则在最优栽培模式的基础上，亩种植密度依次增加1 000株，亩播种量依次增加 10g。

（四）选择适宜的播种时期

油菜品种生育期适宜，要求茬口衔接得上，适期早播，以增强抗冻能力；长江中上游稻田直播油菜播期不迟于 10 月 15 日，长江下游不迟于 10 月 20 日，力争形成冬前壮苗，确保单株绿叶数 7 片以上。

（五）选择适宜机械化作业的品种和施肥方式

选用在本地区登记的双低、高产、高含油量油菜品种，要求品种具备抗倒性、抗病性和耐密性，适宜机播或飞播及机收；在总量不变的情况下，采取基肥、追肥相结合的方式分施钾肥，提高茎秆强度，降低倒伏指数，以适宜机械化收获。

（六）提高抗病虫能力

选用抗菌核病、抗根肿病的油菜新品种，提高遗传抗性；花期采用氟唑菌酰羟胺等新型药剂防治菌核病、蚜虫以及花而不实、早衰等。大田蚜株率达到 8％、菜青虫百株虫量达到 20～40 头及以上时，利用无人机喷施 2.5％的溴氰菊酯、4.5％的高效氯氰菊酯水乳剂防治。

（七）提高抗逆水平

采用科学的肥水管理和化学调控提高抗逆性。对于苗期低温冻害，在冬至前后人工喷施烯效唑，增加叶片厚度，促进根系发育，提高地上部分抗寒抗冻能力，规模地块可选用无人机喷施。对于早熟油菜品种，在开春后喷施浓度不高于 0.1％的氯化钙溶液，提高低温下籽粒结实率，缓解倒春寒危害；对于中迟熟品种，在终花后叶面喷施 5％的磷酸二氢钾，防角果高温逼熟。

三、适宜区域

本技术适用于长江流域稻油轮作产区，尤其适合于早稻—晚稻—油菜、水稻—再生稻—油菜、一季晚稻—油菜等种植模式。

四、注意事项

选择适合当地区域的登记品种，因地制宜选择适当稻油轮作模式。

技术依托单位

1. 全国农业技术推广服务中心

   联系地址：北京市朝阳区麦子店街 20 号

   邮政编码：100125

   联 系 人：汤 松 张 哲

   联系电话：010-59194506

   电子邮箱：tangsong@agri.gov.cn

2. 先正达（中国）投资有限公司

   联系地址：上海市浦东新区博成路世博发展集团大厦

   邮政编码：200126

   联 系 人：营金凤

   联系电话：15385510321

   电子邮箱：jinfeng.ying@syngentagroup.cn

稻田油菜轻简高效"一促四防"丰产技术

一、技术概述

（一）技术基本情况

2012 年，针对我国油菜菌核病发生严重、缺硼导致油菜花而不实、极端气温影响等制约油菜生产的关键问题，中国农业科学院油料作物研究所等科研单位将传统复杂的防治技术融合，形成了轻简高效的油菜"一促四防"技术。通过初花期利用机动喷雾器对叶面喷施磷酸二氢钾、硼肥、杀菌剂等混配液，可有效促进油菜后期生长发育，预防花而不实、菌核病、"老鼠尾巴"、高温逼熟，确保油菜高产稳产。2022 年，针对油菜菌核病耐药性提高和全营养施肥技术推广，长江大学和湖北省油菜办公室融合新型杀菌剂和生长调节剂研制了无人机作业新配方，进一步提高"一促四防"效果，比传统配方增产 10％以上。该技术为公益性技术，无专利等限制。

（二）技术示范推广情况

2012 年和 2013 年，油菜"一促四防"技术被中央财政列为补贴项目，在湖南、江西、湖北等地三熟制油菜应用，累积补贴面积 800 万亩。近 10 年来，该技术连续多年被全国油菜春季管理专家指导意见和各省份列入关键技术大范围推广，累积应用面积超过 4 亿亩。2020—2021 年，"一促四防"新配方在天门、钟祥、江陵开展多点试验，示范面积超过 5 万亩，防病增产效果十分显著。2022 年，湖北省将其作为农业主推技术在全省大面积示范推广，示范面积达到 100 万亩以上。

（三）提质增效情况

2012 年，在湖北黄冈试点推广"一促四防"技术，当地油菜菌核病明显减轻，结实率提高，千粒重增加，抗倒性增强，单产比上年有所提高。相比没有试点的荆州、安庆等周边地区，菌核病发病率一般达到 30％左右，植株倒伏严重，单产减产达到 10％～15％。2021 年，"一促四防"新配方在湖北大面积示范，综合实收亩产达到 190.6kg，比对照提高 9.7％，菌核病发病率和病情指数分别比对照降低 38.3％和 40.8％，可减少尿素施用量 4.5kg，每亩增效达 121.4 元。"一促四防"配方药剂符合国家农药登记标准，无污染风险，新配方减少农药用量 50％以上，具有较好的耕地保护和生态环保效益。

（四）技术获奖情况

无。

二、技术要点

（一）药肥配方

长江流域产区：以防油菜菌核病和增加千粒重为主，每亩可一次性混配喷施氟唑菌酰羟胺（有效含量 200g/L）50mL 或戊唑醇 10mL（43％戊唑醇悬浮剂）＋新美洲星有机水溶肥料 50mL＋速效硼（有效硼含量＞20％，亩用量 50g）。

北方春油菜产区：在预防菌核病的基础上，应增加防治蚜虫的药剂，即戊唑醇 10mL（43％戊唑醇悬浮剂）＋速效硼（有效硼含量＞20％，亩用量 50g）＋25％吡蚜酮悬浮剂（亩用量 24g）。机动喷雾器亩用药液量 12～15kg，一般手动喷雾器不少于 30kg。

（二）防治时间

油菜初花期是"一促四防"的关键时期，即从全田油菜开始开放第一朵花至全田有 25％植株开花。喷施时间最好选在晴天无风 10:00 以后和 17:00 前无露水时喷施。

油菜初花期飞防

（三）防治方式

一般推荐采用大疆或极飞植保无人机进行统防统治，北方油菜产区也可采用植保机进行防治。无人机每亩喷施药液量 1kg，机动喷雾器亩用药液量 15kg，手动喷雾器不少于 30kg。要注意喷洒均匀，尤其是要注意喷到下部叶片。应留意气象预报，避免喷施后 24h 内下雨，导致油菜"一促四防"效果降低。

三、适宜区域

长江流域冬油菜区（四川、重庆、贵州、云南、陕西汉中、湖北、湖南、安徽、江苏、浙江等），黄淮冬油菜产区（河南、陕西、山西等），北方春油菜产区（青海、内蒙古、甘肃、新疆、西藏等）。

四、注意事项

无。

技术依托单位

1. 全国农业技术推广服务中心

联系地址：北京市朝阳区麦子店街 20 号

邮政编码：100125

联 系 人：汤　松

联系电话：010-59194506

2. 中国农科院油料作物研究所

联 系 人：程　勇

联系电话：13808614864

3. 长江大学

联 系 人：张学昆

联系电话：13720301916

油菜毯状苗移栽与收获机械化技术

一、技术概述

（一）技术基本情况

我国长江流域稻油轮作区水稻收获期不断推迟，导致油菜种植错过了最佳播种期，现有移栽技术装备不适应水稻秸秆全量还田、高含水量土壤的田间条件，油菜种植面积萎缩，致使出现大量冬闲田。油菜机械化高效移栽是广大农民千百年来的梦想，也是我国油菜全程机械化需要攻破的最后一个"堡垒"。移栽油菜比直播油菜密度低，茎秆粗、植株高大、分枝多，成熟度一致性差。常规油菜收获技术损失高、效率低。

针对上述重大产业问题和需求，在种植环节，摒弃苗床低密度育苗、人工裸苗移栽的传统育苗移栽方式，通过创新育苗移栽方式，开发配套技术和装备，在稻茬田上，一次性完成"旋耕埋秸、开沟作畦、切缝插栽、推土镇压"等多道工序，解决了因生育期不足导致油菜产量下降的难题，实现了水稻秸秆全量还田、复杂土壤墒情条件下油菜高密度、高效率、高质量移栽；在收获环节，采用稻麦油共用底盘配套油菜收获专用割晒台和捡拾台进行油菜分段收获，解决了高产大植株移栽、油菜高效割晒铺放和低损捡拾难题。该技术为开发冬闲田扩种油菜、高效优质低损收获油菜、大幅度提高食用油自给率提供了切实可行的技术途径和装备。

（二）技术示范推广情况

核心技术油菜毯状苗移栽机械化技术连续多年列入农业农村部农业主推技术，"油菜毯状苗机械化高效移栽技术"被农业农村部评为 2018 年十大引领性农业技术，作为关键技术环节的"油菜生产全程机械化技术"被农业农村部评为 2019 年十大引领性农业技术，入选"十三五"十大农业科技标志性成果。2018 年，以插秧机底盘为动力的 2ZYG-6 型油菜毯状苗移栽机已实现小批量生产和销售，作业效率均为 4～6 亩/h，比人工移栽提高工效 40～60 倍，在长江上中下游的四川、湖南、湖北、江西、安徽、江苏等地开展了示范、推广，取得了良好效果。2018 年以来，研发了集耕整地和移栽功能于一体的拖拉机牵引式 2ZGK-6 型油菜毯状苗联合移栽机，实现了水稻秸秆全量还田、复杂土壤墒情条件下移栽，移栽质量、作业效率、田块适应能力有了大幅度提高，2022 年在南方冬油菜 10 个主产省份得到了大面积推广应用，为冬闲田油菜扩种提供了装备支撑。

核心技术稻麦油共用底盘配套油菜收获专用割晒台和捡拾台的油菜分段收获机械化技术连续多年在江苏、湖北、湖南、四川、内蒙古等省份试验示范和推广应用，实现了高产大植株移栽油菜的高效、优质、低损机械化收获，提升了油菜收获机械化水平，促进油菜产业发展和农民增产增收，受到用户广泛欢迎。

（三）提质增效情况

1. 油菜毯状苗移栽机械化技术

（1）移栽效率高　机械化切块取苗对缝插栽方式，移栽频率达每分钟 300 株/行，世界移栽频率最高；整机作业效率每小时 6～8 亩，是人工移栽的 60～80 倍、现有链夹式移栽机的 13 倍。

（2）适应性强　油菜毯状苗高密度切块栽植，实现了低成本育苗移栽，联合耕整一体移栽方式进一步提高了工效，秸秆切碎、土壤加工能力提升，可在稻茬田上直接进行移栽，耕整地与移栽一次完成，即耕即栽。当土壤绝对含水量 15%～35% 时，利用高含水量抢墒移栽，一般不需要浇水即可活棵，实现了秸秆全量还田、高含水田间条件下的高效高质量移栽，对田间条件适应性极强。

（3）移栽产量高　毯状苗移栽油菜因为苗龄 30d 以上，弥补了因茬口推迟所造成的生育期不足，带土移栽易活棵、缓苗期短，亩移栽密度达到 10 000 株，具备很好的高产条件，多地试验结果表明毯状苗移栽比同期迟播油菜增产 30% 以上。

（4）综合经济效益好　每亩移栽机折旧成本、耗油成本、操作人员人工成本合计约 50 元，育苗材料及管理成本 70 元，两项合计 120 元。与机械直播相比，每亩育苗材料及管理成本 70 元，减掉节省用种成本 25 元，实际增加育苗成本 45 元，增加田间作业成本 10 元，合计增加成本 55 元；按照比同期直播油菜亩产 130kg 增产 30% 计，增加 39kg，折算 195 元，减掉增加的成本，每亩净增效益 140 元。与人工移栽相比，产量持平，每亩节省用工成本 200 元。由此可见，该技术综合经济效益较好。

2. 油菜分段收获机械化技术

（1）作业效率高　现有油菜收获装备作业效率低，一般 3～5 亩/h，缠绕严重、割晒输送不畅、捡拾堵塞等问题突出。在稻麦联合收获机通用底盘基础上，新创制的非强制约束倾斜输送割晒台、拾送喂一体化双段齿带式地面仿形捡拾台，解决了现有割晒、捡拾小机型收获高产大植株移栽油菜的难题，作业效率 7～10 亩/h。

（2）损失率低，效益高　实际生产中多用谷物联合收割机兼收油菜，收获损失率高达 13.5%～19%。稻麦联合收获机通用底盘配套油菜籽收获专用割晒台与捡拾台，在收获移栽油菜时，可减损 4～5 个百分点，按亩产 170kg，菜籽 5 元/kg 计算，亩节本增效 30～40 元；另外，分段收获菜籽品质好、含水率低，售价提高 0.2 元/kg，节省烘干成本 0.1 元/kg。以上合计，亩节本增效 80～90 元。

（四）技术获奖情况

"油菜毯状苗机械高效移栽技术与装备"成果，获 2018—2019 年度神农中华农业科技奖三等奖和 2019 年度中国农业科学院科学技术成果奖杰出科技奖。

"广适低损油菜分段/联合收获技术与装备"被评选为 2019 中国农业农村十大新装备；"油菜分段联合收获技术与装备"获 2017 年江苏省科技成果二等奖和中国机械工业科学技术奖一等奖；"油菜生产全程机械化技术"被评为"十三五"十大农业科技标志性成果。

二、技术要点

（一）油菜毯状苗移栽机械化技术

1. 秧苗条件

油菜毯状苗移栽秧苗苗龄不小于 30d，苗高 0.8～1.2cm，绿叶数 3～4 片。秧苗在苗片上直立、均布，秧苗空穴率不大于 10%；苗片盘根好，双手托起时不断裂。

2. 择机移栽

水稻收获后在满足土壤墒情和天气适宜的情况下，应做到即耕即栽，在土壤含水量偏高的情况下，晾田至双脚站立土壤表面不渍水，或者拖拉机能下田不打滑，择机移栽，整体移栽时间不宜迟于 11 月 10 日。

油菜毯状苗联合移栽机大面积作业

3. 栽后管理

栽后土壤墒情好或有降雨，不需要喷洒活棵水，如果干旱严重应适当灌水，或畦沟浸水。施肥、病虫害防治、除草等与常规油菜种植的田间管理基本相同。

（二）油菜分段收获机械化技术

移栽油菜植株相对直播油菜密度低，植株高大，宜采用分段收获方式，能够获得稳定的低损失、无青籽收获效果。

1. 适收期判断

当全田油菜 70％～80％的角果呈黄绿色或淡黄色，主序角果已转黄色，分枝角果基本褪色，种皮也由绿色转为红褐色时，或经检测油菜籽粒含水率为 35％～40％时，在风速不大于 3m/s 条件下进行割晒作业。

2. 割晒作业要求

割晒机作业时，割茬高度应选择 20～40cm，以便于割倒的油菜晾晒在割茬上。油菜晾晒 5～7d 后（遇雨可适当延长晾晒时间），籽粒变成黑色或褐色，籽粒和茎秆含水率显著下降，一般籽粒含水率下降到 15％以下时进行捡拾作业。

共用底盘油菜割晒作业

3. 捡拾作业要求

捡拾作业时一般要等露水稍干后进行作业。油菜割倒晾晒期间遇到降雨，一般不影响后续捡拾作业，也不会增加损失，需延迟几天等油菜上的雨水干了方能进行捡拾作业。

共用底盘油菜捡拾作业

三、适宜区域

我国长江流域稻油轮作茬口紧的冬油菜生产区。

四、注意事项

（一）油菜毯状苗移栽机械化技术注意事项

第一，育苗环节严格按照相关技术规程执行，具体实施过程可与技术依托单位联系。

第二，油菜高效联合移栽机配套拖拉机动力要足，一般选用 88kW 以上的四轮拖拉机进行移栽。

第三，前茬水稻收获应选用带秸秆粉碎装置的联合收割机，保证秸秆抛撒均匀，不条铺、不堆积。

第四，油菜移栽后视土壤墒情和天气情况，及时灌溉活棵水，做好排水沟连通工作。

（二）油菜分段收获机械化技术注意事项

第一，必须按油菜成熟度要求进行割晒和捡拾作业，方能降低收获损失。

第二，割晒铺放连续不断空，厚薄一致，铺放有序，无漏割。

第三，根据田块大小和性状，合理规划作业路线，提高作业效率。

第四，根据籽粒和秸秆含水率变化，调整脱粒滚筒转速、间隙，清选风机开度或转速。

技术依托单位

1. 农业农村部南京农业机械化研究所

联系地址：江苏省南京市玄武区中门外柳营 100 号

邮政编码：210014

联 系 人：吴崇友

联系电话：15366092918

电子邮箱：542681935@qq.com

2. 农业农村部农业机械化总站

联系地址：北京市朝阳区东三环南路 96 号农丰大厦

邮政编码：100122

联 系 人：吴传云

联系电话：13693015974

电子邮箱：amted@126.com

花生带状轮作复合种植技术

一、技术概述

（一）技术基本情况

我国农业发展成就举世瞩目，大宗农产品供应充足，粮食自给率稳定在90％左右，但生产中仍存在着突出问题。一是我国油料自给率仅为32％，扩大油料生产面临着与粮食等作物争地的矛盾；二是作物种植结构单一（花生、玉米、棉花、甘蔗等长期连作，冬小麦—夏玉米单一种植），导致肥药投入偏高、土壤板结、农田CO_2及含N气体排放增加、可持续增产潜力不足等，且果树行间资源利用不充分；三是间套作是稳粮增油、缓解连作障碍的有效方式，但传统间套作模式不适应机械化、规模化生产。为充分发挥花生根瘤固氮作用，以花生为主体，通过对花生与粮、棉、油、糖、果等间套轮作模式研究与试验，研发出花生带状轮作复合种植技术。该技术是压缩玉米、棉花等高秆作物株行距、增加其播种带密度，发挥边际效应，保障其稳产高产，挤出带宽种植花生，两种作物尽可能"等带宽"种植，次年两种作物"条带调换"种植，第三年再次调换种植，依此类推；果树行套作花生，次年用禾本科作物轮作，第三年再套作花生，依此类推。该技术实现间作与轮作有机融合、种地养地结合、防风固沙、碳氮减排及农业绿色发展。自2010年以来，山东省农业科学院等单位对花生带状轮作复合种植技术进行了系统研究，国家专利授权17项，制定省级地方标准10项、技术规程6项，均在生产中应用。

（二）技术示范推广情况

"玉米花生宽幅间作技术"2015年被国务院列为农业转方式、调结构技术措施；2017—2019年、2021年被农业农村部遴选为农业主推技术；2017年、2019—2020年被遴选为山东省农业主推技术；被中国农村技术开发中心列为大田经济作物高效生产新技术，作为农村科技口袋书全国推广；作为减排固碳增效技术，被选为我国气候智慧型作物生产主体技术与模式。"花生带状轮作技术"2020年被选为中国农业农村重大新技术，"花生带状轮作复合种植技术"2021年被列为山东省农业主推技术。且这两者均被中国科学技术协会遴选入驻"科创中国"，作为技术案例予以推广应用。

2016年中国工程院农业学部组织院士专家对该模式进行了实地考察，亩产玉米517.7kg＋花生191.7kg，认为该技术探索出了适于机械化条件的粮油均衡增产增效生产模式。全国农业技术推广服务中心2017年印发《玉米花生宽幅间作技术示范方案》的通知，要求在黄淮海及东北花生主产区开展间作技术示范，并多次召开全国性观摩会。山东省财政厅、农业农村厅实施的2018年第二批粮油绿色高质高效创建项目，将玉米花生间作技术在临邑、莒县、泗水、昌乐等4地进行集中示范推广，每县2.5万亩。花生带状轮作复合种植技术在山东、辽宁、吉林、广西、新疆、河南、河北、广西、安徽、湖南、四川等地进行了试验示范及大面积推广应用，取得良好效果。

技术示范及推广过程中，受到《人民日报》、新华社、中央电视台财经频道、山东电视台等中央及省级媒体的广泛关注。其中，缓解粮油争地、人畜争粮等矛盾——"专家建议推广玉米花生宽幅间作技术"列入《人民日报内参》（2016 年，第 1341 期）。《人民日报》于2016 年（第 552 期 9 版）对技术效果进行了报道。

（三）提质增效情况

在保证玉米、棉花等作物高产稳产的同时，平均亩增收花生 120kg 以上，土地利用率提高 10% 以上，亩效益增加 20% 以上。该技术模式有效改善田间生态环境、缓解连作障碍、减轻东北区风蚀、减少碳氮排放，生态效益显著。

（四）技术获奖情况

核心专利之一"一种夏玉米夏花生间作种植方法"2018 年获山东省专利奖二等奖。该技术作为主要内容，2018 年获山东省农牧渔业丰收奖一等奖。花生带状轮作技术列入 2020中国农业农村重大新技术。

二、技术要点

（一）选择适宜模式

花生与玉米带状种植：根据地力及气候条件选择不同的模式。黄淮区选择玉米与花生行比 3∶4 为主的模式，带宽 3.5m，玉米行距 55cm、株距 14cm；东北区选择玉米与花生行比8∶8 为主的模式，带宽 8m 左右，玉米行距 50～60cm、株距 22～25cm。花生均一垄 2 行，垄距 85cm，单粒精播、穴距 10cm。

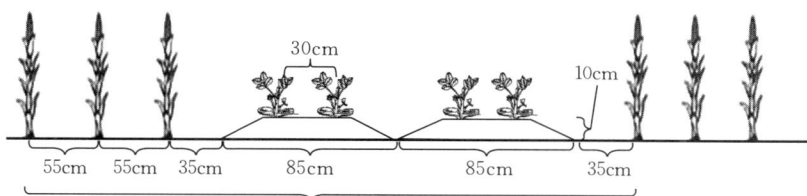

玉米与花生 3∶4 模式示意

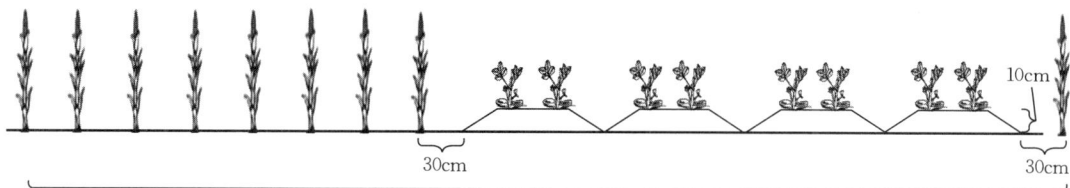

玉米与花生 8∶8 模式示意

花生与棉花带状种植：黄淮区选择棉花与花生行比为 4∶6 为主的模式，带宽 5.5m，棉花等行距 75cm、株距 20cm；花生一垄 2 行，单粒精播、穴距 10cm。新疆选择棉花与花生膜比 3∶5 模式，带宽约 13.7m，棉花每膜种植 6 行，行距依次为 10cm、66cm、10cm、66cm、10cm，两膜相邻边行距 60cm，株距 9.5cm；花生每膜 4 行，行距依次为 30cm、40cm、30cm，两膜相邻边行距 40cm，穴距 10cm，单粒精播。

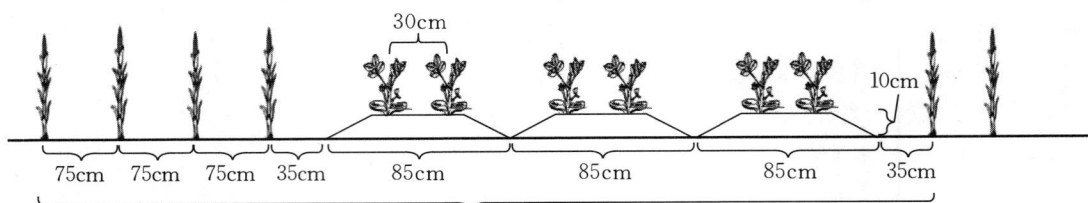

棉花与花生 4∶6 模式示意

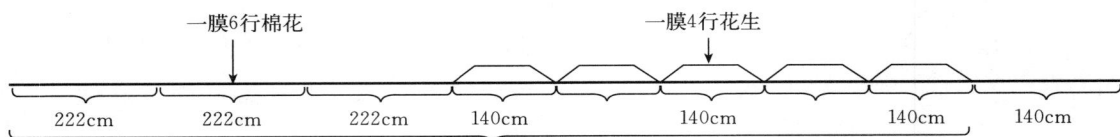

棉花与花生膜比 3∶5 模式示意

花生与甘蔗带状种植：可选择甘蔗与花生行比 1∶2、2∶3、1∶4 等模式，其中 2∶3 模式带宽 2.4m，甘蔗每米植沟 15 个牙，花生穴距 9～10cm，每穴 1 粒。

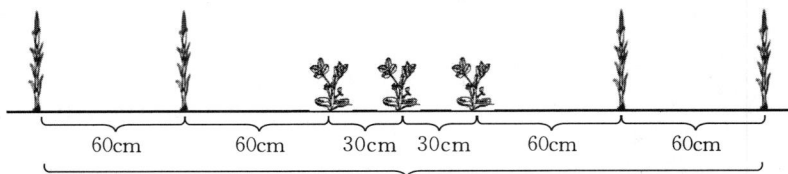

甘蔗与花生 2∶3 模式示意

（二）选择适宜品种并精选种子

选用适合当地生态环境的抗逆高产良种。玉米选用株型紧凑或半紧凑型的耐密品种；花生选用耐阴、耐密、抗倒的高产良种。

精选种子，或选用经过包衣处理的商品种。花生应选籽粒饱满、活力高、大小均匀一致、发芽率≥95％的种子。

（三）选择适宜机械

选用目前生产推广应用的、成熟的播种机械和收获机械，实行条带分机播种、分机收获，或一体化播种机械播种。

（四）适期抢墒播种保出苗

根据当地气温确定播期。每种模式的两种作物可同期播种、也可分期播种；分期播种要先播生育期较长的作物、后播生育期较短的作物。大花生宜在 5cm 平均地温稳定为 15℃以上、小花生宜在 5cm 平均地温稳定为 12℃以上播种，土壤含水量确保 65％～70％。花生夏播均应在 6 月 15 日前抢时早播。

（五）均衡施肥

重视有机肥的施用，以高效生物有机复合肥为主，两种作物肥料统筹施用。根据作物需肥不同、地力条件和产量水平，实施条带分施技术。每亩施氮（N）6～12kg、磷（P_2O_5）

5～9kg、钾（K$_2$O）8～12kg、钙（CaO）6～10kg。适当施用硫、硼、锌、铁、钼等微量元素肥料。若用缓控释肥和专用复混肥可根据作物产量水平和平衡施肥技术选用合适肥料品种及用量。

（六）深耕整地

适时深耕翻，及时旋耕整地，随耕随耙耱，清除地膜、石块等杂物，做到地平、土细、肥匀。

对于小麦茬口，要求收割小麦时留有较矮的麦茬（宜控制在10cm内），于阳光充足的中午前后进行秸秆还田，保证秸秆粉碎效果，而后旋耕2～3次，旋耕时要慢速行走、高转速旋耕，保证旋耕整地质量。

（七）控杂草、防病虫

重点采用播后苗前封闭除草措施，喷施精异丙甲草胺。出苗后均采用分带隔离喷施除草技术与机械，避免两种作物互相喷到。

按常规防治技术主要加强地下害虫、蚜虫、红蜘蛛、玉米螟、棉铃虫、斜纹夜蛾、花生叶螨、叶斑病、锈病和根腐病的防治。

施药应在早、晚气温低、风力小时进行，大风天不要施药。

（八）田间管理控旺长

生长期遇旱及时灌溉，采用渗灌、喷灌或沟灌。遇强降雨，应及时排涝。

间作花生易旺长倒伏，当花生株高28～30cm时，每亩用24～48g 5%的烯效唑可湿性粉剂，兑水40～50kg均匀喷施茎叶（避免喷到其他作物），施药后10～15d，如果高度超过38cm可再喷施1次，收获时应控制在45cm内，确保植株不旺长；西北区以水控旺。根据棉花长势分别于苗蕾期、初花期、花铃期喷缩节胺。

（九）收获与晾晒

根据成熟度适时收获与晾晒。用于鲜食的玉米、花生应择时收获。

三、适宜区域

适合黄淮、东北、西南、西北玉米、花生、甘蔗、棉花种植区。

四、注意事项

应选择适宜当地的模式与品种；注重播种质量，注意调整播深，保证苗全、苗齐；注重苗前化学除草；防止花生徒长倒伏。

技术依托单位

1. 山东省农业科学院

联系地址：山东省济南市历城区工业北路202号

邮政编码：250100

联系人：万书波　郭　峰　张　正　孟维伟　唐荣华　于海秋　高华援　李　强　张智猛

联系电话：0531-66658127　0531-66659692　0771-3276055　024-88487137　0434-6283378
　　　　　0991-4599291

电子邮箱：wanshubo2016@163.com　guofeng08-08@163.com　tronghua@163.com
　　　　　haiqiuyu@163.com　ghy6413@163.com　lq19820302@126.com

2. 全国农业技术推广服务中心

联系地址：北京市朝阳区麦子店街 20 号

邮政编码：100125

联 系 人：刘　芳

联系电话：010-59194506

电子邮箱：liufang@agri.gov.cn

3. 山东省农业技术推广中心

联系地址：山东省济南市历下区解放路 15 号

邮政编码：250014

联 系 人：杨武杰　彭科研　曾英松　姚　远

联系电话：0531-67866303

电子邮箱：sdyouliao@163.com

花生单垄小双行交错布种栽培技术

一、技术概述

（一）技术基本情况

花生是我国及世界重要的油料和经济作物，是国产植物油第二大来源，花生产业发展对保障国家食用油安全以及实现农民增收具有重要意义。然而，辽宁及东北地区花生生产以中低产田裸地种植为主，生产上传统的花生垄上单行双粒或多粒穴播植株间生态位宽度有限，株间竞争矛盾突出，个体间光、温、水等环境资源竞争激烈，大小株现象常见，难以充分发挥单株生产潜力；而且，普遍存在重施氮肥、不平衡施肥、施用时期不准、肥料利用率低，连作障碍严重，农药施用过量、残留超标、污染严重，全程机械化程度低等问题，造成面源污染现象严重，生产投入大，效率低，收益差，严重影响了辽宁省花生国内外市场竞争力。

花生单垄小双行交错布种栽培技术优化花生根系结构和植株形态，增加单株生产力，提高产量，减少化肥农药使用量，提高肥药利用效率，降低环境污染，减少劳动力投入，提高生产效率，增加农民收入，促进辽宁及东北地区花生生产健康发展。2021年，国家花生产业技术体系栽培生理岗位科学家及团队成员制定了辽宁省地方标准《花生单垄小双行交错布种栽培技术规程》，并发布实施。该技术适合在辽宁、吉林、内蒙古东部等地区推广示范。

（二）技术示范推广情况

该技术自2013年以来独自或者作为其他技术的核心内容，连续多年多点进行了大面积示范推广。在本课题承担的"十三五"国家重点研发项目子课题"东北春花生减肥关键技术研究与示范"中作为主要技术进行示范推广，花生化肥减施技术示范核心区1 550亩、示范区16.8万亩、综合技术模式辐射23.5万亩；以该技术为主要内容的"花生高产优质绿色栽培技术集成与推广"获2019年度辽宁省农业科技贡献奖一等奖，2016—2018年在辽西北、辽西南、辽北、辽中四个花生主产区共建立了9个核心县，累计推广902.6万亩，花生增产32 945.9万kg，总经济效益达到125 970.5万元。

（三）提质增效情况

与常规播种技术相比，花生单垄小双行交错布种栽培技术优化了群体结构，避免了大小株现象产生，缓解了植株间光、水、养分的竞争矛盾，植株株高、第一侧枝长、第二侧枝长降低，分枝数增加，根长、根体积、根表面积分别增加；叶绿素含量显著增加28.6%，光合速率显著提高10.9%，叶面积指数达4.2以上，使群体光合能力显著增强，产量提高13.6%。在此理论基础上，继续完善了"塑造高产株型、优化群体质量、强劲根系吸收"的抗逆高产提质增效栽培技术体系，编制了《花生单垄小双行交错布种栽培技术规程》辽宁省地方标准1项。

（四）技术获奖情况

以该技术为核心内容的"辽宁省花生高产高效栽培技术集成与推广"成果，获2014—2016年度全国农牧渔业丰收奖农业技术推广成果奖二等奖；以该技术为主要内容的"花生高产优质绿色栽培技术集成与推广"成果，获2019年度辽宁省农业科技贡献奖一等奖。

二、技术要点

（一）地块选择

选择质地疏松的沙质土或壤土地块。宜与玉米、高粱、谷子等禾本科作物以及薯类作物实行合理轮作倒茬。

（二）整地与施肥

在秋季作物收获后土壤上冻前进行整地。采用翻、耙、压一体化联合整地机，深度≥12cm。每3～4年进行1次深松作业，深度≥25cm。以有机肥为主，无机肥为辅，有机与无机相结合；施足基肥，补充速效肥，配合施用中、微量元素肥料。有机肥宜在整地时作为基肥施入，氮、磷、钾、钙及微量元素肥料作为种肥深施。

（三）品种选择与种子处理

东北地区宜选用抗旱、耐低温、耐盐碱、综合抗性好的直立型疏枝花生品种，生育期120～125d。播种前14d，带壳晒种。播种前7d内，采用人工或机械脱壳。选择籽粒饱满、整齐度高、色泽新鲜及无破损、虫蚀、病斑、发芽、霉变的种子。根据当地花生土传病害、地下虫害的发生情况，选择适宜的花生专用种子包衣剂拌种。宜选用根瘤菌剂拌种，随拌随播，当天播完。根瘤菌剂不应与硫酸铵、杀虫剂和杀菌剂同时施用。

（四）播种

东北地区大粒型花生宜于土壤耕层5cm日平均地温稳定在15℃以上时进行播种，一般为5月中旬；小粒型花生宜于土壤耕层5cm日平均地温稳定在12℃以上时进行播种，一般为5月上、中旬。

每小垄播种2小行，其中一行的播种穴位置与另一行相邻两个播种穴的中心位置相对应。宜选用起垄、播种、施肥、喷洒除草剂、镇压等工序一次性完成的花生联合播种机。小行距7.0～10.0cm，单粒精量播种。小粒型花生每行穴距12.0～14.0cm，每亩保苗18 000～22 000株；大粒型花生每行穴距15.0～17.0cm，每亩保苗16 000～18 000株。

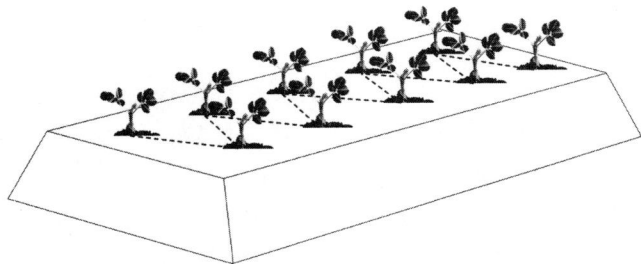

花生单垄小双行交错布种方式示意

花生单垄小双行交错布种栽培技术
田间播种情况

单垄小双行单粒精播

（五）田间管理

花生出苗后，应及时查田补苗。花生植株 8～10 叶时，进行第一遍中耕除草，开花下针始期进行第二遍中耕除草，同时培土迎针。根据土层水分情况确定灌溉时间、次数和用水量。如果饱果期之后遭遇涝害，应及时采取排涝措施。在结荚期或当株高达 35cm 并有徒长趋势时，采用化控技术控制植株徒长。根据土壤肥力情况，在开花后下针前，结合中耕培土作业适量追肥。开花下针期之后，进行 2～3 次叶面追肥，做到"一喷多防、三喷三防"。病虫草害防治坚持"预防为主，综合防治"的工作方针，以农艺措施为基础，积极采用物理防治和生物防控措施，合理使用高效低毒农药。

（六）收获

在适宜收获期采用分段收获或者联合收获。

花生单垄小双行交错布种栽培技术田间长势

三、适宜区域

该技术适合在辽宁、吉林、内蒙古等东北地区中低产田花生生产。

四、注意事项

无。

技术依托单位

1. 沈阳农业大学

联 系 人：于海秋

联系电话：13674201361

2. 辽宁省沙地治理与利用研究所

3. 锦州市科学技术研究院

盐碱地花生高产高效栽培技术

一、技术概述

（一）技术基本情况

土壤盐碱化是影响农业生产和生态环境的严重问题，严重制约了粮棉油生产和农业可持续发展。我国盐碱土面积约 $1.0 \times 10^7 hm^2$，分别占国土总面积和耕地面积的 2.1% 和 6.2%，主要分布于五大区的 23 个省、自治区、直辖市的平原地带，包括滨海盐碱土区、黄淮海平原盐碱土区、西北干旱和半干旱盐碱土区以及东北盐碱土区。我国花生种植面积保持在 7 000 万亩以上，其中，山东、河南、河北、安徽、江苏、新疆、辽宁和吉林等省份种植花生的面积占全国总面积的 60% 以上，且这些省份盐碱地资源丰富，光热充足，扩大花生种植面积的优势巨大。为开发利用盐碱地区温、光、热、土等自然资源禀赋，提高盐碱地区农业种植结构抗风险能力，充分挖掘中低产田特别是盐碱地的改造与利用潜力，扩大花生种植面积、提高产量品质，研究建立盐碱地花生高产高效栽培技术体系。通过该技术体系，实现了土壤含盐量在 0.2%～0.3% 盐碱地花生产量的大幅提高，解决了盐碱地花生出苗难、苗弱不齐、缺苗断垄、生长后期早衰、荚果充实度差、产量低而不稳等生产中存在的问题。通过"选用耐盐抗盐品种、压盐整地、施用生物有机肥和钙硼肥、适时晚播、严控密度、化控防早衰并适时收获"等 6 项组合技术，保证了盐碱地花生出苗快、苗全苗齐、荚果充实度好和产量品质的提高，实现了花生种植面积的扩大和食用植物油安全供给途径，优化了盐碱地区农业种植结构，增加了农民收入。

（二）技术示范推广情况

该技术体系在山东、河北、新疆、吉林、辽宁等花生产区 3 年累计推广 150 余万亩，新增经济效益 3.18 亿元，经济效益和社会效益显著。核心技术"盐碱地花生高产高效栽培技术"自 2014 年以来单独或作为其他技术的核心内容在山东、河北、新疆、辽宁、吉林等省份多地进行示范、推广，获得良好效果。在黄河三角洲的滨州、东营和内陆盐碱区聊城等地，采用该技术大面积种植花生平均亩产在 350.0kg 以上，小面积实收亩产达到 584.5kg。

2014—2019 年，在东营市垦利区和利津县的轻、中度盐碱土壤（0～20cm 土壤含盐量分别在 0.23%、0.35%）上，采用该技术 200 亩、100 亩和 25 亩连片种植花生，2014 年在土壤含盐量 0.35% 的盐碱土壤上，花生亩产达 394.6kg；2015 年在土壤含盐量分别为 0.23%、0.35% 的盐碱土壤上，花生亩产分别达 548.6kg、481.7kg。目前，该技术正在黄河三角洲花生种植区、新疆地区推广应用。

（三）提质增效情况

盐碱地花生产量一般较低，效益不高。本技术克服了限制花生出苗难和产量低的技术瓶颈，在土壤含盐量 0.2%～0.3% 地块上种植，和常规技术相比，增产 20%～30%，降低成本 20%（包括化肥和农药用量、人工次数、用种量等），亩增收 350 元以上。盐碱地花生品质发生改变，蛋白质含量增加，适口性提升，宜于进行花生食用制品生产。同时，花生耐旱、耐瘠、根瘤固氮等特性，使土壤肥力不断提高；如果与棉花实行周年轮换种植，可以解决两种作物连作障碍，改善土壤生态，扩大花生种植面积，获得双高产高效，促进盐碱区域农业种植结构优化。通过该技术的应用，经济效益、生态效益和社会生态效益显著提高，促进花生产业可持续发展，对保障我国食用植物油供给安全具有重要的现实意义。

（四）技术获奖情况

"花生抗逆高产关键技术创新与应用"获 2018 年度山东省科学技术进步奖一等奖和 2019 年度国家科学技术进步奖二等奖。其中，"花生耐盐高产优质高效栽培技术"是抗逆栽培主要技术之一。

二、技术要点

（一）压盐整地

适当深松，深度一般以 30cm 为宜，增加土壤通透性。于播种前进行淡水灌溉压盐，地表保持 1～3cm 的水层 1～3d，土壤含水量达到饱和含水量。或者用膜下滴灌技术，每亩 30～40m³ 淡水灌溉压盐。使土壤含盐量降至 0.15% 以下，待土壤水分适宜后进行播种。

整地压盐

（二）施肥

结合整地，每亩施腐熟有机肥 2 500～3 000kg，三元复合肥（15-15-15）40～50kg，生物菌肥 30kg，钙肥（CaO）15kg 左右。此外，还要配合使用钼肥、硼肥等微量元素肥料，以及根瘤菌肥。

（三）品种选择与适当晚播

选用耐盐碱、抗逆广适、产量潜力大并已登记的高产花生品种，如花育 25、花育 36、冀花 5 号、丰花 6 号、汕油 2 号、潍花 6 号等。

盐碱地花生适期晚播，当 5cm 土层地温稳定在 17℃以上时进行播种，采用低垄覆膜种植方式，垄高 6～8cm，垄面宽 50～55cm，垄距 80～85cm，每垄上播种 2 行花生，行间距保持 30～35cm，双粒穴播或单粒播种。

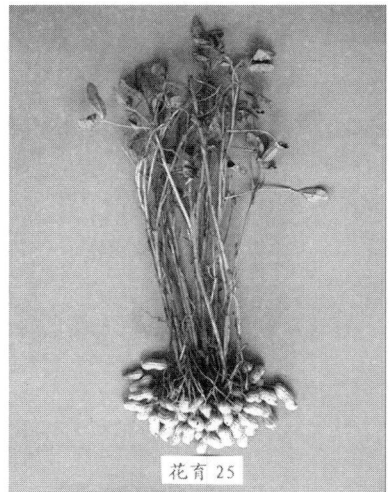

花育 25

耐盐碱高产花生品种

（四）适当增加密度

种植密度依盐碱程度和肥力状况适当增加种植密度，一般比非盐碱地增加 10％ 左右，双粒穴播在每亩 1.2 万～1.3 万穴，单粒精播在每亩 1.5 万～1.7 万株。

适宜的种植密度

（五）化控防早衰、适时收获

控旺长：视花生长势情况，进行化控。当主茎高度达到 35cm 左右时，叶面喷施生长抑制剂。如每亩用 5％ 的烯效唑 40～50g（有效成分 2.0～2.5g），加水 40～50kg 进行叶面喷施，或亩用 15％ 多效唑 50g 兑水 15kg 喷施，防止植株徒长或倒伏。施药后 10～15d，如果主茎高度超过 40cm 可再喷 1 次。也可使用其他符合安全要求的药剂。

防早衰：盐碱地花生中后期易出现早衰现象，通过喷施适量的含有氮、磷、钾、微量元素肥料或花生专用绿叶叶面肥套餐。如每亩用 2％～3％ 的过磷酸钙水澄清液 75～100kg，添加尿素 0.15～0.2kg 混合后叶面喷施；或喷施 0.2％～0.4％ 磷酸二氢钾液，于 8 月下旬起连喷两次，间隔 7～10d；也可喷施经过肥料登记的叶面肥料；也可利用膜下滴灌技术每亩随水施入尿素 3～4.5kg、磷酸二氢钾 4～6kg。

及时收获：盐碱地花生因盐毒害易造成果柄腐化、果壳褐变，因此，达到成熟标准要及时收获。

三、适宜区域

适宜土壤含盐量在 0.2％～0.3％ 的盐碱地区，主要包括山东、河北等滨海盐碱地以及河南、安徽、新疆、吉林和辽宁等省份次生盐碱地。

四、注意事项

1. 淡水压盐

使土壤含盐量降到 0.15％ 以下，是保证花生出苗的关键。因此，盐碱地花生播种前需以淡水压盐，尤其中度盐碱的土壤更需大水压盐。

2. 适当晚播、保证密度

盐碱地地温偏低，花生播种需适当晚播，当 0～5cm 土层地温稳定在 17℃ 以上时进行播种。由于盐危害，易出现缺苗断垅，种植密度比非盐碱地提高 10%。

3. 增施有机肥和钙肥

盐碱地土壤养分相对瘠薄，在保证氮肥和磷肥充分供应条件下，增施有机肥和钙肥，可以减少盐碱危害。

4. 科学化控

主茎高度达 35cm，及时喷施生长调节剂防止植株徒长或倒伏。施药后 10~15d 如果主茎高度超过 40cm 可再喷施一次。

盐碱地花生后期易早衰，在结荚中后期叶面必须喷施专用绿叶叶面肥，或通过滴灌随水补充养分，加大养分输送量，延长植株青枝绿叶时间，促进果实发育，防止植株早衰，提高花生的产量。

技术依托单位

1. 山东省花生研究所

联系地址：山东省青岛市李沧区万年泉路 126 号

邮政编码：266100

联 系 人：张智猛　徐　杨　丁　红　曲明静　张冠初　郭　庆

联系电话：18963021090

电子邮箱：qinhdao@126.com

2. 山东农业大学

联系地址：山东省泰安市岱宗大街 61 号

邮政编码：271018

联 系 人：李向东

联系电话：0538-8241194

电子邮箱：lixdong@sdau.edu.cn

3. 山东省农业技术推广中心

联系地址：山东省济南市历下区解放路 15 号

邮政编码：250014

联 系 人：杨武杰　彭科研　曾英松　姚　远

联系电话：0531-67866303

电子邮箱：sdyouliao@163.com

高油酸花生高产高效生产技术

一、技术概述

（一）技术基本情况

花生是我国重要的经济作物，常年种植面积在 7 000 万亩以上，总产量占全国油料作物产量的一半，稳定花生生产、提高花生产量和品质是保障我国油料供给的重要手段。与普通花生相比，高油酸花生具有延长产品货架期、降低心血管疾病风险等优势，深受加工企业和消费者青睐，是未来花生产业的发展趋势，对提升花生的品质和种植效益有重要意义。近年来，高油酸花生种植面积逐渐扩大，但由于种植技术或管理不到位，导致高油酸花生品种混杂，经济价值下降；部分地区花生受黄曲霉毒素污染，严重影响了花生的品质和食品安全。高油酸花生高产高效生产技术以品种保纯、病虫害绿色综合防控和黄曲霉毒素污染防控为核心，有效解决了高油酸花生品种混杂、品质下降等问题，并实现了化学农药减施和减轻黄曲霉毒素污染的目的。

（二）技术示范推广情况

该技术连续 5 年在河北、辽宁、山东、河南、安徽、新疆等花生主产区示范推广，累计推广应用 300 万亩以上。

（三）提质增效情况

根据示范点的测产结果，该技术较常规种植增产率达到 5.7%～14.4%，平均亩增收入 500 元，经济效益显著；应用该技术能减少化学农药的施用和减轻黄曲霉毒素污染，生态效益明显。

（四）技术获奖情况

无。

二、技术要点

（一）地块选择

尽可能选择上一年未种过花生或仅种过高油酸花生的田块，以减少自生苗的影响（若播种时田间有自生苗出现，应拔除后再播种）。可选择上茬作物是玉米、水稻等粮食作物的田块，通过合理轮作，改善土壤环境，减轻连作障碍，同时防治花生土传病害及部分叶部病害。播前进行深松深耕、精细整地，提高土壤蓄水保肥能力；应保证良好的灌溉排涝设施，以减少干旱、暴雨等极端天气条件下发生的真菌侵染和黄曲霉毒素产生。

（二）优选品种

选择高产、稳产、优质、多抗的高油酸品种，针对青枯病、果腐病等病害，选用高油酸抗病品种。大田用种纯度达到 98% 以上，发芽率达到 80% 以上，成熟度好。

（三）适期播种

播期应选择在 5cm 地温连续 5d 稳定在 18℃ 以上最佳。播种前可选用 25% 噻虫·咯·

霜灵悬浮种衣剂或 600g/L 吡虫啉悬浮种衣剂进行种子包衣，以减轻花生根腐病、茎腐病、冠腐病等土传病害和蛴螬、蝼蛄、金针虫、地老虎、蚜虫、蓟马、大灰象甲等虫害的发生。在种子脱壳、包衣前和播种前，应彻底清理剥壳、包衣和播种机械，确保没有任何种子残留，避免种子混杂。播种时，可使用黄曲霉生防菌施基肥或浸种，控制土壤中产毒菌数量，降低黄曲霉毒素污染概率。根据品种的生育期调整播期以获得适宜的收获期，减少后期降雨、早霜、低温等不利因素对花生产量和质量的影响。

（四）田间管理

1. 查苗补苗

应做到一播全苗，确实需要补苗的，只能用同一个品种补苗。

2. 水分管理

播种后出苗前，要保持土壤足墒确保出苗；花针期和结荚期是花生对水分反应最敏感的时期，此期干旱对产量影响大，当中午前后植株叶片出现萎蔫时，应及时浇水；饱果期遇旱应及时小水轻浇润灌，防止植株早衰及黄曲霉感染。一般在早上或傍晚浇水，采用喷灌、滴灌。在出现暴雨、连续降雨等极端天气时应当及时排水防涝，减少花生湿涝造成的霉变、烂果等质量风险。

3. 施肥控旺

以基肥为主，追肥为辅，一般一次性亩施三元复合肥 35～50kg 或花生专用肥 40～50kg。酸性土壤可增施石灰、钙镁磷肥等含钙肥料 50～100kg，预防花生空壳，石灰在开花下针期撒施在花生结荚区，钙镁磷肥宜在播种前条施在播种沟内。花针期可每亩追施石膏粉 25kg，促进荚果和籽仁发育，随肥喷施黄曲霉生防菌或绿色化学防控剂。在花生株高达到 30cm 左右时，有旺长趋势的田块应及时喷施植物生长调节剂，控旺防倒，喷施时间一般于 10：00 前或 15：00 后进行。

4. 防治病虫害

优先选用物理和生物技术防治病虫害，针对花生蛴螬、蓟马、蚜虫、棉铃虫、斜纹夜蛾、甜菜夜蛾等害虫，选用频振灯、色板、性诱剂、食诱剂、糖醋液等诱控技术，减少虫口基数。采用天敌或苏云金杆菌、白僵菌、金龟子绿僵菌、棉铃虫核型多角体病毒等进行生物防治，也可以在地头种植蓖麻、红花、向日葵等植物来控制部分虫害。生长期选择高效、低毒、低残留、环境友好型农药在适宜时期及时进行病虫害的补防。

（五）适时采收

收获前应根据花生田间长相，对照品种的特征特性，进行一次田间去杂。在花生生理成熟时收获，避免延迟收获，以提高花生的产量和质量；关注天气预报，避免花生在收获期及干燥处理过程中遭遇降雨造成的产量损失和霉变问题。收获时应彻底清洁收获机和摘果机，避免残留花生混杂。

（六）干燥储藏

1. 干燥

花生挖掘后，用摘果机摘果时避免对花生果造成物理损伤；花生晾晒时避免淋雨、长时间堆捂或直接接触地面；晾晒过程中定期翻动以促进花生快速充分干燥，尽快将花生果含水率降至 10% 以下，以降低霉变风险。

2. 储藏

储藏前，根据花生品种荚果特征，再进行一次人工去杂，剔除残留土壤、植物残体、霉变果、虫蚀果、荚果裂损果及未成熟果。储藏时不同的品种单独存放；使用干净的包装袋储存花生果，放置托盘以避免接触地面；霉变的花生果或其他农产品应分开储存以避免交叉污染；保持储存环境干净整洁，注意通风排湿。

三、适宜区域

全国花生产区。

四、注意事项

其一，跨区引种大面积种植前一定要进行小面积试种，异地调种应检测确认不带有黄曲霉强产毒菌株。

其二，施肥标准可根据各地具体情况进行调整。

技术依托单位

1. 全国农业技术推广服务中心

联系地址：北京市朝阳区麦子店街 20 号

邮政编码：100125

联系人：汤 松 刘 芳

联系电话：010-59194506

电子邮箱：liufang@agri.gov.cn

2. 中国农业科学院油料作物研究所

联系地址：湖北省武汉市武昌区徐东二路 2 号

邮政编码：430062

联系人：张 奇

联系电话：13554102486

3. 山东省花生研究所

联系地址：山东省青岛市李沧区万年泉路 126 号

邮政编码：266100

联系人：曲明静

联系电话：0532-87628320

电子邮箱：13455277580@163.com

高产优质抗黄曲霉花生配套栽培技术

一、技术概述

（一）技术基本情况

花生是我国重要的粮食、油料和经济作物。目前，我国花生的种植面积达 7 096 万亩，总产量达 1 799 多万 t，占全国油料作物总产量的一半，占世界花生总产量的 43%，出口量占世界总量的 30% 以上。在国际市场上花生油和花生籽价格 30 多年来一直是其他油料作物的 2～3 倍及以上。而我国现每年须从国外进口植物油料及制品达 2 000 多万 t，进口量大大超过粮食的净进口量。因此，花生生产关系国计民生大事。

然而，长期以来我国花生育种目标单纯注重产量而忽视品质和抗黄曲霉病性，而且对花生科技的投入远远少于具有同样经济重要性的其他许多作物，这使得花生品质和抗性育种以及高新技术应用相对滞后。与国际先进水平相比，我国花生生产和科技存在许多突出问题：一是南方花生产量长期偏低，生产上缺乏高产稳产的花生品种；二是还没有形成油用、食用、加工、出口品种的专用化，严重制约了花生产业化进程；三是南方花生雨水不均、生长后期常干旱和收晒期高温高湿使花生黄曲霉毒素污染较严重，威胁着花生产业的发展和人民的健康；四是生产品种存在高产厚壳，而荚果和籽仁不均匀，加工品质差，商品率低，或壳薄均匀但产量潜力低。这使我国出口花生品质不如美国，价格低于美国同类产品 20% 以上，限制了经济效益的发挥。

上述技术缺陷与花生生产发展和参与国际竞争的需要极不相适应，如不尽快改变这种状况，培育高产、优质、多抗、专用的花生新品种，将影响我国尤其南方地区花生产业进一步提升和发展，给花生产业带来巨大的损失。在为了适应福建省及南方生产需要而培育的高产、优质、抗性好的花生新品种基础上，福建农林大学油料研究所通过引种配种杂交选育出"闽花 6 号"花生新品种，并研发了控制花生黄曲霉毒素污染的高产优质栽培技术体系，对新品种及新技术进行推广应用，从而解决许多生产上存在的问题和矛盾，有重大的经济与社会价值。

1997 年以汕油 523 作母本、Q6 作父本进行有性杂交，后代采用混合选择法和系谱法相结合进行选择。F_1：淘汰假杂种后混收种子，F_2：只选择个别表现特别优良单株（选择后按系谱进行单株编号种植形成株系），其余的淘汰不良单株后混收种子；F_3：根据育种目标从混选群体中进行单株选择；F_4：因第 17 号优良株行仍有分离又进行了一次混合选择；F_5：采用单粒双行种植成混选群体，2000 年春季在 2F_5-CS1-17-CS1 混选的 F_5 群体中选出 2 个优良单株，秋季继续按株行种植，其中 2F_6-CS1-17-CS1-1 表现优异，混收升级进入品系鉴定圃。2001 年春季进行品系鉴定，同年秋季和 2002 年春、秋两季分别进行品比试验，表现产量较突出，于 2003—2004 年参加福建省区试，2005 年在福建省进行生产试验，同时进行示范种植。2005—2006 年参加国家（长江流域片）区试，2007 年春季在国家（长江流域片）进行生产试验。

同时，针对福建省生态和耕作特点以及黄曲霉毒素污染的规律，在育成丰产优质多抗花生新品种、发明了保持和提高花生种子活力技术以及试验成功地膜覆盖栽培等核心技术的基础上，首次创建了花生控制黄曲霉毒素污染的丰产优质栽培技术体系。该技术体系是新品种、种子技术、提早播种、地膜覆盖、配方施肥（增施钙肥）、提早收获、快速干燥等技术的集成应用，有效解决了南方花生产业长期存在的产量低、品质差、黄曲霉毒素污染严重等问题。

（二）技术示范推广情况

2004年春季分别对闽花6号在福建省的各生产示范点（片）进行现场验收，各生产示范点普遍表现为长势好、株型矮壮、分枝多、荚果较大且均匀，抗旱性、抗病性较好，产量高。

2005年7月25日，福建省非主要农作物品种认定委员会花生专业组对南安市生产试验点进行现场测产，亩产鲜果614.63kg，鲜果亩产比对照泉花10号增产32.15%。

2007年7月31日，福建省农业综合开发办公室组织有关专家在平潭县芦洋乡的"闽花6号"核心示范片1100亩现场进行测产验收，一类田：亩产鲜果661.94kg；二类田：亩产鲜果652.18kg；三类田：亩产鲜果574.08kg；一、二、三类田面积比例为2：5：3加权平均鲜果亩产630.70kg。

2007年，闽花6号在全国（长江流域片）花生早熟品系生产试验的10个试点中，有9个试点表现增产，平均亩产荚果261.63kg，比对照品种中花4号平均增产7.15%。

（三）提质增效情况

1. 闽花6号

2005—2009年，平潭综合试验区种子站从沿海特殊的气候条件、土壤特征以及闽花6号品种特性入手，开展了超高产栽培技术研究，取得了显著成效。2007年，由福建农林大学承担的国家农业综合开发省级重点农业科技推广项目"花生闽花系列良种丰产栽培示范与推广"千亩核心示范片定在平潭实施，省级专家验收三类田块加权平均亩产鲜果630.70kg；2008年，福建农林大学承担的福建省发展和改革委员会"高产优质抗黄曲霉花生新品种转化与应用"项目在平潭北厝镇湖南后新村建立核心高产示范区，经专家现场验收，平均亩产鲜果909.14kg，打破福建花生高产历史纪录，达到了超高产栽培的产量指标。

花生黄曲霉污染是一世界性难题，主要是因为在花生中至今尚未发现对黄曲霉稳定高抗或免疫的种质资源，黄曲霉菌株类型复杂，通过常规育种途径不能达到理想的效果。在国外被认为高抗黄曲霉的材料引入国内后经鉴定表现不抗甚至高感。闽花6号经过国内多个高产毒黄曲霉菌株接种试验，平均可以达到中抗水平，其抗性水平高于福建省新近认定的抗黄曲霉品种"抗黄1号"和两个国审抗黄曲霉品种粤油9号和粤油20。

花生新品种闽花6号，具明显特色和实用价值，先后分别被列入国家和/或省、市、县的推广计划，如列入农业农村部主推品种、农业农村部万亩高产创建主导品种，受到科学技术部、农业农村部、财政部及福建省发展和改革委员会、农业农村厅、农业综合开发办公室等的推广计划的专项资助，进行了大面积繁殖、示范和推广；项目组与福建省种植业技术推广总站配合建立了跨越省、市、县、乡镇及种植大户的立体示范推广网络，进行了大范围的宣传、示范和推广；同时与各地种业公司如河南省南海种子有限公司、福建超大现代种业等和食品加工企业如福建龙岩咸酥花生集团等联合，通过企业强大的繁育生产和销售渠道，建立了"育繁推一体化、产加销一条龙"的产业化推广模式，进行大规模产业化经营推广。据不完全统计已在全国各地推广应用了 2 223.11 万亩，新增花生产量 56.73 万 t，新增纯收入 45.32 亿元，增收节支总额 53.72 亿元。闽花 6 号增产潜力大、蛋白质含量高、抗黄曲霉、品质优，受到各地欢迎，从 2005 年起至 2017 年已在全国长江流域及河南、湖南、安徽、山东、广东、广西、江西、福建等 10 多个省份推广应用，累计推广面积达 1 500 万亩以上；闽花 6 号首次使福建省花生亩产突破 500kg，是福建省花生平均单产的近 3 倍。生产的花生被各地直接食用、食品加工或榨油等利用。闽花 6 号是首个报道兼有增产潜力大、高蛋白、抗黄曲霉、荚果极为均匀且食味好、加工成品率高的品种，被主产区花生加工企业加工成咸酥花生、速冻花生、花生浆、花生牛奶、鲜食果和咸干等产品，取得了重大的经济、社会、生态效益。

2. 丰产优质栽培技术体系

（1）大幅度提高了花生的产量和品质　通过使用种子技术（种子活力保持技术、预播种渗透调节技术、种子包衣技术）显著提高了种子活力，结合地膜覆盖增温保湿、促进了花生早生快发，据漳浦县组织的专家现场验收表明，出苗率达 96%～98% 及以上。在采用种子技术结合覆膜栽培保证了出苗率的基础上，地膜覆盖由于减少水土流失和养分淋溶，始终保持了土壤疏松湿润，促进花生生长发育，一般产量提高 17%～42%，高的达 71.6%。同时，生产的花生果多、果饱、整齐一致，显著改善了品质，各地试验证明该配套技术使供试花生品种单株结果数提高 15.69%～30.77%，单株饱果数提高 3.99%～10.75%，百果重提高 7.6%～8.6%，每千克果数降低 5.9%～7.0%，出仁率提高 1.6%～3.2%，从而克服了传统栽培单株结果数少、荚果不饱满、大小不一致等缺点。

（2）克服了黄曲霉毒素污染问题　新技术可提早播种 15～20d，提早收获 10～20d（7月上中旬收获），缩短了福建省每年梅雨之后花生受旱的时间，避免了收获前花生因高温、干旱遭受黄曲霉侵染和产毒，并使花生收获后得到及时干燥，防止了黄曲霉进一步侵染和产毒，保证了花生品质。

（3）促进耕作改制显著提高了甘薯产量　福建省每年花生套甘薯面积约 80 万亩，通过春花生提早播种和收获，延长套种或后作甘薯的结薯时间 10～20d，使甘薯增产 20%～30%；特别在丘陵旱地，可确保后作甘薯苗期生长发育快，结薯早，薯块膨大时间长，增产特别显著；现场验收两点表明用该技术后作晚甘薯平均亩产量增加了 1 206.9kg，增产达 91.71%，实现了花生、甘薯双丰收。与国内单纯的地膜覆盖栽培相比，该技术具有明显特色和创新性。

（4）省工节本增效　采用该栽培技术体系，虽然增加了种子处理技术或地膜费用，却减少了花生查苗补苗、中耕除草和追肥等工序，节省了劳力，每亩可减少成本 95 元，扣除地膜和覆膜费用 55 元，可节约成本 40 元；加上花生产量和品质的提高、花生黄曲霉毒素污染和后期土中发芽损失减少，以及后作产量增加，生产效益显著，每亩可增加效益 1 000余元。

（5）揭示了该技术体系促进花生丰产优质的机制　研究阐明，花生种子处理技术通过防止脂质过氧化或促进膜修复，保持和提高了种子活力；覆膜栽培通过增温保湿，增加根瘤数量，使养分供应充足，促进了花生生长发育；配方施肥（增施钙肥）预防了沙质地因覆膜栽培结荚多导致空瘪果增多；从而实现通过早播早收，确保花生早生快发、荚果多、饱、均，提高了花生的产量和品质，有效解决了收获前后黄曲霉毒素污染问题。

大面推广应用显著提高了福建省花生产量水平。据不完全统计，至 2010 年花生控制黄曲霉毒素污染丰产优质栽培技术累计推广应用 256 万亩，每亩平均增产 26.8%，特别是旱地花生产量水平得到大幅度提高。

（四）技术获奖情况

"花生抗黄曲霉优质高产育种与分子育种技术的研究和应用"获福建省科学技术进步奖一等奖；"高产优质专用花生新品种创制及控黄曲霉技术体系研究与应用"获福建省科学技术进步奖二等奖；"高产优质抗黄曲霉花生闽花 6 号等品种的创制与应用"获神农中华农业科技奖三等奖。

二、技术要点

（一）土壤选择

闽花 6 号耐旱性及耐湿性中等，故在低丘台地易旱土壤种植或在排水不良的低洼田块种植产量则受影响。根据闽花 6 号品种特征，超高产栽培应选土壤肥沃、排灌设施完善，前茬为蔬菜、薯类等作物且往年种植病虫害较少的半湿润疏松沙质土壤为宜。低丘台地靠山垅地下水位高且排灌方便的土壤亦可种植。

（二）培肥地力

沿海耕地以沙质土壤为主，有机质含量极低，多在 6.0～11.5g/kg 范围（临界值为 13g/kg）。有机质含量高低表征基础地力水平，而基础地力是奠定基础产量的重要前提。由于化肥施用方便，农户少施或不施有机肥，单产亦打折扣。高产创建必须充分利用冬闲田翻耕晒白之机配施有机肥，亩应施畜禽粪便 500kg，或生物有机肥 200kg，或堆沤土杂肥 1 000kg。有机肥应在花生种植前半个月施下翻耕促腐，以培肥地力提高基础产量而获高产。

（三）科学用种

种子的选用和处理关系播种质量和全苗问题。超高产栽培用种需重点掌握三个环节：一是尽量选用饱满的秋花生种子作种，或精选色泽浅红、生命力强且饱满大粒无病虫霉变的优质春种，以保证苗壮、苗粗，从而提高单株生物量。二是采取种子包衣处理。应用花生种衣剂拌种，可杀灭附于种子表皮的病菌，播后可防低温以及增加种子活力，从而提高出苗率。拌种方法为将种衣剂与种子以 1∶（50～70）比例放入干净塑料袋中搓混，使种衣剂均匀包在种子外表皮，晒干后即可播种，若放置 3～5d 后播种亦可。三是采用催芽技术。对于保墒性能好的土壤，可选用温水催芽播种，其可避开春旱土壤缺水导致种子播后落干反渗透现象发生。催芽播种不仅可精别选不发芽霉变劣种，有利于全苗，而且可提早 3～4d 出苗。但应考虑种子发芽后需晴天，以防下雨无法播种导致芽伸太长而损失。催芽方法系用一开二凉混合的温水（约 40℃）泡浸 3～4h 捞起装入箩筐遮阴催芽，催芽过程每隔数小时用温水冲淋一遍，浸种时不可翻动，以免损伤种皮，经 36～48h 即可发芽。种子发芽后需在一天内播完。

（四）播期调节

播期需重点考虑出苗温度与天数以及开花下针的最适温度。为此，应掌握在 4 月中旬播种。此期播种有两大好处：一是温度稳定在 18℃以上，可避开倒春寒，齐苗率高，且出苗时间缩短至 10～15d，有利培育壮苗。二是有效荚果数是构成花生产量的主要因素，而花生的结荚数又取决于花生的开花量和花针的有效发育。花生开花最适气温在25~28℃，此期开花量最多。而低于20℃时，开花不整齐，开花数量减少，进而影响单株坐果数。查平潭县1983—2003年各月逐候（月内每5d累计一次）平均气温显示，至6月上旬温度才稳定在22℃以上，平均值达25℃。而4月中旬播种，经出苗期15d、幼苗期33d，至6月上旬开花，亦可满足花期温度，保证多花、多针、多果而获高产。

（五）大垄栽培

花生产量取决于单位面积株数、单株结果数及荚果重量三要素，而播种的密度、方式与品种的特征特性及土壤质地密切相关。根据沙土质地状况权衡闽花6号花期长、花量多、第二期开花高节位果针量大的特点，宜采用大垄栽培。掌握垄宽带沟1.2m，犁时垄腰不宜高，以防雨季沙土淤脱和不利垄边二期果针入土。每垄纵向种植4行，行距25cm，株距24cm，亩种植密度18 000株左右，两垄邻间边行相距应保持在30cm范围，以保证生长中后期封行无空隙，提高光能利用率。

（六）配方施肥

根据土壤测定数值及省、市多年在平潭实施的田间试验结果归纳，平潭县花生用肥适宜的氮磷钾配比为1：0.8：1.2，在多年应用中，散装干粒BB肥原料作为自配肥极为方便，亦可提供配方委托厂家专门生产。根据闽花6号产量水平结合沙质土壤的供肥性能，亩施养分纯量可达16~18kg，比本地传统的"白沙1016"品种多6~8kg。土壤中量元素亦不可忽视，相当田块交换性钙含量仅达55~80mg/kg（临界值为240mg/kg），其缺乏则花生空秕产生，严重田大幅减产。交换性镁含量多低于5mg/kg（临界值为20mg/kg），而有效硫含量亦多在3mg/kg以下（临界值为10mg/kg）。两者缺乏均影响产量和含油率的提高。通常亩施钙镁硫配方肥50kg，花生空秕田亩可施上等壳灰50kg（含钙量36kg），或贝壳粉100kg，或钙镁硫肥100kg。

（七）追肥保墒

沙质土壤基础地力差，因其沙漏通透，保肥能力亦弱，在花生播种施足基肥后，因植株吸收与土壤淋洗至生长中后期往往因脱肥导致肥力供应不足而降低田间生物量，严重的田块至后期则早衰，影响产量的提高。因而，在开花下针期掌握临雨时亩用花生专用BB肥10kg追施，让肥料在雨中溶解供土壤胶体吸附以补充肥力提高花生地上部生物量，其效果甚好。经多年田间试验表明，单产可提高5%左右。花生盛花后，果针的生长对土壤水分反应敏感，此期常有阶段性干旱，但又易忽视土壤墒情，而导致土壤缺水影响果针入土和膨大。故应注意常灌溉，保持土壤湿润。至饱果成熟期，则进入干旱季节，由于土壤缺水亦影响荚果饱满充实，故应每隔数天灌溉一次，以保持土壤湿润而提高饱果率和产量。

（八）培土压枝

花生苗期雨水频繁，易出现沟淤沙土和积水，有条件区域只要挖通田间四周排涝外围沟，能达到通畅脱水后即可，而垄内沟被沙土淤浅处尽量保持原状，不必清沟，以备培土压枝之用。开花下针至结荚期，闽花6号有大量二、三期果针外露，此时可进行清沟培土压枝促进高节位果针入土，以利荚果饱满和成熟度接近而获高产。

（九）除草防病虫

田间杂草在花生整个生育期均可伴随生长，其与花生植株争夺肥料、阳光和空间。由于杂草生长繁殖迅速，且生物量大，稍不注意清除，就可在短期内暴发成灾。不少农户在花生生长后期见田间杂草不多而忽视清除，至收获到田间才发现整田已被杂草侵吞，其不仅给收获带来不便，而且产量也大幅降低，因而花生除草至关重要。秋冬农闲田可用农达内吸除草剂以每 20mL 药剂加水 15kg 喷施清除田间杂草，花生播种完耙细垄面后随即亩用 60% 丁草胺 150mL 兑水 50kg 喷洒，或用乙草胺 30mL 加水 50kg 喷洒，抑制杂草生长。花生出苗后至封行前的幼苗期，可用威霸除草剂 500～800 倍液杀死单子叶杂草。从开花下针期至收获，均应随时关注田间将杂草如数拔除。

花生虫害主要为蛴螬、地老虎等地下害虫以及危害植株的蚜虫和卷叶虫。地下害虫亩可用地虫杀 2kg 或 3% 辛硫磷 3kg 或克百威颗粒 2.5kg 于秋冬结合翻耕毒土杀灭，开花下针期亩用 40% 甲基异柳磷乳剂 300～400g 拌细沙 25kg 均匀撒于垄面防治蛴螬害虫。植株发生的蚜虫可用 10% 吡虫啉 300 倍液防治，卷叶虫可用华戎 2 号 1 000 倍液防治或百虫光 1 500 倍液防治。

平潭县花生的主要病害为枯萎病、青枯病、白绢病和疮痂病。利用秋冬农田翻耕晒白之机，用托布津或多菌灵 500 倍液对土壤进行消毒，以除灭田间病菌。发生青枯病的田块，应带土移走病株，并在病区周围用农用链霉素 4 000 倍液浇根。易发生白绢病的田块，种植时密度不宜太高，并掌握好土壤排水和田间的通透性，花生生长中后期出现荫蔽和徒长的田块应喷施多效唑。台风雨后的高温天气，易发生疮痂病，可用绿亨 6 号防治。

三、适宜区域

福建、四川、重庆、湖北、湖南、江西、安徽、河南南部、江苏南部等地区。

四、注意事项

其一，不宜多年连作。

其二，适时播种，春季在土壤 5～10cm 地温稳定在 15℃ 以上时即可播种，北纬 26.5° 以南地区秋季在立秋前后播种较为适宜。

其三，合理密植，每亩播种 1.8 万～2.0 万株苗为宜。

其四，科学肥水管理，施肥以有机肥为主，化肥为辅，注意适当增施钙、硼肥，施足基肥，早施苗肥酌情适施花肥，防止后期徒长。管水做到燥苗、干花、湿针、润荚。

其五，苗期及生长中期应注意防止渍涝，预防死苗、烂果。

技术依托单位
福建省农业技术推广总站
福建省种子总站
福清市种子服务站

东北产区花生耐低温绿色高效生产技术

一、技术概述

（一）技术基本情况

东北地区是我国花生种植优势区之一，其花生种植面积约占全国花生总种植面积的1/7。花生是本地区增加农民收入的最大油料作物。然而，受地理纬度偏高、耕作制度单一、连作年限延长等原因引发的低温冷害频发、病虫危害趋重、单产水平较低等多重因素的叠加影响，花生产量耗损、品质下降、成本上涨，已成为花生产业绿色高质量发展的长期制约因素。生产中急需有针对性的耐低温绿色高效生产技术。基于上述背景，吉林省农业科学院等单位在国家花生产业技术体系、948计划、国家重点研发计划、吉林省科技发展计划、吉林省农业科技创新工程重大项目等的支持下，经过历时10年的系统研究，集成建立了"以选择优质抗逆品种、高产增效安全综合栽培技术、病虫害绿色防控技术"为核心技术的花生耐低温绿色高效生产技术体系。经多年多点示范推广，技术已经成熟。该技术可以有效减缓低温影响、减少农药使用，促进产量形成，保障品质安全，达到绿色、高效、安全的目的，为东北低温生态区花生持续高产提供理论基础和技术支撑。

（二）技术示范推广情况

推荐技术自2011年起在吉林省花生主产区示范推广应用，每年花生产区多点示范2 500亩，辐射带动100万亩以上，累计示范推广1 000万亩以上，并已形成花生耐低温绿色高效生产技术体系。

（三）提质增效情况

与常规技术相比，应用该技术可使花生荚果增产10%以上，控制病虫害发生，减少农药用量20%以上，综合增效10%以上。

（四）技术获奖情况

与本项技术相关的科技成果"花生高产增效安全综合栽培技术研究与示范"2014年获吉林省科学技术进步奖二等奖，"花生主要病虫害绿色防控及农药减量技术建立与示范"2019年获吉林省科学技术进步奖二等奖，"花生主要害虫绿色防控关键技术建立与应用"获2020—2021年度神农中华农业科技奖科学研究类成果三等奖，"高纬度花生高产高油抗早衰新品种吉花3号、吉花4号培育与推广"2016年获吉林省科学技术进步奖三等奖；与本项技术相关的国家发明专利"防治花生病虫害的复配增效剂"，2017年获得授权；与本项技术相关的吉林省地方标准DB22/T 3140—2020《花生主要病虫害绿色防控技术规程》2020年7月10日实施；与本项技术相关的中华人民共和国农业行业标准NY/T 3842—2021《东北产区花生生产技术规程》2021年11月1日实施。

二、技术要点

（一）土壤耕作

秋季耕翻土壤，耕翻深度15~20cm，旋耕、耢平，起高垄，垄高12~15cm，镇压蓄水保墒；每 2～3 年深耕翻一次，深度 30cm。风沙地块，宜于春季适墒耕翻土壤，旋耕、起垄、播种、镇压一次完成，垄高 10～12cm。

（二）平衡施肥

施足基肥：有机肥与无机肥相结合，增补速效肥，配施中、微量元素肥料。每亩施腐熟有机肥 2 000～3 000kg，或相同养分的商品有机肥 100～200kg；每亩施用纯氮（N）4.0～5.0kg、磷（P_2O_5）10.0～12.0kg、钾（K_2O）8.0～10.0kg、钙（CaO）5.0～6.0kg。适当施用硼、钼、铁、锌等微量元素肥料。全部有机肥及氮、磷、钾、钙元素化肥结合耕地作基肥施入。

叶面施肥：在苗期和开花下针期，每亩叶面喷施 0.1％硫酸锌水溶液 50～75kg，分别喷施 1 次；在生育后期，每亩叶面喷施氨基酸水溶性肥料 500 倍液 30～45kg，或 0.2％～0.3％的磷酸二氢钾水溶液 30～45kg，喷施 2 次。

（三）优选品种

选择经农业农村部登记的生育期适中、耐低温、耐盐碱、综合抗性好、高产优质、适宜机械化生产的花生品种。

（四）适时播种

要求 5d 内土壤耕层 5cm 深处平均温度，普通油酸花生品种稳定在 12～15℃以上、高油酸花生品种稳定在 16℃以上，在 5 月上旬至中旬选用 11％精甲·咯·嘧菌悬浮种衣剂包衣后播种；播种时土壤相对含水量以 65％～70％为宜；小中粒品种每亩籽仁用种量 10.0～12.5kg，中大粒品种每亩籽仁用种量 12.5～15.0kg；播深以 3～5cm 为宜。

（五）扩大群体

大垄双行平行种植方式：采用覆膜栽培或裸地栽培方式，垄距 95～100cm，垄面宽 65～70cm，垄高 10～12cm。每垄 2 行，垄上行距 30～35cm，穴距 11～13cm，种子距垄边≥10cm，每亩播 10 000～12 000 穴，每穴播 1～2 粒种子。

单垄双行交错种植方式：采用裸地栽培方式，垄距 60～65cm，垄高 10～12cm，穴距 18～20cm，每亩播 10 000～12 000 穴，每穴播 1～2 粒种子。

（六）科学防控病虫害

叶部病害：如叶斑病、网斑病等，根据病害发生情况，每亩选择 60％唑醚·代森联水分散粒剂 60～100g，或选择 300g/L 苯甲·丙环唑乳油 20～30mL，在花生生长期叶面均匀喷施，隔 14～21d 施药 1 次，共施药 2～3 次。

土传病害：根腐病，根据病害发生情况，选择 11％精甲·咯·嘧菌悬浮剂 900～1 000mL 对 100kg 花生种子播种前包衣，或选择 400g/L 萎锈·福美双悬浮剂 200～300mL 配 100kg 花生种子进行播前拌种。白绢病，根据病害发生情况，选择 11％精甲·咯·嘧菌悬浮剂 900～1 000mL 对 100kg 花生种子包衣，或选择每亩 27％噻呋·戊唑醇悬浮剂 40～45mL 叶面喷施，隔 14～21d 施药 1 次，共施药 2～3 次。

主要害虫：在播种期，采用 30％辛硫磷微囊悬浮剂 1 500mL 配 100kg 种子包衣防治蛴螬。或选择 16％噻虫嗪悬浮剂 500～1 000g 配 100kg 种子包衣，或选择 600g/L 吡虫啉悬浮剂 300～400mL 配 100kg 种子包衣。灯光诱杀害虫：利用害虫的趋光性，田间每 2.7～3.3hm² 放置 1 台杀虫灯，挂灯高度为 2m，诱杀金龟甲、棉铃虫等害虫。性诱剂或食诱剂诱杀：在金龟甲发生时期，每 60～80m 放置一个诱捕器，20～30d 更换一次性诱剂或食诱剂诱芯；诱捕高度距地面 1.5m。在棉铃虫和斜纹夜蛾等食叶成虫羽化前，每 1hm² 悬挂相应昆虫性诱剂或食诱剂 45 个，20～30d 更换一次；诱捕器应挂在通风处，悬挂高度为 1m。

（七）收获晾晒

当 70％以上荚果果壳硬化、网纹清晰，果壳内壁呈青褐色斑块时，采用分段收获方法，及时收获与晾晒，收获后 3d 内气温不低于 5℃，7～10d 顺原垄翻晒，尽快将籽仁含水率降到 14％以下。

（八）安全储藏

摘果后晾晒，当籽仁含水率降至 10％以下时，采用透气包装袋安全储藏。入库时包装袋与地面应有垫木，与仓库墙面保持 20cm 以上的间隔。严禁与农药、化肥等有毒有害物品混存。

三、适宜区域

东北花生产区。

四、注意事项

其一，跨区引进花生品种，大面积种植前一定要进行小面积试种。

其二，花生药剂拌种建议即拌即用，尽量当天播种。

其三，施肥标准可根据各地具体情况进行调整。

其四，防控白绢病药剂建议花生封垄前喷施根部及附近土壤。

技术依托单位

1. 吉林省农业科学院

联系地址：吉林省公主岭市科贸西大街 303 号

邮政编码：136100

联 系 人：高华援　陈小姝

联系电话：0434-6283378

电子邮箱：ghy6413@163.com

2. 山东省花生研究所

联系地址：山东省青岛市李沧区万年泉路 126 号

邮政编码：266100

联 系 人：曲明静

联系电话：0532-87628320

电子邮箱：13455277580@163.com

3. 全国农业技术推广服务中心

联系地址：北京市朝阳区麦子店街 20 号

邮政编码：100125

联 系 人：刘　芳

联系电话：010-59194506

电子邮箱：liufang@agri.gov.cn

夏直播花生轻简高产高效栽培技术

一、技术概述

（一）技术基本情况

小麦、花生两熟栽培是黄淮海地区解决粮油争地矛盾、发展花生生产的主要种植模式。该模式有小麦套种花生和小麦收后直播花生两种方式。小麦套种花生有诸多不利因素，如品种和机械不配套、机械化水平低，播种受小麦影响大、质量难以提高，密度不易掌握，墒情差、温度低、出苗率低、难全苗、易高脚苗、苗弱，收麦对花生幼苗损害严重，不能整地施基肥，肥水效率不高，收麦后花生有缓苗期，杂草难防除，易旺长、倒伏，后期易早衰等问题，近几年发展受到一定限制；实行小麦收后直播花生，不仅可以解决麦套花生播种质量差等问题，而具有便于小麦机械化收获和花生机械化播种，便于花生整地、施肥、播种和省时省工等优点，在小麦、花生两熟区农民容易接受，是提高劳动效率、增加产量和效益的有效途径。除小麦外，大麦、油菜、大蒜、马铃薯等夏收作物，收获时间均早于小麦，种植夏直播花生具有更高的产量潜力。凡麦收后至小麦秋播前总积温在 2 800℃以上的地区均可发展夏直播覆膜花生，总积温超过 2 900℃的地区可以发展夏直播露地（免耕）花生。

（二）技术示范推广情况

发展夏直播花生是现代农业发展的需要，是花生生产八大改进技术之一，近年来一直是花生生产主推技术。发展夏直播花生对充分利用土地、光热资源，大幅度提高粮油产量、确保粮食和油脂安全，提高作物生产机械化水平、降低生产成本、提高种植效益都具有重要的现实意义。早在 1988 年山东农业大学和临沂市农业科学院就在莒南县开展了夏直播覆膜花生高产攻关与试验示范研究，并培创出大面积亩产超过 400kg 的高产田；近几年已经实现较大范围推广应用，且连续创出亩产 500kg 以上的高产田，建立了完善的技术体系。

（三）提质增效情况

该技术可节省大量劳动力，便于两熟花生机械化生产，提高整地和播种质量，一般增产15％以上；亩节约成本 100 元以上、增效 200 元以上；另外，发展夏直播花生可以利用花生根瘤能力，减少氮肥施用量，具有明显的保护耕地和生态环保作用。

（四）技术获奖情况

该技术曾获山东省科学技术进步奖二等奖，2013 年被农业部发布为农业行业标准（NY/T 2398—2013）。

二、技术要点

（一）地块选择

选用轻壤土或沙壤土，土壤肥力中等以上，有排灌条件的高产田，采用起垄地膜覆盖栽培，积温条件好的地区可以采用起垄露地栽培或免耕直播。

收麦后免耕直播秸秆覆盖机械

（二）前茬增肥

在计划小麦收获后直播花生的麦田，应在小麦播种前结合耕地重施前茬肥。前茬肥亩用量应达到优质圈肥 3 500～4 500kg、尿素 25～30kg、普通过磷酸钙 55～60kg、硫酸钾 25～30kg，或相当于以上肥料数量的复合肥。推广小麦花生一体化施肥，把 70％的肥料施在小麦上；在小麦施肥技术上，推广氮肥后移技术，加强拔节至挑起期的追肥用量。

（三）整地施肥

麦收后，起垄栽培的要抓紧时间整地、施足基肥。每亩施土杂肥 3 500～4 500kg，化肥施纯氮 10～12kg、五氧化二磷 8～10kg、氧化钾 10～12kg。根据土壤养分丰缺情况，适当增加钙肥和硼、锌、铁等微量元素肥料的施用。肥料类型应选择速效和长、缓效肥料相结合。小麦收获后，将上述肥料撒施在地表，将麦茬打碎，然后耕翻 20～25cm，再用旋耕犁旋打 2～3 遍，整地做到土松、地平、土细、肥匀、墒足。

收麦后整地质量要求

（四）品种选择

选择适于晚播、矮秆、早熟的高产优质小麦品种；花生选用增产潜力大、品质优良、综合抗性好的早熟或中早熟花生良种。

（五）覆盖地膜

小麦种植方式同一般畦田麦。麦收后灭茬、粉碎秸秆，起垄覆膜。垄距 80～85cm，垄面宽 50～55cm，垄上播种两行花生。垄上小行距 30～35cm，垄间大行距 50cm。覆膜后在播种行上方盖 5cm 厚的土埂，以引升花生子叶自动破膜出土和防膜下温度过高烧种。有条件的最好采用机械化覆膜，将起垄、播种、喷除草剂、盖膜等工序一次完成。

（六）种植密度

大花生每亩 10 000～11 000 穴，小花生每亩 11 000～12 000 穴，每穴 2 粒种子。

（七）抢时早播

前茬小麦收获后，花生抢时早种，越早越好。力争 6 月 10 日前播种，最迟不能晚于 6 月 15 日。

（八）加强田间管理

夏花生对干旱十分敏感，任何时期都不能受旱，尤其是盛花和大量果针形成下针阶段（7 月下旬至 8 月上旬）是需水临界期，干旱时应及时灌溉。同时，夏花生也怕芽涝、苗涝，应注意排水。中期应注意控制营养生长，防止旺长倒伏；后期防治叶斑病保叶，防止早衰。

夏直播花生结荚期田间长势

夏直播花生中期控制旺长

（九）适时晚收

夏直播花生产量形成期短，应尽量晚收，以延长荚果充实时间，提高荚果饱满度和产量。适宜收获期为 10 月上旬。

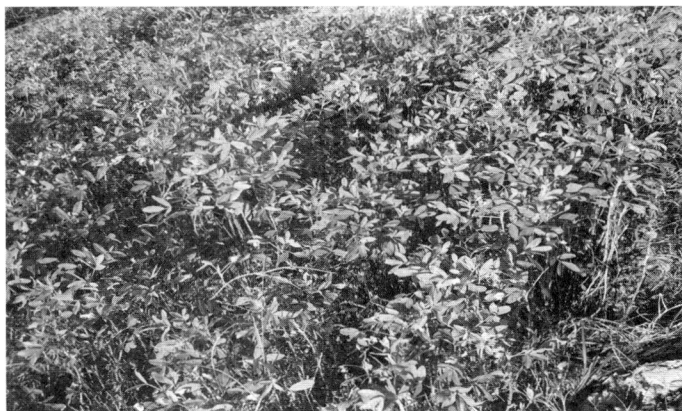
夏直播花生收获期田间长相

三、适宜区域

适合在山东、河南、河北、安徽、江苏等黄淮海麦油两熟区推广。

四、注意事项

夏花生对干旱十分敏感，任何时期都不能受旱，尤其是盛花和大量果针形成下针阶段

（7 月下旬至 8 月上旬）是需水临界期，干旱时应及时灌溉。同时，夏花生也怕芽涝、苗涝，应注意排水。中期应注意控制营养生长，防止旺长倒伏；后期防治叶斑病保叶，防止早衰。

技术依托单位

1. 山东农业大学

联系地址：山东省泰安市岱宗大街 61 号

邮政编码：271018

联系人：李向东　刘兆新

联系电话：0538-8241194　13953813778

电子邮箱：lixdong@sdau. edu. cn

2. 山东省农业科学院

联系地址：山东省济南市历城区工业北路 202 号

邮政编码：250100

联系人：郭　峰

联系电话：15053173246

电子邮箱：guofeng08-08@163. com

3. 山东省农业技术推广中心

联系地址：山东省济南市历下区解放路 15 号

邮政编码：250014

联系人：杨武杰　彭科研　曾英松　姚　远

联系电话：0531-67866303

电子邮箱：sdyouliao@163. com

花生机械化免耕播种技术

一、技术概述

(一)技术基本情况

小麦收获后直播夏花生是我国黄淮海花生主产区的主要生产方式之一。传统麦茬夏花生播种前必须完成秸秆粉碎、旋耕整地等作业,需配套灭茬机、旋耕机、旋播机等多种设备,作业工序多、机具多次下田,生产成本高、耗工耗力、耽误农时。而传统免耕播种设备在麦茬全量秸秆覆盖地作业工况下极易存在入土部件挂秸壅堵、架种(种子易播在秸秆上)、晾种(覆土不可靠)三大技术难题。

该技术包含"碎秸均匀覆盖"和"碎秸行间集覆"两项花生免耕机播技术,并形成两个系列免耕播种技术装备,即一次完成"秸秆粉碎、免耕播种、同步施肥、碎秸跨越均覆"作业,或"秸秆粉碎、种行清秸、免耕播种、同步施肥、碎秸行间集覆"作业。该技术可整体粉碎作业幅宽内的小麦秸秆,并形成无秸秆影响的施肥播种区域,整地消除小麦秸秆对花生播种的阻滞、阻隔障碍,为花生顺畅、高效免耕机播作业创造了条件,彻底破解了挂秸壅堵、架种、晾种难题;该技术在"播好种"的同时,又将秸秆覆盖还田,保温保墒、封闭杂草,有效避免了秸秆当茬全量入土还田耗氮量大问题,为花生播后生长和增产提供了保障。

(二)技术示范推广情况

该技术已连续多年在河南、山东、河北等小麦花生轮作区获得较大范围推广应用。

(三)提质增效情况

该技术整体消除了小麦秸秆对花生机械化播种的阻滞、阻隔障碍,彻底破解了挂秸壅堵、架种、晾种难题,秸秆去除率≥95%,架种率和晾种率为0,作业顺畅,提高了生产率,播种质量高,确保了产量;技术作业集成度高,较常规麦茬花生播种减少机具下地次数3~4次,降低作业成本50%以上;该技术下,粉碎后的小麦秸秆均匀覆盖于播后地表或有序规整铺放于种行之间,保温保墒,封闭杂草,确保不减产,干旱年份还有增产效果,一般可增产5%~10%;同时,实现小麦秸秆还田肥料化利用,有利于耕地提质保育、实现秸秆禁烧,保护生态。

(四)技术获奖情况

核心技术"旱田全量秸秆覆盖地免耕洁区播种关键技术与装备"已获2016—2017年度神农中华农业科技奖科研成果一等奖;技术核心发明专利"一种碎秸、清秸、施肥、播种、覆秸多功能机组"已获2019年度中国专利优秀奖。

二、技术要点

(一)核心技术

1. "碎秸均匀覆盖"花生免耕机播技术

该技术可一次性完成"秸秆粉碎、免耕播种、同步施肥、碎秸跨越均覆"作业。作业时，将小麦秸秆整体粉碎的同时，越过播种施肥机构，向上向后抛撒，在秸秆拾起又未落下的无秸秆障碍区域内进行播种施肥作业，再将粉碎后的秸秆均匀覆盖于播后地表。

"碎秸均匀覆盖"花生免耕播种机

2. "碎秸行间集覆"花生免耕机播技术

该技术可一次性完成"秸秆粉碎、种行清秸、免耕播种、同步施肥、碎秸行间集覆"作业。作业时，在整体粉碎幅宽内小麦秸秆的同时，将粉碎后的秸秆按种植农艺要求规整有序铺放于种行之间，为播种施肥作业创造条状无秸秆障碍区域，在无秸秆障碍区域上完成花生免耕播种、施肥作业。

"碎秸行间集覆"花生免耕播种机

（二）配套技术

1. 田块要求

前茬小麦种植时，尽量将地整平，灌溉用所起垄的垄距尽量为麦茬花生机械化免耕播种机宽度的整数倍。

2. 种子准备

根据当地生态条件和生产特点，选择适宜当地环境的生育期短、产量稳定、结果范围集中、株型直立的优良花生品种。播种前精选种子，清除秕、碎、病粒和杂质，进行种子包衣。

3. 肥料准备

肥料应采用颗粒肥料，以防止化肥在肥箱内结块。

4. 播期选择

根据当地气候、土壤含水量适期播种，墒情不足时，播后及时灌溉补墒。

三、适宜区域

黄淮海小麦花生轮作区。

四、注意事项

其一，一般选用 73.5kW 以上的轮式拖拉机进行播种，配套动力要足。

其二，注意及时排灌，防治病虫害，实时喷洒叶面肥，防低温早衰。

其三，严格按照机具说明书要求操作，严禁秸秆清理装置入土作业。

技术依托单位

1. 农业农村部南京农业机械化研究所

联系地址：江苏省南京市玄武区中山门外柳营 100 号

邮政编码：210014

联 系 人：胡志超

联系电话：025-84346246

电子邮箱：zchu369@163.com

2. 河南农有王农业装备科技股份有限公司

联系地址：河南省驻马店市遂平县产业集聚区经一路北段

邮政编码：463100

联 系 人：王江涛

联系电话：13839619906

电子邮箱：1326852897@qq.com

农机加工技术

NONGJI JIAGONG JISHU

稻茬麦秸秆还田整地播种一体化机播技术

一、技术概述

（一）技术基本情况

针对稻麦轮作区因茬口紧、雨水多、土质黏重、秸秆量大等因素造成机播小麦难的"卡脖子"问题，面对前茬水稻收获后秸秆不做任何收集移出和耕整地处理的"全量秸秆稻茬田"，研究形成了"稻茬麦秸秆还田整地播种一体化机播技术"，实现水稻秸秆障碍整体消除与适量适位精细覆盖还田一体化小麦高质顺畅机播作业，为推进稻麦全程机械化、实现稻麦轮作周年高产高效生产提供了有力支撑。

该技术包含"碎秸覆还调控"和"碎秸行间集覆"两项小麦机械化播种关键技术，并分别形成两大系列播种技术装备，一次完成"秸秆粉碎、覆还调控、种床整备、施肥播种、跨越匀覆"作业或者"秸秆粉碎、种带清秸、行间集覆、种床整备、施肥播种"作业，相对传统灭、翻、旋、播多台机具多次下田的机播方式，减少了机具下田次数、降低作业成本、抢农时，作业集成度高；该技术整体粉碎作业幅宽内秸秆的同时，利用将碎秸整体接续空间移位，为施肥播种形成无秸秆障碍区域，整体消除了全量水稻秸秆对机播的阻滞、阻隔障碍，为机播顺畅作业和高质量播种创造了良好条件，彻底破解了挂秸壅堵、架种、晾种难题；该技术在"播好种"的同时，又将秸秆适量、适位精细覆盖还田，保温保墒、封闭杂草，有效避免了秸秆当茬全量入土还田耗氮、消耗氮肥量大的问题，为播种作物后期的生长和增产提供保障。

稻茬麦"碎秸覆还调控"秸秆还田整地播种机典型机型

稻茬麦"碎秸行间集覆"秸秆还田整地播种机典型机型

（二）技术示范推广情况

稻茬麦秸秆还田整地播种一体化机播技术已在江苏、安徽、湖北等长江流域各省稻麦轮作区获得较大范围推广应用，核心技术在河南、山东、河北等小麦主产区与种植区已获得多年较大范围推广应用。

（三）提质增效情况

该技术整体消除了全量水稻秸秆对机械化播种的阻滞、阻隔障碍，彻底破解了挂秸壅堵、架种、晾种难题，实现稻茬麦高质顺畅机械化播种，秸秆去除率≥95％，机具作业有效度≥99.5％，架种率和晾种率为0，作业顺畅，提高了生产率，播种质量高，确保了产量；技术作业集成度高，较稻茬麦常规机播要分别完成秸秆粉碎、犁翻入土、旋耕混埋、二次旋耕、施肥播种的作业方法，减少了机具下田次数3～4次，降低作业成本50％以上；该技术下，碎秸按需均匀覆盖播后地表或有序规整铺放于种行间，保温保墒、封闭杂草，又有效破解了秸秆全量入土还田当茬耗氮量大问题，可较常规机播增产5％～10％，节本增效显著，并实现水稻秸秆全量覆盖还田资源化利用，有利耕地提质保育、实现禁烧、保护生态；同时，该技术适应各种前茬水稻机收工况下播种小麦，水稻联合收获机上不仅无须增设秸秆粉碎、抛撒等装置，而且还可高留茬或切穗收获、降低草谷比、减少收获损失率，为前茬收获"减负降损"、实现优质高效低损谷物收获提供了技术支撑。

（四）技术获奖情况

以该技术为核心的科技成果"旱田全量秸秆覆盖地免耕洁区播种关键技术与装备"2016—2017年度神农中华农业科技科研成果一等奖、中国农业科学院十大杰出科技创新奖。

该技术核心发明"一种碎秸、清秸、施肥、播种、覆秸多功能机组"获2019年度中国专利优秀奖。

以该技术为核心的科技成果"整体去秸障高质机播技术有效破解秸秆禁烧难题"入选中国农业科学院2020年度十大科技进展成果。

二、技术要点

（一）核心技术主要内容

1. 稻茬麦"碎秸覆还调控"秸秆还田整地播种一体化机播技术

该技术可一次完成稻茬麦"秸秆粉碎、覆还调控、种床整备、施肥播种、跨越匀覆"作业。作业时，将水稻秸秆整体粉碎的同时，按需适量向上向后跨越抛撒，在秸秆拾起又未落下形成的无秸秆障碍区域内进行种床整备、播种施肥，再将适量碎秸沿种带方向均匀抛撒覆盖于播后地表。其中，部分碎秸经种床整理入土还田（混还）、部分碎秸拾起输送抛撒播后地表（覆还），覆还量与混还量可根据农艺需求实现0～100％无级调控，实现碎秸适量精细覆还，解决了稻麦轮作区播小麦时因水稻秸秆量大又全量覆盖还田易引起的缺苗弱苗问题。

2. 稻茬麦"碎秸行间集覆"秸秆还田整地播种一体化机播技术

该技术可一次完成稻茬麦"秸秆粉碎、种带清秸、行间集覆、种床整备、施肥播种"作业。作业时，在整体粉碎幅宽内水稻秸秆的同时，将碎秸按种植农艺需求规整有序条覆于行间，为播种施肥作业形成了宽幅条状无秸秆障碍区域，在宽幅种带上完成小麦施肥播种。

稻茬麦"碎秸覆还调控"秸秆还田整地播种一体化机播作业与小麦长势情况

"碎秸行间集覆"秸秆还田整地播种一体化机播　　碎秸行间条幅效果　　　　小麦田间早期长势

　　　　　　　　　　　　　　　　　　　　小麦田间后期长势　　　　　　小麦田间中期长势

稻茬麦"碎秸行间集覆"秸秆还田整地播种一体化机播作业效果与小麦长势情况

（二）配套技术要点

1. 田块要求

土壤含水量合适、黏度合适的水稻田，以机具可顺畅实现前行作业为准；水稻收获时，对机收方式、留茬高度及秸秆状态无特殊要求，全喂入联合收获和半喂入联合收获均可以，高留茬、低留茬、切穗收获均可以，收获后水稻秸秆粉碎抛撒覆盖、粉碎成条铺放、整秆放倒等各种作业工况均可，播前无须单独处理秸秆和根茬。

2. 机具选择

根据当地农艺需求，选择秸秆覆盖还田的稻茬麦"碎秸覆还调控"秸秆还田整地播种机或秸秆条状覆盖行间的稻茬麦"碎秸行间集覆"秸秆还田整地播种机。

3. 种子准备

根据当地生态条件和生产特点，选择适宜的小麦种子，播种前精选种子，清除秕、碎、病粒和杂质；可根据当地病虫害发生规律，选用种衣剂对种子进行包衣处理；种子包衣时，应选用伤种率较低的包衣机进行加工处理。

4. 肥料准备

应根据当地小麦实际需肥规律、土壤供肥性能与肥料的效应，将氮、磷、钾合理配比后施用；肥料应采用流动性较好的颗粒肥料，以防止排肥管堵塞和肥料在肥箱内架空。

三、适宜区域

稻麦轮作区、玉麦轮作区均可参照执行。

四、注意事项

配套动力要足，一般选用 73.5kW 以上的四驱轮式拖拉机进行播种；严禁秸秆清理装置入土作业。

技术依托单位

1. 农业农村部南京农业机械化研究所

联系地址：江苏省南京市玄武区中山门外柳营 100 号

邮政编码：210014

联 系 人：胡志超

联系电话：025-84346246

电子邮箱：zchu369@163.com

2. 农业农村部农机鉴定总站、农机推广总站

联系地址：北京市朝阳区东三环南路 96 号农丰大厦 1209

邮政编码：100022

联 系 人：吴传云

联系电话：13693015974

电子邮箱：njhxxw@163.com

3. 江苏欣田机械制造有限公司

联系地址：江苏省镇江市丹阳市云林镇马厂区

邮政编码：212344

联 系 人：徐花岗

联系电话：13812378198

电子邮箱：jsdyxt661818@163.com

水稻大钵体毯状苗机械化育插秧技术

一、技术概述

（一）技术基本情况

水稻是我国主要粮食作物，在粮食安全中占有极其重要的地位。其生长发育环境和技术措施复杂，生产环节繁多，季节性强，用工量多，劳动强度大，综合机械化水平有待进一步提升。特别是双季稻区和稻油轮作区，季节紧张是水稻种植的最大瓶颈；东北寒地稻区积温不足，也是制约优质水稻发展的关键。

第一，随着社会经济的发展，劳动力成本越来越高，双抢季节高温，人工插秧不现实也不是未来的发展方向；人工抛秧无序种植，造成了稻种的浪费，也制约了产量提升。

第二，传统的机插秧由于机械损伤秧苗等原因，秧苗有5～7d的缓青期，延长了水稻生育期，加重了茬口紧张，特别是遭遇不良天气时影响更大，农户要开展双季稻机插就必须牺牲稻谷产量和品质，使用短生育期的品种，这与市场畅销的优质品种生育期偏长存在矛盾。

第三，水稻钵体苗移栽技术虽然能从一定程度上解决上述问题，但水稻钵体苗移栽机成本高昂，农民需要重新购置设备，投入过大，且造成现有装备的浪费，目前不适宜大范围推广。

第四，多个因素造成现在直播面积越来越大，而直播田对除草剂的需求也越来越高，这可能造成严重的稻田污染，并影响水稻品质。

综上所述，如何保障水稻具有合适生育期逐渐成为水稻绿色高产高效生产的关键，开发推广不延长水稻生育期的机械化栽培种植技术模式是解决双季稻区、稻油轮作区和东北寒地稻区的关键。

针对以上水稻生产存在的关键问题，中国农业大学项目团队充分发挥水稻钵体苗栽培高产优质的农艺技术优势和机插秧高效精准机械化作业优势，系统集成了大钵体毯状苗育秧盘、精准对位精量播种、秧苗秧期综合管理、高速机械栽插等关键技术，有效地缩短了插秧后秧苗缓苗期、延长了适宜机插秧龄，形成了水稻大钵体毯状苗机械化育插秧技术体系，解决了双季稻区和东北寒地稻区水稻适宜生育期不足难题，为双季稻机械化作业开拓一条新的技术路线。

（二）技术示范推广情况

该技术自2015年开始在全国水稻主产区试验示范推广，全国累计示范推广面积万亩以上。目前已在双季稻区的江西省樟树、瑞昌、临川、奉新、南昌、高安、上高、铅山、抚州，湖南省汨罗、湘潭；稻麦轮作区的江苏省连云港，安徽省凤阳、五河，河南省淮滨；西南丘陵山区的重庆市垫江、涪陵、巴南、永川、梁平；东北寒地稻区的黑龙江垦区七星农场、创业农场、前哨农场，吉林省松原，以及辽宁省盘锦等地开展了试验示范推广工作，很好地解决制约以上稻区水稻生育期和机械化作业问题，取得了良好试验示范效果。

（三）提质增效情况

试验示范结果表明该技术经济、社会效益和生态效益明显，具体为：

1. 缓解茬口紧问题

与现有水稻毯状苗育秧盘比较，采用大钵体毯状苗秧盘育秧，既可以突出水稻钵体苗的栽培技术优势，同时还可使秧苗成苗后能够连成一体，满足插秧机作业要求。由于育苗钵体较大，育秧基质营养充足，可培育高素质壮秧大苗，提高秧苗秧龄。一般对双季稻，秧龄为25～40d，比常规育秧增加5～10d秧龄，缓解了农时紧张，提前育秧，可满足生育期较长的优质品种要求。

2. 降低灾害风险

该技术伤根少、缓苗期短，与常规插秧作业比较，可提前10～15d收获，有效减少了晚稻遭遇寒露风危害的风险，保障了丰产稳产。

3. 促进农药减施

该技术可有效抑制杂草生长，减少病虫害的发生概率，每季可减少除草剂和农药的施用次数2～3次，对降低农业污染、保护生态环境、实现水稻绿色生产意义重大，社会效益及生态效益巨大。

4. 增产增收明显

该技术充分利用现有插秧机，通过简单技术改造，使其满足水稻大钵体毯状苗机械化育插秧技术要求，既可避免了新技术推广造成现有装备的闲置和浪费问题，还可实现精准高效插秧。插秧后秧苗钵体形状明显，插秧植伤小，返青期短，与常规插秧作业比较，延长水稻生长期10～15d，具有早生快发技术优势，低节位有效分蘖多，穗型整齐，成熟度好，综合增产效果明显。全国试验区平均数据显示，与传统机插秧作业比较：一是本技术应用涉及育秧盘及育秧棚等物资投入和秧田管理等人员费用，亩均增加成本投入10～20元；二是在品种选择方面，可以选择品质优良、生育期长10～15d的优质品种，市场收购价格可增加0.8～1.2元/kg；三是在增产增收方面，每亩增收稻谷80kg以上，增幅10%～20%，亩增纯效益200元以上，社会经济效益显著。

水稻不同作业方式对比试验数据汇总

序号	年份	地点	传统机插亩产/kg	大钵体机插亩产/kg	增产量/kg	增产幅度/%
1	2019	江西省樟树市	396.8	569.1	172.3	43.4
2	2019	安徽省五河县	659.9	792.2	132.3	20.0
3	2019	湖南省汨罗市	227.7	284.6	56.9	25.0
4	2020	江西省 樟树市	410.3	429.4	19.1	4.7
5	2020	广西壮族自治区兴安县	412.8	502.0	89.2	21.6
6	2020	江西省铅山县	563.4	654.7	91.3	16.2
7	2020	重庆市垫江县	573.4	722.4	149.0	26.0
8	2020	重庆市梁平区	643.3	683.2	39.9	6.2
9	2020	重庆市永川区	640.4	682.6	42.2	6.6
10	2020	重庆市巴南区	453.4	512.8	59.4	13.1
11	2020	重庆市涪陵区	400.5	451.6	51.1	12.8
		合计平均	489.3	571.3	82.1	17.8

（四）技术获奖情况

无。

二、技术要点

水稻大钵体毯状苗机械化育插秧技术是通过钵形毯状秧苗，适时移栽、群体调控、肥水管理、病虫防治等技术配套，实现高产高效。技术路线如下：

床土→选种→浸种→催芽→大钵体毯状苗育秧流水线设备育秧（每钵内 3～5 粒，填土、播种、压种、覆土在一个流水线上完成）→秧苗管理（除草、温度管理、水肥管理、病虫害防治）→机械整地→插秧机移栽→田间管理。

（一）苗盘准备

采用水稻大钵体毯状苗专用软塑穴盘育苗。育苗盘规格：长（580±5.0）mm，宽度（280±5.0）mm，总厚度 26mm，其中钵体深度 16mm，钵体数（每盘钵孔数）14×30＝420 穴。

$$每亩本田所需盘数＝\frac{每亩本田所需秧苗穴（墩）数}{每盘钵孔数}×(1＋10\%)$$

大钵体毯状苗专用软塑穴盘

（二）营养土配置

营养土的配置要选择含盐量少、pH4.5～5.5、草籽少、无农药残留、土质疏松肥沃的土壤作为育苗基质土。育苗基质土最好选择田园土，将土晒干（用手捏成团落地时自然散开为宜）、捣碎，再用孔径 3～5mm 的筛子过筛备用，一般按每盘 3～4kg 备土。也可选用配制好的育秧基质作为营养土育秧。

（三）苗床准备

选择灌排方便的壤土或黏壤土稻田作苗床，注意苗床准备与摆盘时间协调一

大钵体毯状苗机械化育插秧技术育秧田

致。苗床的宽度根据育秧盘的长宽而定，以横放两个或竖放 4～5 个为宜，床的长度依秧田长度而定。床与床之间留出 25～30cm（盖膜苗床应加宽到 40cm 以上）作业道，或在床与床面之间挖 20cm 深、20cm 宽的浅沟，整平并压实床面即可。对于双季稻区晚稻育秧，恰逢高温和雨季，为防止秧苗生长过快和育秧水分无法控制，给后续插秧机作业带来的困难，特别要求在育秧苗床上方搭建简易遮阳防雨降温覆盖膜棚。为防止育秧盘底部窜根，在床面铺放一层无纺布。

（四）播种技术

要求品种优质、高产、抗病、抗倒伏、抗逆性强、生育期适宜、适合当地种植的优良稻种。播前晒种、脱芒、精选种子、消毒、浸种、催芽。根据品种生育期长短、秧龄和计划栽植期以及当地安全齐穗期确定播种日期。南方稻油轮作区，以 5 月 20—30 日播种为宜；南方双季稻区，早稻以 3 月 15—30 日播种为宜；晚稻以 6 月 20—30 日播种为宜（具体播种时间按当地农艺部门要求执行）。也可按插秧日期，倒推 25～30d，为播种期。一般每盘播干种 30～60g，若用吸足水分的种子则

大钵体毯状苗育秧生产线

需再加 30%的重量，以每穴内有 3～5 粒种子为宜。采用机械化育苗生产线作业，一次完成铺底土、播种、覆土等工序。播后及时浇水（可用喷壶浇水或用水管接上喷头喷浇；春稻可结合防治立枯病，喷敌克松药水），也可浇蒙头水，但不要大水漫灌，以免将种子冲出钵穴。钵盘育秧与常规育苗一样需要盖膜增温保墒。根据各地气候不同，采用不同的覆膜方式。

（五）苗期管理

气温稳定通过 12℃、连续炼苗 5d 以上时为安全揭膜期。一般平铺盖农膜，一叶一心期揭膜；南方稻区覆膜育苗的一般见绿即通风。钵盘育苗是采用旱育苗方式，盘土以湿润为主。出苗到一叶一心期盘土不干不浇水；一叶至二叶期不完全叶节发根，并产生分枝根，秧苗开始在钵穴内盘根，此时床面过水可促进秧苗盘根。此后掌握见干见湿的原则，培育旱生根系。一叶一心期即开始追肥，追肥次数和追肥量根据秧龄和苗情而定。一般在每次每盘追硫酸铵 8～10g，兑水配成 100 倍肥液喷洒，每次喷肥后，立即用清水喷洗叶面，以免肥液烧苗；也可带水追肥。抛秧前 2～3d 追施送嫁肥。

（六）水田准备

水稻移栽对本田整地质量要求较高，尤其是有前茬的稻地要做好灭茬工作。整地质量标准：①田面平整。同一块田内达到"高低不过寸，寸水不露泥"。②地表干净。不露根茬，无僵块及其他残渣杂物。③上糊下松。耙平后田面呈汪泥汪水（花达水）状态。注意壤土或黏土地应在耙平后田面泥浆沉实、呈汪泥汪水状态时进行栽插。沙土地应在耖平后立即抛秧。根据当地土壤肥力施足基肥。施肥方法可采用深施法（施肥后耕田）或全层施肥法（耕后施肥再耙田）。基施氮肥总量占总氮量的 40%～50%，磷肥 100%基施，钾肥 50%基施。南方稻区基肥每亩施纯氮（N）10kg，施磷肥（折 P_2O_5）5kg，施钾肥（折 K_2O）2kg。也

可采用带侧深施肥装置的插秧机作业，同时进行施肥作业。

（七）机械化插秧技术

机械作业株距可用下式计算：

$$计算株距 = \frac{10\ 000}{农艺要求的每公顷栽植穴数 \times 行距}$$

选择最接近值，作为作业株距。理论上，由于水稻大钵体毯状苗宽窄行机插，根系植伤小，返青快，秧苗分蘖能力强，因此，可以选用比常规插秧机作业的栽植密度降低 10% 的栽植亩穴数。

机器适合栽插中、大秧苗，最佳栽植秧苗高度为 20cm，一般适应范围为 15～25cm。个别情况，秧苗 30cm 也可进行插秧作业。栽植作业前应考虑好行走路线和转移地块的进出路线，尽量减少空行程和人工补苗区。

大钵体毯状苗机插秧作业

（八）田间管理技术

完成机械化栽植作业后，立即进行查苗补苗，对机械作业无法到达的地头转弯处、由机械作业操作失误造成的长距离断垄，要进行人工补苗，保证每亩的基本苗数。

水层管理：钵盘旱育苗根系发达，带土带肥移栽，在插秧后，一般无返青期，其相应时期称为立苗期，此时以保持田面湿润为主；分蘖期浅水勤灌，在有效分蘖临界期或其前一叶龄期烤田控苗，提高分蘖成穗率；孕穗期必须保持一定的水层；抽穗扬花期浅水灌溉；灌浆结实期要间歇灌溉；成熟期适时断水。

追肥管理：应适时早追分蘖肥，一般基肥与分蘖肥量占全生育期的 60%～70%，在有效分蘖临界期或其前一时龄期控肥，抑制无效分蘖；巧施穗肥，提高结实率和千粒重。

化学除草：栽插立苗后，可进行化学除草。

防治病虫害：注意预防纹枯病、稻飞虱、条纹叶枯病、白叶枯病、穗颈稻瘟病、稻曲病、二化螟、稻蝗、鼠害等。

三、适宜区域

南方双季稻区及其他适宜的水稻种植区。

四、注意事项

第一，育秧环节是该技术实施的关键，一定要采用旱育秧，保证培育出既成钵又成毯的合格秧苗。

第二，作业前，机组人员应进行相应的培训，使用前应充分了解本机的性能、调整和使用方法，熟悉驾驶及秧盘喂入技术，以便充分发挥机器的效能，同时要注意人身安全。

第三，驾驶员要熟悉机具性能，按预定作业路线行走，尽量走直。转弯时要及时分离栽植离合器，目测转向距离，使接垄位置正确，转弯后及时接合栽植离合器。

技术依托单位

1. 农业农村部农业机械化总站
联系地址：北京市朝阳区东三环南路96号农丰大厦
邮政编码：100122
联 系 人：张树阁　王　超
联系电话：010-59199189　15901443016
电子邮箱：moralzjxc@163.com

2. 中国农业大学工学院
联系地址：北京市海淀区清华东路17号
邮政编码：100083
联 系 人：宋建农
联系电话：13801051532
电子邮箱：songjn@cau.edu.cn

3. 江西省农业机械化技术推广监测站
联系地址：江西省南昌市经济技术开发区庐枫路588号
邮政编码：330044
联 系 人：吴爱文
联系电话：13979171251
电子邮箱：840827670@qq.com

水稻机械化生产减损技术

一、技术概述

（一）技术基本情况

节约减损等于绿色增产。习近平总书记高度重视节约粮食问题，2020 年 8 月，习近平总书记再次对制止餐饮浪费行为作出重要指示。当前我国粮食损失浪费主要体现在生产和消费两个方面，水稻生产损失主要在种植和收获环节，人工撒播增加用种量造成的种子损失率达 12％，机械化育秧、插秧环节稻种损失率约为 4％；人工收获稻谷损失率为 10％左右，机械收获损失率为 3％左右。我国水稻生产机械化减损空间和潜力较大，机械化减损技术有待提高，主要表现在以下几个方面：

其一，我国水稻种植环节机械化水平偏低，部分地区水稻人工撒播和人工抛秧较为普遍，工厂化育秧比例低，存在种子消耗偏大、成苗率有待提高等问题。品种宜机化技术掌握不够、播期不当、农机农艺不匹配。

其二，水稻机械化减损技术不系统，特殊作业条件机收技术不太成熟，对于过熟、浸泡、倒伏水稻作物难以收割。

其三，机手对减损技术不熟悉，作业准备不充分、精细化作业水平不高、驾驶操作不规范，不能适时收获。

其四，机收作业服务过程中，机手更多追求作业效率和效益，不能按照规范操作，人为造成粮食机械损失。

其五，不同地区水稻机械化水平不平衡，南方丘陵山区田块不适合机械化作业，粮食生产损失率相对北方平原地区更高。

农业农村部农业机械化总站针对水稻种植和收获环节机械化损失存在的关键问题深入研究，2015 年形成了《水稻机械化收获减损技术指导意见》，2020 年、2021 年根据各地多年水稻低损机械化试验示范和推广情况，立足新形势、新技术进行重新修订，不断完善水稻机械化减损技术体系。通过该技术体系，形成了水稻生产机械化减损作业质量标准、技术要求和操作规程，有效指导机手选择合适机具、适时开展机械种植收获、做好作业前准备、规范低损收获作业，促进农机企业提高机械减损性能指标，提高生产作业质量和效率，切实减少种子浪费、粮食收获损失。

（二）技术示范推广情况

核心技术"水稻机械化生产减损技术"自 2015 年开始在吉林、黑龙江、江苏、江西、安徽、湖北、湖南等全国水稻主产区示范推广，广泛开展试验示范、技术宣贯和培训指导，提高了机手机械化减损技术水平。2021 年，在"双抢""三秋"水稻机收期间全面推广该技术，全国早稻、中晚稻平均机收损失率下降 1 个百分点，挽回稻谷约 17.5 亿 kg。各省以该技术为核心组织机收减损专题技能培训，突出理论讲解与操作实训相结合，累计培训机手 150 万人次以上。按照"农民自愿、就地就近、自备机具、自定地块"原则，各省、市、县组织形式多样的技能大比武，全国累计开展大比武活动 250 余场次。

2020 年 6 月，在水稻收获期洪涝灾害影响，湖南、江西等地水稻受灾严重；9 月，因多场台风影响，吉林、黑龙江等地水稻倒伏严重。通过大面积推广应用水稻机械化生产减损技术，加强技术指导培训，泥泞、倒伏水稻收获效率和质量明显提升，减损达到预期效果，充分体现该技术在应对自然灾害时应急救灾减灾的作用。

（三）提质增效情况

试验统计显示，和常规机械化生产技术相比，应用水稻机械化生产减损技术可使水稻种植种子用量减少 10％以上，机收损失率降低 30％以上，从 2021 年大比武结果来看，机收损失率普遍在 1.2％～2.5％区间，破碎率从 1.5％下降到 0.8％左右，远低于水稻收获作业质量标准。通过 6 年来的示范推广，收割机减损技术日趋成熟，机手操作水平逐步提升，带动我国水稻机械化生产损失率逐步下降。2021 年，全国早稻、中晚稻平均机收损失率下降 1个百分点，挽回稻谷约 17.5 亿 kg，大大提高了土地产出率，节约粮食就相当于开发"无形良田"，实现"无地增产"。

根据试验示范区测算，水稻机械化生产减损技术优化了收获作业路线、减少机器空跑，确保机器处于最优工作状态，促使油耗减少。大力推广和引导推荐机手选用半喂入联合收割机，损失率和破碎率比全喂入联合收割机低 20％以上，同时减少机器作业燃油消耗，油耗下降 20％以上，每亩减少燃油 0.4kg，亩增收节支 50 元以上。通过推广优质绿色低损机械化收获技术，稻米品质、口感更佳，有利于促进形成品牌，提高水稻种植收益。

（四）技术获奖情况

无。

二、技术要点

水稻机械化生产减损技术主要是通过规范种植、收获两个环节以及特殊作业条件的机械化作业，减少种子浪费和粮食收获损失。技术路线如下：

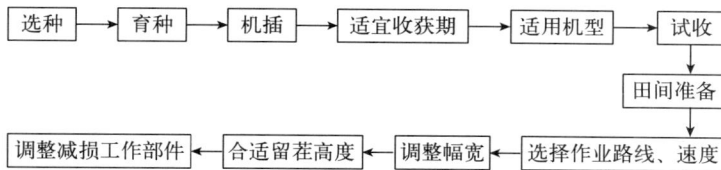

水稻机械化生产减损技术路线

（一）机械化种植环节

1. 选择宜机化品种

选用通过国家或省级审定的且由当地农业技术部门主推的生育期适宜、优质、抗逆性强、适宜机械化生产的丰产稳产水稻品种，种子纯度≥99％，净度≥98％，发芽率≥85％。应满足以下要求：水稻茎秆坚韧、抗倒伏性强；株型紧凑，株高适中，剑叶中短、坚挺，穗型直立或半直立，二次枝梗少；单季稻分蘖力适中、双季稻分蘖力较强；直播稻品种要穗大，分蘖性适中，主穗和蘖穗整齐，抗倒性强，发芽势强，根中胚轴长，顶土能力强。

2. 精量育秧播种

稻种处理：种子经晒种、脱芒、清选、药剂浸种处理后，用催芽机集中催芽，调整设定好温湿度，使种子达到破胸露白、芽长不超过 1mm 为宜。根据移栽时间、适宜秧龄以及移栽机械的作业进度，精确推算适播期。播种量根据品种类型、季节和秧盘规格确定，常规稻宽行（30cm 行距）秧盘（9 寸盘）一般播种量 100～120g/盘，杂交稻宽行（30cm 行距）秧盘播种量 70～80g/盘，每亩大田常规稻需 30 盘、杂交稻 20 盘左右。对钵体秧苗以专用育秧播种流水线作业，播种量为常规稻 4～6 粒/钵、杂交稻 2～4 粒/钵。播种要求准确、均匀、不重不漏。播种时要求播量准确，播种均匀。

3. 精准机械插秧

根据水稻品种、栽插季节、秧盘选择适宜类型的插秧机，提倡采用高速插秧机、侧深施肥插秧机作业，部分有条件的地区可采用钵体苗移栽机。采用插秧机作业的栽插密度一般在 25～30 穴/m²，4～6 株/穴，基本苗数 125～180 株/m²。根据各个地区的土地、肥力等情况，栽插穴距以 10～17cm 为宜。浅水移栽，水深 2～3cm 为宜。采用侧深施肥插秧机时，施肥位置距水稻秧苗根部侧位 3～5cm 且深度为 5cm。

水稻插秧机作业

（二）机械化收获环节

1. 确定适宜收获期

准确判断确定适宜收获期，防止过早或过晚收获对水稻的产量和品质产生不利影响，实现水稻丰产增收。

（1）根据水稻生长特征判断确定　水稻的完熟期或蜡熟期较为适宜收获，此时稻谷籽粒含水率 15％～28％。一般认为，谷壳变黄、籽粒变硬、水分适宜、不易破碎时标志着水稻进入完熟期。水稻分段式割晒机作业一般适宜在蜡熟期进行。

（2）根据稻穗外部形态判断确定　谷粒全部变硬，多数穗颖壳变黄，穗轴上干下黄，有 70％的枝梗已干枯，水稻黄化完熟率 95％以上，说明谷粒已经充实饱满，此时应进行收获。在易发生自然灾害或复种指数较高的地区，为抢时间，可提前至九成熟时开始收获。

（3）根据生长时间判断确定　一般南方早籼稻适宜收获期为齐穗后 25～30d，中籼稻为齐穗后 30～35d，晚籼稻为齐穗后 35～40d，中晚粳稻为齐穗后 40～45d；北方单季稻区齐穗后 45～50d 收获。

2. 选择适用收获机型

水稻生长高度为 65～110cm、穗幅差≤25cm，选用半喂入联合收割机。作物高度超出 110cm 时，可以适当增加割茬高度，对半喂入联合收割机要适当调浅脱粒喂入深度。收割易脱粒品种（脱粒强度小于 100g）或采用高留茬收获时，建议使用全喂入机型；收割难脱粒品种（脱粒强度大于 180g）时，建议采用半喂入机型。有条件的可选用智能减损谷物联合收割机，通过"自识别、自适应、自调整"，达到实时检测收获损失、智能控制损失率的效果。

全喂入履带联合收割机　　　　　　　　半喂入履带联合收割机

3. 机具调试和试割

开始收割作业前要保持机具良好技术状态，预防和减少作业故障，提高工作质量和效率。正式开始作业前要进行试割。试割作业行进长度以 50m 左右为宜，根据作物、田块的条件确定适合的收割速度，对照作业质量标准仔细检测试割效果，并以此为依据对相应部件（如风机进风口开度、振动筛筛片角度、凹板间隙、拨禾轮位置、半喂入联合收割机的喂入深浅、全喂入联合收割机的收割高度等）进行调整。调整后再进行试割并检测，直至达到质量标准为止。作物品种、田块条件有变化时要重新试割和调试机具。

4. 作业质量标准

机收作业时要严格执行作业质量标准。

水稻联合收割机作业质量标准

项目	指标/%	
	全喂入联合收割机	半喂入联合收割机
损失率	≤2.8	≤2.5
破碎率	≤1.5	≤0.5
含杂率	≤2.0	≤1.0
污染情况	籽粒无污染，地块和茎秆中无明显污染	

5. 机收田间准备

作业前要实地察看作业田块土地、种植品种、自然高度、植株倒伏、作物产量等情况。检查去除田里木桩、石块等硬杂物，了解田块的泥脚情况，一般要求 15cm 以下。对可能造成陷车或倾翻、跌落的地方做出标识，以保证安全作业。查看田埂情况，如果田埂过高，应用人工在右角割出 2.5m×6m 的空地，或在田块两端的田埂开 7m 宽的缺口，便于收割机顺利下田。

6. 选择行走路线

行走路线最常用的有以下两种：

（1）四边收割法　对于长和宽相近、面积较大的田块，开出割道后，收割一个割幅到割区头，升起割台，沿割道前进 5～8m 后，边倒车边向右转弯，使机器横过 90°，当割台刚好对正割区后，停车，挂上前进挡，放下割台，再继续收割，直到将谷物收完。

(2) 左旋收割法 对于长宽相差较大、面积较小的田块，沿田块两头开出的割道，长方向割到割区头，不用倒车，继续前进，左转弯绕到割区另一边进行收割。

7. 选择作业速度

作业过程中应尽量保持发动机在额定转速下运转，机器直线行走，避免边割边转弯，压倒部分谷物造成漏割，增加损失。地头作业转弯时，不要松油门，也不可速度过快，防止清选筛面上的物料甩向一侧造成清选损失，保证收获质量。当亩产量超过 600kg 时，应降低作业速度，适当增加割茬高度并减小收割幅宽。若田间杂草太多，应考虑放慢收割机前进速度，减少喂入量，防止出现堵塞和谷物含杂率过高等情况。

8. 调整作业幅宽

在负荷允许的情况下，控制好作业速度，尽量满幅或接近满幅工作，保证作物喂入均匀，防止喂入量过大，影响脱粒质量，增加破碎率。当水稻产量高、湿度大或者留茬高度过低时，以低速作业仍超载时，适当减小割幅，一般减少到 80%，以保证收割质量。

9. 保持合适的留茬高度

割茬高度应根据水稻的高度和地块的平整情况而定，半喂入机型一般以 5～15cm 为宜，全喂入机型一般以 15～40cm 为宜。割茬过高，由于水稻高低不一或机车过田沟时割台上下波动，易造成部分水稻漏割，同时，拨禾轮的拨禾推禾作用减弱，易造成落地损失。在保证正常收割的情况下，割茬尽量低些，但最低不得小于 5cm，以免切割泥土，加快切割器磨损。

10. 调整拨禾轮速度和位置

对于全喂入机型，要根据作物的状况调节拨禾轮的前后位置。拨禾轮的线转速一般为联合收割机前进速度的 1.1～1.2 倍，不宜过高。拨禾轮高低位置应使拨禾板作用在被切割作物 2/3 处为宜，其前后位置应视作物密度和倒伏程度而定，当作物植株密度大并且倒伏时，适当前移，以增强扶禾能力。拨禾轮转速过高、位置偏高或偏前，都易增加穗头籽粒脱落，使作业损失增加。割台搅龙叶片与底板间隙一般为 18～20mm，当作物的产量较高时，适当调大间隙，以免引起搅龙堵塞。

11. 调整脱粒、清选等工作部件

脱粒滚筒的转速、脱粒间隙和导流板角度的大小，是影响水稻脱净率、破碎率的重要因素。在保证破碎率不超标的前提下，可通过适当调节导流板的角度、减小滚筒与凹板之间的间隙、正确调整入口与出口间隙之比（应为 4:1）等措施，提高脱净率，减少脱粒损失和破碎。清选损失和含杂率是对立的，调整中要统筹考虑。在保证含杂率不超标的前提下，可通过适当减小风扇风量、调大筛子的开度及提高尾筛位置等，减少清选损失。作业中要经常检查机箱内秸秆堵塞情况，及时清理，轴流滚筒可适当减小喂入量和提高滚筒转速，以减少分离损失。对于清选结构上有排草挡板的，在含杂、损失较高时，可通过调整排草板上下高度减少损失。

12. 特殊条件收割

(1) 收割潮湿作物 在季节性抢收时，如遇到潮湿作物较多的情况，应经常检查凹板筛、清选筛是否堵塞，注意及时清理。有露水时，要等到露水消退后再进行作业。

(2) 收割倒伏作物 收获倒伏水稻时，可通过安装"扶倒器"和"防倒伏弹齿"装置，尽量减少倒伏水稻收获损失，收割倒伏水稻时应先放慢作业速度，全喂入机型原则上倒伏角小于 45°时顺向作业；倒伏角 45°～60°时逆向作业；在倒伏角大于 60°时，若采用机收方式要

尽量降低收割速度。

（3）收割过熟作物　水稻完全成熟后，谷粒由黄变白，枝梗和谷粒都变干，特别是经过霜冻之后，晴天大风高温，穗茎和枝梗易折断，这时收获需注意尽量降低留茬高度，一般在 100～150mm，但要防止切割器"吃泥土"，并且严禁半喂入收获，以减少切穗、漏穗。

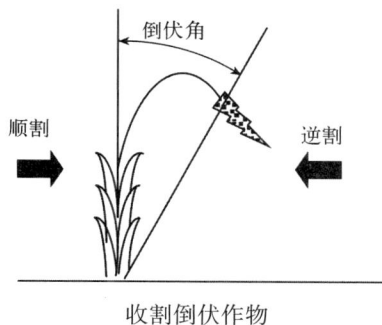

收割倒伏作物

13. 分段收获

使用分段式割晒机作业时，要铺放整齐、不塌铺、不散铺，穗头不着地，防止干湿交替，增加水稻惊纹粒，降低品质。捡拾作业时，最佳作业期在水稻割后晾晒 3～5d，稻谷水分降至 16％左右时，要求不压铺、不丢穗、捡拾干净。

14. 在线监测

如有条件，可在收割机上装配损失率、破碎率在线监测装置，驾驶员根据在线监测装置提示的相关指标、曲线，适时调整行走速度、喂入量、留茬高度等作业状态参数，得到并保持低损失率、低破碎率的较理想的作业状态。

三、适宜区域

全国水稻种植区。

四、注意事项

其一，各地水稻种植农艺条件不同，需因地制宜选用机械化减损技术。

其二，加强操作机手的技术培训，提高机手操作水平和作业质量。要求插秧机、收割机具调整必须以提高机械化作业质量为前提，避免机手因追求速度和效益忽略质量造成不必要的损失。

技术依托单位

农业农村部农业机械化总站

联系地址：北京市朝阳区东三环南路 96 号农丰大厦

邮政编码：100122

联 系 人：徐　峰　张树阁　周靖博

联系电话：010-59199056　13401133675

电子邮箱：moralzjxc@163.com

稻茬油菜全程机械化轻简高效生产技术

一、技术概述

（一）技术基本情况

油菜是我国主要的油料作物，常年种植面积 1.1 亿亩，菜籽油占国产食用植物油的 50％以上。油菜是除大豆之外我国第二大优质动物饲料植物蛋白来源。稻—油轮作、稻—稻—油轮作是长江流域冬油菜的主要种植模式，普遍存在茬口紧、秸秆量大、机械化程度低、劳动强度大、生产成本高等问题，制约油菜产业的发展。长江流域可耕种冬闲田有 6 000 多万亩，是我国扩大油菜产能的主要潜力所在。针对稻茬油菜生产对优质轻简、高质高效种植技术迫切需求的现状，江苏省农业科学院、扬州大学、农业农村部南京农业机械化研究所等单位开展协同攻关，引进吸收熟化国内外最新科研成果，创新集成品种、秸秆全量还田、机械直播、机械移栽、机械收获、肥药减量减施、化学调控、农机农艺配套等关键技术，形成了长江流域稻茬油菜全程机械化轻简高效生产技术。该技术具有机械化程度高、机收损失率低、降低人工劳动强度、提高土壤有机质含量、节本增效明显等优点，可大幅提高农户种植积极性，促进油菜生产面积扩增与产业提档升级发展。

（二）技术示范推广情况

2015 年以来，该技术在江苏、江西、四川、安徽、湖南、湖北等地开展了大面积试验示范和推广，试验示范结果显示，采用稻茬油菜全程机械化轻简高效生产技术，油菜丰产性高、稳产性好，平均亩产 200～250kg，高产示范片亩产可达 300kg 以上。2017 年大丰大面积测产亩产突破 300kg，2021 年东台机收每亩实产 306.5kg，大大提升了油菜生产竞争力。"油菜全程机械化生产技术"列入 2018—2019 年度江苏省农业重大技术推广计划。油菜毯壮苗机械化高效移栽技术被评为 2018 年农业农村部十大引领性农业技术。

（三）提质增效情况

该技术以优质高产为基础，以轻简高效为目标，每亩节省用工 4～5 个，农药减量 30％以上，化肥减量 10％以上，机收损失率减少 10％以上，亩产油量增加 8％以上。按菜籽亩产量 200～250kg、价格 5～6 元/kg 计算，合计目标收益 1 000～1 500 元；亩现金成本投入 350～500 元（不含地租），亩均现金收益 600～1 000 元。同时，实现秸秆资源化利用，提高土壤有机质含量，解决了传统油菜种植费时费力问题，有效缓解用工矛盾，有利于油菜高质高效可持续发展。

（四）技术获奖情况

"油菜毯状苗全自动移栽机的栽植装置及栽植方法"获中国专利优秀奖（2020 年）。

二、技术要点

（一）核心技术

1. 品种选择

选择适宜机械化种植、抗倒性好、抗病性强、抗逆性优的高油高产多抗双低油菜品种，如宁杂 1818、宁 R101、中油杂 19、中油杂 39、德核杂油 8 号、浙杂 903、沣油 737、秦优 10 号等。播种前可用新美洲星、烯效唑等拌种或用种卫士等包衣；也可以不进行种子处理直接播种。

2. 机械直播技术

因地制宜采取机械直播技术、毯状育苗机械移栽技术及机开沟起垄免耕摆栽技术。机械直播适用于 9 月底至 10 月中旬以前的早中茬口，以不迟于 10 月底为宜，亩播种量 200～350g，亩收获密度为 20 000～35 000 株，播种期偏迟可适当增加播量，比适宜播种期每推迟 5d，亩播种量增加 25g。建议采用联合精量播种机，一次性完成旋耕、播种、施肥、开沟、镇压等工序。

稻茬直播

3. 毯状育苗机械移栽技术

在 10 月中旬以后的晚稻茬口应用更有比较优势。可根据移栽期及适宜苗龄（叶龄）计算适宜播种期，一般育苗密度为 4 500～5 500 株/m²，移栽苗龄 4～6 叶，苗高 8～12cm。可采用 30cm 等行距或 30cm 和 60cm 大小行移栽，株距 15～22cm。每亩 8 000～10 000 穴，每穴 2～3 株苗。

毯苗移栽

4. 机开沟摆栽技术

适用于秋季多雨或墒情足的水稻茬口，稻草切碎均匀抛撒还田或不切碎整齐摆放田间，留茬高度不超过 10cm，畦面宽 90cm，沟宽 30cm，每畦移栽两行，株距 15～18cm，每亩栽 7 000 株左右，可一穴双株移栽。

机开沟摆栽

5. 机械收获技术

因地制宜采取机械联合收获或分段收获技术。一般高产田及茬口紧张田块，建议采取分段收获技术，在全田 70%～80% 的角果呈现枇杷黄时，及时机械割倒晾晒 3～7d，成熟度达到 95% 后机械脱粒，作业质量应符合总损失率≤6.5%、含杂率≤5%、破碎率≤0.5% 等要求。一次性机械联合收获的地块，在全田 80% 以上角果触碰裂角时进行机械一次性收获，联合收割作业质量应符合总损失率≤8%、含杂率≤6% 的要求。

机械收获

（二）配套技术

1. 秸秆全量还田技术

前茬水稻在收获前 7～10d 排水晒田。机械联合收割水稻时，秸秆切碎并均匀抛撒平铺于田面，留茬高度≤15cm，秸秆长度≤10cm。采用大马力拖拉机及配套铧式犁进行深耕埋草，埋草深度达到 15～20cm，做到深浅一致。当土壤相对含水量大于 80% 时，建议采用稻茬免耕直播或移栽。

2. 轻简施肥技术

目标亩产量 220kg，建议每亩折纯 N 15～17kg、P_2O_5 4～6kg、K_2O 6～7.5kg，按照一次性基肥或"一基一追"施肥原则科学施肥。一次性基施可选用宜施壮（$N-P_2O_5-K_2O$ 为 25-7-8，并含 Ca、Mg、S、B 等中微量元素）或其他相近配方的油菜专用缓释肥，每亩施用量 60～70kg。不具备一次性基施条件且中等肥力水平以上的田块，可将腊肥和薹肥合并在一起施用，基肥：追肥比为 6：4，于冬至后至翌年 1 月底前每亩施尿素 14～16kg。

3. 绿色防控技术

油菜播种后出芽前或移栽前，用 96％的异丙甲草胺封闭除草；杂草发生重的田块，直播油菜宜在杂草 2～3 叶或油菜 4～5 叶时，喷施油达（50％的草除灵 30mL＋24％烯草酮 40mL＋异丙酯草醚 45mL）等进行选择性除草，建议采用无人机或大型植保机械喷雾防治。蕾薹期用 45％戊唑·咪鲜胺悬浮剂 30～40mL＋助剂 20mL 防控菌核病，也可复配吡蚜酮 10g、KH_2PO_4（60g）、速效硼（有效硼含量＞20％，20～30g）或吡蚜酮 10g 和康普硼钾钼 120g 混合喷施，达到"一促四防"效果。菌核病发生偏重的年份，可在初花期再防治 1 次。建议统防统治，提高防治效果和作业效率，降低防治成本。

机械植保

4. 化学调控技术

直播油菜 4～5 叶期，每亩用 15％的多效唑可湿性粉剂 30～40g 加助剂兑水 25～30L 用大型植保机进行第一次化控；薹高 5～15cm 时，每亩用 5％的烯效唑可湿性粉剂 15～20g 加助剂兑水 25～30L 用大型植保机进行第二次化控，用于壮苗培育和控制株高，减少机收损失率。

5. 农机农艺配套

播种或移栽的厢面宽与收获机械作业幅宽配套，减少收获时牵拉裂角，减少机收损失。

三、适宜区域

本技术适宜长江流域稻茬油菜种植区。

四、注意事项

其一，选择品种要选用适合当地区域的审定或登记品种，建议选用含油量大于 43％且亩产量潜力大于 300kg 的品种。

其二，两次化学调控如采用无人机喷雾，需在早晚有露水时作业，每亩总药液量 2L 以上，助剂建议选用植物精油类。

技术依托单位

1. 江苏省农业科学院

联系地址：江苏省南京市玄武区钟灵街 50 号

邮政编码：210014

联 系 人：高建芹　张洁夫

联系电话：025-84390364

电子邮箱：19970010@jaas.ac.cn

2. 农业农村部南京农业机械化研究所

联系地址：江苏省南京市玄武区中山门外柳营 100 号

邮政编码：10014

联 系 人：吴崇友

联系电话：025-8446274

电子邮箱：wucy@nriam.com

3. 扬州大学

联系地址：江苏省扬州市大学南路 88 号

邮政编码：225009

联 系 人：冷锁虎

联系电话：18912133687

电子邮箱：oilseed@yzu.edu.cn

稻米半干法磨粉技术

一、技术概述

（一）技术基本情况

1. 技术研发推广的背景

我国米制食品年产量超过 7 000 万 t，居世界第一位。随着我国人民生活水平的不断提高，高质量和多品类的米制食品需求量日益增大。生产不同适用性的优质专用大米粉，以供给米制食品加工企业、作坊以及家庭使用，是拓宽大米精深加工渠道、促进产业发展的重要途径。大米粉是米线（米粉）、速溶米粉、米面包、米糕、汤圆等食品加工的基础原料，其品质特性决定了早籼米配一定量晚籼米适宜加工米线、粳米适宜加工米面包、糯米适宜加工汤圆等。而即使原料相同，受磨粉加工影响的破损淀粉含量、粒度大小与分布、糊化特性等粉质特性也决定性地直接影响产品品质。

尽管不同米制食品加工方法各异，但经浸泡、洗米、磨浆及干燥加工的湿磨大米粉，较干磨粉具有破损淀粉含量低、淀粉颗粒完整度高、粒度分布窄等优势，是长期以来绝大部分米制食品获得优异品质的关键基础。而湿法加工存在耗水能耗大、废水量大且处理成本高、生产效率低、原料损失率高等诸多问题，尤其是当前粮食减损的任务紧迫、绿色加工要求不断提高的背景下，很多大米粉及米制食品加工企业因不具备专业的废水处理能力或无法承受处理成本而面临停工、关厂等严峻考验。因此，大米粉湿法加工不但浪费宝贵的粮食资源，亦是我国米制食品产业发展的瓶颈。

湿法	VS	干法
破损淀粉5%		破损淀粉10%
高耗水		断条严重
废水量大		无废水
杂菌污染		设备简单
储藏性差		储藏性好

湿法磨粉与干法磨粉方式比较

2. 解决的主要问题

因磨粉环节的制约，行业中部分企业为降低成本和改善大米粉特性大量加入玉米或小麦淀粉等来生产米制食品，以次充好，失去了传统风味口感，甚至存在不必要的添加等诸多弊端。我们在公益性行业（农业）专项、国家自然科学基金面上项目、重点研发专项子课题及5项企业横向课题的支持下，研究证实了早籼米和糯米经热风预处理、定量着水润米、磨粉、干燥制得的大米粉，其粉质特性与传统湿磨粉接近且无废水产生。运用此大米粉制作的鲜米粉、汤圆，其质构特性和感官品质可与湿磨粉相媲美。本技术解决了湿法磨粉加工耗水量大、产出废水量大且处理成本高，而干法磨粉破损淀粉含量高无法用于米制食品生产的核心技术瓶颈。

3. 专利的范围及使用情况

授权国家发明专利"低破损淀粉含量的大米粉节能制备方法"ZL 201710623495.7（专利权人：中国农业科学院农产品加工研究所，发明人：佟立涛、王丽丽、周闲容、刘丽娅）；"纯菌种发酵结合半干法磨粉制备米粉的方法"ZL 201910252179.2（专利权人：中国农业科学院农产品加工研究所，发明人：佟立涛、周素梅、周闲容、王丽丽、刘丽娅、耿栋辉）。两项核心专利围绕大米磨粉的技术瓶颈，创新发明了大米半干法磨粉核心技术，解决了米制食品加工的瓶颈问题。目前专利技术在广西螺霸王食品科技有限公司、河南黄国粮业股份有限公司等企业使用。

（二）技术示范推广情况

技术成果在广西螺霸王食品科技有限公司、湖南金健米业股份有限公司、湖南长翔食品有限公司、贵州茅贡米业有限公司、河南黄国粮业股份有限公司、江苏宝宝集团公司等多家米粉和大米磨粉企业进行了推广应用。

（三）提质增效情况

自 2017 年与广西螺霸王食品科技有限公司达成全面深度合作，技术成果在企业推广应用。在企业米粉加工生产线上全部采用半干法磨粉关键技术，在保证了米粉品质与湿法相媲美的同时，废水产生量降低了 90%，对于日产 150 万包螺蛳粉企业来说节水和污水处理一项就节约了 20% 的生产成本。特别是提升了 5% 的米粉出品率，如果米粉行业全部采用半干法磨粉技术，那么仅出粉率一项就提升全行业可多生产 350 万 t 的大米粉，而不是白白浪费到废水中去污染环境。此外，通过降低断条率，又降低了 5% 的生产成本。

螺蛳粉生产过程中采用本技术成果，综合生产成本降低 30% 以上。广西螺霸王食品科技有限公司从合作之初不足 1 000 万元销售额，通过 5 年的发展到 2021 年销售额已突破 15 亿元，成为柳州螺蛳粉行业的领军者。关键技术还在湖南金健米业股份有限公司、贵州茅贡米业有限公司、永州市华利工贸有限责任公司、长沙翔祥食品有限责任公司、河南黄国粮业股份有限公司、江苏宝宝集团公司进行成果转化应用，6 家企业 29 条生产线近 3 年新增销售额超过 30 多亿元。

2021 年 4 月 26 日下午，习近平总书记来到柳州螺蛳粉生产集聚区，了解特色产业发展情况时指出小米粉大产业。如今柳州螺蛳粉在螺霸王这样的龙头企业带动下已经形成了超过 120 亿元的产业。同时带动包括大米、竹笋、豆角、木耳等在内的 100 多万亩原材料基地建设，覆盖农业、食品工业、电子商务等多个领域，发展工业旅游、开发文创产品等，实现一二三产融合发展，为当地农民持续稳定增收提供了保障。

（四）技术获奖情况

"稻米半干法磨粉技术"成果经中国粮油学会评价认定"整体达到国际先进水平"，被选为农业农村部 2017 年农产品加工业十大科技创新推广成果。成果先后荣获 2018 年度河南省科学技术进步奖三等奖、2019 年度湖南省科学技术进步奖二等奖、2020 年度中国粮油学会科学技术进步奖一等奖。以本技术为核心的"米粉绿色高效加工关键技术及应用米粉"荣获了 2021 年度中国农业科学院青年科技创新奖。

二、技术要点

（一）热风或过热蒸汽预处理

通过热风干燥以及过热蒸汽预处理产生米粒裂缝加快润米，结合半固定搅拌器的应用可将早籼米润米时间缩短到 10min 以内。确定了 75℃下 45min 过热风、200℃下 45s 过热蒸汽的最佳处理条件，此条件下大米粉含菌量从 10^5 cfu/g 显著下降到 10^2 cfu/g。

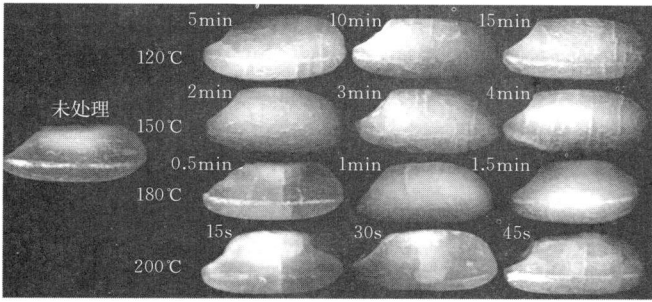

增加米粒表观裂缝

缩短润米时间（45 ℃下）

米粒预处理效果

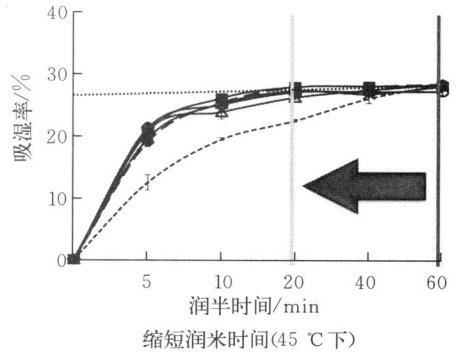

（二）饱和吸水率润米

测定大米原料的饱和吸水率并以此为据润米降低米粒硬度，同时又能不粘磨。早籼米（A）米粒一般具有 39.2N，通过润米将其降到 4.9N。糯米（B）一般 68.6N，饱和吸水率润米将其降到 7.8N。

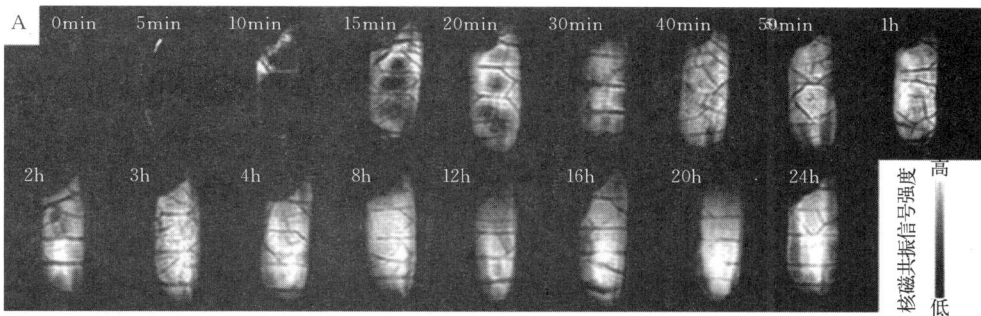

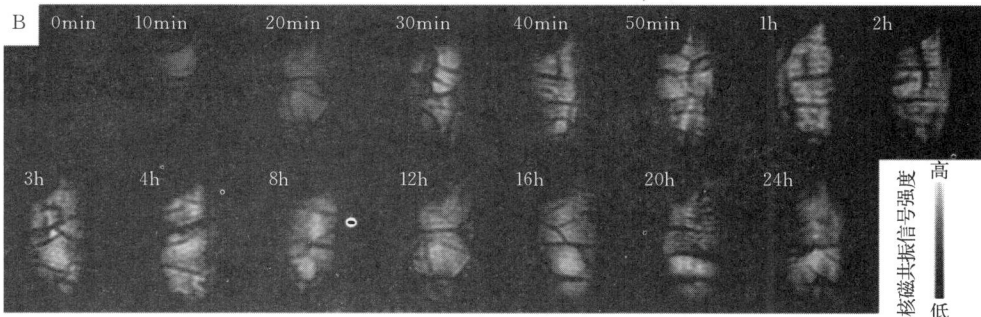

水分进入降低硬度

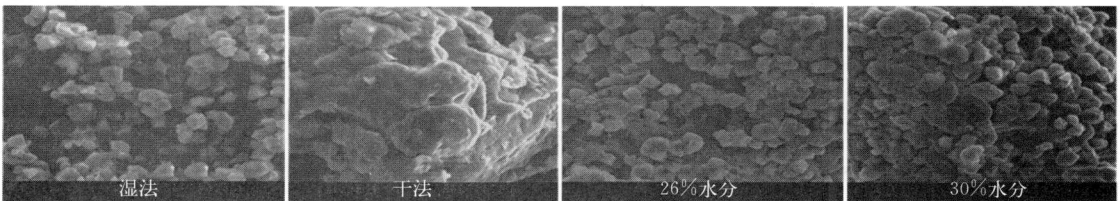

干法破坏颗粒完整性

饱和吸水率润米保护淀粉颗粒完整性

破损淀粉含量

| 3.6% | 3.9% | 10.4% |

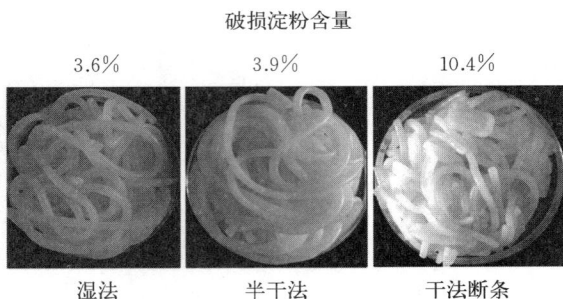

湿法　　　　半干法　　　干法断条

半干法磨粉值得的米粉产品

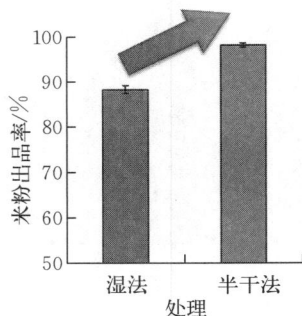

（三）旋风磨磨粉

将润好后的大米进行旋风磨磨粉，保证磨粉过程中持续的低机械能输入，从而保证淀粉颗粒完整性得到保护。加工出的大米粉的破损淀粉含量小于5%，与传统湿法磨粉相当。因保留水溶性成分，出品率提升5%以上。

三、适宜区域

本技术成果适用于米粉（线）、糯米粉、汤圆等在内的几乎涵盖所有米制食品的加工企业。

半干法磨粉技术企业应用实景

四、注意事项

因为后续大米粉烘干后直接包装销售，或进入下一个米粉、汤圆、雪饼等米制食品加工环节，没有湿法磨粉的反复洗米过程，因此，要选择清洁度高的大米原料进行生产。

技术依托单位

中国农业科学院农产品加工研究所

联系地址：北京市海淀区圆明园西路2号

邮政编码：100193

联 系 人：佟立涛

联系电话：010-62813477

电子邮箱：tonglitao@caas.cn

小麦机械化生产减损技术

一、技术概述

（一）技术基本情况

节约减损等于绿色增产。习近平总书记高度重视节约粮食问题，2020年8月，习近平总书记再次对制止餐饮浪费行为作出重要指示。当前我国粮食损失浪费主要体现在生产和消费两个方面，小麦生产损失主要在种植和收获环节，特别是收获环节损失率相对较高，人工收获小麦损失率在8％左右，机械收获损失率在2％左右。我国小麦生产机械化减损空间和潜力较大，机械化减损技术有待提高。主要表现在以下几个方面：

其一，部分地区使用的小麦播种机精量播种程度低，存在漏播、多播以及种子消耗偏大、成苗率不高等问题。

其二，小麦机械化减损技术不系统，特殊作业条件机收技术没有突破，过熟小麦作物难以收割。

其三，机手对减损技术不熟悉，培训不到位，作业准备不充分、精细化作业水平不高、驾驶操作不规范，不能做到适时收获。

其四，机收作业服务过程中，机手更多追求作业效率和效益，人为造成粮食机械损失。

农业农村部农业机械化总站针对小麦种植和收获机械化环节损失存在的关键问题深入研究，2015年形成了《小麦机械化收获减损技术指导意见》，2021年、2021年根据新形势、新技术进行重新修订，不断完善小麦机械化减损技术体系。通过该技术体系，形成了小麦机械化减损作业质量标准、技术要求和操作规程，有效指导机手选择合适机具、适时开展机械种植收获、做好作业前准备、规范低损收获作业，促进农机企业提高机械减损性能指标，提高小麦生产机械化作业质量和效率，切实减少种子浪费、粮食收获损失。

（二）技术示范推广情况

核心技术"小麦机械化生产减损技术"自2015年开始在河北、山西、江苏、安徽、山东、河南等全国小麦主产区示范推广，广泛开展试验示范、技术宣贯和培训指导，切实提高了机手机械化减损技术水平。2021年，在"三夏"小麦机收期间全面推广该技术，全国小麦机收平均损失率下降1个百分点，挽回小麦12.5亿kg。各夏粮产区各省在夏收前组织机收减损专题技能培训，突出理论讲解与操作实训相结合，累计培训机手50万人次以上。在8个小麦主产省组织全国粮食作物机收减损技能大比武40场分赛区活动。

（三）提质增效情况

试验统计显示，和常规机收技术相比，应用小麦机械化生产减损技术可使小麦种植种子用量减少20％以上，机收损失率、破碎率降低50％以上，试验示范地区小麦平均机收损失率从2％下降到0.8％，破碎率从1％下降到0.5％，每亩粮食减少损失8kg。通过6年来的示范推广，收割机减损技术日趋成熟，机手操作水平逐步提升，带动我国小麦机械化损失率整体水平逐步提高。2021年，在"三夏"小麦机收期间全面推广该技术，全国小麦机收损失率下降 1 个百分点，挽回小麦 12.5 亿 kg，大大提高了土地产出率，节约粮食就相当于开发"无形良田"，实现"无地增产"。另外，根据试验示范区测算，大力推广小麦机械化生产减损技术，优化了作业路线、减少机器空跑，确保机器处于理想工作状态，油耗下降 20%以上，每亩减少燃油 0.4kg，亩增收节支 40 元以上。

（四）技术获奖情况

无。

二、技术要点

小麦机械化生产减损技术主要是通过规范种植、收获两个环节以及特殊作业条件的机械化作业，减少种子浪费和粮食收获损失。技术路线如下：

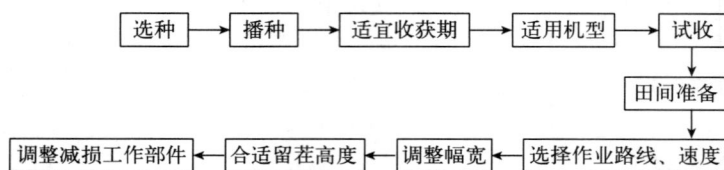

选种 → 播种 → 适宜收获期 → 适用机型 → 试收 → 田间准备 → 选择作业路线、速度 → 调整幅宽 → 合适留茬高度 → 调整减损工作部件

小麦机械化生产减损技术路线

（一）机械化播种环节

1. 选择宜机化品种

选用通过国家或省级审定的达到国家标准的小麦品种，其中纯度≥99%、净度≥98%、发芽率≥85%、水分≤13%。小麦品种还应满足以下要求：株型紧凑或半紧凑，分蘖成穗率高，穗层整齐度好；根系发达、茎秆坚韧，抗倒伏能力强，抗穗发芽能力强；抗病性强，中抗赤霉病，兼抗条锈、白粉、纹枯病；成熟时落黄好，成熟度一致，灌浆完成后脱水快，籽粒含水率低；颖壳松紧度适中，籽粒破损率低，穗部残留少、净度高。

小麦播种机

2. 精量施肥播种

播种前种子药剂处理，应根据当地病虫害发生情况选择高效安全的杀菌剂、杀虫剂，用包衣机、拌种机进行种子机械包衣或拌种，以确保种子处理和播种质量。播种时一次性完成施肥、播种、镇压等复式作业，要求下种均匀，无漏播、重播，覆土均匀严密，播后镇压效果良好；播深 3～5cm；采用宽苗带播种时，苗带宽度 10～12cm，行距 30～38cm；免耕播种的地块不能将基肥撒施地表，必须随播种作业将基肥深施。

（二）机械化收获环节

1. 确定适宜收获期

小麦机收宜在蜡熟末期至完熟初期进行，此时产量最高，品质最好。小麦成熟期主要特征：蜡熟中期下部叶片干黄，茎秆有弹性，籽粒转黄色，饱满而湿润，籽粒含水率 25%～

30%；蜡熟末期植株变黄，仅叶鞘茎部略带绿色，茎秆仍有弹性，籽粒黄色稍硬，内含物呈蜡状，含水率20%～25%；完熟初期叶片枯黄，籽粒变硬，呈品种本色，含水率在20%以下。确定收获时间，还要根据当时的天气情况、品种特性和栽培条件，合理安排收割顺序，做到因地制宜、适时抢收，确保颗粒归仓。小面积收获宜在蜡熟末期，大面积收获宜在蜡熟中期，以使大部分小麦在适收期内收获。留种用的麦田宜在完熟期收获。如遇雨季迫近，或急需抢种下茬作物，或品种易落粒、折秆、折穗、穗上发芽等情况，应适当提前收获时间。

2. 选择适用收获机型

一般情况，使用全喂入联合收割机收割小麦比半喂入联合收割机损失率更低，特别是收获易脱粒品种（脱粒强度小于100g）时，建议使用全喂入联合收割机，喂入作物的长度为500～800mm。对于小麦生长高度为650～1 100mm、穗幅差≤250mm，或收获难脱粒品种（脱粒强度大于180g）时，适合选用半喂入联合收割机。作物高度超出1 100mm时，可以适当增加割茬高度，对半喂入联合收割机要适当调浅脱粒喂入深度。有条件的可选用智能减损谷物联合收割机，通过"自识别、自适应、自调整"，达到实时检测收获损失、智能控制损失率的效果。

全喂入轮式联合收割机收割小麦

全喂入履带联合收割机收割小麦

半喂入履带联合收割机

3. 机具调试和试割

作业季节开始前要依据产品使用说明书对联合收割机进行一次全面检查与保养，确保机具在整个收获期能正常工作。正式开始作业前要选择有代表性的地块进行试割。试割作业行进长度以50m左右为宜，根据作物、田块的条件确定适合的收割速度，对照作业质量标准仔细检查损失、破碎、含杂等情况，有无漏割、堵草、跑粮等异常情况。并以此为依据对割刀间隙、脱粒间隙、筛子开度和（或）风扇风量等视情况进行必要调整。调整后再进行试割并检测，直至达到质量标准。

4. 作业质量标准

机收作业严格下列作业质量标准。

小麦联合收割机作业质量标准

项目	指标/%	
	全喂入联合收割机	半喂入联合收割机
损失率	≤1.2	≤3.0
破碎率	≤1.0	≤0.5
含杂率	≤2.0	≤2.0
污染情况	籽粒无污染，地块和茎秆中无明显污染	

5. 机收田间准备

作业前要实地察看作业田块土地、种植品种、自然高度、植株倒伏、作物产量等情况，调试好机具状态。检查去除田里木桩、石块等硬杂物，对可能造成倾翻、跌落的地方做出标识，以保证安全作业。查看田埂情况，如果田埂过高，应用人工在右角割出 2.5m×6m 的空地，或在田块两端的田埂开 7m 宽的缺口，便于联合收割机顺利下田。

6. 选择行走路线

联合收割机作业一般可采取顺时针向心回转、反时针向心回转、梭形收割三种行走方法。在具体作业时，机手应根据地块实际情况灵活选用。转弯时应停止收割，将割台升起，采用倒车法转弯或兜圈法直角转弯，不要边割边转弯，以防因分禾器、行走轮或履带压倒未割麦子，造成漏割损失。

7. 选择作业速度

根据联合收割机自身喂入量、小麦产量、自然高度、干湿程度等因素选择合理的作业速度。作业过程中应尽量保持发动机在额定转速下运转。通常情况下，采用正常作业速度进行收割。当小麦稠密、植株大、产量高、早晚及雨后作物湿度大时，应适当降低作业速度。

8. 调整作业幅宽

在负荷允许的情况下，控制好作业速度，尽量满幅或接近满幅工作，保证作物喂入均匀，防止喂入量过大，影响脱粒质量，增加破碎率。当小麦产量高、湿度大或者留茬高度过低时，以低速作业仍超载时，适当减小割幅，一般减少到 80%，以保证小麦的收割质量。

9. 保持合适的留茬高度

割茬高度应根据小麦的高度和地块的平整情况而定，一般以 5～15cm 为宜。割茬过高，由于小麦高低不一或机车过田埂时割台上下波动，易造成部分小麦漏割，同时，拨禾轮的拨禾推禾作用减弱，易造成落地损失。在保证正常收割的情况下，割茬尽量低些，但最低不得小于 5cm，以免切割泥土，加快切割器磨损。

10. 调整拨禾轮速度和位置

拨禾轮的转速一般为联合收割机前进速度的 1.1～1.2 倍，不宜过高。拨禾轮高低位置应使拨禾板作用在被切割作物 2/3 处为宜，其前后位置应视作物密度和倒伏程度而定，当作物植株密度大并且倒伏时，适当前移，以增强扶禾能力。拨禾轮转速过高、位置偏高或偏前，都易增加穗头籽粒脱落，使作业损失增加。

11. 调整脱粒、清选等工作部件

脱粒滚筒的转速、脱粒间隙和导流板角度的大小，是影响小麦脱净率、破碎率的重要因素。在保证破碎率不超标的前提下，可通过适当提高脱粒滚筒的转速、减小滚筒与凹板之间的间隙、正确调整入口与出口间隙之比（应为 4∶1）等措施，提高脱净率，减少脱粒损失和破碎。清选损失和含杂率是对立的，调整中要统筹考虑。在保证含杂率不超标的前提下，可通过适当减小风扇风量、调大筛子的开度及提高尾筛位置等，减少清选损失。对于清选结构上有排草挡板的，在含杂、损失较高时，可通过调整排草板上下高度减少损失。

12. 特殊条件收割

（1）收割倒伏作物　适当降低割茬，以减少漏割；拨禾轮适当前移，拨禾弹齿后倾 15°～30°，或者安装专用的扶禾器，以增强扶禾作用。倒伏较严重的作物，采取逆倒伏方向收获、降低作业速度或减少喂入量等措施。

（2）收割过熟作物　小麦过度成熟时，茎秆过干易折断、麦粒易脱落，脱粒后碎茎秆增加易引起分离困难，收割时应适当调低拨禾轮转速，防止拨禾轮板击打麦穗造成掉粒损失，同时降低作业速度，适当调整清选筛开度，也可安排在早晨或傍晚茎秆韧性较大时收割。

13. 在线监测

如有条件，可在收割机上装配损失率、破碎率在线监测装置，驾驶员根据在线监测装置提示的相关指标、曲线，适时调整行走速度、喂入量、留茬高度等作业状态参数，得到并保持低损失率、低破碎率的较理想的作业状态。

三、适宜区域

全国小麦种植区。

四、注意事项

其一，各地小麦种植农艺条件不同，需因地制宜选用机械化减损技术。

其二，加强操作机手的技术培训，提高机手操作水平和作业质量。要求播种、收割机具调整必须以提高机械化作业质量为前提，避免机手因追求速度和效益忽略质量造成不必要的损失。

技术依托单位

农业农村部农业机械化总站

联系地址：北京市朝阳区东三环南路 96 号农丰大厦

邮政编码：100122

联系人：徐　峰　张树阁　程胜男

联系电话：010-59199056　13401133675

电子邮箱：moralzjxc@163.com

玉米机械籽粒收获技术

一、技术概述

（一）技术基本情况

玉米机械籽粒直收（机械粒收）是利用联合收获机进行摘穗、脱粒一次完成的收获方式，是现代玉米生产的主要技术特征。我国玉米收获机械化率已达78％，但仍以机械穗收方式为主，机械粒收占比较低，已经成为制约玉米生产机械化发展的瓶颈。玉米机械籽粒收获技术通过品种筛选、合理密植、抗倒防病保健栽培、适期收获、农机农艺融合以及烘干存储等关键技术环节，降低生产成本，改善玉米品质，是我国玉米生产转方式、增效益和提升竞争力的主要技术途径。

（二）技术示范推广情况

"玉米籽粒机收新品种及配套技术体系集成应用"被评选为"十三五"农业科技标志性成果，"玉米机械籽粒收获高效生产技术"入选2020中国农业农村重大新技术；"玉米籽粒低破碎机械收获技术"入选2019年十大引领性农业技术。该技术体系近年已在新疆生产建设兵团及新疆维吾尔自治区、黑龙江垦区、内蒙古自治区东四盟等北方春播玉米区大面积推广应用，并在河南、河北、山东、安徽等黄淮海夏播玉米区进行了技术示范，增产增效显著。

（三）提增效情况

收获是玉米生产中最繁重的体力劳动环节，约占整个玉米种植过程人工投入的50％～60％。玉米机械粒收不仅可以大大降低劳动强度、节约成本，而且还会避免晾晒、脱粒过程中的籽粒霉烂与损失。多年多地试验示范表明，玉米籽粒机收比果穗机收节约成本15％，降低粮损6％左右，提升品质等级1级以上，亩节本增效150元左右，相当于每千克降低成本0.2～0.3元。同时，将秸秆直接粉碎还田，有利于培肥地力，避免秸秆集中焚烧引发严重雾霾，减少碳排放，具有巨大的生态价值。2019年，宁夏探索玉米籽粒直收免烘干技术，创建试验基地5个，实现玉米亩产1 000kg，生产成本降低10％，效益提高10％。

（四）技术获奖情况

"西北灌区玉米密植机械粒收关键技术研究与应用"获2019年度新疆维吾尔自治区科学技术进步奖一等奖；"玉米机械粒收关键技术研究及应用"获2019年度中国作物学会作物科技奖；"黄淮海夏玉米机械粒收关键技术研究与应用"获2020—2021年度神农中华农业科技奖科学研究类成果二等奖。

二、技术要点

（一）科学选种，合理密植

根据当地自然条件，选择经国家或省审定、在当地已种植并表现优良的耐密、抗倒、适宜籽粒机械收获的玉米品种。亩种植密度比当前大田生产增加500～1 000株。根据收获机具作业方式配置种植模式，尽量满足对行收获。

（二）精细管理，提高群体整齐度

采用机械精量单粒播种，保障播种质量；根据田间杂草发生情况，选择苗前或苗后化学除草；根据产量目标和地力水平进行配方施肥，提高肥料利用率；通过精品种子、精细整地、高质量播种和田间管理，提高群体整齐度。

大田密植高质量玉米群体

（三）保健栽培，抗逆管理

种子精准包衣防控苗期病虫害，中后期重点防治茎腐病、玉米螟和穗粒腐病，兼顾防治当地常发的病虫害；在玉米6～8展叶期，喷施玉米专用化控药剂，控制基部节间长度，增强茎秆强度，预防倒伏。

（四）适时收获，提高收获质量

收获时期一般在生理成熟（籽粒乳线完全消失）后2～4周进行（春玉米籽粒含水率应降至25％，夏玉米籽粒含水率应降至28％以下）。根据种植行距及作业质量要求选择合适的收获机械，根据玉米生长情况和籽粒水分状况调整机具工作参数，保障作业质量。田间落粒与落穗合计总损失率不超过5％，籽粒破碎率不高于5％，杂质率不高于3％。收获玉米籽粒及时烘干。

机械籽粒收获现场

（五）秸秆还田，培肥地力

玉米秸秆可采用联合收获机自带粉碎装置粉碎，或收获后采用秸秆粉碎还田机粉碎还田。玉米茎秆粉碎还田，茎秆切碎长度≤100mm，切碎长度合格率≥85％，抛撒均匀。用综合整地机械进行秸秆碎粉还田，或翻转犁将秸秆翻地（深度30～40cm），或翌年采取免耕播种。

三、适宜区域

东北玉米区、西北玉米区、黄淮海玉米区等能够进行机械作业的地区，其他区域可参照执行。

四、注意事项

玉米机械化生产要抓好播种与收获两个关键环节，玉米密植后要抓好群体整齐度、植株抗倒伏和减少后期早衰三个关键问题。机械收粒时间应适当推迟，保证收获质量。

技术依托单位

1. 中国农业科学院作物科学研究所

联系地址：北京市海淀区中关村南大街12号

邮政编码：100081

联系人：李少昆　明　博

联系电话：010-82108891

电子邮箱：lishaokun@caas.cn

2. 全国农业技术推广服务中心

联系地址：北京市朝阳区麦子店街20号

邮政编码：100125

联系人：鄂文弟　贺　娟

联系电话：010-59194183

电子邮箱：hejuan@agri.gov.cn

3. 中国农业大学

联系地址：北京市海淀区清华东路17号

邮政编码：100083

联系人：张东兴　崔　涛

联系电话：010-62737765

电子邮箱：zhangdx@cau.edu.cn

夏玉米苗带清茬种肥精准同播技术

一、技术概述

（一）技术基本情况

冬小麦—夏玉米一年两熟轮作是黄淮海地区主要的种植制度，前茬小麦收获后夏玉米贴茬种肥直播是主要播种方式。实际生产中，一是普遍存在小麦留茬过高、秸秆处理不到位、秸秆抛撒不均匀，导致玉米播种质量不高、出苗率低和群体整齐度差等问题；二是由播种机调控精准度不够导致播种精准度低、种肥隔离性差、后期脱肥易早衰等问题，严重影响玉米高产高效生产，也不符合当前夏玉米生产轻简化、机械化、生态化和智能化的要求。鉴于此，山东省农业科学院玉米栽培生理与大田农机装备两个学科团队围绕玉米精准播种环节联合攻关，明确了玉米苗带清洁和种肥精准同播的关键技术参数，创新出夏玉米苗带清茬种肥精准同播技术及其配套农机具。技术通过采用"独立封闭耕仓＋重辊镇压"的方式完成苗带清理后的土壤压实及苗带外的地面秸秆覆盖，在高效制备种床的同时，可实现有效保墒；同时，采用"同位仿形＋气吸精播"技术和"苗带整理＋深松施肥"复式作业技术，辅以精准化信息调控，实现种子精准定位与均匀分布，有效发挥玉米品种、肥料产品、农机装备及栽培技术的精准凝聚效应，实现行株距、播种深度、施肥深度一致，保证苗全、苗齐、苗匀、苗壮。

（二）技术示范推广情况

本技术自 2013 年开始研发，累计在山东省不同生态区域建设夏玉米苗带清茬种肥精准同播技术百亩示范方、千亩示范方 26 处，已累计示范面积超过 500 余万亩，比常规技术提高肥料利用率 10.27％，平均增产 8.34％。

（三）提质增效情况

本技术围绕玉米播种环节集成农艺栽培与农机装备关键技术，辅以精准化信息调控，实现带状洁区精准播种和分层施肥，有效发挥玉米品种、肥料产品、农机装备及栽培技术的精准凝聚效应。相比传统免耕播种，播种机械作业速度可达 6 km/h 以上，作业效率提升 25％～30％，粒距合格指数≥98.1％，播深合格率≥95％，出苗率提高 6.5％，群体整齐度提高9.2％，肥料利用率提高 10.27％，平均增产 8.34％，亩节本增效 189.48 元，从而实现夏玉米轻简化绿色节本增效生产。

（四）技术获奖情况

本技术的关键技术环节获得授权国家发明专利 3 项、实用新型专利 3 项、软件著作权 1项，于 2018 年被山东省质量技术监督局批准发布为山东省地方标准，2021 年被山东省农业农村厅等部门批准发布为山东省农业主推技术，作为核心技术的相关科研成果荣获 2020—2021 年度神农中华农业科技奖科学研究类成果一等奖。

二、技术要点

（一）麦茬处理

免耕残茬覆盖，小麦收获时，采用带秸秆切碎（粉碎）装置的联合收获机，秸秆均匀抛撒，留茬高度≤15cm，秸秆切碎（粉碎）长度≤10cm，秸秆切碎（粉碎）合格率≥90％，并均匀抛撒。

（二）播种机械选择

选择玉米苗带清茬单粒精量播种机或苗带旋耕施肥播种机，实现清茬、开沟、播种、施肥、覆土和镇压等联合作业。土层板结情况下，宜选择深松多层施肥玉米苗带清茬精量播种机。

（三）品种选择

选用经过国家或省级审定的株型紧凑耐密、抗病虫害、高产稳产的优良玉米杂交品种，播种前精选种子，种子的纯度和净度要达到98％以上，发芽率达到90％以上，含水率要低于13％。

（四）合理密植

根据品种特性确定播种密度。耐密型玉米品种播种密度为中低产田 63 000～67 500 株/hm^2，高产田 67 500～75 000 株/hm^2；非耐密型品种播种密度为中低产田 57 000～60 000 株/hm^2，高产田 60 000～67 500 株/hm^2。

（五）精准定肥

根据地力条件和产量水平确定施肥量。推荐选用玉米专用缓控释肥料，养分含量折合纯氮（N）180～210kg/hm^2、磷（P_2O_5）45～65kg/hm^2、钾（K_2O）60～75kg/hm^2，基施硫酸锌 15～30kg/hm^2。

（六）种肥精准同播

采用免耕等行距单粒播种，行距（60±5）cm，播深 3～5cm；播种时利用旋耕刀在 15～20cm 宽播种带进行 5～10cm 的浅旋耕作，非播种带秸秆覆盖的半休闲式耕作，利用播种机前置清茬刀将小麦秸秆移出播种行，实现播种行秸秆量低于 10％。选用玉米专用缓控释肥料或稳定性肥料，种肥一次性集中施入。做到深浅一致、行距一致、覆土一致、镇压一致，防止漏播、重播或镇压轮打滑。粒距合格指数≥80％，漏播指数≤8％，晾籽率≤3％，伤种率≤1.5％。种肥分离，播种行与施肥行间隔 8cm 以上，施肥深度在种子下方 5cm 以上。

（七）化学除草

出苗前防治，在播种后喷施精异丙甲草胺按登记用量兑水 450～675L/hm^2 使用。出苗后防治，在玉米 3～5 叶期，喷施烟嘧磺隆和氯氟吡氧乙酸复配制剂或烟嘧磺隆和莠去津复配制剂等登记玉米苗后除草剂，按登记用量兑水 450～675L/hm^2 使用。

（八）病虫害防治

1. 生物防治

在 7 月至 8 月中旬，玉米螟第二代和第三代成虫盛发期，释放赤眼蜂，分两次释放，每次 10 万头/hm^2，间隔 5d，可有效防治玉米螟；可采用寄生蜂等天敌防治草地贪夜蛾。

2. 物理防治

可在田间放置频振式杀虫灯，害虫成虫发生高峰期定时开灯，可有效防治鳞翅目害虫成虫。或使用性诱剂（性诱剂水盆诱捕器 60 个/hm^2）监测二点委夜蛾、玉米螟、桃蛀螟、棉铃虫、草地贪夜蛾等虫害。

3. 化学防治

玉米苗期和心叶末期可选用氯虫苯甲酰胺、甲氨基阿维菌素、苏云金杆菌、溴酰·噻虫嗪等防治二点委夜蛾、玉米螟、黏虫、甜菜夜蛾、棉铃虫及其他鳞翅目害虫。玉米 5～8 叶期，用三唑酮可湿性粉剂或多菌灵进行叶面喷雾，预防和防治褐斑病；在玉米心叶末期，选用苯醚甲环唑、代森铵、吡唑醚菌酯、烯肟菌酯·戊唑醇等杀菌剂喷施防治叶斑类病害。

（九）适时收获

当夏玉米苞叶变白、上口松开，籽粒基部黑层出现、乳线消失时，玉米达到生理成熟即可采用玉米联合收获机进行收获。

四、适宜区域

本技术适宜推广应用的区域为黄淮海小麦—玉米一年两熟种植区。

五、注意事项

本技术在推广应用过程中需特别注意小麦收获机械及玉米播种机械机型的选择。小麦残茬的处理一定要符合标准，选择合适的小麦联合收获机，以确保麦茬、秸秆不会影响到玉米出苗。选择玉米免耕播种施肥联合作业机具，实现开沟、播种、施肥、覆土和镇压等联合作业。小面积作业宜选用勺轮式等一般玉米种肥同播机，大面积作业推荐气吸式或指夹式玉米精量播种机；在土层板结或带肥量大的情况下，宜选择深松多层施肥玉米精量播种机。

技术依托单位

1. 山东省农业科学院玉米研究所

联系地址：山东省济南市历城区工业北路 202 号

邮政编码：2500100

联 系 人：李宗新　高英波　张　慧

联系电话：0531-66659402

电子邮箱：yingboandy@163.com

2. 山东省农业机械科学研究院

联系地址：山东省济南市历城区桑园路 19 号

邮政编码：250214

联 系 人：史　嵩

联系电话：0531-88617508

电子邮箱：shisongfox@163.com

3. 山东省农业技术推广总站

联系地址：山东省济南市历下区解放路 15 号

邮政编码：250013

联 系 人：韩　伟

联系电话：0531-67866302

电子邮箱：whan01@163.com

玉米机械化生产减损技术

一、技术概述

（一）技术基本情况

节约减损等于绿色增产。习近平总书记高度重视节约粮食问题，2020年8月，习近平总书记再次对制止餐饮浪费行为作出重要指示。当前我国玉米生产环节损失主要体现在种植和收获环节，玉米机械化播种种子浪费率4%左右，玉米机收损失率3%左右，玉米生产节粮减损空间和潜力较大，机械化减损技术有待提高。主要表现在以下几个方面：

其一，部分地区仍大量使用非精量玉米播种机，存在漏播、重播以及种子消耗偏大、成苗率不高等问题。

其二，我国玉米机收仍以果穗收获为主，在拉运、晾晒、脱粒过程中损失偏高且存在霉变风险。玉米籽粒直收存在籽粒破碎率较高等问题。适宜籽粒机收的玉米品种还有待改进，大面积推广还不成熟。

其三，玉米机械化减损技术不系统，特殊作业条件机收技术不太成熟，农民和机手普遍缺乏倒伏玉米机收经验和应对措施，对于倒伏玉米作物难以收割；同时，面对愈加频繁的灾害情况应对措施不完善，防灾减损技术有待进一步完善推广。

其四，机手对减损技术不熟悉，作业准备不充分、精细化作业水平不高、驾驶操作不规范，不能适时收获，培训不到位。

其五，机收作业服务过程中，机手更多追求作业效率和效益，人为造成粮食机械损失。

农业农村部农业机械化总站针对玉米机械化损失种植和收获环节存在的关键问题深入研究，2015年制定了《玉米机械化收获减损技术指导意见》，2020年、2021年进行重新修订。针对倒伏玉米机收减损难题制定了《东北地区倒伏玉米机收技术指引》《东北地区收获倒伏玉米机具改装方案》，不断完善玉米机械化减损技术体系。通过该技术，形成了玉米机械化减损作业质量标准、技术要求和操作规程，有效指导机手选择合适机具、适时开展机械种植收获、做好作业前准备、规范低损收获作业，促进农机企业提高机械减损性能，提高玉米生产机械化作业质量和效率，切实减少玉米种子浪费、粮食收获损失。

（二）技术示范推广情况

核心技术"玉米机械化生产减损技术"自2015年开始在辽宁、吉林、黑龙江、山东、河南、山西等玉米种植主产区示范推广，广泛开展试验示范、技术宣贯和培训指导，切实提高了机手机械化减损技术水平。开展秸秆全量覆盖还田玉米精量免耕播种技术、玉米籽粒低破碎机械化收获技术试验示范项目，以及玉米籽粒低损机械化收获现场推进会和综合测评，累计示范面积达6万亩以上，获得良好效果。2021年，在秋季收获期间全面推广该技术，全国玉米机收平均损失率下降1个百分点，挽回玉米约20亿kg。各省在"三秋"期间组织机收减损专题技能培训，突出理论讲解与操作实训相结合，累计培训机手200万人次以上。按照"农民自愿、就地就近、自备机具、自定地块"原则，各县、市组织形式多样的技能大比武，全国累计开展大比武活动 150 余场次。2020 年 9 月，因多场台风影响，吉林、黑龙江等地玉米倒伏严重。通过大面积推广应用倒伏玉米机收减损技术，加强技术指导培训，倒伏玉米机械收获效率和质量明显提升，减损达到预期效果。2021 年，因收获季节多雨，多地出现轮式作业机具难以下地难题，引导调用履带式收获机具或改装现有轮式作业机具，促进机具能下地、早下地，保证秋收顺利进行。

（三）提质增效情况

试验统计显示，和常规机收技术相比，应用玉米机械化生产减损技术可使玉米播种量减少 20％以上，机收损失率降低 50％以上。试验示范地区玉米平均机收损失率从 3％下降到 1.5％左右，籽粒直收机型籽粒破碎率从 5％下降到 4％，每亩减少收获损失 12kg。通过 6 年来的示范推广，玉米种植、收获减损技术日趋成熟，机手操作水平逐步提升，带动提升我国玉米机械化播种质量、出苗率，降低收获损失率、破碎率。2021 年，全国玉米机收损失率下降 1 个百分点，挽回玉米约 20 亿 kg。

从各地试验数据来看，大力推广玉米机械化生产减损技术，优化了作业路线、减少机器空跑，确保机器处于理想工作状态，油耗下降 15％以上，每亩减少燃油 0.4kg。应用秸秆全量覆盖还田玉米精量免耕播种机械化技术，可减少作业次数和生产成本，平均每亩可节约支出 80 元左右，持续应用还有稳产增产的优势；应用玉米低破碎籽粒收获机械化技术，可减少玉米霉变，平均每亩可节本增收 100 元左右。在适宜地区应用玉米机械化生产减损技术，预计全国可实现增收超过 100 亿元。

（四）技术获奖情况

无。

二、技术要点

玉米机械化生产减损技术主要是通过规范种植、收获两个环节机械化作业，减少种子浪费和粮食收获损失。技术路线如下：

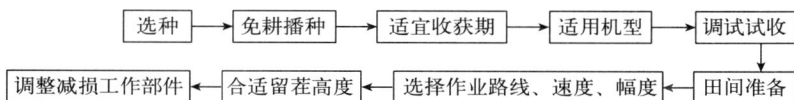

玉米机械化生产减损技术路线

（一）机械化播种环节

1. 选择宜机化品种

从全国审定通过的玉米主导品种中，选择适宜本地特点的品种，以早熟、耐密、抗倒伏、脱水快的玉米品种为主。种子大小、形状均匀一致；芽势强、出苗快、整齐度好；穗轴细长，苞叶层数少、薄、长短适度、后期蓬松，籽粒后期脱水快，粒收品种成熟时籽粒含水率降至 25％以下；株形紧凑，茎秆高度 2.5m 左右，结穗高度 80～100cm，且高度一致；抗（耐）茎腐病，抗穗（粒）腐能力强，站秆能力强、抗倒伏性好；籽粒脱粒性好，易从穗轴上脱离，且穗轴不易破碎，降低含杂率。种子需进行精选处理，纯度、净度均在 98％以上，发芽率在 95％以上。播种前，选择相应防治药剂进行拌种或包衣处理。

2. 秸秆覆盖精量免耕播种

一作区前茬作物秋收后应将秸秆覆盖还田和留茬，春播时采用免耕播种机一次性完成开沟、播种、施肥、镇压等复式作业。选用具有拨草装置、缺口圆盘切草装置、双圆盘种肥开沟装置和双圆盘高强度种位镇压装置的指夹式或气吸式高性能玉米精量免耕播种机进行播种，确保实现窄开沟、少动土、肥位准、种位精、镇压实、通过强、效率高的免耕播种作业质量。东北春玉米免耕播种须较常规播种时间推迟 5～7d，当 5～10cm 耕层地温稳定在 10℃以上即可开始播种，播种深度 3～

秸秆覆盖玉米免耕播种

5cm，保障出苗率在 90% 以上。夏玉米在小麦收获后直播越早越好，播种深度 3～5cm，墒情好时浅播，干旱时加深。镇压要实，使种子与土壤紧密接触。

（二）机械化收获环节

1. 确定适宜收获期和收获方式

适期收获玉米是增加粒重、减少损失、提高产量和品质的重要生产环节，防止过早或过晚收获对玉米的产量和品质产生不利影响。玉米成熟的标志是植株的中、下部叶片变黄，基部叶片干枯，果穗变黄，苞叶干枯成黄白色而松散，籽粒脱水变硬乳线消失，微干缩凹陷，籽粒基部（胚下端）出现黑帽层，并呈现出品种固有的色泽。玉米收获适期因品种、播期及生产目的而异。确定收获期时，还要根据当时的天气情况、品种特性和栽培条件，合理安排收获顺序，做到因地制宜、适时抢收，确保颗粒归仓。如遇雨季追近，或亟须抢种下茬作物，或品种易落粒、折秆、掉穗、穗上发芽等情况，应适当提前收获。

（1）果穗收获　对于种植中晚熟品种和晚播晚熟的地块，玉米籽粒含水率一般在 25% 以上时，应采取机械摘穗、晒场晾棒或整穗烘干的收获方式，待果穗籽粒含水率降至 25% 以下或东北地区白天室外气温降至 -10℃时，再用机械脱粒。

（2）籽粒直收　对于种植早熟品种的地块，当籽粒含水率降至 25% 以下或东北地区白天室外气温降至 -10℃时，可利用玉米籽粒联合收获机直接进行脱粒收获。

果穗型玉米收获机

籽粒直收型玉米收获机

2. 选择适用收获机型

选择适宜的割台：应根据种植行距选择匹配的收获机割台，种植行距与割台割行中心之间的差别在±5cm以内（宽幅多行收获时应保证种植行距与割行中心距差别在±3cm以内），超过此限则应更换割台适宜的收获机。

果穗收获：对于种植中晚熟品种和晚播晚熟的地块，玉米籽粒含水率在25%～35%及以上时，应采取机械摘穗、晒场晾棒的收获方式。

籽粒直收：对于一些种植早熟品种的地块，因这类品种的玉米具有成熟早、脱水快的特点，当籽粒含水率在25%以下时，可利用玉米联合收获机直接脱粒收获，优先选用纵轴流低破碎玉米籽粒收获机。有条件的可选用智能减损玉米籽粒收获机，通过"自识别、自适应、自调整"，达到实时检测收获损失、智能控制损失率的效果。

3. 机具调试和试收

作业季节前要依据产品使用说明书对玉米收获机进行一次全面检查与保养，确保机具在整个收获期能正常工作，认真检查行走、转向、割台、输送、剥皮、脱粒、清选、卸粮等机构的运转、传动、间隙等情况。正式收获前，选择有代表性的地块进行试收，对机器调试后的技术状态进行一次全面的现场检查，检查收获机各部件是否还有故障，同时根据实际的作业效果和农户要求进行必要调整。方法如下：收获机进入田间后，接合动力挡，使机器缓慢运转，若无异常方可使发动机转速提升至额定转速。采取正常作业速度试收20m左右停机，检查收获情况，有无漏割、堵塞等异常情况。如有不妥，视情况对机器部件进行必要调整。调整后，再次试收，并检查作业质量，直到满足要求方可进行正常作业。

4. 作业质量标准

果穗收获籽粒含水率为25%～35%，籽粒直收籽粒含水率为15%～25%，植株倒伏率低于5%、果穗下垂率低于15%、最低结穗高度大于35cm的条件下，收获严格执行以下作业质量标准。

玉米收获机作业质量标准

项目	指标/%	
	果穗收获	籽粒直收
损失率	≤3.5	≤4.0
破碎率	≤0.8	≤5.0
含杂率	≤1.0	≤2.5
苞叶剥净率	≥85	—
污染情况	籽粒无污染，地块和茎秆中无明显污染	

5. 田间准备

玉米收获机在进入地块收获前，必须先了解地块的基本情况：玉米品种、种植行距、密度、成熟度、最低结穗高度、果穗下垂及茎秆倒伏情况，是否需要人工开道、清理地头、摘除倒伏玉米等，以便提前制定作业计划。对地块中的沟渠、田埂、通道等予以平整，并将地里水井、电杆拉线、树桩等不明显障碍进行标记，以利安全作业。

6. 选择行走路线

玉米收获机作业时保持直线行驶，在具体作业时，机手应根据地块实际情况灵活选用。

转弯时应停止收割，采用倒车法转弯或兜圈法直角转弯，不要边收边转弯，以防因分禾器、行走轮等压倒未收获的玉米，造成漏割损失、甚至损毁机器。选择正确的收获作业方向，应尽量避免横向收割，特别是在垄较高的田块，横向收割会使机器颠簸大进而加大收割损失。对于侧向排出秸秆、草叶的玉米收获机，要注意排出口是左侧还是右侧。

7. 选择作业速度

收获时的喂入量是有限度的，根据玉米收获机自身喂入量、玉米产量、植株密度、自然高度、干湿程度等因素选择合理的作业速度。通常情况下，开始时先用低速收获，然后适当提高作业速度，最后采用正常作业速度进行收获，注意观察摘穗机构、剥皮机构等是否有堵塞情况。当玉米稠密、植株大、产量高、行距宽窄不一、地形起伏不定、早晚及雨后作物湿度大时，应适当降低作业速度。晴天的中午前后，秸秆干燥，收获机前进速度可选择快一些。严禁用行走挡进行收获作业。

8. 调整作业幅宽或收获行数

在负荷允许、收割机技术状态完好的情况下，控制好作业速度，尽量满幅或接近满幅工作，保证作物喂入均匀，防止喂入量过大，影响收获质量，增加损失率、破碎率。当玉米行距宽窄不一，可不必满割幅作业，避免剐蹭相邻行秸秆，导致果穗掉落，增加损失。

9. 保持合适的留茬高度

留茬高度应根据玉米的高度和地块的平整情况而定，一般留茬高度要小于 8cm，也可高留茬 30～40cm，后期再进行秸秆处理。还田机作业时，既要保证秸秆粉碎质量，又应避免还田刀具太低打土，造成损坏。采用保护性耕作技术种植的玉米，收获时留茬高度尽可能控制在 15～25cm，以利于根茬固土，形成"风墙"，起到防风、降低地表风速和阻挡秸秆堆积作用。如安装灭茬机时，应确保灭茬刀具的入土深度，使灭茬深浅一致，以保证作业质量。定期检查切割粉碎质量和留茬高度，根据情况随时调整。

10. 调整摘穗机构工作参数

对于摘穗辊式的摘穗机构，收获损失略大，籽粒破碎率偏高，尤其是在转速过低时，果穗与摘穗辊的接触时间较长，玉米果穗被啃伤的概率增加；摘穗辊转速较高时，果穗与摘穗辊的碰撞较为剧烈，玉米果穗被啃伤、落粒的概率增加。因此，应合理选择摘穗辊转速，达到有效降低籽粒破碎率、减少籽粒损失的目的。当摘穗辊的间隙过小时，碾压和断茎秆的情况比较严重，而且会有较粗大的秸秆不能顺利通过而产生堵塞；间隙过大时会啃伤果穗，并导致掉粒损失增加。因此，摘穗辊间隙应根据玉米性状特点进行调整，适应不同粗细的茎秆、果穗，以减少果穗、籽粒的损失。

11. 调整剥皮装置

对摘穗剥皮型玉米收获，要调整适宜压送器与剥皮辊间距。间距过小时，玉米果穗与剥皮辊的摩擦力大，剥净率高，单果穗易堵塞，果穗损伤率、落粒率均高；剥皮辊倾角一般取 10°～12°，倾角过小果穗作用时间长，损伤率、落粒率均高。

12. 调整脱粒、清选等部件

玉米籽粒直收时，建议采用纵轴流脱粒滚筒配合圆杆式凹板结构降低籽粒破碎。脱粒滚筒的转速、脱粒间隙和输送叶片角度的大小，是影响玉米脱净率、破碎率的重要因素。在保证破碎率不超标的前提下，可通过适当提高脱粒滚筒的转速、减小滚筒与凹板之间的间隙、正确调整入口与出口间隙之比等措施，提高脱净率，减少脱粒损失和破碎。清选损失和含杂率是对立的，调整中要统筹考虑。在保证含杂率不超标的前提下，可通过适当减小风扇风量、调大筛子的开度及提高尾筛位置等，减少清选损失。作业中要经常检查逐稿器机箱内秸秆堵塞情况，及时清理。轴流滚筒可适当减小喂入量和提高滚筒转速，以减少分离损失。

13. 过熟玉米收获

玉米过度成熟时，茎秆过干易折断、果穗易脱落，脱粒后碎茎秆增加易引起分离困难，收获时应适当降低前行速度，适当调整清选筛开度，也可安排在早晨或傍晚茎秆韧性较大时收割。

加装扶禾辅助喂入装置

加装拨指式喂入装置

14. 倒伏玉米收获

（1）适宜机具选择　收获倒伏玉米宜选用割台长度长、倾角小、分禾器尖能够贴地作业的高性能玉米收获机。对于有积水或土壤湿度大的地块，宜选用履带式收获机，防止陷车。对于倒伏严重且植株折断比率较高或有青贮饲料需求的地方，宜选用具有籽粒破碎功能的地滚刀割台式青贮玉米收获机。

（2）做好机具调试改装　适当调整辊式分禾器和螺旋扶禾辅助喂入、链式辅助喂入、拨指式喂入等装置，提高倒伏作物喂入的流畅性；针对籽粒收获机，应调整滚筒转速和凹板间隙等，避免过度揉搓，减少高水分籽粒破损，提高作业的可靠性。

（3）合理确定作业方式　对于倒伏方向与种植行平行的玉米植株宜采取逆向对行收获方式，并空转返回，有利于扶起倒伏玉米进行收割；对于倒伏方向不一致的玉米植株宜采取往复对行收获作业方式。作业时收获机分禾器前部应在垄沟内贴近地面，并断开秸秆还田装置动力或将该装置提升至最高位置，防止漏收玉米果穗被打碎，方便人工捡拾，减少收获损失。收获作业时应适当降低收获速度确保正常作业性能，及时清理割台，防止倒伏后玉米植株不规则喂入等原因造成的堵塞，影响作业效果、加大作业损失。

15. 秋涝玉米收获

（1）抢排积水　对田间积水严重、短时无法排水的地块，挖沟通渠，排除田间积水。对一般积水地块，疏通沟渠排水，开挖深沟沥水。

（2）选择适用机型　积水地块玉米收获一般使用履带式玉米收获机，或对轮式玉米收获机或履带式谷物联合收割机进行改装。

（3）轮式玉米收获机改装　通过增大轮胎（履带）接地面积，减少压强，使收获机能在潮湿、泥泞地面正常行走作业。可将玉米收获机驱动轮胎改为三角履带式；可在驱动轮胎外加装同型号轮胎，形成四驱动轮胎；可在玉米收获机驱动轮胎后方加装一个同型号轮胎，并利用链条链轮机构由驱动轮胎同步驱动。同时卸下剥皮机构和秸秆粉碎装置，减轻整机重量，提高收获机离地间隙。

（4）履带式谷物联合收割机改装　改造履带式谷物联合收割机，割台上加装接穗板，并调整脱粒参数，适应玉米籽粒直收。

16. 收获后及时烘干

玉米收获后应及时进行晾晒或烘干，避免霉变造成较大的损失。采取果穗收获方式，果穗应离地储存，通风降水，籽粒含水率降至 25％ 以下采用脱粒机脱粒再烘干；采取籽粒收获方式时，应及时采用连续式粮食烘干机进行烘干。

三、适宜区域

全国玉米种植区。

四、注意事项

其一，各地玉米种植农艺条件不同，需因地制宜选用机械化减损技术。

其二，加强操作机手的技术培训，提高机手操作水平和作业质量。要求播种、收获机具调整必须以提高机械化作业质量为前提，避免机手因追求速度和效益忽略质量造成不必要的损失。

技术依托单位

1. 农业农村部农业机械化总站

联系地址：北京市朝阳区东三环南路 96 号农丰大厦

邮政编码：100122

联 系 人：徐　峰　张树阁　王明磊

联系电话：010-59199056　13401133675

电子邮箱：moralzjxc@163.com

2. 中国农业大学

地址：北京市海淀区清华东路 17 号

邮政编码：100083

联 系 人：崔　涛　张东兴

联系电话：010-62737765　13466716366

电子邮箱：cuitao850919@163.com

大豆智能化高质低损机收技术

一、技术概述

（一）技术基本情况

该技术主要针对我国大豆收获时间短、大豆底荚高度低、收获质量低等现状，解决大豆收获损失率高、破碎率高的问题，提高大豆收获机械化、智能化程度。目前，该技术在我国大豆主产区尤其是黄淮海及北方地区得到较为广泛的应用，有效降低了大豆机收的破碎率、损失率和含杂率，对提升大豆收获品质、提高大豆生产经济效益具有重要的应用价值。

（二）技术示范推广情况

近年来，在江西、江苏、安徽、山东、河南、河北、甘肃、黑龙江等地开展了多次试验示范，推广面积超过 12 万亩。大面积试验表明，利用该技术收获大豆损失降低了 3％，该技术显著提高了大豆收获作业质量，具有较好的应用前景。

（三）提质增效情况

该技术在我国南方、黄淮海及北方大豆主产区进行了多年的试验示范，和非示范区采用的传统大豆收获方式相比，利用该技术收获大豆损失降低了 2％～5％，增产 8％以上，具有较好的应用前景。

（四）技术获奖情况

以大豆智能化高质低损机收技术为核心的"大豆机械化收获技术"在 2016—2019 年、2021 年入选农业农村部农业主推技术，并于 2019 年入选十大引领性农业技术，大豆低损高效收获装备获 2019 年度第二十一届中国国际高新技术成果交易会优秀产品奖，大豆收获机作业质量检测系统获 2020 年度第二十二届中国国际高新技术成果交易会优秀产品奖。

二、技术要点

（一）品种选择

选择抗倒伏、株型收敛、株高适中、底荚高度 10cm 以上、籽粒大小均匀、成熟度一致、不易破碎、植株落黄性好、适合机械化作业的品种。

（二）收获期选择

适期收获对保证大豆的产量和品质具有重要意义，大豆收获需要严格把握收获时间。收获时间过早，籽粒百粒质量、蛋白质和脂肪含量偏低，尚未完全成熟；收获时间过晚，大豆含水率过低，会造成大量炸荚掉粒现象。

收获期大豆植株状态

机械收获的最佳时期在大豆完熟初期，此期间大豆籽粒含水率在 20% 左右，豆叶基本脱落，植株变成黄褐色，茎和荚变成黄色，豆粒归圆，摇动大豆植株会听到清脆响声。

（三）收获机具

采用联合收获机直接收获大豆，首选专用大豆联合收获机，也可以选用多用联合收获机或借用小麦联合收获机，但一定要更换大豆收获专用的挠性割台或液压仿形割台、大豆收获专用脱粒部件、大豆清选专用筛、大豆籽粒输送部件等。

轮式大豆联合收获机

履带式大豆联合收获机

大豆收获机专用液压仿形割台

（四）作业参数调整

在大豆收获机作业前，根据大豆植株含水率、喂入量、破碎率、脱净率等情况，调整机器作业参数；大豆收获机作业过程中，依据破碎含杂检测传感器、损失率检测传感器监测数据提示，必要时及时调整机器作业参数。不同机型作业参数选择和设置略有差别，一般调整脱粒滚筒线速度至 470～490m/min（即滚筒转速为 500～650r/min），脱粒段脱粒间隙 25～30mm、分离段脱粒间隙 20～25mm、导流板角度 25°左右、风机转速 1 260 r/min 左右、分风板角度 11.5°左右。若采用鱼鳞筛，上筛前部开度约 19mm、上筛后部开度约 11mm；若采用编制筛，上筛筛孔大小 14mm×14mm，下筛筛孔大小 12mm×12mm。大豆机械化收获时，要求割茬一般 4～6cm，要以不漏荚为原则，尽量放低割台；调整割刀间隙，保证割刀锋利；依据大豆植株状况，适当调整拨禾轮转速和位置。

（五）收获质量

割茬不留底荚，不丢枝，总损失率≤3%、破碎率≤3%、含杂率≤3%、 "泥花脸"率≤5%。

（六）作业质量参数在线监测

根据实际需要选择安装大豆收获机破碎率、含杂率、清选损失率、夹带损失率等作业质量参数检测系统，机手在作业过程通过检测系统显示界面实时提供的收获质量信息和报警提示，判断是否需要调整收获机拨禾轮转速、滚筒转速、脱粒间隙、风机转速、清选筛倾角等作业参数。

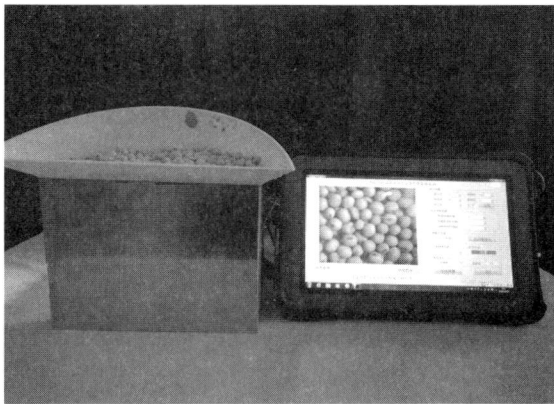

大豆破碎含杂检测系统

大豆损失率检测传感器

三、适宜区域

东北春大豆、黄淮海夏大豆和南部丘陵山地间套作大豆等全国大豆主产区。

四、注意事项

其一，驾驶操作前必须检查，保证机具、设备技术状态的完好性，检查线路接线情况，及时开启作业质量监测显示屏，保证安全信号、旋转部件、防护装置和安全警示标志齐全，定期、规范实施维护保养。

其二，在收获时期，一天之内大豆植株和籽粒含水率变化较大，应根据含水率和实际脱粒情况及时调整滚筒的转速和脱粒间隙，降低脱粒破损率。

其三，根据当地大豆种植情况适时收获，割茬适当，充分利用晴天地干时机突击抢收，防止"泥花脸"，提高清洁度。

技术依托单位

农业农村部南京农业机械化研究所

联系地址：江苏省南京市玄武区中山门外柳营100号

邮政编码：210014

联 系 人：金诚谦

联系电话：025-84346200

电子邮箱：412114402@qq.com

东北地区大豆玉米轮作保护性耕作机械化技术

一、技术概述

（一）技术基本情况

保护性耕作能够有效减轻土壤风蚀水蚀、增加土壤肥力和保墒抗旱能力、提高农业生态和经济效益，是《国家东北黑土地保护工程实施方案（2021—2025 年）》中确定的主要技术措施。2020 年开始，国家在内蒙古、辽宁、吉林、黑龙江等省份实施《东北黑土地保护性耕作行动计划（2020—2025 年）》，力争到 2025 年，保护性耕作实施面积达到 1.4 亿亩。

针对保护性耕作免耕播种难、杂草危害重、作物产量不稳等突出问题，以 20 余年的研究成果为基础，集成先进的机械、农艺、植保等技术，创建了大豆玉米轮作保护性耕作机械化技术。该技术通过标准化的秸秆处理，既能较好防治土壤风蚀、抗旱保墒，又能解决播种拥堵和收获损失大等问题，提高播种、收获质量和作业效率；通过合理配方施肥，促进大豆、玉米生长，提高肥料利用率和产量；改变单一苗期化学除草方式，采用机械与化学相结合的"生长季"与"非生长季"除草方法，解决杂草危害，减少除草剂用量，提高杂草防除率。该技术已经在内蒙古、黑龙江、吉林等地大面积应用，为保障保护性耕作、实现稳产增效发挥了重要作用。

（二）技术示范推广情况

2006 年以来，大豆玉米轮作保护性耕作机械化技术在大兴安岭南麓、松嫩平原等玉米、大豆主产区经过 10 余年试验示范，形成了成熟的技术和模式与机具系统。先后于 2013 年和 2017 年由内蒙古自治区质量技术监督局发布了《嫩江流域保护性耕作大豆田杂草综合控制技术规范》《大兴安岭南麓大豆保护性耕作丰产栽培技术规程》《内蒙古东部玉米保护性耕作节水丰产栽培技术规程》等 3 个地方标准并在生产上应用。截至目前，大豆玉米轮作保护性耕作机械化技术在内蒙古呼伦贝尔市、兴安盟、赤峰市、通辽市等地区全面推广，并在黑龙江、吉林、辽宁等地示范应用，年度应用面积达 400 万亩以上。

（三）提质增效情况

本项技术通过秸秆覆盖还田等一系列农机农艺技术，减少水土流失，不断提升土壤肥力和蓄水保墒能力，提高水分和肥料利用率，与常规翻耕种植技术相比，可减少土壤风蚀 35%～70%，增产 8% 左右，每亩减少耕翻、整地、清理秸秆等作业成本 40～60 元，平均亩增收节支 70～120 元，经济、社会和生态效益十分显著。

（四）技术获奖情况

以本项技术为核心的成果，先后获国家科学技术进步奖二等奖 1 项和省部级科技一等奖 5 项，主要包括："干旱半干旱农牧交错区保护性耕作关键技术与装备的开发与应用"项目，获 2010 年度国家科学技术进步奖二等奖；"农牧交错区旱作农田丰产高效关键技术与装备"项目，获 2014 年度内蒙古自治区科学技术进步奖一等奖；"北方农牧交错风沙区农艺农机一体化可持续耕作技术创新与应用"项目，获 2014—2015 年度中华农业科技奖科研成果一等奖；"北方农牧交错区耕地保育与高效利用技术应用"，获 2016—2018 年度全国农牧渔业丰收奖农业技术推广成果奖一等奖；"北方农牧交错区退化农田风蚀防治与地力培育关键技术"，获 2020—2021 年度神农中华农业科技奖科学研究类成果一等奖。

二、技术要点

（一）玉米茬种植大豆

1. 前茬玉米秸秆覆盖

玉米机械化收获时，秸秆覆盖量需根据土壤质量等级和生产需要合理确定，一般土壤侵蚀重的中低等级耕地应多覆盖秸秆，利于减少风蚀水蚀、培肥地力；土壤侵蚀较轻的优良等级耕地可适当减少秸秆覆盖，提高秸秆饲料化利用率，实施高产高效的栽培技术。

秸秆全量覆盖：风蚀大的地区，玉米收获时留高茬 10cm 以上，其余秸秆切碎（长度≤15cm）均匀抛撒覆盖于地表，也可收获后秸秆整秆留于地表越冬防风固土；风蚀小的地区，留茬高度和秸秆长度可适当降低，便于还田和播种。播前地表秸秆覆盖率力争达到 60％以上。

玉米秸秆全量覆盖情况

秸秆部分覆盖：玉米机械化收获过程中留茬 25～40cm，剩余秸秆利用秸秆打捆机具或人工打捆移除或部分移除。播前地表秸秆覆盖率力争在 30％以上。

秸秆少量覆盖：玉米秋季收获时留茬 10cm 以上，并有部分秸秆留于地表越冬，播前地表秸秆覆盖率在 15％以上。

2. 播前土壤与秸秆处理

原则上应直接机械化免耕播种，对于秸秆覆盖量大、均匀度差、播种难的地块，可通过耙、耢或二次粉碎还田等方式进行秸秆处理，使秸秆均匀分布于地表，防止播种机拥堵，提高播种质量。对于地表不平整、影响播种质量的地块，结合秸秆处理，可通过耙、耱等措施适度平整土地，一般动土深度小于 8cm。秸秆处理和土壤平整后应及时播种，保证土壤墒情，提高出苗成苗率。

3. 播种机选择与调试

播种机选择：要选择破茬开沟、播种、施肥、覆土、镇压等多道工序一次性完成的免耕精量播种机。要求作业通过性强、无堵塞、播种质量好、能同时深施化肥。

播种机调试：播种前要通过试播，调整并确认播种量、施肥量、播种深度、施肥深度、株行距和镇压力等符合播种要求，方可进行正式播种作业。

4. 宜机收大豆品种选择

根据当地气候条件和土壤类型，选用经国家和省级审定的优质、高产、抗逆性强、宜机收的大豆品种，种子纯度不低于 98%，净度不低于 99%，发芽率不低于 85%，含水率不高于 13%。

精选过的种子播种前于晴天 10:00—15:00 在阳光下晾晒 2～3d；晒种后采用 35% 多·福·克大豆种衣剂按药种比 1：70 包衣，防治大豆胞囊线虫病和根腐病。根瘤菌拌种时不可与杀菌剂同时使用。

5. 机械化免少耕播种

播种时间：在春季 10cm 土层温度稳定通过 10℃ 以上时开始播种，一般播期为 5 月中上旬。

播种要求：要求大豆开沟器开沟深度在 5cm 左右，覆土厚度在 3cm 左右，保证播种深度控制在 3～4cm。种子一定要播到湿土上，各行播深要一致并落籽均匀。

播种密度：大豆免耕播种量依据品种性状、土壤与气候条件和产量要求具体确定，一般亩播种量为 4～6kg，亩保苗 1.5 万～2.2 万株。

6. 合理施肥

种肥：大豆免耕播种时选用专用复合肥 [N：P：K 比例为（18～22）：13：（12～15）]，每亩施复合肥 12～18kg；大豆免耕播种时选用磷酸二铵、尿素、硫酸钾肥，每亩施磷酸二铵 10～12kg、尿素 2～4kg、硫酸钾 3～5kg。侧位深施在种子侧下方 3～5cm 处，施肥深度一致。

追肥：如果大豆出现缺肥现象，可在大豆封垄前结合中耕除草亩追施尿素 5～10kg，也可结合 0.2%～0.3% 磷酸二氢钾溶液进行叶面喷施。

大豆苗期深松放寒作业

7. 杂草防控

播前机械除草：在大豆播前 1～3d 利用除草机具除草，与播种连续作业最佳，严防松土后土壤跑墒。

播后苗前封闭除草：大豆播后 5d 内进行土壤封闭处理。可选用乙草胺·嗪草酮·滴辛酯、扑草净·乙草胺等复配除草剂，苋菜危害重的地块可选用乙草胺·噻吩磺隆。施药时应注意查看杂草出土情况，杂草出土较多时需根据杂草种类选择相应的茎叶处理除草剂同时喷施。

苗期化学除草：未封闭除草或封闭效果不好的农田，一般在大豆 1～2 复叶期、杂草 2～4 叶期进行茎叶处理除草。防除禾本科杂草可选用精喹禾灵、高效氟吡甲禾灵、烯禾啶或精吡氟禾草灵；防除阔叶杂草可选用灭草松、三氟羧草醚或氟磺胺草醚。

8. 病虫害防治

大豆生长期应密切监测灰斑病、褐纹病、蚜虫、红蜘蛛、苜蓿夜蛾、焰夜蛾、草地螟和食心虫等病虫害的发生情况，在发生初期及时选择适宜药剂进行防治。具体病虫害防治方式、方法以及药剂选择结合当地生产实际进行。

9. 机械收获

在大豆叶片全部落净、豆粒归圆时使用联合收获机进行及时收获，以防落粒。收获留茬高度在 10cm 左右，其余秸秆粉碎均匀抛撒覆盖于地表。要求无漏割，总损失率 2% 以内，破碎率不超过 2%。

大豆收获

（二）大豆茬种植玉米

1. 前茬大豆秸秆覆盖

大豆收获时，原则要求留茬高度为 10cm 左右，其余秸秆粉碎均匀抛撒于地表，防止堆积影响后茬玉米播种和出苗。

2. 播前土壤与秸秆处理

播种前地面要基本平整，如地表不平、覆盖严重不匀影响播种时，可选择圆盘耙进行耙平，使地表平整、秸秆分布均匀，一般动土深度小于 8cm。

3. 播种机选择与调试

应选择切茬能力强、作业无堵塞、播种质量好的免耕播种机，能够一次完成切碎秸秆、破茬开沟、播种、施肥、覆土、镇压等多道工序。作业质量应符合种子机械破损率≤1.5%、播种深度和施肥深度合格率≥75%、粒距合格率≥95%、漏播率≤2%。

作业前应按要求正确调试播种机，并通过试播，确认调试到位，播种量、施肥量、播深、肥深、行距、镇压力等符合要求，才能进行正式作业。

4. 玉米宜机收品种选择

根据当地生产条件、地力基础和气候条件，选用经国家和省级审定的抗逆性强、适应性广、耐密、丰产、宜机收的优良玉米品种，种子纯度不低于 97%、净度不低于 99%，发芽率不低于 95%，含水率不高于 13%。

玉米种子应采用种子包衣或拌种进行病虫害防治，防治金针虫、蛴螬可选用 50% 丙硫克百威种子处理乳剂，制剂用药量 1∶（800～1 000）（药种比）；防治蚜虫可选用 70% 吡虫啉种子处理可分散粉剂，制剂用药量 5～7g/kg（种子）；防治灰飞虱、蓟马、金针虫、蛴螬可选用 20% 吡虫·氟虫腈悬浮种衣剂，制剂用药量 10～20g/kg（种子）；防治黑穗病可选用 15% 三唑酮可湿性粉剂，制剂用药量 1∶（166.7～250）（药种比）；防治茎基腐病可选用 11% 精甲·咯·嘧菌悬浮种衣剂，制剂用药量 1～3mL/kg。

5. 机械化免耕播种

播种时期：当 5～10cm 土层温度稳定通过 8℃时，开始播种，一般播期为 4 月下旬至 5 月上旬。

种植方式：等行距垄作，等行距 60～65cm，在原垄上或垄侧躲茬免耕播种，垄沟内地温低，不适合免耕播种；等行距平作，等行距 60～65cm，在上一年两行中间免耕播种，适合在年积温 2 300℃以上且土壤较疏松、透气性强的地块；宽窄行平作，一般窄行距 40～50cm，宽行距 80～90cm，具备滴灌条件的一般采取该种植方式。

播种要求：采用免耕精量播种机，在上茬垄帮或清理出的播种带上播种。墒情较差时，可采取深开沟、浅覆土的办法，保证种子种植在湿土上。有较大土块时镇压力要调大，压碎土块确保玉米播后覆土严密，镇压紧实，利于出苗。

播种密度：亩播种量为 2.0～3.0kg，亩保苗 4 000～6 000 株。

播种深度：保持在 3～5cm，要求深浅一致。

免耕播种

6. 合理施肥

种肥：以每亩 650～800kg 籽粒为目标产量，每亩施种肥量为纯 N 2～4kg、P_2O_5 5～7kg、K_2O 2～3kg。侧深施 10～15cm。

深松追肥：拔节期用深松追肥机，深松 20～25cm，每亩追施尿素 15～20kg。等行距种植在行间深松，宽窄行种植在宽行间深松。

7. 杂草防控

机械除草：根据玉米的长势情况选择不同的机具，玉米株高 10～15cm，选用耢锄除草；玉米株高 20～30cm 时，选用深松中耕机（用小芯铧）除草；玉米株高 50～60cm 时，选用深松中耕机（用大芯铧）除草培土。

播后苗前土壤封闭处理：地表秸秆覆盖度大于 50% 时，不宜进行播后苗前土壤封闭。施药前没有杂草出土的，可选用乙草胺·莠去津或异丙草胺·莠去津等封闭除草剂在玉米播后苗前进行土壤封闭处理；播种后有杂草萌发出土的，土壤封闭施药时应混用茎叶处理除草剂，已出土的藜科杂草多时可混用 2，4-滴异辛酯，菊科杂草多时可混用二氯吡啶酸，禾本科杂草已大量萌发时可混用异噁唑草酮。

苗后茎叶处理：苗后早期（玉米 3 叶期前），杂草出土较多时，应及时喷施兼具茎叶处理和土壤封闭效果的除草剂，可用噻酮磺隆·异噁唑草酮与乙·莠桶混施用；玉米 3～5 叶期，主要杂草 5 叶期以内，可选用烟嘧磺隆或苯唑草酮与莠去津、硝磺草酮等混用。

8. 病虫害防治

玉米生长期应密切监测大斑病、小斑病、圆斑病、纹枯病、玉米螟、双斑萤叶甲、黏虫、草地螟等病虫害的发生情况，在发生初期及时选择适宜药剂进行防治。具体病虫害防治方式、方法以及药剂选择结合当地生产实际进行。

大豆秸秆覆盖免耕播种玉米苗期

9. 机械收获

在玉米进入完熟期，果穗下垂率低于 15％，倒伏倒折率低于 5％，可进行机械收获。

籽粒直收：玉米籽粒含水率低于 25％时可进行籽粒直收，要求收获时果穗落粒损失率小于 2％、果穗落地损失率小于 2％、籽粒破碎率小于 5％，杂质率小于 3％。

摘穗收获：玉米籽粒含水率在 35％以下时可进行摘穗收获，要求收获落穗率小于 3％，苞叶剥净率 85％以上。

三、适宜区域

适宜内蒙古、黑龙江、吉林、辽宁等东北玉米、大豆主产区应用；其他北方适宜区可参照执行。

四、注意事项

秸秆全量覆盖保墒效果好，但地温回升较慢，宜在坡岗地或土质疏松的壤土、沙壤土、沙土等地块上应用。在积温较低的地区，应进行秸秆归行、耙碎或条耕等有利于地温提升的处理。

留高茬覆盖地温回升接近翻耕地块，但保墒效果不及全量覆盖，播种前应少动土，尽量直接免耕播种。

春季易干旱的区域，耙糖、灭茬、条耕等处理宜在春季播种前进行，处理后及时播种；春季不易干旱且有效积温偏低的区域，宜在秋收后进行作业。

技术依托单位

1. 农业农村部农业机械化总站

联系地址：北京市朝阳区东三环南路 96 号农丰大厦

邮政编码：100122

联 系 人：张树阁　王明磊　徐　峰

联系电话：010-59199053　18511247060

电子邮箱：moralzjxc@163.com

2. 内蒙古自治区农牧业科学院

联系地址：内蒙古自治区呼和浩特市玉泉区昭君路 22 号

邮政编码：010031

联 系 人：路战远

联系电话：18747993812

电子邮箱：lzhy281@163.com

3. 黑龙江省农业科学院黑土地保护研究院

联系地址：黑龙江省哈尔滨市南岗区学府路 368 号

邮政编码：150020

联 系 人：周宝库

联系电话：13936078348

电子邮箱：zhoubaoku@aliyun.com

黄淮海夏大豆高质低损收获机械化技术

一、技术概述

（一）技术基本情况

该技术是针对我国大豆收获时间短、大豆底荚高度低、收获质量低等现状，利用稻麦联合收割机进行调整后高质低损收获大豆的技术，主要解决大豆收获损失率高、破碎率高的问题，并实现"一机多用"。实现大豆高质低损机械化收获主要有两种方式，一是优先选择纵轴流互换割台大型联合收割机械进行大豆收获作业，该机型可自主选定作业技术参数，在实现大豆高质低损机械化收获目标前提下，实现一机多用，尽可能减少农机户机械购置投入，满足小麦、大豆、玉米籽粒、高粱籽粒机械化收获多种作业需求，提高机械利用效率和农机作业服务经济效益。二是按照操作规程调整普通谷物联合收割机械作业参数高质低损收获大豆，通过调整拨禾轮转速、拨禾板增加软质胶皮包装减轻对豆禾收获打击、降低脱粒滚筒转速、调大脱粒间隙、增大风扇转速加大清选风量等技术调整手段，实现大豆高质低损机械化收获。目前，该技术在黄淮海地区得到较为广泛的应用，有效降低了大豆机收的破碎率、损失率和含杂率，对提升大豆收获品质、提高大豆生产经济效益具有重要的应用价值。

（二）技术示范推广情况

近年来在江西、江苏、安徽、山东、河南、河北等地开展了多次试验示范，推广面积3万亩左右。与现有其他收获机相比，利用该技术收获大豆损失降低了3%，以大豆平均亩产175kg、大豆平均单价5.6元/kg为例，175kg×0.03×5.6元/kg＝29.4元，即每亩可增收29.4元。大面积田间试验表明，该技术显著提高了大豆收获作业质量，具有较好的应用前景。

（三）提质增效情况

通过开展大豆高质低损机械化收获的不同机型收获作业对比试验显示，采用纵轴流谷物联合收割机换装割台进行大豆收获比普通谷物收获机调整参数收获大豆损失率、破碎率分别降低1.7%、1.3%，含杂率降低了8.2%，大大提高了收获质量，降低了收获损失，按照大豆亩产200kg，收购价5元/kg计算，每亩减少损失3.4kg，减少破碎2.6kg，可增加收益30元。

（四）技术获奖情况

该技术在2016—2019年连续四年入选农业农村部农业主推技术，并于2019年入选十大引领性农业技术。

二、技术要点

（一）品种选择

选择抗倒伏、株型收敛、株高适中、底荚高度10cm以上、籽粒大小均匀、成熟度一致、不易破碎、植株落黄性好、适合机械化作业的品种。

（二）收获期选择

适期收获对保证大豆的产量和品质具有重要意义，大豆收获需要严格把握收获时间，收获时间过早，籽粒百粒质量、蛋白质和脂肪含量偏低，尚未完全成熟；收获时间过晚，大豆含水率过低，会造成大量炸荚掉粒现象。机械收获的最佳时期在大豆完熟初期，此期间大豆籽粒含水率在 20%～25%，豆叶基本脱落，植株变成黄褐色，茎和荚变成黄色，豆粒归圆，摇动大豆植株会听到清脆响声。

收获期大豆植株状态

（三）机具选择

首选专用大豆联合收获机，也可以选用多用联合收获机或使用小麦联合收获机，但要更换大豆收获专用的挠性割台或液压仿形割台、大豆脱粒专用脱粒部件、大豆清选专用筛、大豆籽粒输送部件等，并调整部件参数。

普通联合收割机调整参数收割大豆

纵轴流联合收割机自动调整收割大豆

（四）机具调整

①割台：配置挠性割台或大豆低割装置割台；②拨禾轮：转速尽量降低；③脱粒系统：配置大豆低破损脱粒滚筒，凹板筛栅条之间的有效间隙为 15～18mm，脱粒滚筒与凹板筛之间的间隙为 20～30mm，脱粒滚筒线速度为≤13m/s，将脱粒滚筒脱粒部件除锐角、倒钝；④排草口：安装拨草装置，保持排草口顺畅；⑤调整清选系统风机转速与振动筛类型，保证清选清洁度。

普通谷物联合收割机收获大豆，通过对联合收割机脱粒滚筒转速、拨禾轮转速、风量、复脱器叶轮、清选系统等的调整或更换达到大豆高质低损收获的目的。纵轴流互换割台新型联合收割机收获大豆的，可参照普通谷物联合收割机进行调整，采用一键操作选定作业状态后，进行大豆机械化收获。

（五）收获作业

①联合收获最佳时期在完熟初期，此时大豆叶片全部脱落，植株呈现原有品种色泽，籽粒含

水率降为 18％以下。②收割大豆应该选择早、晚时间段收割；避开露水时段，以免收获的大豆产生"泥花脸"；避开中午高温时段，以免炸荚造成损失。③大豆机械化收获时割茬高度应控制在 5～6cm，以不漏荚为原则，尽量放低割台。④收割采用"对行尽量满幅"原则，作业时不要"贪宽"，收割机的分禾器位置应位于行与行之间，避免收割机的行走造成大豆的抛撒损失。⑤收获时适当调节拨禾轮的转速和高度，减轻拨禾轮对豆秆豆荚的打击和刮碰。收获早期豆枝含水率较高，拨禾轮转速可适当调高；晚期豆枝干燥，易出现炸荚，拨禾轮转速调低。⑥大豆籽粒损失率≤5％，脱粒破损率≤3％，"泥花脸"率≤5％，清选后杂质≤2％，脱净率在 98％以上。

三、适宜区域

黄淮海麦、豆一年两熟区。

四、注意事项

其一，大豆收获时应根据当地机具保有情况，因地制宜，选择适宜收获机具和收获方式，尽量实现"一机多用"，减少机具购买成本。其二，加强操作机手的技术培训，提高机手操作水平和作业质量。要求收获机具调整必须以提高收获质量为前提，避免机手因追求速度和效益忽略质量造成不必要的损失。其三，驾驶操作前必须检查保证机具、设备技术状态的完好性，检查线路接线情况，及时开启作业质量监测显示屏，保证安全信号、旋转部件、防护装置和安全警示标志齐全，定期、规范实施维护保养。

技术依托单位

1. 农业农村部农业机械化总站

联系地址：北京市朝阳区东三环南路 96 号农丰大厦

邮政编码：100122

联 系 人：王　超　张树阁　徐　峰

联系电话：010-59199189　15901443016

电子邮箱：moralzjxc@163.com

2. 农业农村部南京农业机械化研究所

联系地址：江苏省南京市玄武区中山门外柳营 100 号

邮政编码：210014

联 系 人：金诚谦

联系电话：025-84346200

电子邮箱：412114402@qq.com

3. 安徽省农业机械技术推广总站

联系地址：安徽省合肥市包河区洞庭湖路 335 号

邮政编码：230041

联 系 人：江洪银

联系电话：0551-65584280

电子邮箱：ahjianghy@sohu.com

黄淮海夏大豆免耕覆秸机械化生产技术

一、技术概述

（一）技术基本情况

该技术是针对黄淮海地区大豆播种时麦秸麦茬处理困难，大豆播种质量差，雨后土壤板结严重影响大豆出苗，土壤有机质含量持续下降，病虫害逐年加重，生产成本居高不下等问题，研究形成的技术体系。通过该技术，在实现小麦秸秆全量还田的基础上，解决了播种时秸秆堵塞播种机的难题；通过覆盖秸秆，提高了土壤水分利用率，同时避免了因降雨拍实土壤造成的播种苗带板结；在小麦原茬地上，一次性完成"种床清理、侧深施肥、精量播种、封闭除草、秸秆覆盖"等5项作业，提高作业效率、降低生产成本；通过侧深施肥，提高了肥料利用率；通过化肥农药减施和品质全程监控，保证了大豆品质；实现了黄淮海麦茬夏大豆生产农机农艺融合、良种良法配套、生产生态协调。

（二）技术示范推广情况

核心技术"黄淮海夏大豆麦茬免耕覆秸精量播种技术"自2012年以来单独或作为其他技术的核心内容，连续9年被遴选为农业农村部主推技术，其中2019年、2021年"黄淮海夏大豆免耕覆秸机械化生产技术"被遴选为农业农村部农业主推技术。2013年以来，该技术不断得到优化和完善，在黄淮海地区得到大面积推广应用，并在江西、湖北等长江流域及山西、陕西、宁夏、新疆等西北地区进行了初步推广，获得良好效果。2013—2021年，在中国农业科学院作物科学研究所新乡综合试验基地连续进行小面积展示示范，实收平均亩产309kg，最高亩产为336kg。2019年、2020年在河南省新乡市实打实收面积100亩以上，亩产连续超过300kg，为中国第一、二例实收面积超过100亩、亩产超300kg的高产典型。2021年，在连续暴雨特殊年份，新乡市千亩技术示范田平均亩产254kg，充分证明了该技术的抗逆稳产潜力。

（三）提质增效情况

和常规技术相比，应用该技术可增产大豆10％以上，水分、肥料利用率提高10％以上，降低化肥、农药用量5％以上，亩增收节支60元以上；同时，秸秆全量还田且覆盖在耕层表面，避免土壤板结，提高土壤蓄水保墒能力，土壤肥力不断提高，并有效缓解了因秸秆焚烧造成的环境污染，生产生态效益显著。

（四）技术获奖情况

以本技术为核心的"黄淮海麦茬夏大豆免耕覆秸栽培技术体系构建与示范"项目获得了2019年度北京市科学技术进步奖一等奖。

二、技术要点

（一）高产多抗优质品种选择

蛋白质含量、豆浆产率和豆腐产率较高；高产田块大面积种植亩产量能达到200kg；抗大豆花叶病毒、疫霉根腐病，抗旱、耐涝，稳产性好；抗倒性好，底荚高度适中，成熟时落叶性好，不裂荚。

（二）种子处理

精选种子，保证种子发芽率。按照每粒大豆种子黏附根瘤菌 $10^5 \sim 10^6$ 个的用量接种根瘤菌剂，直接拌种或采用高分子复合材料包膜根瘤菌包衣技术。根瘤菌直接拌种后要尽快播种（12h内）；采用高分子复合材料包膜技术，可以在播前 $1 \sim 2$ 个月将根瘤菌包衣到种子上，适合大面积机械化播种。防治苗期病害用精甲霜灵 37.5g/L＋咯菌腈 25g/L 悬浮种衣剂包衣。

（三）小麦秸秆处理

综合考虑小麦收获成本及籽粒损失，建议小麦收获茬高 30cm，无须对小麦秸秆进行粉碎、抛撒。

（四）麦茬免耕覆秸精量播种

麦收后趁墒播种，宜早不宜晚，底墒不足时造墒播种。采用麦茬地大豆免耕覆秸播种机播种，横向抛秸、侧深施肥（药）、精量播种、封闭除草、秸秆覆盖一次完成，行距 40cm，播种深度 $3 \sim 5$cm。结合播种亩施复合肥（N：P：K＝15：15：15） 10kg，施肥位置在种子侧面 $3 \sim 5$cm，种子下面 $5 \sim 8$cm。每亩播种量在 $3 \sim 4$kg，每亩保苗 1.5 万株。

大豆免耕覆秸精量播种　　　　　　　　大豆免耕覆秸精量播种后麦秸均匀覆盖情况

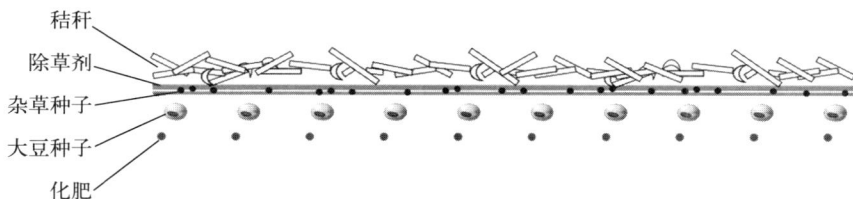

大豆免耕覆秸精量播种后土壤表面及耕作层模式图

（五）病虫害综合防治

蛴螬发生较重的地区或田块，可结合侧深施肥亩施 30％毒死蜱微囊悬浮剂 0.5kg 加 200 亿孢子/g 卵孢白僵菌粉剂 0.5kg 或者 200 亿孢子/g 卵孢绿僵菌 0.5kg 防治蛴螬。可结合播种实施田间封闭除草，亩施用精甲·嗪·阔复合除草剂 135g，机械喷雾每亩用量 15～

20L，防治黄淮海地区大豆田常见的杂草。

幼苗期注意防治大豆根腐病、蚜虫、红蜘蛛等，花期注意防治点蜂缘蝽、蛴螬、造桥虫、豆天蛾、棉铃虫，鼓粒期注意防治豆天蛾、造桥虫等。尽量使用生物杀虫剂或高效低毒杀虫剂。防治点蜂缘蝽，可在开花期喷施吡虫啉、氰戊菊酯、氯虫·噻虫嗪等杀虫剂，隔7～10d 喷1 次，连喷 2～3 次。注意防治成株期病害，主要包括大豆茎根腐病、大豆茎溃疡病、大豆拟茎点种腐病、炭疽病等，可在开花初期及结荚期使用嘧菌酯＋苯醚甲环唑进行防控。

（六）低损机械收获

联合收获最佳时期在完熟初期，此时大豆叶片全部脱落，植株呈现原有品种色泽，籽粒含水率降为18％以下。大豆联合收获机进行调整：①割台：配置扰性割台或大豆低割装置割台；②拨禾轮：转速尽量降低；③脱粒系统：配置大豆低破损脱粒滚筒，凹板筛栅条之间的有效间隙为 15～18mm，脱粒滚筒与凹板筛之间的间隙为 20～30mm，脱粒滚筒线速度≤13m/s，将脱粒滚筒脱粒部件除锐角、倒钝；④排草口：安装拨草装置，保持排草口顺畅；⑤调整清选系统风机转速与振动筛类型，保证清选清洁度。

三、适宜区域

黄淮海麦、豆一年两熟区及相似区域。

四、注意事项

封闭除草如因天气原因造成封闭除草效果不佳，应及时采取茎叶处理。

技术依托单位

中国农业科学院作物科学研究所
联系地址：北京市海淀区中关村南大街12 号
邮政编码：100081
联 系 人：吴存祥　徐彩龙
联系电话：010-82105865
电子邮箱：wucunxiang@caas.cn

油菜精量联合播种与高质低损收获机械化技术

一、技术概述

（一）技术基本情况

针对油菜播种精度低，种床整备质量差，油菜收获装备适应性差，收获损失率高，收获青籽影响菜籽油品质等问题，研究形成油菜精量联合播种与高质低损收获机械化技术。油菜精量联合播种技术与装备解决了油菜小粒径、易破碎种子的精量播种难题；作畦开沟、旋耕灭茬、种肥同施技术解决了种床整备与联合作业问题。油菜高质低损收获机械化技术采用1＋3油菜分段/联合收获装备攻克了高大、倒伏油菜割晒、实时仿形捡拾、高效脱粒清选、模块化割台快速挂接等关键技术，首创1个共用底盘与3种割台组合的成套分段、联合收获装备，实现了油菜广适低损高效高质收获，同时能够兼收稻麦、青稞等作物。

（二）技术示范推广情况

相关技术2014—2021年连续被遴选为农业农村部农业主推技术，连续多年在全国油菜主产区推广应用。油菜精量联合播种与高质低损收获机械化技术在新疆、青海、湖北、湖南、江西、安徽、江苏、浙江等21个省、直辖市、自治区油菜主产区进行了试验示范和推广应用，提高了油菜生产效率，降低了油菜生产成本，促进了农民增产增收，受到用户广泛欢迎。

（三）提质增效情况

精量联合播种装备可一次性完成旋耕、灭茬、开畦沟、精量播种、精量施肥、覆土等多道工序，播种合格率指数超过96％，作业效率比人工作业提高80倍以上。1＋3油菜分段/联合收获装备通过更换割台实现分段与联合收获转换，联合收获对于小规模小块田具有高效便捷的优势；分段收获更适用于规模化种植，具有适收期长、收获质量高、无青籽、损失率低等优点；机器利用率较单一收获方式提高2.2倍，与现有装备相比收获损失率均降低4.5个百分点以上，降幅达30％以上。

（四）技术获奖情况

"广适低损油菜分段/联合收获技术与装备"被评为2019中国农业农村十大新装备；"油麦兼用精量联合直播机"被评为2020中国农业农村十大新装备；"油菜机械化耕播关键技术与装备创制及应用"获得2020年度湖北省科学技术进步奖一等奖和农业机械科学技术奖一等奖；"广适低损油菜机械化收获技术与装备"获2017年度江苏省科学技术奖二等奖和机械工业科学技术一等奖，"油菜生产全程机械化技术"被评为"十三五"农业科技标志性成果。

二、技术要点

（一）油菜机械化精量联合直播技术

1. 田块准备

田块表面要相对平整，坡度不大于15°；前茬作物留茬高度不大于30cm；待播种土壤湿度适中，相对湿度为 40％～60％。

2. 种子准备

根据当地生态条件和生产特点，选择适宜当地环境的高产、双低、抗病、抗倒、抗裂角、花期集中、株型紧凑等适合机械化收获的油菜品种。播种前精选种子，清除秕、碎、病粒和杂质。

3. 肥料准备

选择颗粒形式油菜用普通或缓控释肥料，以防止化肥在肥箱内结块。

4. 播期选择

冬油菜直播，9 月 15 日至 10 月 25 日为直播油菜的适宜播期，推荐在 9 月 20 日至 10 月 15 日适期雨前早播。春油菜根据当地气候条件确定。机械直播种子亩用量一般控制在 200～300g，土壤墒情差或推迟播期应适当增加播量，推荐使用油菜精量联合直播机。

（二）1+3 油菜分段/联合收获技术

应用该技术可以方便地实现油菜联合收获和分段收获，用户根据种植规模、田块条件、当地气候条件等因地制宜地选择收获方式，以获得最佳收获效果和最大经济效益。对于规模化种植、对菜籽油品质要求较高以及倒伏较重，都应优先选择分段收获；对规模小或田块零散的建议选择联合收获，一次完成，更加便捷。

1. 油菜联合收获技术要点

第一，油菜联合收获时，应将拨禾轮降低到适当位置；收获倒伏作物时，逆倒伏方向收割，以免增加油菜籽的损失。

第二，采用联合收获应在 95％以上油菜角果变成黄色或褐色，植株、角果中含水率下降，冠层略微抬起时进行，并尽量避免晴天中午进行，以减少损失；割茬高度应符合当地农艺要求，一般应在 350cm 以下。

第三，油菜联合收获机应加装秸秆粉碎装置，秸秆的粉碎长度≤10cm，便于秸秆的还田，避免秸秆焚烧造成的环境污染等问题。

2. 油菜分段收获技术要点

第一，油菜分段收割应在 70％～80％的角果呈黄绿或淡黄色，主序角果已转黄色，分枝角果基本褪色，种皮也由绿色转为红褐色时进行，割晒后后熟 4～7d，再用捡拾脱粒机收获。

第二，割晒机作业时，割茬高度应选择 20～40cm，以便于割倒的油菜晾晒在割茬上。

第三，捡拾作业时一般要等露水稍干后，再进行作业。油菜割倒晾晒期间遇到降雨，一般不影响后续捡拾作业，也不会增加损失，只是延迟几天等油菜上的雨水干了方能进行捡拾作业。

三、适宜区域

全国油菜产区。

四、注意事项

（一）油菜机械化精量联合直播技术注意事项

其一，播种完成后应及时清理与完善沟渠，做到"三沟"齐全、排水畅通。

其二，化学除草应在播种后选用除草剂进行土壤封闭处理。

其三，土壤相对含水量在70%时可不灌水，长江流域一般秋冬干旱比较普遍，应注意抗旱保苗。

其四，注意田间追肥和防治病虫害，根据油菜生产农艺规程要求合理施用氮、磷、钾和硼肥。

其五，机具操作严格按照使用说明的要求执行。

（二）1+3油菜分段/联合收获技术注意事项

其一，联合收获必须按油菜成熟度要求选择正确的收获时机，方能降低收获损失。

其二，油菜完全成熟后不宜在有太阳的中午联合收获或捡拾作业，以减少损失。

其三，分段收获晾晒时间依据天气情况确定，一般不少于4个阳光日。

其四，联合收获菜籽含水率高，要及时晾晒或机械烘干以防止霉变。

技术依托单位

1. 农业农村部南京农业机械化研究所

联系地址：江苏省南京市玄武区中山门外柳营100号

邮政编码：210014

联系人：张　敏

联系电话：025-58619526

电子邮箱：zhangmin01@caas.cn

2. 华中农业大学

联系地址：湖北省武汉市武昌区南湖狮子山街1号

邮政编码：430070

联系人：廖庆喜

联系电话：027-87282121

电子邮箱：liaoqx@mail.hzau.edu.cn

冬闲田油菜毯状苗高效移栽机械化技术

一、技术概述

（一）技术基本情况

我国长江流域稻油轮作区水稻收获期不断推迟，导致油菜种植错过了最佳播种期，严重影响产量，油菜种植面积萎缩，致使出现大量冬闲田。油菜育苗移栽弥补茬口矛盾导致的生育期不足的问题，获得高产稳产。机械化高效移栽是广大农民千百年来的梦想，也是我国油菜全程机械化需要攻破的最后一个"堡垒"。现有移栽技术装备不适应水稻秸秆全量还田、高含水量土壤的田间条件。油菜毯状苗高效移栽机械化技术就是针对上述重大产业问题和需求而研发的全新技术装备。

该技术摒弃苗床低密度育苗、人工裸苗移栽的传统育苗移栽方式，通过创新育苗移栽方式，开发配套技术和装备，在水稻原茬地上一次性完成"旋耕埋秸、开沟作畦、切缝插栽、推土镇压"等多道工序，实现水稻秸秆全量还田、复杂土壤墒情条件下油菜高密度、高效率、高质量移栽，为开发冬闲田发展油菜生产、大幅度提高食用油自给率提供了切实可行的技术途径和装备。

（二）技术示范推广情况

核心技术"油菜毯状苗机械化高效移栽技术"连续多年列入农业农村部农业主推技术，评为 2018 年度农业农村部十大引领性农业技术，作为关键技术环节的"油菜生产全程机械化技术"获得 2019 年度农业农村部十大引领性农业技术，入选"十三五"十大农业标志性科技成果。2016 年"油菜毯状苗机械移栽技术"的专利使用权授让给日本洋马株式会社，2018 年由洋马（中国）农业机械有限公司推出以插秧机底盘为动力的油菜移栽机，已实现批量生产和销售。在长江上中下游的四川、湖南、湖北、江西、安徽、江苏等地开展了示范推广，取得良好效果。在此基础上，研发了集耕整地和移栽功能于一体的 2ZGZK-6 型全自动联合移栽机，实现了水稻秸秆全量还田、复杂土壤墒情条件下移栽，移栽质量、效率均有大幅度提高。2020 年 11 月在苏州召开技术观摩会，该技术因其广适性及高效、高质的移栽效果得到中央电视台综合频道（CCTV-1）、新闻频道（CCTV-13）、农业农村频道（CCTV-17）和新华社等中央媒体的全方位报道，受到社会广泛关注。2021 年该技术持续在南方稻油轮作区开展示范推广，推动了冬闲田油菜种植面积的增加。

（三）提质增效情况

1. 移栽效率高

机械化切块取苗对缝插栽方式，移栽频率达到每分钟 300 株/行，是世界移栽频率最高，整机作业效率每小时 6～8 亩（联合移栽机），是人工移栽的 80 倍以上。

2. 适应性强

油菜毯状苗联合移栽机在水稻原茬田上直接进行移栽，耕整地与移栽一次完成，即耕即栽，土壤绝对含水量 15%～35%，利用高含水量抢墒移栽，一般不需要浇水即可活棵，实现了秸秆全量还田、高含水田间条件下的高效高质量移栽，对田间条件适应性极强。该技术也适用于前茬旱作的田间条件下移栽。

3. 移栽产量高

毯状苗移栽油菜因为苗龄 30d 以上，弥补了因茬口推迟所造成的生育期不足，带土移栽易活棵、缓苗期短，亩移栽密度达到 10 000 株，具备很好的高产条件，多地试验结果表明毯状苗移栽比同期迟播油菜增产 30% 以上。

4. 综合经济效益好

每亩移栽机折旧成本、耗油成本、操作人员人工成本合计约 50 元，育苗材料及管理成本 70 元，两项合计 120 元。与机械直播相比，每亩育苗材料及管理成本 70 元，减掉节省用种成本 25 元，实际增加育苗成本 45 元，增加田间作业成本 10 元，合计增加成本 55 元。按照比同期直播油菜亩产量 130kg，增产 30% 计，亩产量增加 39kg，折算每亩增加效益 195 元，减掉增加的成本，每亩净增效益 140 元。与人工移栽相比，产量持平，每亩节省用工成本 200 元。由此可见，该技术综合经济效益较好。

（四）技术获奖情况

"油菜毯状苗机械高效移栽技术与装备"成果获 2018—2019 年度神农中华农业科技奖研究类成果三等奖和 2019 年度中国农业科学院科技成果杰出科技奖以及中国专利优秀奖。2021 年制定并发布了 NY/T 3887—2021《油菜毯状苗移栽机　作业质量》行业标准。

二、技术要点

（一）培育毯状苗

1. 床土配置

床土取肥沃无病虫的表层土壤，去除土壤中的石子、砖块和杂草，每盘床土加 45% 的三元复合肥 6～8g，肥料和床土要混合均匀。床土亦可使用油菜毯状苗专用基质，或者二者混合配比使用。

2. 种子处理

播种前选晴天进行晒种，以提高种子发芽率。播种前用烯效唑、硫酸镁、氯化铁、硼酸、硫酸锌、硫酸锰混合液拌种，拌种要均匀。

3. 播种

选用规格育秧盘（宽 28cm × 长 58cm）播种，床土装盘前盘底铺地膜，然后播种、盖土和摆盘。播种量控制在 800～1 000 粒/盘，床土装盘厚度不小于 2cm。

4. 肥水管理

播种至出苗阶段要保持表土层湿润，每天浇水 2 次；出苗后适当控水，以不发生萎蔫为宜；间隔 2～3d 用营养液浇水 1 次；出苗期、1 叶 1 心期和 2 叶 1 心期分别每盘施尿素 1g；移栽前 1d 每盘施尿素

产地化育苗情况

2g，水要浇足。

（二）前茬水稻机械化收获和秸秆处理

前茬水稻收获时应选用带秸秆粉碎装置的联合收获机，秸秆切碎后均匀抛撒，避免秸秆堆积，水稻收获留茬高度≤40cm。选用以插秧机底盘为动力的2ZYG-6型油菜移栽机，需要采用翻转埋茬旋耕机整地，畦面要平整，否则影响移栽质量。采用2ZGZK-6型全自动联合移栽机，不需要提前整地，耕栽一体，即耕即栽。

（三）油菜毯状苗高效联合移栽

1. 秧苗条件

移栽秧苗苗龄不小于30d，苗高8～12cm，绿叶数3～4片。秧苗在苗片上直立、均布，秧苗空穴率不大于10％；苗片盘根好，双手托起时不断裂。

2. 择机移栽

水稻收获后在满足土壤墒情和天气适宜的情况下即耕即栽。土壤含水量偏高，晾田至双脚站立土壤表面不渍水，或者拖拉机能下田不打滑，即可移栽。最好在降雨前移栽，栽后不需灌水活棵。移栽时间不宜迟于11月20日。移栽密度可通过株距调节，株距一般以16cm或18cm为宜，对应移栽密度每亩13 000～12 000穴（株）。移栽密度高为高产创造条件，也为机械化收获带来方便。

2ZYG-6型油菜移栽机

秸秆全量还田拖拉机牵引式油菜联合移栽

联合移栽机作业效果

（四）栽后管理

移栽时土壤绝对含水量低于25％，移栽后需要畦沟内灌水活棵。如果栽后下中雨一次或小雨多次，也能自然活棵。如果干旱严重应适当灌水，或畦沟浸水。施肥、病虫害防治、除草等，与常规油菜种植的田间管理基本相同。

三、适宜区域

长江流域冬油菜区以及北方部分冬油菜区。

四、注意事项

其一，育苗环节严格按照相关技术规程执行，具体实施过程可与技术依托单位联系。

其二，江西、湖南、湖北、四川等地部分水稻收获后气温较高，高密度育苗管理难度较大，建议9月下旬至10月初育苗播种，10月下旬至11月中旬移栽较适宜。

其三，油菜高效联合移栽机配套拖拉机动力要充足，一般选用88.2kW（120马力）以上的四轮拖拉机作为联合移栽机配套动力较适宜。

其四，移栽前茬水稻收获应选用带秸秆粉碎装置的联合收割机，保证秸秆抛撒均匀，不条铺、不堆积。

其五，油菜移栽后视土壤墒情和天气情况及时灌水活棵，做好排水沟连通工作。

技术依托单位

1. 农业农村部农业机械化总站

联系地址：北京市朝阳区东三环南路96号农丰大厦

邮政编码：100122

联 系 人：李丹阳　吴传云

联系电话：010-59199193

电子邮箱：amted@126.com

2. 农业农村部南京农业机械化研究所

联系地址：江苏省南京市玄武区中山门外柳营100号

邮政编码：210014

联 系 人：吴崇友

联系电话：15366092918

电子邮箱：542681935@qq.com

3. 扬州大学

联系地址：江苏省扬州市邗江区文汇东路88号

邮政编码：225000

联 系 人：冷锁虎

联系电话：18912133687

电子邮箱：oilseed@yzu.edu.cn

黄淮区油菜全程机械化丰产绿色高效生产技术

一、技术概述

（一）技术基本情况

油菜是我国主要油料作物，河南省及黄淮流域是我国油菜主产区之一。黄淮区油菜生产存在着机械化水平低、农机农艺不配套、抗灾能力差、肥药利用率低等障碍因子，制约了油菜生产水平的提高。河南省农业科学院油菜研究团队从 2007 年开始，在国家油菜产业技术体系、国家自然科学基金等项目资助下，围绕"生产机械化、管理轻简化、投入绿色高效化"的生产目标，研究创建了黄淮区以全程机械化生产为核心的油菜丰产绿色高效生产技术体系。

该技术突破了油菜全程机械化生产的技术瓶颈，大大提高了生产效率，实现了化肥农药减量高效施用、效率效益协同提升的发展目标，经济、社会和生态效应显著，为黄淮区油菜稳定、可持续生产提供了强有力的科技支撑。该技术 2020 年获得河南省科学技术进步奖二等奖，共获得软件著作权 5 个，发表论文 33 篇，出版著作 3 部。

（二）技术示范推广情况

技术的实施范围为河南省和黄淮区油菜产区，已经实现了较大范围推广应用。

（三）提质增效情况

本技术创新了油菜全程机械化丰产绿色高效生产关键技术，为提高和稳定油菜产量提供了技术支撑。构建"油菜＋春谷（花生、烟叶）"周年高效种植模式和油菜油、饲、菜、肥、花多功能利用模式，并发展油菜全产业链高效模式，实现了油菜功能的拓展和周年可持续发展，促进农民增收、农业增效，为乡村振兴提供了产业发展的有效途径。因此，该技术市场潜力巨大，应用前景广阔。

通过在河南、陕西、安徽、湖北等省创建绿色丰产高效示范区，推广投入绿色化、生产管理机械化、资源利用高效化的生产方式和技术，累计示范推广 1 000 多万亩，取得了显著的经济、社会和生态效益。

（四）技术获奖情况

该技术 2020 年获得河南省科学技术进步奖二等奖，第一完成单位为河南省农业科学院。

二、技术要点

（一）品种选用

选择品种在考虑产量、品质的同时，还应注意品种的适应性、抗逆性、适宜机械化等综合性状。特别注意要选用经过在本区域审定（登记）的品种，这些品种经过多年的鉴定试验和示范，具有良好的适应性和稳产性。

（二）机械化精量播种

精量的关键是掌握种子用量。在一般条件下，每亩密度为 3 万株左右时，机械化精量播种每亩用种量 0.25～0.35kg，墒情不足、冬季寒冷、播期推迟时应加大用种量。机械化播种时，根据播种机械质量，每亩配播 1kg 左右无发芽力的商品油菜籽，均匀播种，无明显漏播。推荐使用种肥药同播技术，精准施肥施药，提高效率，可减少肥药施用量 30% 左右。

（三）增密种植，省肥减药

合理密植可以使油菜群体、个体得到协调发挥，还可以使油菜株型更为紧凑、抗倒性更强、角果成熟期更加一致，从而提高肥料利用率，达到"以密增产、以密补迟、以密压草、以密减氮、以密促早、以密适机"的效果，提高油菜种植效益。黄淮区油菜直播密度一般控制在每亩 3.5 万株左右，肥力较低或播种较迟时，密度可扩大至每亩 4 万株。

（四）科学施肥，减施增效

科学施肥时应遵循以下原则：一是依据土壤肥力条件和目标产量，平衡施用氮、磷、钾肥，主要是调整氮肥用量，增施磷、钾肥；二是依据土壤有效硼状况，补充硼肥；三是增施有机肥，提倡有机无机配合和秸秆还田（覆草）；四是合理分配氮肥效用期，提高肥料利用率。推荐使用油菜缓释配方肥，实现全生育期一次施肥，省工省肥，提高效率。黄淮区可以亩基施油菜专用全营养缓释肥（N-P_2O_5-K_2O 为 25-7-8，并含 Ca、Mg、B 等中微量元素）30kg，苗期追施尿素 7～10kg，氮肥减施 25% 左右，其他时期无须追肥。没有油菜专用全营养缓释肥的地方，可用普通复合肥 30～40kg，每亩搭配 1kg 的硼砂或 0.5kg 的高含量硼肥（有效硼 12% 以上）作为基肥，油菜现蕾抽薹时每亩施尿素 7～10kg。

（五）绿色防控，减药增效

黄淮区油菜的主要虫害为蚜虫，各个生育时期均有发生。蚜虫防治可采用河南省农业科学院油菜课题组研究的高效防治技术进行防治。可采用两种施用方法，一是拌种时用地蚜灵粉剂 10g/kg（种子）；二是播种后覆土前每亩用地蚜灵粉剂 20g，表面撒施时每亩用地蚜灵粉剂 40g。该方法可减少蚜虫防治药量 20%～30%，省工 0.5～1 个。该技术可以达到"一次施药，全生育期防治蚜虫"的效果，苗期防治蚜虫效果接近 100%，开花结角期仍高达 87.34%～93.60%，持效期长达 7 月以上。

（六）防冻保苗

1. 培土壅根

土壤封冻前结合中耕，进行培土壅蔸。培土以 7～10cm 厚为宜。培土可提高土壤温度，又直接保护油菜根部，有利根系生长，防止拔根。尤其是高脚苗，培土壅蔸后可使根茎变短，利于保暖。

2. 秸草覆盖

在油菜行间盖一层茅草、稻草等秸秆，或亩施猪牛粪 2 000～3 000kg，可提高土壤温度 2～3℃，既防寒保暖，又可提供油菜春后的养分。

3. 灌水防冻

冰冻或严寒来临前，及时给油菜田灌水，能避免地温大幅度下降，缓解冻害程度，尤其对防止干冻效果更好。这是北部寒冷地区油菜防冻的重要措施。

（七）一促四防，防病增产

"一促四防"可有效促进油菜后期生长发育，防花而不实、防菌核病、防早衰、防高温逼熟，确保繁殖出来的种子具有高质量和发芽率。具体措施是在初花期叶面喷施磷酸二氢钾、硼肥、杀菌剂等混配液，对于长势较弱的田块，可以在混配液中每亩加入 0.5kg 尿素，作为花肥进行叶面补施，防止油菜后期早衰。

（八）适时机械化收获

1. 机械化分段式收获

在油菜黄熟前期，籽粒含水率在 35％～40％时，先由割晒机或人工切割铺放，割茬 25～30cm，厚度 8～10cm。经 5～7d 晾晒后当籽粒含水率下降到 14％以下时，再用捡拾脱粒机捡拾、输送、脱粒、秸秆还田。分段式收获技术的优点在于以下几个方面：一是适收期较长，可以达到 1 周左右；二是腾茬时间早，一般比联合收获腾茬早 3～5d；三是损失率低，一般在 6％以下；四是收获的籽粒含水率低，便于保存。分段式收获技术的不足之处在于由于分两次作业，人工和机械成本提高。在联合收获农机农艺融合度较低、机收损失率较高时，推荐使用机械化分段式收获。

2. 机械化联合收获

在油菜黄熟后期至完熟期，油菜田 85％左右角果颜色呈枇杷黄，85％～90％籽粒呈黑褐色，籽粒含水率在 15％～20％时，为机械联合收获适宜时期。联合收获方式一次完成收割、脱粒、清选等工序，具有收获过程短、省时、省力的优点，特别是对于较小田块比分段收获更能体现其方便性。为了降低收获损失率，在作业时要注意收获时期的把握和适宜收获机械的选用。

三、适宜区域

黄淮区。

四、注意事项

无。

技术依托单位

河南省农业科学院经济作物研究所

联系地址：河南省郑州市花园路 116 号

邮政编码：450002

联 系 人：张书芬　朱家成

联系电话：13838551969　13937115013

电子邮箱：shufengzhang2010@163.com　jczhu2010@163.com

黄淮海夏花生免覆膜绿色全程机械化技术

一、技术概述

（一）技术基本情况

黄淮海地区是我国花生面积和产量最大的主产区，主要种植春花生和夏花生。传统麦茬夏花生采用麦田套种模式时，不利于机械化作业，生产效率低、效益差；采用春花生通用覆膜播种机械时，与粮争地，地膜回收困难，白色污染严重，影响了富有营养的花生秧蔓综合利用。针对上述问题，在多年科学试验和生产实践的基础上，探索形成了黄淮海夏花生免覆膜绿色全程机械化技术。

通过该技术，一是可以增播一季小麦等夏收作物，提高耕地和水肥利用率以及种植效益，稳定花生种植面积，有效解决粮油争地矛盾；二是通过小麦秸秆全部粉碎还田、夏花生免膜播种的绿色生产模式，增加土壤有机质含量，降低作业成本，解决残膜白色污染，利于花生秧蔓综合利用，增加了综合效益；三是通过标准化、规范化种植，实现了鲜食花生半喂入联合收获和油用花生机械挖掘＋全喂入捡拾收获，极大地提高了生产效率、减轻了劳动强度。总的来说，该技术实现了黄淮海麦茬夏花生生产农机农艺融合、良种良法配套、生产生态协调。

（二）技术示范推广情况

核心技术"麦茬夏花生免膜播种机械化技术"2017年开始在鲁中南、鲁西南花生主产区试验示范，通过技术培训、项目实施等，获得一定范围示范应用，其中临沂市临沭县花生常年种植50万亩左右，全县夏花生免膜播种面积达到12万亩，占到夏花生面积的1/4，取得了良好的效果。目前，该技术已在河南大部、山东中南部、河北南部及安徽、江苏北部地区获得推广应用。

（三）提质增效情况

与传统春花生覆膜种植相比，应用该技术每亩可节约地膜成本20元，可省去铺膜作业成本20元、放苗作业20元，还多收一季小麦等夏收作物，无膜的花生干秧也能卖1.2元/kg，亩均增收节支120元以上。应用该技术有效解决前茬小麦秸秆焚烧、地膜污染、花生秧蔓综合利用等问题，推动花生生产从两年三熟制向一年两熟制转变，从广种薄收向高产稳产方向转变，更好地推动花生产业发展。

（四）技术获奖情况

以该技术为核心的科技成果"旱田全量秸秆覆盖地免耕洁区播种关键技术与装备"获2016—2017年度神农中华农业科技奖科研成果一等奖。以该技术为核心的科技成果"花生收获机械化关键技术与装备"2015年获国家技术发明奖二等奖。

二、技术要点

（一）品种选择

花生品种应尽量选用农业（农机）部门有关规范推荐使用的生育期短、增产潜力大、抗逆性较强的株型直立、结果范围集中、适收期长、果柄强度大的品种。采用分段式收获，选用匍匐型或半匍匐型品种更有利于挖掘晾晒和全喂入摘果作业。

（二）秸秆处理与机械播种

1. 秸秆处理与机械播种分段作业

（1）秸秆粉碎　前茬作物收获后采用灭茬机进行秸秆粉碎还田处理，留茬高度≤8cm，粉碎长度≤5cm，粉碎长度合格率≥85%，抛撒不均匀度≤20%。

（2）旋耕整地　旋耕作业深度15cm以上，必要时可以进行两次旋耕，达到土壤平整沉实、表层疏松细碎。

（3）起垄播种　在整地后尽早播种，所用种子应进行包衣处理，播种时如果墒情不足，应提前灌溉补墒。播种穴数应根据地力、品种特性而定。一般每亩约12 000穴为宜，每穴2粒，单粒播种时，要精选种子，亩播约16 000粒。播种深度3～6cm（墒好宜浅，墒差宜深）。单垄双行播种，垄距控制在80～90cm，垄上小行距25～30cm，垄高10～15cm。

机械化免膜起垄播种作业

2. 秸秆处理与机械播种联合作业

该技术可一次完成全量秸秆硬茬地"秸秆粉碎、跨越移位、旋耕起垄、施肥播种、均匀抛撒"作业。即将前茬秸秆粉碎拾起、向上向后跨越抛撒，在秸秆拾起又未落下形成的无秸秆障碍洁净区域内进行旋耕起垄、播种施肥，再将碎秸沿种带方向均匀抛撒于播后地表。前茬作物收获时，留茬高度无特殊要求，秸秆均匀或条铺田间均可，无须粉碎。

全量秸秆硬茬地花生播种机

（三）机械收获

土壤含水量在10%～18%（手搓土壤较松散），适合花生收获机械作业。含水量过低且土壤板结时，有条件地区可适度灌溉补墒。

半喂入联合收获：一次性完成花生挖掘、输送、清土、摘果、清选、集果、秧蔓铺放作业，包括半喂入两行联合收获技术和半喂入四行联合收获技术。

半喂入两行花生联合收获机

半喂入四行花生联合收获机

分段式收获：先挖掘铺放晾晒、再捡拾摘果的收获方式简称为分段式收获。第一段采用花生挖掘机或条铺机进行挖掘、抖土和铺放，经过 3～5d 晾晒后，使花生荚果含水率降至 20% 以下（荚果可以摇出响声），第二段采用全喂入花生捡拾收获机一次性完成捡拾、摘果、清选、集果、秧蔓收集等作业。

花生挖掘机作业

花生捡拾收获机作业

三、适宜区域

主要适用于活动积温在 2 800℃ 以上、光照 2 300～2 800h、降水量在 400～1 000mm 的黄淮海花生种植区域。

四、注意事项

其一，采用秸秆处理与机械播种分段作业时，需在前茬作物收割时对秸秆进行粉碎处理，且抛撒均匀，再采用秸秆粉碎还田机进行秸秆粉碎还田处理，留茬高度≤8cm，秸秆粉碎长度≤5cm。

其二，采用秸秆处理与机械播种联合作业时，配套动力要足，一般选用 88.2kW 以上的四驱轮式拖拉机进行播种；严禁秸秆清理装置入土作业。

其三，采用半喂入联合收获作业时，花生植株高度应在 40cm 左右，高度过低不易夹持，高度过高容易倒伏，均容易造成收获损失率增加和收获效率降低。收获后的花生荚果含水率高，应及时晾晒、干燥，谨防发生霉变。

其四，采用"先挖掘收获、后捡拾摘果"分段式收获作业时，如果茬口允许，可以适当延长花生植株在田间的晾晒时间，以减少摘果后晾晒或烘干工作量。

技术依托单位

1. 农业农村部农业机械化总站

联系地址：北京市朝阳区东三环南路 96 号农丰大厦

邮政编码：100021

联 系 人：杨 瑶 吴传云

联系电话：010-59199193

电子邮箱：amted@126.com

2. 农业农村部南京农业机械化研究所

联系地址：江苏省南京市玄武区中山门外柳营 100 号

邮政编码：210014

联 系 人：顾峰玮 胡志超

联系电话：025-84346246

电子邮箱：nfzhongzi@163.com

3. 山东省农业机械技术推广站

联系地址：山东省济南市工业南路 67 号

邮政编码：250100

联 系 人：李鹍鹏

联系电话：0531-83199980 18953153967

电子邮箱：likunpeng@shandong.cn

花生玉米带状复合播种机械化技术

一、技术概述

（一）技术基本情况

1. 技术研发推广背景

玉米、花生两种作物是我国粮油产业的重要支撑，近年来随着土地种植结构改革的逐步实施，玉米花生间作以其高产高效、共生固氮、资源利用效率高、优化土壤环境的优势而广泛普及。

但针对玉米花生间作栽培模式的带状复合机械化播种技术研究尚处空白，严重制约了该高效模式的快速推行。国家和山东省先后出台了针对农业机械化的多项政策，农业农村部发布的《关于开展主要农作物生产全程机械化推进行动的意见》等内容，为农业机械化的发展奠定了坚实的基础。

基于此背景情况，自主研制一种具备高播种精度、高工作效率、低劳动强度、性能稳定的花生玉米带状复合播种作业装备。围绕玉米花生间作种植模式，重点开展基于农机农艺融合的机械化播种适应性研究，解决花生玉米间作播种旋耕灭茬、模块空间优化组合、间距可调、地面仿形、精准施肥、精量穴播、镇压覆土等机械化关键技术难题，研制模块化空间优化组合的可拆易调链接机构、支撑叉架与减震弹簧组合式地面仿形机构、排量可调式开沟施肥装置、精量可控式穴播排种装置等关键部件，完成集作物间作、间距可调、随动仿形等功能于一体，可一次性实现玉米花生间作施肥、播种、覆土、镇压、铺膜多道作业工序的玉米花生间作多功能带状复合播种机的研究，为提高花生抗连作障碍发挥了重要作用，具有重要的现实意义和应用推广价值。

2. 能够解决的主要问题

（1）耕地资源利用率差　花生玉米复合播种装备可充分利用空间和时间，提高光能资源利用率，在保证主要作物产量的前提下，增收一季其他作物，显著增加了单位面积的农作物产量。

（2）播种效率低下，同机作业相互干扰　目前而言，国外花生玉米间作播种装备还尚未成熟，机械化与智能化程度较为低下。我国目前间作的播种机具多为人工点播机和简易型自走式间作播种机，虽在一定程度上降低了劳动强度，但作业效率并未得到显著提高，严重制约了该高效模式的快速推行。通过本项目的实施，在花生玉米带状复合播种装备中，集起垄、播种、施肥、覆膜平整、喷药、展膜、压膜、覆膜、膜上覆土等多道工序于一体，可有效实现多功能复合作业，在保证播种合格率的前提下，显著提高作业效率。

（3）整机作业不理想，作业效果不佳　排种器种类较多，在用于花生、玉米播种过程中，存在破碎和重播、漏播问题。本项目在实施过程中重点突破了花生玉米间作播种旋耕灭茬、模块空间优化组合、间距可调、地面仿形、独立驱动、精准施肥、精量穴播等机械化关键技术难题，漏播率、重播率和破碎率大幅度降低，提高了整体播种精度。

（4）播深不一致，影响出苗　目前研发的花生玉米带状复合播种机具，尚不具备地面仿形技术，当遇到起伏不平的垄面时，无法保证播深要求，严重影响种子出苗率，降低了花生产量，研发的地面仿形装置可有效解决此棘手问题。

3. 专利范围及使用情况

目前相关技术已获批国际发明专利 1 项，国家发明专利 1 项，国家实用新型专利 5 项，专利权人均为青岛农业大学，专利状态有权。其中，可折叠式四垄八行大型花生播种机发明专利，设计独立浮动式播种单元为多行宽幅，大跨度播种机左右两端播种深度一致提供技术支持。获得的具有漏播检测及补种功能的播种机、补种机构及花生播种机等实用新型专利，解决了传统播种机漏播缺苗问题。相关专利技术均为花生玉米带状复合播种机的研发提供了强有力的支撑，设计播种的机具在作业效率提高的同时作业质量也大幅提升。

（二）技术示范推广情况

合作的青岛万世丰农业科技有限公司已对该装备进行了批量生产。技术分别在山东、河北、河南、辽宁、安徽等省部分花生玉米主产区进行了推广与应用，得到了用户的好评，继续进行大范围的推广应用。

（三）提质增效情况

针对自主研发的花生玉米带状复合播种作业装备进行了技术试验和示范推广，播种机械化水平、播种精度、作业效率均实现大幅度提升，显著降低了播种环节用工量及生产成本，有效提高了单位地块播种的生产效益和规模化生产程度。高效稳定的作业质量得到了广大用户的一致认可。

直接经济效益：对生产企业，按每年生产 60 台套玉米花生间作多功能联合播种机，售价按 5.38 万元/台计，每套成本 3.76 万元左右，则生产企业年新增产值 322.8 万元，可获得利润 55.6 万元。

间接经济效益：用户使用该装备后，按照每年作业 15d，每天作业 10h，每台每小时作业 3 亩，每亩作业收费 200 元，每年可实现 9 万元收益。

花生玉米带状复合播种机械化技术的有效推广改变了种植结构的变化，促进粮食、经济作物的不断发展，对地区经济发展起到一定的促进作用。项目的产业化，实现了大量的劳动力从事农机行业、产品销售、推广应用工作；装备的应用，提高农业科技贡献率；相关技术依托产、学、研、用紧密结合机制，大大增强了农业机械化生产装备的产业竞争力。

（四）技术获奖情况

2008 年"花生高产高效栽培技术体系建立与应用"获国家科学技术进步奖二等奖；2014 年"花生机械化播种与收获关键技术及装备"获得山东省科学技术进步奖一等奖；2017 年 12 月由青岛农业大学牵头的"花生机械化播种与收获关键技术及装备"获中华人民共和国国务院颁发的国家科学技术进步奖二等奖；2017 年 12 月青岛农业大学牵头的"根茎类作物机械化生产技术与装备"获青岛市人民政府颁发的青岛市科学技术进步一等奖。2019 年 12 月青岛农业大学牵头的"主要根茎类作物机械化生产技术与装备"获山东省人民政府颁发的山东省科学技术进步奖一等奖；2019 年 12 月青岛农业大学牵头的"作物品种小区试验与繁育机械化关键技术及装备"获中华人民共和国农业农村部颁发的神农中华农业科技奖科学研究类成果一等奖。

二、技术要点

核心技术及其配套技术主要内容：

（一）防互干扰花生、玉米整体精量播种技术

针对两种作物同时播种存在的机械化装备相互干扰而造成的播种精度差的问题，对两种作物排种装置进行理论分析，优化了排种器结构，单双粒可调，单双粒内侧平滑，充清护排种，降低了漏播率和破碎率，提高了播种精度。

（二）支撑叉架与减震弹簧组合式地面仿形技术

围绕花生玉米间作播种时地表不平整导致播种施肥深度不一致的问题，对花生玉米间作机械化播种仿形特性进行分析，得到机具仿形变化量几何模型及形变力学特性，进行仿形机构设计，确定其结构参数，采用支撑叉架与减震弹簧组合的方法，实现自动仿形，在播种作业时，随地面凸凹上下浮动，使种肥间距始终保持一致、播种深度一致，提高施肥与播种的准确率。

（三）基于模块空间优化组合的可拆易调链接技术

针对间作的花生玉米作物播种的农艺不同，保证在播种过程中，适合不同的播种要求，研究模块空间优化组合的可拆易调链接机构，方便调节和拆卸，实现播种单体协同作业，有机融合，合理优化作业空间，机构紧凑，独立驱动，提高播种精度。

（四）智能化监测与漏播补偿机械化技术

针对花生玉米间作播种中出现的漏播、堵塞等问题，开发玉米花生带状复合播种的智能化检测系统，可以实时监控作业的全过程，反映播种机播种与施肥的情况，发现问题进行报警，提高播种与施肥的质量和智能化水平。同时使用 GPS－BDS 导航系统实时检测地理位置，对播种实施准确定位，作出实施调整，从而解决精准施肥与精量播种等关键技术难题。

三、适宜区域

广泛适用于山东、河北、河南、辽宁、安徽等花生玉米主产区。

四、注意事项

对播种机进行正确的使用与保养是提高作业质量、发挥机具效率和延长使用寿命的重要环节，在作业中要做到多观察、勤保养。

第一，作业前应向在场人员发生启动信号，非工作人员应离开工作场地。机具工作前应进行试播，调整好工作状态，正常工作时定期检查播种深度。

第二，在工作中随时观察机具各部位的运转情况、即时检察各部位的紧固情况、若有松动应即时紧固，避免发生故障和事故。观察开沟器工作情况，如果有缠草、堵塞、拥土现象，应即时停机排除。

第三，要即时对各润滑点进行注油，齿轮要加油润滑，避免加速磨损。

第四，每季节作业结束后，应彻底清理污泥，紧固各部位的螺栓，更换磨损过重或损坏的零部件，加注润滑油，对开沟器刀口处涂油防锈；机具应放置在通风、干燥的库房或席棚下保管。

第五，橡胶输种管应拆下放置在通风、干燥的库房或席棚下，以避免强光照射造成风化。

技术依托单位

1. 青岛农业大学

联系地址：山东省青岛市城阳区长城路 700 号

邮政编码：266109

联 系 人：王东伟

联系电话：13869881615

电子邮箱：w88030661@163.com

2. 青岛万世丰农业科技有限公司

联系地址：山东省青岛市城阳区长城路 371 号

邮政编码：266109

联系电话：0532-67768318　18615021633

联 系 人：原鲁明

电子邮箱：nongyewanshifeng1@126.com

花生加工适宜性评价技术

一、技术概述

(一) 技术基本情况

我国花生产量 1 799 万 t，花生油、酱、蛋白质等主要加工产品产量约 350 万 t，进出口贸易量占全球 20%，均居世界首位，是名副其实的花生生产、加工与贸易大国，但不是加工强国，长期存在原料混种混用、产品品质差、产业效益低，与国际竞争力弱的瓶颈问题。主要体现在以下三方面：①我国食用油对外依存度高达 70%，食用油安全面临严峻挑战，我国花生油产量占全球 50%，是有效缓解油瓶子问题的重要抓手，但其油酸含量比国外低22.40 个百分点，售价和利润仅为国外的 1/2；②花生酱货架期平均比欧美短 3~5 倍，售价和利润仅为欧美的 30%；③近 10 年花生及其制品进口量增加了 40 倍，而出口量下降 17%，国际竞争力弱。解决上述产业瓶颈问题必须构建花生加工适宜性评价理论体系与技术方法，实现品种专用化分类，筛选加工专用品种，为高品质产品生产提供原料保障。

在 2009—2021 年持续开展不同地域、不同品种花生加工特性分析的基础上，自主创制了高通量快速检测新技术新设备，创建了花生加工适宜性评价模型、技术方法与指标体系，首次按加工用途对我国花生品种进行科学分类并筛选出加工专用品种，破解了混收混用的瓶颈问题。该技术通过检测花生品种的脂肪、蛋白质、油酸、蔗糖等指标，依据评价指标体系计算各品质指标得分，即可快速确定加工适宜性等级，筛选出加工专用品种。技术获发明专利 22 项（美国 1 项、欧洲 1 项）、软件著作权 8 项，制订农业行业标准 2 项，出版中英文专著 3 部，发表论文 55 篇（SCI 收录 24 篇）。中国农学会组织的评价专家组认为：成果整体处于国际先进水平，在花生加工适宜性评价技术方法、加工特性指标的便携高通量快速检测技术设备方面达国际领先水平。

(二) 技术示范推广情况

技术已在国家花生产业技术体系遍布 17 个省份的 27 个综合试验站广泛应用，测定了17 290 份花生样品，节省检测费用约 1 820.28 万元，还为育种家专用品种选育提供了指导。技术还在河南、山东、辽宁等花生主产区的 18 家企业较大范围推广应用。全国最大的花生油加工企业山东鲁花集团有限公司以专用品种为原料，生产花生油 18.84 万 t；全国第二大花生油加工企业——嘉里粮油（青岛）有限公司新增花生油 23.03 万 t；山东金胜粮油食品有限公司新增花生油和花生蛋白粉 22.21 万 t。技术在山东中粮花生食品有限公司、青岛吉兴食品有限公司、青岛长寿食品有限公司等花生酱与蛋白质加工企业应用，新增花生酱2.34 万 t、花生蛋白质产品 5.43 万 t。

(三) 提质增效情况

依托本技术筛选出 70 多个加工专用品种，以加工专用品种为原料，生产的花生油品质明显提升，与市售产品相比，酸价低 18%、过氧化值低 37%、长链饱和脂肪酸降低 10%、油酸含量高 33.99 个百分点；花生酱黏度适宜（56.21g），货架期延长了 6 个月；花生蛋白功能特性显著提升，氮溶指数达 96.57%、凝胶硬度提高了 1.84 倍。

该技术在山东鲁花集团有限公司、嘉里粮油（青岛）有限公司、山东金胜粮油食品有限公司应用，分别新增销售额 30.35 亿元、11.16 亿元、7.64 亿元。技术还在山东中粮花生食品有限公司、青岛吉兴食品有限公司、青岛长寿食品有限公司等花生酱与蛋白质加工企业应用，新增销售额 65.28 亿元、利润 4.98 亿元。累计在山东、河南、新疆等地种植加工专用品种 215.3 万亩，依据平均亩产 300kg，专用品种原料收购价多 0.8 元/kg 计算，农民累计增收 5.28 亿元，有效助力了乡村振兴。

（四）技术获奖情况

本技术获 2018—2019 年度神农中华农业科技奖科学研究类成果一等奖、2017 年度中国商业联合会科学技术奖全国商业科技进步奖特等奖。

二、技术要点

（一）评价工作流程

按照下图所示技术流程开展花生加工适宜性评价。

花生原料 → 测定评价指标 → 计算各指标得分 → 确定加工适宜性等级 → 评价结果

花生加工适宜性评价技术流程

（二）原料品质指标测定

可采用便携式加工品质速测仪或其他近红外设备检测脂肪、蛋白质、油酸、亚油酸、蔗糖、半胱氨酸、蛋氨酸、谷氨酸、精氨酸、亮氨酸、球蛋白、伴花生球蛋白含量及酸价等指标。也可采用国标法（GB 5009.6、GB 5009.5、GB 5009.168、GB 5009.8、GB 5009.124、GB 5009.229）测定。

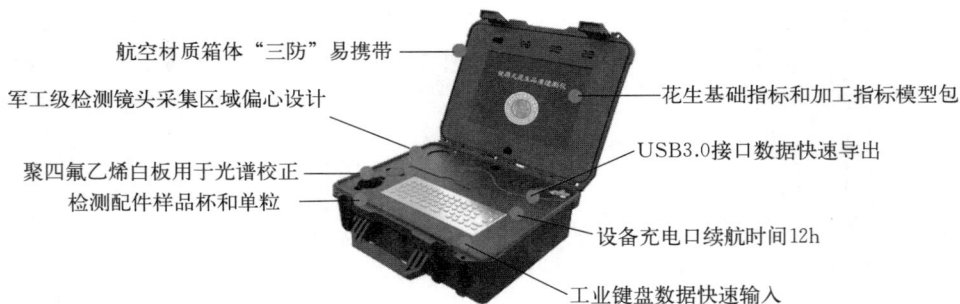

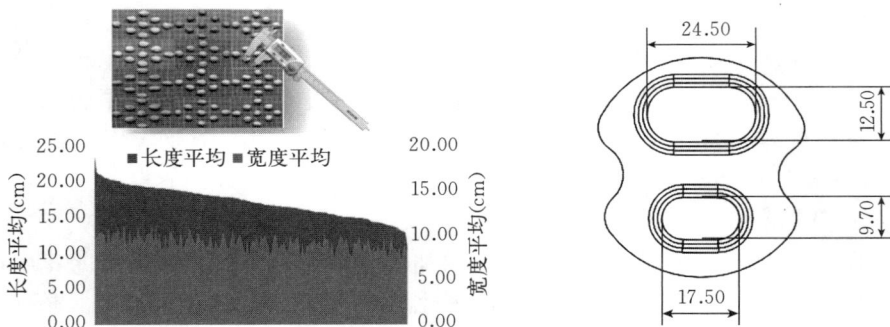

便携式花生加工品质速测仪

（三）评价指标体系和评分

1. 花生制油适宜性评价指标体系和评分

将脂肪、O/L值、油酸、亚油酸、酸价五个指标在下表找到对应的得分，得分相加作为花生制油适宜性的总得分，得分>80为适宜制油的花生品种，60<得分≤80为基本适宜制油的花生品种，得分≤60为不适宜制油的花生品种。

适宜制油的花生指标评分

指标	分类值/得分	Ⅰ类	Ⅱ类	Ⅲ类
脂肪/	分类值	>45	40~45（含）	≤40
g/100g	得分	23	19	≤15
O/L值	分类值	>1.1	0.9~1.1（含）	≤0.9
	得分	23	19	≤15
油酸/	分类值	>21	16~21（含）	≤16
g/100g	得分	19	15	≤11
亚油酸/	分类值	>18	14~18（含）	≤14
g/100g	得分	19	15	≤11
酸价/	分类值	<1.5	1.5（含）~2.5	≥2.5*
mg/g	得分	16	12	≤8

*当样品酸价值≥2.5，可直接判定为不适宜。

2. 花生制酱适宜性评价指标体系和评分

将脂肪、蛋白质、O/L值、蔗糖四个指标在下表找到对应的得分，得分相加作为花生加工适宜性的总得分，得分>80为适宜制酱的花生品种，60<得分≤80为基本适宜制酱的花生品种，得分≤60为不适宜制酱的花生品种。

适宜制酱的花生指标评分

指标	分类值/得分	Ⅰ类	Ⅱ类	Ⅲ类
脂肪/	分类值	46（含）~52（含）	40~46或52~55	≥55或≤40
g/100g	得分	30	24	≤18
蛋白质/	分类值	22~26（含）	18~22（含）或26~30	≤18或≥30
g/100g	得分	30	24	≤18
O/L值	分类值	≥1.1	0.9~1.1	≤0.9
	得分	25	20	≤15
蔗糖/	分类值	4.5~6（含）	3.5~4.5（含）	≤3.5或>6
g/100g	得分	15	12	≤9

3. 花生加工凝胶型蛋白质适宜性评价指标体系和评分

将蛋白质、伴花生球蛋白、半胱氨酸、蛋氨酸四个指标在下表找到对应的得分，得分相加作为花生加工适宜性的总得分，得分>80为适宜加工凝胶型蛋白质的花生品种，60<得分≤80为基本适宜加工凝胶型蛋白质的花生品种，得分≤60为不适宜加工凝胶型蛋白质的

花生品种。

适宜加工凝胶型蛋白质的花生指标评分

指标	分类值/得分	Ⅰ类	Ⅱ类	Ⅲ类
蛋白质/ g/100g	分类值	＞24	21～24（含）	≤21
	得分	30	27	≤20
伴花生球蛋白/ g/100g	分类值	＞10	8～10（含）	≤8
	得分	36	27	≤20
半胱氨酸/ g/100g	分类值	＞0.4	0.2～0.4（含）	≤0.2
	得分	20	15	≤12
蛋氨酸/ g/100g	分类值	＞0.3	0.2～0.3（含）	≤0.2
	得分	14	11	≤8

4. 花生加工溶解型蛋白质适宜性评价指标体系和评分

将蛋白质、花生球蛋白、23.50kDa、谷氨酸、精氨酸、亮氨酸六个指标在下表找到对应的得分指标得分相加作为花生加工适宜性的总得分，得分＞80 为适宜加工溶解型蛋白质的花生品种，60＜得分≤80 为基本加工适宜溶解型蛋白质的花生品种，得分≤60 为不适宜加工溶解型蛋白质的花生品种。

适宜加工溶解型蛋白质的花生指标评分

指标	分类值/得分	Ⅰ类	Ⅱ类	Ⅲ类
蛋白质/ g/100g	分类值	＞24	21～24（含）	≤21
	得分	19	18	≤14
花生球蛋白/ g/100g	分类值	＞12	10～12（含）	≤10
	得分	25	18	≤14
23.50kDa	分类值	＞5.7	4.9～5.7（含）	≤4.9
	得分	18	14	≤11
谷氨酸/ g/100g	分类值	＞4.8	3.6～4.8（含）	≤3.6
	得分	14	11	≤8
精氨酸/ g/100g	分类值	＞2.8	2.3～2.8（含）	≤2.3
	得分	14	11	≤8
亮氨酸/ g/100g	分类值	＜1.7	1.7～2.0（含）	≥2.0
	得分	10	8	≤5

三、适宜区域

本技术可在全国应用推广。

四、注意事项

本技术适用于花生（仁）原料，不包括经过熟化处理的花生。对于花生（仁）原料，应符合以下基本条件：满足 GB/T 1532《花生》的质量要求；具有一致的品种特性，异品种比例≤10％；适宜加工油的花生原料还应符合 NY/T 1068《油用花生》的要求；适宜加工酱、蛋白质的花生原料还应符合 NY/T 1067《食用花生》的要求。

技术依托单位

中国农业科学院农产品加工研究所

联系地址：北京市海淀区圆明园西路 2 号

邮政编码：100193

联 系 人：王　强

联系电话：010-62815837

电子邮箱：wangqiang06@caas.cn

绿色生态技术

LUSE SHENGTAI JISHU

南方水稻节肥养地型绿肥种植利用技术

一、技术概述

（一）技术基本情况

耕地质量是粮食生产的命根子。绿肥在改善农田生态环境、提升耕地质量、保障农产品稳产增产等方面具有明显的支撑作用。我国南方稻田冬闲面积约2亿亩，利用冬闲田发展绿肥，可以减少土地季节性闲置，并生产大量有机肥源、提升稻田生产能力。为此，近10多年来，以化肥减施增效、耕地质量提升、稻米清洁生产为主要目标，研发了南方水稻节肥养地型绿肥种植利用技术，建立了适应新时代的水稻—绿肥高产高效绿肥生产技术体系。运用本技术，可实现南方稻田冬季绿色覆盖、大幅减施化肥，农田生态环境和农业清洁生产水平明显改善和提升。

（二）示范推广情况

本技术可以大面积推广应用。近10年，在湖南、湖北、安徽、河南、江西、广西等省份示范推广，累计示范及推广面积数千万亩，有力支撑了稻田生态环境改善，是稻田节肥减排的重要绿色技术。

大规模示范现场

（三）提质增效情况

通过多年多点联合监测试验证明，运用本技术，水稻可节氮不低于30%，普遍可节氮40%，部分地区可达到60%。

1. 支撑水稻轻简高效清洁生产

① 绿肥生产更加轻简，实现了绿肥生产从水稻收割、绿肥播种及管理、绿肥翻压到绿肥收获的全程机械化。②土壤培肥更加高效，"一年种绿肥，三年田不瘦"被广泛认同。③稻田生产更加清洁、产出更加持续稳定，可保障水稻产量、减少化肥投入、阻控养分流失，农田生产更加清洁、稻米更加健康。

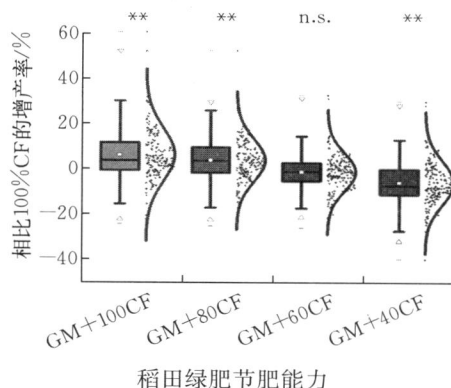

稻田绿肥节肥能力

注：南方稻区 8 个省联合定位试验多年结果。100%CF 为冬闲常规施肥，GM＋100CF、GM＋80CF、GM＋60CF、GM＋40CF 分别代表冬种紫云英配施 100%、80%、60%、40%化肥。箱线图中箱体中间实线代表数据的中值，箱体内正方形点代表平均值，上、下边缘分别代表 75 和 25 百分位数，上、下误差线分别代表 95 和 5 百分位数，上、下三角形分别代表 99 和 1 百分位数，上、下短横线分别代表最大值和最小值，曲线代表样点符合正态分布。图中 ＊＊ 代表与 100%CF 处理之间差异极显著（$P<0.01$），n.s. 代表与 100%CF 处理之间无显著差异。

绿肥—优质稻米基地

2. 推动种植业健康发展

绿肥是紧盯耕地要害的重要实践。绿肥是纯天然有机肥源，也是农田土壤调理的内在动力，完全满足清洁农业生产的肥料要求，是缓解困扰社会的农田生态环境恶化难题的重要技术途径。

（四）获得奖励情况

2020 年 12 月，以本技术为核心内容之一的"南方稻区现代绿肥生产与水稻提质增效技术创新及应用"，通过了中国农学会组织的成果鉴定，专家认为达到国际领先水平。此外，近 10 年，以本技术为核心，获得了省部级一、二等奖及高影响力企业科技奖励 7 项，分别是：冬闲稻田紫云英高效种植与"一减双升"关键技术（2019 年度河南省科学技术进步奖二等奖）、稻田绿肥轻简高效生产利用技术创新与应用（2018 年度湖南省科学技术进步奖二等奖）、稻田绿肥新品种选育及"高效与轻简化"双靶标生产利用技术（2017 年度第十届大北农科技奖植物营养奖）、稻田绿肥-秸秆协同还田技术集成应用（2016—2017 年度神农中

绿肥助力农田生态健康

华农业科技奖科研成果三等奖）、主要绿肥作物生产技术体系构建及应用（2015 年度湖北省科学技术进步奖二等奖）、浙江绿肥作物高效种植与利用技术创新及应用（2015 年度浙江省科学技术进步奖二等奖）、稻田绿肥—水稻高产高效清洁生产体系集成及示范（2012—2013年度中华农业科技奖科学研究成果一等奖）。

二、技术要点

（一）绿肥播种

绿肥一般每亩用紫云英约 2kg，排水较好的稻田也可每亩用毛叶苕子 3～4kg。在中/晚稻收获前 15～20d 套播。高留茬稻田亦可在水稻收割后及时撒播绿肥。

机械化收割水稻留高茬及高茬下的绿肥长势

（二）中/晚稻收割留高茬

中/晚稻收割前 7～10d 落干，保持收割时田面干爽。采用机械化、留高茬形式收割，稻秆留茬 30～40cm、尽量更高，稻草切碎、抛撒还田。

（三）绿肥管理与翻压

根据田块大小，适时开围沟或中沟防渍，沟宽、深各 15～20cm，沟沟相通。插秧或直播前 5～15d 就地机械干耕湿沤翻压。翻压前最好每亩施石灰约 50kg。

稻田开沟

干耕翻压

(四) 化肥减施量

绿肥一般长势田, 按减施氮肥 30%。也可根据紫云英翻压量, 每 1 000kg/亩的绿肥鲜草, 减施化肥 2kg/亩。

绿肥还田后的化肥减量

三、适宜区域

南方单、双季稻区，包括河南、江苏、安徽、上海、浙江、江西、湖北、湖南、福建、广西等单、双季稻生产区。

四、注意事项

绿肥翻压后至早稻分蘖前期尽可能不排田面水，防止养分流失。

技术依托单位

中国农业科学院农业资源与农业区划研究所

联系地址：北京市海淀区中关村南大街 12 号

邮政编码：100081

联 系 人：曹卫东

联系电话：010-82109622　13521817397

电子邮箱：caoweidong@caas.cn

稻田秸秆还田的丰产减排耕作技术

一、技术概述

（一）技术基本情况

稻田生产了我国近80％的口粮和60％的油菜，同时也排放了作物生产领域50％以上的碳。稻田温室气体排放以甲烷为主，约占农业领域甲烷排放总量的40％。我国向国际承诺2030年前实现碳达峰、2060年前实现碳中和，甲烷减排至关重要。在农业农村部、国家发展和改革委员会联合印发的《农业农村减排固碳实施方案》，以及农业农村部印发的《农业绿色发展技术导则（2018—2030年）》中，甲烷减排被列为首选行动。秸秆还田等是我国秸秆综合利用的主要措施，但传统淹水稻作下，大量秸秆还田不仅影响水稻生长，还增加甲烷排放，亟须配套丰产减排技术。为此，在高产低碳排放稻作理论创新下，研发了以旱耕湿整好氧耕作、增密控水增氧栽培为核心，高产低排放水稻品种和高效作业机具为配套的水稻丰产减排耕作技术。该技术实现了水稻丰产稳产、稻田甲烷减排、农民节本增收的协同，可为我国粮食再增产和生态低碳农业发展提供关键技术支撑。

（二）技术示范推广情况

该技术实现秸秆均匀入土率90％以上，耕层和根际氧含量增加，可有效促进稻田甲烷氧化，降低甲烷排放；同时，解除还原性物质（H_2S等）对水稻根系的毒害，有效缓解秸秆还田下水稻前期僵苗和后期贪青等问题。该技术实现了水稻丰产与稻田甲烷减排的协同，目前已在我国东北单季稻、长江流域水旱两熟和双季稻等水稻主产区进行小范围示范展示，2019—2021年累计应用面积超过700万亩。

（三）提质增效情况

该技术在我国主要稻作区实现水稻增产4.1％～8.8％，甲烷减排31.7％～75.7％，氮肥利用效率提高30.2％～36.0％，节本增收8.3％～9.7％，丰产减排增效增收效果显著。该技术于2021年入选中国科协"科创中国"主推技术和农业农村减排固碳十大技术模式，部分成果被编入农业农村部科技教育司《2021年秋收农作物秸秆还田指导意见》，同时得到中央电视台新闻频道（CCTV-13）、农业农村频道（CCTV-17）和《科技日报》等媒体宣传报道10余次。

（四）技术获奖情况

相关技术成果已于2015年、2019年分别获得中华农业科技奖科学研究成果二等奖和河南省科学技术进步奖一等奖，2021年获得世界银行河南绿色农业创新挑战大赛创新技术奖。

二、技术要点

（一）选用高产低碳排放水稻品种，提高植株输氧能力

结合各稻区生产和生态环境特点，选择收获指数高、通气组织壮、根系活力强且生育期

适宜、抗逆性强的优质丰产水稻品种。

（二）旱耕湿整好氧耕作，提升耕层通透性和氧含量

1. 作物秸秆粉碎匀抛还田

采用带有秸秆粉碎功能和抛撒装置的收获机进行收割，留茬高度≤15cm，秸秆粉碎长度≤10cm，均匀覆盖地表，实现高质量还田。若留茬过高、秸秆粉碎抛撒达不到要求，宜采用秸秆粉碎还田机进行一次秸秆粉碎还田作业。

2. 旱耕增氧，浅水整地埋茬

东北一熟稻区在秋季旱耕和秋季反旋埋草轮耕下，翻耕深度 18～20cm，反旋深度 15cm；水旱两熟区在稻季翻耕和反旋碎垡埋草、麦季旋耕的轮耕下，夏粮收获后，进行旱耕或旱旋，翻耕深度 20～25cm，旋耕深度 12～15cm；双季稻区在冬季一年翻耕两年免耕的轮耕下，春季旱（湿）反旋埋草、晚稻季旱（湿）反旋埋草，以保证秸秆还田后整地效果，改善土壤结构，提高耕层氧含量。水稻移栽前，浅水（1～2cm）泡田半天，免旋整地埋茬，减少田面秸秆及根茬漂浮，田块四周平整一致。

（三）增密控水增氧栽培，提升根系生长和根际氧含量

1. 缩株增密，保苗扩根，保证群体数量，增加根系泌氧量

在当地高产栽培基础上，缩小株距（或增加基本苗数），栽插密度提高 20％左右。以当地土壤微生物碳氮比为参照，调整水稻前期和后期氮肥施用比例，协调水稻与土壤微生物的养分竞争。东北一熟稻区减基肥氮（氮总量 20％），将穗肥中占总量 20％的氮肥调至蘖肥，基肥∶蘖肥∶穗肥比例调整为 25％∶62.5％∶12.5％；水旱两熟区减穗肥氮（氮总量 20％），基肥∶蘖肥∶穗肥比例调整为 37.5％∶50％∶12.5％；南方双季稻区早稻和晚稻减少穗肥氮（氮总量 20％），基肥∶蘖肥∶穗肥比例调整为 62.5％∶25％∶12.5％。

2. 沟畦配套控水，促根强秆，提高群体质量，增加稻株输氧量

栽插后浅水护苗，缓苗后适时露田 3～5d，增加土壤氧含量，促进根系生长；之后保持田面湿润，促进秧苗早发快长以及甲烷氧化，增强水稻根系活力和泌氧能力；有效分蘖临界期前后看苗晒田，苗到不等时，时到不等苗；孕穗、扬花期浅水保花，齐穗后干湿交替；收获前提前 7～10d 断水。控水增氧促根，提高甲烷氧化能力，实现甲烷减排。

三、适宜区域

该技术适宜于东北一熟稻作区、长江流域水旱两熟区和双季稻区。

四、注意事项

其一，对于前茬病虫草严重的田块，建议进行秸秆就地堆腐还田，或者秸秆离田无害化处理。

其二，旱耕地作业前，需保证田间土壤含水量≤30％。整地前如遇连续降雨，需排净田面水，进行湿耕湿整。该技术在洼地或排水不畅田块的丰产减排效果可能会受影响，应根据实际情况进行技术调整。

技术依托单位

1. 中国农业科学院作物科学研究所

联系地址：北京市海淀区中关村南大街 12 号

邮政编码：100081

联 系 人：张卫建　张　俊

联系电话：15810789930

电子邮箱：zhangweijian@caas.cn

2. 江西农业大学

联系地址：江西省南昌市经济技术开发区

邮政编码：330045

联 系 人：黄　山

联系电话：15870628386

电子邮箱：ecohs@126.com

3. 黑龙江省农业科学院耕作栽培研究所

联系地址：黑龙江省哈尔滨市松北区创新三路 800 号

邮政编码：150028

联 系 人：董文军

联系电话：18724609162

电子邮箱：dongwenjun0911@163.com

水稻机插缓混一次施肥技术

一、技术概述

（一）技术基本情况

随着水稻生产规模经营的快速稳定发展，水稻生产机械化得到快速发展，但水稻施肥的问题凸显：①氮肥施用量大，长江流域稻区尤为突出；②优化的施肥次数多，劳动强度大；③施肥方式落后，以人工撒施肥为主，施肥效果差，稻田氮肥损失现象严重；④简单低效的"一炮轰"现象有反弹趋势。

为解决上述问题，科学家们研发了将基肥或分蘖肥通过机插侧深施用的水稻机插侧深施肥技术以及新型缓控释肥技术，均有效减轻了劳动强度，并提高氮肥利用率5％左右。但目前的新型缓控释肥难以保证水稻全生育期的养分需求，为了保证稳产高产，水稻仍然需要施用穗肥。

在国家重点研发计划、江苏省重点研发计划等项目支持下，南京农业大学等单位通过多年多点的试验研究和示范应用证实：将不同释放速率的缓控释肥进行科学混合组配，使得混配肥料养分释放规律与优质高产水稻二次吸肥高峰同步；创新了一次施肥满足水稻一生优质高产所需的"缓混肥"。以"专用缓混肥"为核心，结合机插侧深施肥技术、水分精确灌溉和穗肥精确诊断，达到水稻"一次轻简施肥、一生精准供肥"，实现水稻的高产、优质、高效、生态和安全生产，是一项经济、环保、高效可行的先进实用技术。

（二）技术示范推广情况

南京农业大学、江苏省农业科学院、江苏省农业技术推广总站等单位，会同省内技术研发、推广单位和企业，在水稻精确定量栽培技术基础上，以满足机插水稻高产吸氮规律的专用缓混肥研发为核心，开展了多年的技术研发与示范应用。2013年申请水稻机插专用发明专利并形成专利物化产品，2017年开始在江苏、安徽等省12个县示范应用，2019年快速发展到长江中下游22个县开展了大田对比和百亩示范，建立百亩示范方100多个，示范应用面积超过10万亩。

技术入选2020—2021年江苏省重大农业推广技术，2020年和2021年连续两年入选农业农村部十大引领性农业技术。示范推广面积呈现几何级增长。据不完全统计，2021年江苏、安徽、浙江、上海等水稻主产区推广应用面积超过300万亩，效果显著。

（三）提质增效情况

对2017年江苏的11个示范县、2018年的19个示范县、2019年的22个示范县、2020年的27个示范县以及2021年设置的大田对比试验进行了跟踪调查，综合效果如下：

丰产高效：平均增产6.0％以上；其中，2017年平均增产11.0％、2018年平均增产7.0％、2019年平均增产6.0％、2020年平均增产4.5％、2021年抽样调查百亩方平均增产5％；2020年经全国专家现场认证，节本增效。

提质增效：垩白率降低0.6％～7.1％，垩白度降低3.1％～12.7％，整精米率提高

0.6％～1.0％，食味值提高 7.5％～8.3％。其中，2020 年技术种植的宁香粳 9 号获全国粳稻品比第一名，2021 年水稻机插缓混一次施肥技术多个示范方稻米品质获得省、市稻米品比金奖。

高效：减少施肥用工 3～4 次，氮肥施用量可降低 20％～30％，氮肥利用率较常规分次施肥提高 15％以上，每亩肥料成本降低 10 元左右；每亩综合节本增效 100 元以上。

生态环保：氮淋溶损失降低 42.8％，稻田氨挥发损失降低约 42.6％，稻田 N_2O 排放降低约 40.7％，碳排放降低 30.0％左右。

2020 年在江苏省张家港市农义村水稻超高产攻关百亩示范方，首次应用水稻机插缓混一次施肥技术进行高产攻关，每亩总施氮量 17.5kg，经过实割实测，平均亩产达到了 994kg，其中，最高田块亩产达到 1 036.7kg，创下当年太湖稻区丰产纪录。

（四）技术获奖情况

技术部分成果作为支撑材料，中华科技奖二等奖一等和二等奖各 1 项，全国农牧渔业丰收奖一等奖 1 项。

技术支撑材料获奖情况

序号	奖　项	名　称	获奖年份	参与人（排名）
1	神农中华科技奖一等奖	我国水稻主产区精确定量栽培关键技术创新与应用	2019	李刚华（4）
2	神农中华科技奖二等奖	南方水网区集约化稻田氮素流失的"减—拦—净"技术体系创建与应用	2019	薛利红（4）
3	全国农牧渔业丰收奖农业技术推广成果奖一等奖	水稻优质绿色机械化栽培关键技术集成与推广	2016—2018	管永祥（1）李刚华（4）

二、技术要点

（一）核心技术

1. 缓混肥的选用

选用由多种缓控释肥经过科学组配形成的水稻专用缓混肥，氮释放特性与当地高产优质水稻需氮规律同步，要求粒型整齐、硬度适宜、吸湿少、防漂浮，适宜机械侧深施肥；根据测土配方施肥结果确定缓混肥的氮磷钾比例，肥料氮含量 30％左右。

2. 机插侧深施肥

精细平整土壤，耕深达 15cm 以上，选用有气吹式侧深施肥装置的插秧机，根据田块长度调整载秧量和载肥量，实现肥、秧装载同步；每天作业完毕后要清扫肥料箱，第二天加入新肥料再作业。

水稻专用缓混肥（$N-P_2O_5-K_2O$ 为 30-6-12）

水稻机插侧深施肥

机插侧深施肥效果

3. 精确诊断穗肥

水稻倒 3 叶期根据叶色诊断是否需要穗肥：如叶色褪淡明显（顶 4 叶浅于顶 3 叶），则籼稻施用 3kg、粳稻 5kg 以内的氮肥；如叶色正常（顶 4 叶与顶 3 叶叶色相近），则不用施用穗肥。

利用 SPAD 仪或氮平衡指数测量仪快速、精准地诊断叶色

4. 精确灌溉技术

移栽返青活棵期湿润灌溉，秸秆还田田块注意栽后露田，无效分蘖期至拔节初期及时搁田，拔节至成熟期干湿交替，灌浆后期防止过早脱水造成早衰。

（二）配套技术

1. 精细整地技术

根据茬口、土壤性状采用相应的耕整方式，一般沙质土移栽前 1～2d 耕整，壤土移栽前 2～3d 耕整，黏土移栽前 3～4d 耕整。要求机械作业深度 15～20cm，田面平整，基本无杂草、无杂物、无残茬等，田块内高低落差不大于 3cm。移栽前需泥浆沉淀，达到泥水分清、沉淀不板结、水清不浑浊，田面水深 1～3cm。

2. 集中壮秧培育技术

采用旱育微喷育秧技术等培养机插均匀壮秧，秧苗均匀整齐，苗挺叶绿，茎基部粗扁有弹性，根部盘结牢固，盘根带土厚度 2～2.3cm，起运苗时，秧块不变形、不断裂，秧苗不受损伤。

3. 绿色防控技术

坚持"预防为主，综合防治"的方针，采用农业防治、物理防治、生物防治、生态调控以及科学、合理、安全使用农药的技术防治病虫草害。

三、适宜区域

本技术适宜有机插条件的水稻产区，尤其是规模化经营较为发达的地区或农场。

四、注意事项

机具要求：侧深施肥装置基本配置必须是气吹式、气体强制输送装置，由施肥管接口、鼓风机、连接管和施肥箱等构成，安装在水稻高速插秧机机架上，在插秧的同时进行侧深肥联合作业。

肥料要求：选用氮磷钾比例合理、粒型整齐、硬度适宜、粒径为 2～5mm 的圆粒型配方肥或缓控释肥料。可因地制宜选用"汉枫""中化""威尔盛"等品牌缓（控）释肥料。

技术要求：侧深施肥要求施肥量精确、深度适宜。氮肥投入量一般可比常规施肥量减少 20%～30%。建议在插秧时每亩施入缓混肥料折合纯氮常规粳稻 12～15kg、籼稻 9～12kg，施肥深度 5cm 左右。

穗肥诊断：由于肥料总量和气候的不确定性，建议各地在倒 3 叶期进行苗情诊断，并确定是否补充穗肥。一般籼稻最多补充 5kg 尿素，粳稻最多补充 10kg 尿素；也可借鉴常规也是诊断标准 1/3 的用量。

技术依托单位

1. 南京农业大学农学院
联系地址：江苏省南京市玄武区卫岗 1 号
邮政编码：210095
联 系 人：李刚华
联系电话：13805151418
电子邮箱：lgh@njau.edu.cn

2. 江苏省农业技术推广总站
联系地址：江苏省南京市江苏省农业技术推广总站
邮政编码：210036
联 系 人：管永祥
联系电话：13913996498
电子邮箱：nltyhj@126.com

3. 江苏省农业科学院农业资源与环境研究所
联系地址：江苏省南京市钟灵街 50 号
邮政编码：210014
联 系 人：薛利红
联系电话：18625164491
电子邮箱：lhxue@issas.ac.cn

水稻旱直播全生物降解地膜
覆盖节水增效技术

一、技术概述

（一）技术基本情况

近年来，我国东北地区水稻种植面积迅速增加，由于水稻每年都需灌溉，且灌溉定额较高，逐年扩大的种植面积带来灌溉用水需求量不断增加。尤其是以地下水为灌溉水源的"井灌稻"种植区，水资源供需矛盾更加突出。据研究资料，东北地区稻田亩需水量约550m^3，但农户常规水稻种植亩灌溉量一般在800m^3以上，东北"井灌稻"对水资源消耗总量在520亿m^3左右，大面积种植引发水资源短缺、地下水位下降等一系列问题，亟须发展水稻节水控灌技术，促进东北水稻产业绿色高质量发展。

针对东北地区水稻生长发育特征和气候条件，集成创新水稻旱直播全生物降解地膜覆盖节水增效技术，在水稻整个生育期不建立水层，实行旱地种植，打破水稻淹水种植模式。通过采用旱直播和膜下滴灌水肥一体化技术，在保持水稻产量稳定情况下，可节水70％，并大幅度提高肥料和农药利用效率。此外，应用全生物降解地膜不仅可以实现地膜覆盖增温、保墒和杂草防除功能，还能有效防治地膜残留污染问题。

（二）技术示范推广情况

水稻旱直播全生物降解地膜覆盖节水增效技术已在东北部分地区进行了规模化应用，如内蒙古扎赉特、黑龙江垦区、辽宁盘锦、吉林白山等地。2021年该技术应用面积89万亩，其中，内蒙古扎赉特规模化应用12万亩。

（三）提质增效情况

1. 节水节肥节药

2021年，东北覆膜旱直播水稻灌溉量约为130m^3，每亩肥料和农药投入分别为107元和35元，分别较常规水稻种植减少投入72％、43％和50％。

2. 增产增收

2021年，内蒙古扎赉特旱直播覆膜水稻亩产为525kg左右，常规移栽水稻亩产约500kg。旱直播覆膜水稻产量较常规种植水稻产量提高5％，纯利润增加15％左右。

（四）技术获奖情况

"全生物降解地膜产品研发与应用"2021年获北京市科学技术进步奖二等奖，"全生物降解地膜替代技术示范与推广"获2016—2018年度全国农牧渔丰收奖农业技术推广合作奖（等同一等奖）。

二、技术要点

（一）播前准备

1. 选地和整地

选择地势较平坦、土质肥沃且前茬对水稻没有药害的地块。整地要细致，要土碎、地平、无明暗坷垃，用旋耕犁旋耕 2 遍。

2. 全生物降解地膜选择

选择厚度为 0.01mm 以上的黑色全生物降解地膜，功能期在 70d 左右，黑色透光率在 5% 以下，最大负荷（纵/横）均在 1.5N 以上。

3. 品种选择和种子处理

选择当地常用水稻品种，应比当地插秧水稻生育期早熟 7～10d，且米质好、抗性强、产量较高。播前进行种子处理，可用浓度为 25% 咪鲜胺 2 000～3 000 倍液浸种 5～7d，捞出晾干用水稻种衣剂（如卫福或适乐时）包衣阴干。

（二）播种情况

1. 播种时间

一般为 4 月下旬到 5 月初，距地面 5cm 处的土壤温度稳定超过 10℃，即可以开始播种。

2. 播种覆膜

使用旱直播水稻专用播种机进行播种，实现覆膜、铺管、播种和覆土一体化作业，一般为 8 行两管，作业效率在 5 亩/h。

3. 播种量

亩播种量为 8～10kg，每穴播种 15 粒左右，播种深度不超过 3cm。

（三）田间管理

1. 水分管理

播种完成后开始滴出苗水，土壤达到湿润。在水稻生育期内一般滴水 5～6 次，主要为分蘖前期 3～4 叶、6～7 叶期、分蘖期、拔节孕穗期和抽穗结实期等。水稻 4 叶前可适当控水，促使稻苗扎根和蹲苗，增强抗旱能力和抗倒伏能力。

2. 追肥

结合滴水追施氮钾肥 2 次，分别在分蘖前期 3～4 叶和 6～7 叶期追肥。

3. 除草

行间杂草可通过中耕犁中耕除草，苗眼少量杂草通过人工除草。

（四）适时收获

在水稻灌浆期，叶面喷施磷酸二氢钾促早熟。当稻田 95% 以上的水稻颖壳呈黄色，谷粒定型变硬，米粒呈透明状时，即可收获。

三、适宜区域

适用于东北地区灌溉农田旱直播水稻种植。

四、注意事项

其一，有药害的地块一定要秋翻秋耙，经一冬的雪水风化，达到熟化，改善土壤理化性质，减轻前茬药害。

其二，在缺少水层的情况下，极易出现草荒，所以要特别做好除草工作。建议选用杀草谱广的高效药剂进行复方灭草，选择好配方和最佳使用时间。

技术依托单位

1. 全国农业技术推广服务中心

联系地址：北京市朝阳区麦子店街 20 号楼 718

邮政编码：100125

联 系 人：吴 勇 陈广锋

联系电话：010-59194532

电子邮箱：chenguangfeng@agri.gov.cn

2. 中国农业科学院农业环境与可持续发展研究所

联系地址：北京市海淀区中关村南大街 12 号

邮政编码：100081

联 系 人：刘 勤 李 真

联系电话：010-82109773

电子邮箱：liuqin02@caas.cn lizhen@caas.cn

3. 内蒙古自治区农牧业生态与资源保护中心

联系地址：内蒙古自治区呼和浩特市乌兰察布东街 70 号农牧大厦

邮政编码：010011

联 系 人：刘宏金

联系电话：0471-6652227

电子邮箱：nmglhj1982@163.com

水稻"三控"施肥技术

一、技术概述

（一）技术基本情况

水稻"三控"施肥技术是针对我国南方水稻生产中化肥农药过量施用、环境污染严重、病虫害和倒伏等突出问题而研发的以控肥、控苗、控病虫（简称"三控"）为主要内容的高效安全施肥及配套技术体系。与传统栽培相比，该技术具有省肥省药、增产增收、操作简便的优势。主要解决3个问题：①氮肥利用率低导致的化肥面源污染问题。一般节省氮肥20％，增产10％左右，氮肥利用率增加10个百分点（相对提高30％）以上，环境污染大幅减轻。②病虫害多导致的农药用量大的问题。纹枯病、稻飞虱、稻纵卷叶螟等主要病虫害减少20％~60％，每季少打农药1~3次。③倒伏问题。抗倒性大幅提高，稳产性好。通过增产和节省化肥农药等成本，平均每亩增收节支180元。2020年11月27日，中国农学会组织有关专家对该技术成果进行了第三方评价，评价专家组一致认为"该技术在通过氮肥的科学运筹实现群体定量调控和高产控害抗倒的协调方面取得了重大突破，成果整体达到同类研究的国际领先水平"。

水稻"三控"施肥技术增产增收（左）、抗倒性强（右）

（二）技术示范推广情况

水稻"三控"施肥技术2012年首次被农业部选入农业主推技术，2010—2021年连续12年入选广东省农业主推技术，2011年入选海南省农业主推技术，2017—2021年入选江西省农业主推技术，2014—2020年入选世界银行贷款广东农业面源污染治理项目重点推广技术，2018年以来被国家重点研发计划"华南及西南水稻化肥农药减施增效技术集成研究与示范"和"长江中下游水稻化学肥料和农药减施增效综合技术集成研究与示范"项目用作支撑技术。该技术在南方稻区示范推广多年，被广泛用于粮食高产创建、化肥农药减施增效、农业面源污染治理等重大项目（工程）中，节本增产增收效果显著而稳定，受到广大基层农技人员和水稻种植户的热烈欢迎，2017—2019 年连续三年被评为"广东省最受欢迎的农业主推技术"，2021 年再次入选农业农村部农业主推技术。

（三）提质增效情况

该技术减肥减药、增产增收，较好地实现了粮食安全（高产）与生态安全的协调。与传统技术相比，该技术增产 10% 左右，每亩节约化肥、农药等成本 30～50 元，每亩增收节支 180 元。仅 2017—2019 年在广东、广西、江西、浙江、海南 5 个省（自治区）累计应用 1.1 亿亩，增产稻谷 49.0 亿 kg，节约成本 42.1 亿元，增收节支 175.2 亿元。同时，由于氮肥利用率提高，减少氮肥环境损失 19.0 万 t，氮肥用量的减少还使温室气体 N_2O 排放减少，环境效益显著。农药用量的减少还有利于稻米食用安全。

（四）技术获奖情况

以该技术为核心的科技成果获 2012 年度广东省科学技术奖一等奖、2011 年度广东省农业技术推广奖一等奖、2013—2014 年度江西省农牧渔业技术改进奖一等奖、2014—2016 年度全国农牧渔业丰收奖农业技术推广成果奖二等奖、2020—2021 年度神农中华农业科技奖科学研究类成果二等奖。成果第一完成人钟旭华获 2014 年国际植物营养奖（Norman Borlaug Award）。以该技术为核心内容之一的"水稻节水减肥低碳高产栽培技术"2017 年入选国家发展和改革委员会《国家重点节能低碳技术推广目录（2017 年本、低碳部分）》。

二、技术要点

（一）选用良种，培育壮秧

选用株型和群体通透性好、抗病性较强的高产、优质良种。育秧方式可采用水、旱育秧或塑料软盘育秧等。大田育秧要求适当稀播，培育适龄壮秧。一般早稻秧龄为 25～30d，晚稻秧龄为 15～20d。

（二）合理密植，保证基本苗数

根据育秧方式不同，可采用机插秧、人工插秧、抛秧等方式，每亩栽插或抛植 1.8 万穴左右。杂交稻每穴插植苗数 1～2 株，每亩基本苗数达 3 万株；常规稻每穴插 3～4 株苗，每亩基本苗数达 6 万株。有条件的地方，推荐采用宽行窄株插植，插植规格以 30cm×13.3cm 为宜。

（三）氮肥总量控制

根据目标产量和不施氮空白区产量确定总施氮量。以空白区产量为基础，每增产 100kg 稻谷增施氮 5kg 左右。空白区产量可通过试验确定，也可通过调查估计。目标产量根据品种、土壤和气候等条件确定。

（四）氮肥的分阶段调控

在总施氮量确定后，按照基肥占 40% 左右、分蘖中期（移栽后 15d 左右）占 20% 左右、幼穗分化始期占 30% 左右、抽穗期占 5%～10% 的比例，确定各阶段的施氮量，追肥前再根据叶色做适当调整。该技术的最大特点是"氮肥后移"，大幅减少分蘖肥，控制无效分蘖，在保证穗数的前提下主攻大穗。

（五）磷钾肥的施用

在不施肥空白区产量基础上，每增产 100kg 稻谷需增施磷肥（以 P_2O_5 计）2～3kg，增施钾肥（以 K_2O 计）4～5kg。

在缺乏空白区产量资料的情况下，可按 N：P_2O_5：K_2O＝1.0：（0.2～0.4）：（0.8～1.0）的比例确定磷钾肥施用量。磷肥全部作基肥，钾肥在分蘖期和穗分化始期各施一半。

（六）水分管理

寸水回青，回青后施用除草剂。浅水分蘖，当全田茎数达到目标穗数 80％～90％时（早稻插秧后 25d 左右，晚稻插秧后 20d 左右）排水晒田，但不宜重晒。倒二叶抽出期（插秧后 40～45d）停止晒田，此后保持水层至抽穗。抽穗后干干湿湿，养根保叶，收割前 7d 左右断水，不宜断水过早。

（七）病虫害防治

以防为主，按病虫测报及时防治病虫害。结合浸种做好种子处理，秧田期注意防治稻飞虱、叶蝉、稻蓟马、稻瘟病等，移栽前 3d 喷施送嫁药。插秧后注意防治稻瘟病、纹枯病、稻飞虱、三化螟和稻纵卷叶螟等，插秧后 45d 左右预防纹枯病一次。破口期防治稻瘟病、纹枯病、稻纵卷叶螟等，后期注意防治稻飞虱。采用"三控"施肥技术的水稻病虫害一般较轻，可酌情减少施药次数。

三、适宜区域

南方稻区（包括双季稻和单季稻）。

四、注意事项

其一，要保证栽插密度，每亩栽插 1.6 万～2.2 万穴，不能太稀，保证高产所需穗数。

其二，保水保肥能力差的土壤，或者栽插密度和基本苗不达要求的，应在插秧后 5～7d 每亩增施尿素 3～5kg。

其三，若前作是蔬菜或绿肥的，施肥量要酌情减少。

技术依托单位

1. 广东省农业科学院水稻研究所

联系地址：广东省广州市天河区金颖东一街 3 号

邮政编码：510640

联 系 人：钟旭华

联系电话：020-87579473　18998336766

电子邮箱：xzhong8@163.com

2. 广东省农业技术推广中心

联系地址：广东省广州市天河区柯木塱南路 28 号

邮政编码：510520

联 系 人：林　绿

联系电话：020-87036799　13902211113

电子邮箱：linlvok@sina.com

旱地小麦氮磷钾化肥定量减施技术

一、技术概述

(一)技术基本情况

旱地小麦是我国小麦生产的重要组成部分,种植面积达 435 万 hm^2,占全国小麦种植面积的 19% 左右。化肥作为粮食的"粮食",在提高作物单产水平和保障我国粮食安全中发挥了不可替代的作用。随着小麦产量逐年提高,化肥施用量也快速增长,1998—2017 年化肥施用量净增加 87.1%,目前平均为 352.5kg/hm^2,显著高于世界 120kg/hm^2 的平均水平。在国家小麦产业技术体系的支持下,旱地土壤培肥与高效施肥科研团队于 2009 年开始的全国农户小麦施肥状况调研表明,东北春麦区氮肥投入过量的农户较少,但也已达到 34%,华北和西北雨养麦区施氮过量的农户可达 42%~63%;磷肥施用普遍过量,农户达到 63%~87%;东北麦区农户钾肥投入不足,华北和西北雨养麦区过量施钾的农户亦达到 59%~65%。过量和不合理施肥不仅增加了生产成本,造成资源浪费,还制约粮食生产水平进一步提高,并引起土壤硝酸盐残留、磷富集、温室气体排放增加等一系列问题,亟须依据作物养分需求和土壤养分供应能力进行科学定量的施肥技术指导。

旱地小麦氮磷钾化肥定量减施技术的研究,先后得到了国家科技支撑计划课题"西北干旱区高效施肥关键技术研究与示范"、公益性行业科研专项"农作物最佳养分管理技术研究与应用"、国家重点研发计划专项"北方麦区小麦化肥农药减施技术集成研究与示范"的支持。与国家小麦产业技术体系在各地的综合试验站、全国农业技术推广服务中心、各地农业技术推广部门合作,开展多年多点试验研究与示范推广。通过这些工作,明确了各地麦田土壤养分供应状况和供应能力,查明了各地小麦的增产潜力和养分需求特性,逐步建立完善了旱地小麦测土定量施肥技术,制定了各麦区旱地麦田不同产量水平小麦的氮磷钾肥合理用量,取得了良好的丰产增产、节本增效效果,有力推动了旱地小麦绿色生产。

(二)技术示范推广情况

2008 年开始,在国家科技支撑计划课题和公益性行业科研专项的支持下,先后在山西、陕西、甘肃等地开展多年多点试验,研究旱地小麦氮磷钾化肥定量减施技术。2013 年,旱地小麦氮磷钾化肥定量减施技术写入陕西省地方标准《渭北旱地冬小麦高产栽培技术规程》。2017 年和 2018 年研究成果"旱地小麦监控施肥技术"连续两年被农业农村部推荐为农业主推技术。2018 年后,在国家重点研发计划专项的支持下,在陕西、甘肃、山西、内蒙古、新疆、黑龙江、青海等省份进行大面积试验示范应用,同时与国家小麦产业技术体系综合试验站合作,在小麦主产区河南、河北和山东的雨养麦田开展试验验证和示范。2020 年受全国农业技术推广服务中心委托,牵头制定了《全国小麦产区氮肥定额用量(试行)》。相关工作以"小麦测土监控定量施肥技术"为题在 2020 年 11 月 20 日的《农民日报》进行了报道。

同时，研究团队还长期坚持与西北的甘肃、宁夏、青海等农技推广部门合作，开展技术扶贫，通过科学施肥技术培训，助力当地农户节肥增效、增产增收；并与农服企业、种植大户等合作，到2021年累计免费为全国18个省份1 276个农户和种植大户提供土壤测试和推荐施肥定量服务。

（三）提质增效情况

2014—2017年，在陕西合阳、蒲城、耀州、凤翔、永寿、彬县6个县（区）6个乡（镇）的试验示范表明，采用旱地小麦氮磷钾化肥定量减施技术减施氮肥15.3%、29kg/hm²，减施磷肥40.8%、49kg/hm²，减施钾肥8.8%、3kg/hm²，实现小麦增产9.0%、480kg/hm²，氮肥偏生产力提高30.3%，磷肥偏生产力提高103%，钾肥偏生产力提高29.5%，1m土壤硝态氮残留比农户田块减少28.3%。

2018—2021年，在北方麦区的陕西、山西、甘肃、宁夏、青海、新疆、内蒙古和黑龙江8个省份共104个地点的试验示范表明，采用旱地小麦氮磷钾化肥定量减施技术，减施氮肥22.8%、49.1kg/hm²，减施磷肥45.2%、59.3kg/hm²，增施钾肥8.6%、2.6kg/hm²，实现小麦增产2.6%、148.4kg/hm²，氮肥偏生产力提高44.3%，磷肥偏生产力提高115.9%，钾肥偏生产力提高13.3%，1m土壤硝态氮残留比农户田块减少20.0%。

2018—2021年，在河南、河北、山东的黄淮麦区14个地点的示范试验表明，采用旱地小麦氮磷钾化肥定量减施技术，可以减施氮肥4.3%、11.5kg/hm²，减施磷肥29.6%、40.2kg/hm²，增施钾肥13.1%、9.3kg/hm²，实现小麦增产11.9%、890kg/hm²，氮肥偏生产力提高16.9%，磷肥偏生产力提高58.9%，钾肥偏生产力降低1.0%，1m土壤硝态氮残留比农户田块减少39.7%。

（四）技术获奖情况

2017和2018年，该技术的前期技术"旱地小麦监控施肥技术"连续两年被农业农村部推荐为农业主推技术。

2018—2020年，在陕西、甘肃、山西、内蒙古、新疆、黑龙江、青海等省份进行大面积试验示范应用，取得了良好的化肥减施和稳产增效效果。相关工作以"小麦测土监控定量施肥技术"为题在2020年11月20日的《农民日报》进行了报道。

2020—2021年，在山西洪洞进行的"旱地小麦化肥减施增产增效技术"旱地小麦示范田现场实打实收创运城市单产新纪录，2021年6月18日《农民日报》以"山西示范田小麦单产持续刷新纪录"进行了报道。

二、技术要点

（一）测土监控定量施肥技术

测土监控定量施肥技术是基于土壤有效氮、磷和钾养分测定，监控土壤养分供应能力，结合小麦目标产量、品质和施肥的环境效应，确定合理的氮、磷和钾化肥施用量的技术。

（二）确定养分需求量

小麦形成单位籽粒产量，其地上部需要吸收的相应养分数量，通常用形成每千克小麦籽粒产量所需要的纯养分数量来表示，单位为g/kg，可反映小麦产量形成对该养分的需求情况，小麦氮磷钾养分需求量因区域和产量而异。

不同区域不同产量等级的小麦籽粒氮磷钾需求量

区　　域	产量等级/kg/hm²	养分需求量/g/kg		
		N	P	K
东北春麦区	低产（＜3 750）	36.0	7.0	31.0
	偏低 [3 750～4 500]	32.6	7.0	25.7
	中产 [4 500（含）～5 250]	31.6	6.1	23.1
	偏高 [5 250（含）～6 000]	33.4	7.0	25.6
	高产（≥6 000）	29.9	6.1	27.9
西北雨养区	低产（＜3 750）	31.2	3.3	18.4
	偏低 [3 750（含）～4 500]	28.5	3.4	16.4
	中产 [4 500（含）～5 250]	27.2	3.2	14.6
	偏高 [5 250（含）～6 000]	28.1	3.3	14.6
	高产（≥6 000）	27.6	3.7	15.7
华北雨养区	低产（＜5 250）	25.5	4.2	22.1
	偏低 [5 250（含）～6 000]	26.6	3.6	22.7
	中产 [6 000（含）～6 750]	26.9	4.3	22.2
	偏高 [6 750（含）～7 500]	25.8	3.9	18.4
	高产（≥7 500）	26.4	4.0	17.5

（三）施肥系数

基于不同区域麦田土壤养分等级和培肥目标，以目标产量的养分携出量为标准（1.0），进行施肥量调节的系数。氮磷钾施肥系数如下表所示。

麦田土壤供氮指标与施氮系数

供氮等级	土壤硝态氮/mg/kg			施氮系数
	东北春麦区	西北雨养区	华北雨养区	
很低	＜5	＜5	＜10	1.2
偏低	5（含）～15	5（含）～10	10（含）～20	1.1
适中	15（含）～25	10（含）～20	20（含）～30	1.0
偏高	25（含）～35	20（含）～30	30（含）～40	0.9
很高	≥35	≥30	≥35	0.8

麦田土壤供磷指标与施磷系数

供氮等级	土壤有效磷/mg/kg			施磷系数
	东北春麦区	西北雨养区	华北雨养区	
很低	＜10	＜5	＜15	1.9
偏低	10（含）～20	5（含）～10	15（含）～20	1.6
适中	20（含）～30	10（含）～15	20（含）～25	1.3
偏高	30（含）～40	15（含）～20	25（含）～30	1.0
很高	≥40	≥20	≥30	0.7

麦田土壤供钾指标与施钾系数

供钾等级	土壤有效钾/mg/kg			施钾系数
	东北春麦区	西北雨养区	华北雨养区	
很低	<50	<60	<70	0.5
偏低	50（含）～90	60（含）～90	70（含）～100	0.4
适中	90（含）～120	90（含）～120	100（含）～130	0.3
偏高	120（含）～150	120（含）～150	130（含）～160	0.2
很高	≥150	≥150	≥160	0.1

（四）氮磷钾化肥施用量确定方法

化肥施用量（kg/hm²）＝肥料养分用量/肥料中相应养分含量×100

肥料氮养分用量（N，kg/hm²）＝目标产量养分携出量（N）×施氮系数

肥料磷养分用量（P_2O_5，kg/hm²）＝目标产量养分携出量（P）×2.3×施磷系数

肥料钾养分用量（K_2O，kg/hm²）＝目标产量养分携出量（K）×1.2×施钾系数

其中，目标产量，可由相应田块前三年（自然灾害年份除外）小麦的平均产量乘以系数1.05 或 1.1 计算，当平均产量小于 9 000kg/hm² 时，系数为 1.1，当平均产量大于等于9 000kg/hm² 时，系数为 1.05，单位为千克每公顷（kg/hm²）；目标产量养分携出量，由目标产量与小麦形成每千克籽粒产量对相应养分的需求量的乘积来求得；2.3，单位转换系数，将纯磷（P）转换为五氧化二磷（P_2O_5）；1.2，单位转换系数，将纯钾（K）转换为氧化钾（K_2O）。

不同麦区和产量水平小麦的氮、磷和钾化肥施用量可通过上述公式计算，也可由下表查得相应目标产量水平下的肥料氮磷钾养分用量进行计算。

不同区域不同产量等级小麦的肥料氮磷钾养分用量

区　　域	产量等级 /kg/hm²	施氮量限量 （N）/kg/hm²	施磷量限量 （P_2O_5）/kg/hm²	施钾量限量 （K_2O）/kg/hm²
东北春麦区	低产（<3 750）	60～75	35～50	30
	偏低 [3 750（含）～4 500]	75～90	50～65	30
	中产 [4 500（含）～5 250]	90～105	65～80	30
	偏高 [5 250（含）～6 000]	105～120	80～95	30～35
	高产（≥6 000）	120～135	95～110	35～45
西北雨养麦区	低产（<3 750）	85～105	25～35	30
	偏低 [3 750（含）～4 500]	105～125	35～45	30
	中产 [4 500（含）～5 250]	125～145	45～55	30
	偏高 [5 250（含）～6 000]	145～165	55～65	30～35
	高产（≥6 000）	165～185	65～75	35～45
华北雨养麦区	低产（<5 250）	105～135	50～60	30～40
	偏低 [5 250（含）～6 000]	135～165	60～70	30～45
	中产 [6 000（含）～6 750]	165～180	70～80	45～50
	偏高 [6 750（含）～7 500]	180～195	80～90	50～60
	高产（≥7 500）	195～210	90～100	60～65

注：当计算的肥料氮磷钾养分用量小于 30kg/hm² 时，定为 30kg/hm²。

（五）肥料选用及施肥方法

肥料选用应依据或参照 GB 18382、GB 38400 等标准进行。

氮磷钾肥基肥和追肥比例可按下列方法进行：

东北春麦区：磷钾肥一次性基施，氮肥 90％～95％基施，可根据小麦生长情况在拔节前期、抽穗期分次喷施氮肥总量的 5％～10％。

西北雨养麦区：氮磷钾肥一次性基施，如春季降水充足，可结合降水在返青或拔节期追施氮肥总量的 10％。

华北雨养麦区：磷钾肥一次性基施，氮肥基施 50％～60％，其余在返青拔节期、抽穗期分次追施。

三、适宜区域

东北春麦区，包括黑龙江、内蒙古东四盟。

西北雨养麦区，包括山西中北和东南部、陕西省渭北和陕北、内蒙古中部阴山丘陵区和河套地区、河南洛阳西部及三门峡地区、宁夏南部、甘肃陇东。

华北雨养麦区，包括山东、河北、河南中北部、京津郊区。

四、注意事项

其一，监测土壤。明确土壤养分含量和供应能力是科学施肥的基础，建议间隔 1～3 年定期对土壤养分进行监测。

其二，遇灾害天气，播麦偏晚，或冬季偏旱，造成弱苗的田块，应因苗施治、尽早追肥，加强小麦返青前后肥水管理，促弱转壮。

技术依托单位

1. 西北农林科技大学

联系地址：陕西省咸阳市杨凌区邰城路 3 号

邮政编码：712100

联 系 人：王朝辉

电话：029-87080055　13008401712

电子邮箱：w-zhaohui@263. net

2. 全国农业技术推广服务中心

联系地址：北京市朝阳区麦子店街 20 号楼 714 室

邮政编码：100125

联 系 人：杜　森　傅国海

联系电话：010-59194535

电子邮箱：natesc_fei@agri. gov. cn

小麦玉米轮作种植体系下缓控释肥种肥同播施用技术

一、技术概述

（一）技术基本情况

肥料利用率低是化肥使用普遍存在的问题。我国氮肥的当季利用率仅为 30%～35%。氮的损失最为严重，不仅造成了直接的经济损失，而且部分地区因施肥不当引起了环境污染，例如地表水体富营养化、地下水和蔬菜中硝酸盐含量超标、氧化亚氮排放量增加等问题。为提高养分利用率，新型肥料被不断开发，目前市场上最为普通的是缓控释肥，其具有养分缓慢释放的特点，改变了普通速溶肥料养分供给过于集中的缺陷，从而提高了肥料利用率。通常缓控释肥可比速效氮肥利用率提高 10%～30%，在目标产量相同的情况下，施用缓控释肥比传统速效肥料可减少用量 10%～40%。

山东农业大学、山东省农业技术推广中心、金正大生态工程集团股份有限公司等国内缓控释肥研发、推广和生产牵头单位，在各自领域取得了突出的成绩。山东农业大学先后主持了国家"十一五""十二五"和"十三五"国家科技计划项目，组织全国的科研和生产单位对缓控释肥的膜材、制备工艺和产品应用技术进行了全方位的提升，从传统的石化类膜材制备工艺技术转型升级为生物量膜材包覆肥料工艺，先后获得国家科学技术进步奖二等奖 1 项、山东省科学技术进步奖 3 项、专利 40 余项、研究论文 100 余篇；制定缓控释肥国家标准 1 项、国际标准 1 项。金正大生态工程集团股份有限公司目前已发展成为全球最大的缓控释肥生产公司，近 3 年累计生产包膜缓控释肥产品 69 万 t，配成作物专用缓控释掺混肥 286 万 t，新增经济效益 70.6 亿元。在小麦—玉米轮作体系中缓控释肥的应用已得到 10 余年应用，据统计目前已有一半农民对缓控释肥的一次性施用技术认可，平均每亩地能够节约用工 0.5～1 个，亩平均施肥量减少 1/4～1/3，不仅减少了化学肥料的施用量、节约了能源，而且生态环保效益显著，能够平均减少挥发、淋失 20%～30%。

（二）技术示范推广情况

控释肥产品和施用技术在全国的小麦、玉米等作物上进行了大面积的推广应用，累计推广 7 150 万亩。多年试验示范结果表明，减肥 20%～30% 不减产，并可减少施肥次数，总节本增效 85.8 亿元。

（三）提质增效情况

全国农业技术推广服务中心、省市土肥站等多家单位在 10 个省份玉米、小麦等多种作物 51 个点多年的田间试验表明：与普通肥和农民习惯施肥相比，控释肥产品（山东农大肥业科技股份有限公司和金正大生态工程集团股份有限公司生产）作物平均增产 3.3%～9.1%，每亩效益增加 61.5～325.3 元；28 个农技推广中心在小麦—玉米等轮作制度下或多种作物的多年试验表明：与普通肥相比，等氮条件下，项目产品增产效应显著，平均增产 8.9%～19.4%，氮素利用率提高 9.87～18.23 个百分点，每亩节省劳动用工 0.5 个。

（四）技术获奖情况

2020 年度山东省科学技术进步奖一等奖：改性植物源材料包膜缓控释肥的创制与应用（证书号：JB2020-1-25-1）；2019 年度山东省科学技术进步奖一等奖：山东省化肥减施增效关键技术与应用（证书号：JB2019-1-1-02）；2016—2018 年度全国农牧渔业丰收奖农业技术推广成果奖一等奖：高活性腐植酸肥料创制与示范推广（证书号：FCG-2019-1-031-01D）。

二、技术要点

（一）种子选择

选用适应当地生产条件、单株生产力高、抗倒伏、抗病、抗逆性强的品种，种子品质符合 GB 4404.1 的要求。种子处理可选择高效低毒的专用种衣剂包衣，或者用药剂拌种。

（二）土壤管理

小麦、玉米农田土壤足墒播种，土壤湿度达到田间持水量的 70%～80%；地下害虫严重的地块，每亩用 40% 辛硫磷乳油或 40% 甲基异柳磷乳油 0.3kg，兑水 1～2kg，与细土 25kg 混匀，耕地前均匀撒施地面，随耕地翻入土中，农药使用准则符合 GB/T 8321 的要求。

（三）施肥量的确定

1. 小麦施肥量

小麦播种前，按照 NY/T 1118《测土配方施肥技术规范》，根据地力及作物需肥特点，确定氮、磷、钾的施用量，一般每公顷小麦中高产田的推荐施肥量为氮 180～210kg、磷 150～180kg、钾 60～90kg。所用肥料养分组成及数量见下表。

小麦中高产田每公顷养分组成及数量

肥料养分种类	缓控释氮肥	普通氮肥	普通磷肥	普通钾肥
养分数量/kg	120～130	60～80	150～180	60～90
规格	控释期 3 个月	颗粒	颗粒	颗粒

2. 玉米施肥量

玉米播种前，按照 NY/T 1118《测土配方施肥技术规范》，根据地力及作物需肥特点，确定氮、磷、钾肥的施用量，每公顷玉米中高产田的推荐施肥量为氮 210～240kg、磷 60～90kg、钾 150～180kg。所用肥料养分组成及数量见下表。

玉米中高产田每公顷养分组成及数量

肥料养分种类	缓控释氮肥	普通氮肥	普通磷肥	普通钾肥
养分数量/kg	135～150	75～90	60～90	150～180
规格	控释期 3 个月	颗粒	颗粒	颗粒

（四）施肥方法

1. 小麦施肥方法

所有肥料一次性施入，在整个小麦生育期不再施肥。施用方法：

（1）表面撒施　均匀撒施后翻耕，作业深度为 20cm。

（2）种肥同播　按照 DB37/T 2554《缓控释肥种肥同播技术规程》的要求执行，种肥距离 10～15cm，施肥深度大于 10cm。

2. 玉米施肥方法

所有肥料一次性施入，在整个玉米生育期不再施肥。施用方法：按照 DB37/T 2554 要求执行，为种床侧位深施。玉米行距 60cm，株距 18～25cm，播种深度 3～5cm。种子与肥料的行数比为 1∶1，种肥距离 8～10cm，施肥深度 15cm。

（五）田间管理

小麦和玉米的除草、防病、浇水、收获等按照 DB37/T 1889 标准执行。

三、适宜区域

山东、河南、河北、江苏等省份。

四、注意事项

控释肥要选用大厂合格产品，严格执行国家标准，氮素控释期为 3 个月，才能避免一次性施肥不脱肥、不会烧苗。

技术依托单位

1. 山东农业大学
联系地址：山东省泰安市岱宗大街 61 号
邮政编码：271018
联　系　人：杨越超　程冬冬
联系电话：13455482389　13305489493
电子邮箱：yangyuechao2010@163.com　chengdongdong163@126.com

2. 山东省农业技术推广中心
联系地址：山东省济南市历下区解放路 15 号
邮政编码：250014
联　系　人：马荣辉　郭跃升
联系电话：15098807159　15169068988
电子邮箱：987001967@qq.com

3. 金正大生态工程集团股份有限公司
联系地址：山东省临沂市临沭县兴大西街 19 号
邮政编码：276700
联　系　人：陈剑秋
联系电话：13583986622
电子邮箱：chenjianqiu@kingenta.com

冬小麦一次性施肥技术

一、技术概述

（一）技术基本情况

冬小麦一次性施肥技术，就是改过去冬小麦生育期间多次施肥为播种时同时施肥，整个生育期无须再追肥的技术，在公益性行业（农业）科研专项等 10 多个项目支持下历时 15 年完成，具有省工、节肥、增产、减排、改土等显著优势，能为国家粮食安全、农业绿色发展提供技术支撑。

使用化肥是当代粮食生产发展的需要，也是增产粮食的基本保证，常用的速效肥料肥效期短，在小麦生产上必须通过分次追肥，才能满足小麦整个生育期对养分的需求。这样做在生产上不仅费工费力，而且在追肥过程中很难避免人畜机械损坏小麦植株和根系。此外，随城镇化的迅速推进，农村主要劳动力不断向城市转移，导致小麦生产后期不追肥或追肥不合理的现象普遍存在。解决问题的根本，必须突破传统施肥习惯，创新施肥技术，以新型改型、改性缓控释肥料为载体，推广冬小麦一次性施肥技术。

（二）技术示范推广情况

在多年新型肥料的研发基础上，配以当前的小麦施肥播种机械，该技术逐渐走向成熟，是粮食作物轻简化生产中的重要一环，在当前劳动力数量少、生产成本越来越高的状况下具有重要的推广价值。该技术自 2010 年以来已在黄淮海冬小麦种植区域如山东、河北、江苏、安徽等省份大面积推广应用，累计推广面积 2 000 多万亩。

（三）提质增效情况

较常规施肥节省氮素投入 15％～20％的情况下，采用缓控释氮肥掺混磷钾等其他养分与小麦播种同时进行，一次性施肥平均增产率达 3％左右，氮养分利用率增加 7 个百分点，同时小麦蛋白质和湿面筋含量显著提高，每亩可节省 1～2 个劳动力，降低温室气体排放 30％～35％，降低氮养分流失 20％ 以上，土壤物理化学性质有所改善，具有显著的经济、社会和生态效益，综合分析每亩节本增收 120～150 元，碳排放减少 30％以上。

（四）技术获奖情况

该技术作为核心内容获得 2018 年度山东省科学技术进步奖一等奖、2019—2021 年度全国农牧渔业丰收奖一等奖等省部级奖励 4 项，并被遴选为山东省农业农村厅主推技术。

二、技术要点

根据冬小麦不同生育阶段对各养分的需求规律以及当地的气候特征和土壤条件，以小麦目标产量为基础，按配方施肥理论和缓控释肥应用技术，将小麦整个生育期所需的养分，在播种的同时利用播种深施肥机一次性全部施入（进行侧深施，横向距离种子 4～6cm、纵向距离种子 3～5cm 处），小麦种子播种深度在 3～5cm，后期不再进行追肥。

（一）肥料类型

该技术氮肥选用释放期 60d 的缓控释氮肥（最好是水基树脂包膜氮肥、聚氨酯包膜氮肥），可以配施一定数量的速效氮肥，直径 2～4mm，颗粒硬度大于 30N。磷肥可选用磷酸一铵或磷酸二铵、过磷酸钙或重过磷酸钙等。钾肥可选用颗粒氯化钾或硫酸钾。也可选用磷钾复合肥，肥料均为规则或不规则颗粒状，直径 2～4mm，颗粒硬度大于 30N，利用农业机械施肥。

（二）施肥机械

在旋耕好的田块上操作，小麦播种施肥机设计有开沟器、镇压轮、齿轮、链条、旋钮等装置，小麦播种施肥机需挂在微耕机上，依靠微耕机的牵引进行作业，种子和肥料装置及传输装置均分开。作业的时候，微耕机前进，镇压轮上的驱动齿在地面阻力作用下带动镇压轮转动，进而通过其上的齿轮和链条，带动排种器和排肥器转动，种子和肥料顺势落下。开沟排肥器开出沟的深度一般为 6～10cm。肥料排出后，周围土壤回落。相对错开的开沟下种器开出沟的深度一般为 3～5cm，种子落在施肥后回落的土壤上，随即覆土再由镇压轮进行镇压盖种。

（三）肥料用量

1. 目标亩产 600kg 以上

目标亩产 600kg 以上的高肥力土壤上，推荐每亩施用缓控释氮肥（N）16～18kg、磷肥（P_2O_5）8～10kg、钾肥（K_2O）6～8kg，另外按每亩 1～2kg 的硫酸锌进行掺入。根据缓控释氮肥氮素释放期，确定全部施用小麦专用生物可降解型缓控释氮肥或热固型/热塑性树脂包膜氮肥配合 20％～30％的速效氮肥。

2. 目标亩产 500～600kg

目标亩产 500～600kg 的中高肥力土壤上，推荐每亩施用缓控释氮肥（N）14～16kg、磷肥（P_2O_5）6～8kg、钾肥（K_2O）4～6kg，另外按每亩 1～2kg 的硫酸锌进行掺入。根据缓控释氮肥氮素释放期，确定全部施用小麦专用生物可降解型缓控释氮肥或热固型/热塑性树脂包膜氮肥配合 20％～30％的速效氮肥。

3. 目标亩产 500kg 以下

目标亩产 500kg 以下的中低肥力土壤上，推荐每亩施用缓控释氮肥（N）10～14kg、磷肥（P_2O_5）5～7kg、钾肥（K_2O）3～5kg，另外按每亩 1～2kg 的硫酸锌进行掺入。根据缓控释氮肥氮素释放期，确定施用小麦专用生物可降解型缓控释氮肥配施 10％～20％的腐植酸尿素或热固型/热塑性树脂包膜氮肥再配合 20％～30％的速效氮肥。

三、适宜区域

机械化程度较高的黄淮海平原地区。

四、注意事项

地块要平整，需根据地力或目标产量定施肥量，不同养分掺混的肥料外观形状应基本一致，保证肥料顺利施用到土壤适宜位置。

技术依托单位

1. 山东省农业科学院

联系地址：山东省济南市工业北路 202 号

邮政编码：250100

联 系 人：刘兆辉　谭德水

联系电话：0531-66658353

电子邮箱：tandeshui@163.com

2. 山东省农业技术推广中心

联系地址：山东省济南市历下区解放路 15 号

邮政编码：250014

联 系 人：马荣辉　刘延生

联系电话：0531-81608041　15098807159

电子邮箱：maronghui518@163.com

黄淮海小麦玉米绿色肥料
减排减碳增产技术

一、技术概述

（一）技术基本情况

化肥是粮食的"粮食"，对产量的贡献率达 45%～50%，是保障国家粮食安全的战略物资。长期以来，化肥大量不合理施用带来的肥料利用率低、环境风险大等问题制约了现代农业的绿色高效发展，发展绿色高效肥料是推动化肥减施增效、"双碳目标"和农业绿色发展的国家战略需求和重要抓手。我国绿色肥料产品创制长期跟踪和沿用国外技术老路，缺乏颠覆性思路创新和技术突破，产业规模一直不大，产品市场占有率不足 10%，严重制约其在农业减肥增效、绿色发展中的作用。

针对我国大宗化肥产品养分易损失、易固定、肥效差，减肥易减产等突出问题，中国农业科学院肥料及施肥技术创新团队立足于"融技于肥、减排减碳"，发明了微量高效生物活性有机增效载体与肥料科学配伍创制绿色高效肥料技术新途径，实现对"肥料-作物-土壤"系统的综合调控，更大幅度提高肥料利用率，突破了尿素、磷酸一铵、复合肥大宗化肥"减肥增产"的重大技术，与普通肥料相比，作物产量提高 10% 以上，肥料利用率增加 10 个百分点，化肥减施潜力达到 20%，而且化肥绿色增值产品施用技术简单，安全环保，农户容易接受。绿色增值肥料新产品在我国 40 多家大型肥料企业实现产业化，每年产能超过 2 000 万 t，产量 1 700 多万 t，推广面积过 2 亿亩，增产粮食 80 亿 kg，增加效益 60 多亿元。为全面推动我国化肥产品绿色转型升级和农业高产高效绿色发展提供绿色高效肥料产品技术支撑。

（二）技术示范推广情况

目前，中国农业科学院农业资源与农业区划研究所已研发腐植酸尿素、海藻酸尿素、腐植酸磷酸一铵、海藻酸磷酸一铵、海藻酸复合肥等系列绿色肥料新产品 20 多个，授权国家发明专利 24 项，其中获中国专利优秀奖 5 项，占近 5 年全国肥料专利奖的一半；主导制定了《含腐植酸尿素》《海藻酸类肥料》《含腐植酸磷酸一铵、磷酸二铵》等 8 项绿色增值肥料国家行业标准，开拓了绿色增值肥料新产业。迄今，绿色增值肥料技术已在中海石油化学股份有限公司、云天化股份有限公司、中化化肥控股有限公司、贵州开磷集团股份有限公司、江西开门子肥业集团有限公司等 40 多家大型企业实现产业化，每年产能超过 2 000 万 t，产量 1 500 多万 t。

绿色增值肥料通过养分增效和供肥性能的优化，具有显著的减肥增产效果。自 2011 年以来，中国农业科学院农业资源与农业区划研究所开展了大量的绿色增值肥料产品应用试验研究，并联合不同省份的高校和科研单位在全国不同区域不同作物上开展了广泛的增值肥料应用试验示范。结果证明：增值肥料无论是在大田粮食作物还是果蔬等经济作物上应用都表现出良好的增产效果，在等氮量施用条件下，与普通尿素相比，施用腐植酸增值尿素冬小麦、夏玉米分别增产 16.8%、17.4%，减氮 20% 情况下，施用腐植酸尿素冬小麦仍可增产

9.9％，夏玉米不减产；在等磷量施用条件下，与普通磷酸一铵相比，常量施用腐植酸磷酸一铵冬小麦和夏玉米分别增产 14.0％和 13.5％，减磷 20％情况下，施用腐植酸磷酸一铵冬小麦、夏玉米不减产。通过企业生产和销售布局，化肥绿色增值产品及其施用技术已在全国推广应用，在全国推广面积超过 2 亿亩，增产粮食 80 亿 kg，节肥 120 万 t，增加效益 60多亿元。

（三）提质增效情况

在高投入、高产出的现代农业发展模式下，常规大宗化肥尿素、磷酸一铵和复合肥等通常减施作物即减产，应用绿色增值肥料产品及其施用技术可实现"减肥增产、减碳减排"。中国农业科学院农业资源与农业区划研究所在我国东北、西北、华北、西南、长江中下游、华南 17 个省份建立了绿色增值肥料产品及其施用技术的试验示范网络，多年的试验示范结果表明，绿色增值肥料在小麦、玉米上的增产潜力为 14％～17％，减肥潜力为 10％～30％。在等用量条件下，与常规肥料相比，应用绿色增值肥料作物增产幅度 6％～30％，在减量20％施用条件下仍能增产 4％～16％，肥料利用率增加 5～17 个百分点，氨挥发和 N_2O 排放量降低 10％～15％，硝酸盐淋洗降低 5％～10％，综合减排减碳 5％～15％。按每年生产销售 1 000 万 t 增值肥料计算，节约肥料 150 万～200 万 t，相当于少向大气中排放 15 万 t 氨、5 万 t 氧化亚氮（按氮肥占比 50％计，氨挥发和氧化亚氮损失分别降低 15％、5％计算），平均每年减少二氧化碳排放 900 多万 t，减少二氧化硫排放 6.6 万 t（计算方法依据 IEA 和 GB 21342），生态效益显著。

应用绿色增值肥料产品还具有提高果蔬产量、改善产品品质等作用，大幅增加农户效益。示范结果表明，针对山东禹城设施番茄种植农户对土壤改良、缓苗、品质等需求，集成优化了海藻酸复合肥、土壤调理剂、海藻酸水溶肥料、海藻酸微量元素叶面肥料等单项绿色化肥产品施用技术，形成了具有"改土-增产-提质"综合功能的绿色肥料产品施用技术，实现化肥减施 20％～30％，产量提高 10％以上，外观、口感和营养品质明显改善，维生素 C含量提高 11％～26％，亩增收 5 000～10 000 元。

（四）技术获奖情况

该技术成果获科技奖励 9 项，其中，北京市科学技术奖一等奖 1 项、山东省科学技术进步奖一等奖 1 项、中国农业科学院杰出科技创新奖 1 项；中国发明专利优秀奖 5 项，占近 5年肥料领域专利奖的一半。

我国主要农作物区域专用复合肥料研制与产业化，北京市科学技术奖一等奖（2018 农-1-001-01），2018 年；山东省化肥减施增效关键技术与应用，山东省科学技术进步奖一等奖（JB 2019-1-1），2019 年；我国主要农作物区域专用复合肥料研制与产业化关键技术，中国农业科学院杰出科技创新奖（2018-JC-11-05-R01），2018 年；作物专用复混肥料研究与产业化，大北农科技奖植物营养奖（2017-DBNSTA-ZWYY-SHARE-N02-01-Dl），2017 年。

一种海藻增效尿素及其生产方法与用途（ZL 201110402369.1），中国发明专利优秀奖，2018 年；一种腐植酸增效磷铵及其制备方法（ZL 201310239009.3），中国发明专利优秀奖，2018 年；一种腐植酸尿素及其制备方法（ZL 201210086696.5），中国发明专利优秀奖，2017 年；一种腐植酸复合缓释肥料及其生产方法（ZL 200810239733.5），中国发明专利优秀奖，2016 年；双控复合型缓释肥料及其制作方法（ZL 200510051250.9），中国发明专利优秀奖，2015 年。

二、技术要点

（一）绿色增值肥料生产技术

1. 专用载体增效减碳技术

利用天然/植物源腐植酸、海藻酸和氨基酸类生物活性材料，采用 pH 分级、超滤分级、超声波改性、官能团修饰等技术，制备不同分子质量和官能团结构的增效载体，揭示了肥料增效载体结构与氮、磷养分和根系调控的关系及机制，首次明确了增效载体功能主控结构因子，突破了载体微量高效关键技术，为定向化开发肥料专用、工艺专用微量高效肥料增效载体提供理论和技术支撑。发现羧基、酚羟基和醛/酮含量较高的腐植酸增效载体与尿素反应形成的化学结构更有利于减少氮素损失；采用超声波、氧化接枝等方法制得腐植酸增效载体的酚类、羧基及醛/酮含量分别平均提高 28％、36％ 和 155％，增效载体微量添加（0.2％）条件下，结构改性腐植酸尿素转化率较未改性腐植酸尿素平均降低 73％，氨挥发降低 33％。

2. 靶向协同增效减碳技术

研究发现，微量增效载体与肥料结合应用于"作物-土壤"系统，一方面调控养分转化、损失和固定；另一方面根系在吸收肥料养分的同时即可接触载体，进一步促进根系生长和养分吸收，并活化根际土壤养分，载体-肥料-根系间表现出"靶向协同增效效应"。通过腐植酸肥料与普通肥料施肥位点对根系生长的靶向协同研究，发现微量增效载体（在肥料中添加量<0.5％）即可显著增加根系分布范围、数量及土壤养分含量，实现肥料养分与根系高效耦合。与普通磷肥相比，腐植酸磷肥处理的玉米根系和土壤有效磷范围均显著增加，根系干重和土壤有效磷含量分别提高 18.6％ 和 62％；同位素 ^{15}N 土壤-作物系统氮素去向研究表明，氮肥利用率、土壤残留率分别增加 12 个百分点、8.5 个百分点，损失率减少 13.4 个百分点，降低碳排放 10％ 左右。

微量高效生物活性增效载体与化肥配伍后，通过调控"肥料-作物-土壤"系统而改善化肥效果的增效材料，这些由天然/植物源材料制成的肥料增效载体，具有较高的生物活性，不仅可以提高肥料利用率，而且环保安全，对植物、土壤、环境不会造成危害和产生负面影响。将微量高效的肥料增效载体与尿素、磷酸一铵、复合肥等大型化肥生产装置结合实现一体化生产绿色高效肥料，避免二次加工，突破高效肥料产品普遍存在的产能低、成本高的技术短板。

（二）绿色增值肥料施用技术

与普通肥料相比，绿色增值肥料产品的技术特点与增产增效优势主要体现在两个方面：①优化肥料供肥性能，实现大、中、微量元素养分综合调控；②通过"肥料-作物-土壤"系统综合调控，特别是对作物根系调控，充分调动作物根系主动吸收养分的能力，从而大幅度提高肥料利用率。

在黄淮海区小麦、玉米上，绿色增值肥料施用技术与常规肥料相同，但施肥量可减少 10％～30％，增产 6％～22％，肥料利用率增加 10 个百分点，综合减排减碳 5％～15％。

三、适宜区域

该技术通过将绿色增值肥料技术转化为绿色高效肥料产品，结合作物生产特点和需求，应用绿色高效肥料新产品及其施用技术，通过"产品增效"实现黄淮海区粮食作物小麦、玉米生产的减肥增产和减碳减排，促进黄淮海区农业绿色高效发展。

四、注意事项

肥料增效载体的应用具有肥料、作物等专用性，使用过程中应根据应用作物（小麦、玉米）和肥料种类，选择添加相应增效载体的绿色增值肥料产品。

技术依托单位

中国农业科学院农业资源与农业区划研究所

联系地址：北京市海淀区中关村南大街 12 号

邮政编码：100081

联 系 人：赵秉强

联系电话：13911670612

电子邮箱：zhaobingqiang@caas.cn

冬小麦夏玉米墒情监测与灌溉预报技术

一、技术概述

（一）技术基本情况

本技术针对北方地区普遍存在的农田用水管理粗放、灌溉水利用效率低以及困扰灌溉管理中何时灌、灌多少的问题进行深入研究，在作物水分诊断、灌溉预警及诊断、预警结果的发布等方面取得重要进展。网络和信息技术的快速发展、快速监测传感器的普及以及天气预报精度的提高为水分诊断和灌溉预警技术的广泛推广应用提供了良好的基础。为充分利用不同来源信息进行灌溉管理提供了新思路，是"互联网＋"理念在农田水分管理中的具体体现，对我国"智慧农业"建设、互联网与灌溉管理的融合具有重要推动作用。利用本项目研发的作物水分诊断和灌溉预警技术结合天气预报信息对作物所需要的灌水日期、灌水定额及灌溉用水量分别做出预报。通过网络平台面向广大基层水管理人员和农民用水户提供实时灌溉预报和灌水相关的技术支持与服务，使灌溉管理活动可以做到准确、及时、适量，可有效减少灌溉用水量，显著提高灌溉水利用效率，为相关部门抗旱及灌溉管理提供了技术支撑。本项技术具有极强的社会公益性，在水资源日益紧缺和"互联网＋"理念的驱动下，将产生更大的社会、经济和生态效益。未来，随着天气预报信息精度的提高以及互联网技术的快速发展和智能手机的普及，该技术将会具有更加广阔的应用前景。

该技术共获得知识产权 7 项，其中，发明专利 1 项，实用新型专利 1 项，软件著作权 5 项。研究成果已在我国河北、河南等地区大面积示范推广，并取得了显著的经济、社会和生态效益，推广应用前景广阔。

（二）技术示范推广情况

河南省土壤肥料站从 2013 年开始将该技术应用于河南新乡市和焦作市的冬小麦用水管理，服务面积 450 多万亩。2015—2020 年冬小麦播种，应用范围扩大到了河南新乡、焦作、安阳、濮阳、开封、商丘、许昌、驻马店、周口等地的 2 300 余万亩冬小麦。河北省农业技术推广总站利用该技术 2015—2020 年在石家庄、保定、邢台、衡水、沧州等冬小麦产区指导冬小麦灌溉用水科学管理。2015—2018 年累计应用面积 3 500 余万亩。

推广部门在实际应用中，定期发布区域冬小麦农田土壤墒情分布，同时提供未来 10d 的麦田墒情变化动态及灌溉需求预报信息，指导各地管理部门科学实施灌溉供水调度，服务基层灌溉管理组织和广大农民进行麦田科学灌溉管理。应用效果表明，这项技术能够准确地预测冬小麦农田需要灌溉的日期及灌水量，使灌区管理部门提前做好灌溉供水调度方案，农民提前做好各项灌水准备工作，显著提高了区域水源灌溉调度的科学性和实效性，使麦田得到及时、适量的灌溉，为冬小麦高产稳产提供了良好的保障，同时减少了灌溉过程中的水源浪费。

（三）提质增效情况

根据河南省新乡市新乡县、焦作市沁阳市、商丘市梁园区、许昌市魏都区几个点的示范推广和实际监测，该技术的应用使整个冬小麦生长季亩灌溉用水量平均降低 22.7m³，产量平均提高 32.3kg，水分利用效率提高 14.6％，经济和社会效益显著。根据石家庄市藁城区、衡水市、深州市和沧州市南皮县等几个点的实际监测，应用该技术后亩灌溉用水量减少 20～25m³，亩产量增加 25～30kg，水分利用效率提高 10.2％，取得了显著的经济效益和社会效益。

（四）技术获奖情况

以该技术为核心的科技成果：①"灌溉预报技术与远程服务系统"获 2016 年度中国农业节水和农村供水技术协会农业节水科技奖二等奖；②"作物需水信息采集与智能控制灌溉技术"获 2017 年度中国农业科学院杰出科技创新奖；③"作物水分信息自动采集与智能灌溉控制技术及设备"获 2018 年度河南省科学技术进步奖二等奖；④"冬小麦—夏玉米水氮状况诊断关键技术创新与应用"获 2021 年度中国农业节水和农村供水技术协会农业节水科技奖三等奖。

二、技术要点

第一，建立了适用于北方地区的参考作物需水量模型，提出了基于常规天气预报信息的作物需水量估算模式，提高了未来一段时期区域尺度作物需水量的估算精度，为区域农业水资源的科学调配提供了理论和技术支撑。实现了基于少量的常规天气预报信息即可准确估算区域尺度参考作物需水量的目的；构建了基于温度的作物系数估算模型，提出了基于常规天气预报信息的作物需水量估算模式，估算精度达到了 90％以上，较目前常用方法估算精度提高近 5％，为区域水资源的科学调配奠定了理论基础和技术支撑。

第二，提出了天气预报定性信息定量化的解析及表达方法，解决了中长期灌溉预报所需数据难以获取和表达的难题；将天气预报信息中的降水等级和风力等级解析为相应的降水量值和风速值，解决了中长期灌溉预报欠准确的难题，提高了灌溉决策的可靠性。

第三，利用确定的主要作物不同生育阶段的旱情诊断指标，综合考虑土壤、作物和气象状况等信息，构建了基于互联网的区域作物灌溉预报服务系统平台，实现了天气预报信息的快速抓取和区域灌溉预报信息的网络化展示，为黄淮海地区不同层次用户的灌溉管理通过互联网提供在线服务和技术支撑。

三、适宜区域

该技术适宜中国北方（东北、华北和西北）农业灌溉种植区冬小麦和夏玉米精准灌溉指导。

四、注意事项

该技术属于野外原位自动测量仪器，属于固定监测类仪器。放置在农田监测位置启动后，后续工作（监测、分析、预警、工作状况）则由系统自动完成。注意事项主要有：①农田机械化操作过程中，避免人为或机械破坏；②所在区域具有网络信号，采用 GPRS（通用分组无线业务）方式与服务器通信，通过电脑或手机微信均可随时查看数据。

技术依托单位

1. 中国农业科学院农田灌溉研究所

联系地址：河南省新乡市牧野区宏力大道（东）380 号

邮政编码：453000

联　系　人：刘战东

联系电话：15537319936

电子邮箱：liuzhandong@caas.cn

2. 北京澳作生态仪器有限公司

联系地址：北京市海淀区高里掌路 3 号院

邮政编码：100095

联　系　人：李红娟

联系电话：13910678996

电子邮箱：jane-li@aozuo.com.cn

半湿润区玉米秸秆全量深翻还田地力保育技术

一、技术概述

（一）技术基本情况

1. 技术研发推广背景

东北黑土地是我国宝贵的自然资源和不可再生的环境资源，在我国占有极其重要的地位。土质肥沃、有机质丰富的黑土地是稳定东北粮食生产与保障我国粮食安全的基础条件。黑土是自然界在长期的特殊地质、地理与气候条件下给予人类的宝贵遗产，不可复制，很难再生。每形成 1cm 黑土层约需 300 年，破坏后难以恢复，其珍贵程度不言而喻。由于长期以来"重用轻养"，秸秆还田面积小，有机肥施用面积和施用量少，黑土耕层有机质数量减少和质量下降、结构日趋劣化、水肥保供能力急剧下降、土壤酸化日益加剧、水土流失现象严重，黑土肥力整体呈现明显下降趋势，黑土资源的永续利用前景堪忧。

2. 秸秆资源丰富，直接还田意义重大

玉米秸秆中含有丰富的氮、磷、钾和微量元素，是土壤有机质的重要来源，是种植业和养殖业可持续发展的重要物质基础。吉林省作为粮食大省，秸秆资源丰富，年产玉米秸秆达3 000 万 t。《东北黑土地保护规划纲要（2017—2030）》将秸秆还田作为黑土地保护的重要技术途径。研究表明，1hm^2 玉米秸秆中含有氮 33.6kg、磷 10.6kg、钾 80.2kg，折算成肥料相当于尿素 73kg、过磷酸钙 76kg、硫酸钾 160kg，实施秸秆全量还田，可使土壤有机质年均增 0.01%，显著提升土壤肥力，可节省 35% 的养分投入，节约化肥成本 670 元。此外，秸秆还田还能够增加土壤微生物数量，提高酶活性，加速有机物质分解和矿物质养分转化，改善土壤理化性状，增强土壤保肥保水能力。

3. 秸秆还田面积较小，技术水平尚待完善

目前，吉林省秸秆深翻还田技术主要应用于公主岭市、榆树市、宁江区和农安县等区域，面积为 5 万 hm^2 左右。吉林省玉米种植总面积为 366 万 hm^2，主要集中于中、西部地区，其中，长春、四平、松原、白城等地区分布面积较大，占总面积的 85%，辽源、通化、延边和白山地区面积较小，仅占 15%。秸秆深翻还田需要大面积连片适宜机械作业的平地，吉林省中部的长春和四平地区、西部的松原部分地区适宜秸秆深翻还田的要求，是未来秸秆深翻还田的主要区域。但目前土地面积分散、气候条件限制、大型农机数量不足、专项奖补措施缺乏等诸多因素，限制了秸秆直接还田技术的推广与应用。

（二）技术示范推广情况

建立"科研机构＋技术推广部门＋新型经营主体"三位一体的示范网，通过"核心展示区、示范区、辐射区"梯次递进的技术推广链，在吉林东、中、西部分别建立示范区，示范区规模 17.2 万亩。辐射带动周边地区玉米生产水平大面积提升，至 2020 年，应用地区耕地质量逐步提升，水资源和化肥利用效率分别提高 10% 以上，节本增效 8% 以上。2018—2020

年技术应用累计 200 万亩以上。培训农技人员 600 人次，培训高素质农民 1 500 人次。

（三）提质增效情况

1. 基于规模经营主体的经济效益分析

通过对规模经营主体及普通农户田间生产作业跟踪调研，结果表明，与普通农户相比，规模经营主体农资采用集中采购，成本减少约 600 元/hm² ，田间实操的作业成本减少 1 400 元/hm² 左右，其减少部分主要来自播种施肥和机械收获两部分，而秸秆深翻还田作业成本与普通农户传统耕整地费用大体对等。将土地流转费用项去除后，净利润相差 2 000 元/hm² 左右，较普通农户增加 14.8%。其中，公主岭地区净利润提高约 13.0%，伊通地区净利润提高 17.5%。

不同技术模式成本核算（元/hm²）

项　　目	公主岭		伊通	
	规模经营主体	普通农户	规模经营主体	普通农户
一、机械作业				
施肥、播种	400～500	900～1 200	400～500	800～1 000
除草	50～80	150～200	50～80	150～200
病虫害防治	100～160	200	120～150	200
机械收获	350～500	1 000～1 200	400～500	1 100～1 200
秸秆深翻还田	600～800	—	700～800	—
其他耕、整地	—	500～800	—	500～800
合计	1 500～2040	2 250～3 600	1 670～2030	2 750～3 400
二、农资投入				
化肥	2 200～2 750	2 500～2 990	2 125～2 500	2 250～3 000
种子	500～700	800～960	500～700	800～960
农药	200～300	150～250	200～300	150～250
雇工	120～230	600～900	100～210	500～800
合计	3 020～3 980	4 050～5 100	3 125～3 710	3 700～5 010
三、土地流转	10 000	—	7 500	—
四、项目补贴				
秸秆还田作业补贴	1 500		1 500	
其他农业补贴	—	3 500	—	3 500
合计	1 500	3 500	1 500	3 500
五、玉米单产	11 080～11 395	10 285～10 615	10 440～10 770	9 670～9 965
六、净利润	5 991～6 924	13 907～15 213	8 197～8 746	13 027～14 456

注：雇工包含家庭用工；玉米价格按 1.8 元/kg 计；土地流转按平均值计算，其中，公主岭 10 000 元/hm²，伊通 7 500 元/hm²；此表中未考虑购买农机及其损耗部分。

2. 基于规模经营主体的技术实证

为在较大尺度上解析玉米秸秆全量深翻还田地力保育技术的产量表现和水肥资源利用效率，2018—2019 年，在公主岭和伊通两地 18 个规模经营主体开展技术模式实证，与农民习惯对比，所有产区技术实施后均表现出明显的增产趋势，平均增产幅度为 7.8%，其中，伊通增产幅度较大，为 6.8%～11.9%，公主岭增产幅度次之，为 4.5%～11.0%。

不同技术模式实证产量表现

地区	处理	2018 年				2019 年			
		产量变幅/ kg/hm²	平均值/ kg/hm²	增产/ %	变异度/ %	产量变幅/ kg/hm²	平均值/ kg/hm²	增产/ %	变异度/ %
公主岭	保育	10 800～11 500	11 080	7.7	2.1	11 100～11 700	11 395	7.3	1.8
	习惯	9 800～11 000	10 285	—	4.2	10 000～11 200	10 615	—	3.9
伊通	保育	10 000～11 000	10 440	8.0	3.7	10 350～11 350	10 770	8.1	3.6
	习惯	9 100～10 300	9 670	—	4.7	9 250～10 500	9 965	—	6.3

技术实施后，随着公主岭和伊通两地产量水平的进一步提升，化肥生产效率和水分生产效率较农户习惯也有了大幅提高，平均提高 7.2%。其中，公主岭示范区的化肥生产效率和水分生产效率较农户习惯均提高 7.0%，伊通示范区的化肥生产效率和水分生产效率较农户习惯均提高 7.4%。这表明采用玉米秸秆全量深翻还田地力保育技术实现了玉米产量和效率协同提高。

不同技术模式下水肥资源利用效率

地 区	处 理	2018 年		2019 年	
		化肥生产效率/ kg/kg	水分生产效率/ kg/mm	化肥生产效率/ kg/kg	水分生产效率/ kg/mm
公主岭	保育	26.25	18.52	28.75	19.00
	习惯	24.36	17.19	26.78	17.70
伊通	保育	24.69	14.60	29.97	10.92
	习惯	22.87	13.52	27.72	10.11

注：肥料生产效率（kg/kg）=产量/投入总养分，水分生产效率（kg/mm）=产量/降水量。

3. 效益分析

（1）经济效益　经过多年实验结果表明，半湿润区玉米秸秆全量深翻还田地力保育技术较传统耕种模式增产幅度在 10% 以上，收益增加明显。秸秆深翻模式成本总计约 5 400 元/hm²，平均产量为 11 000kg/hm² 左右，纯收益约为 11 115 元/hm²；传统耕作模式农机耕作成本总计约 5 200 元/hm²，平均产量为 10 000kg/hm² 左右，纯收益约为 9 800 元/hm²，应用该技术平均增收 1 315 元/hm²。

（2）社会效益　秸秆还田可以改善农村环境，增加农民收入，提高农业的综合收益，促进农业的可持续发展。从资源合理利用及效益角度分析，将东北地区玉米秸秆 2/3 直接还田，保障黑土资源永续利用，另外 1/3 用于燃料、饲料及其他用途，并以此作为秸秆资源利用的基本准则长期坚持，是我国东北地区科学、合理的秸秆资源化利用结构和方式。

（3）生态效益　秸秆全量还田，一方面可以极大地减少秸秆焚烧、无序堆放等现象，同时可以减少有害气体的排放，对环境保护也具有重要的意义；另一方面可以有效地改良土壤，改善土壤的物理性状，增加土壤有机质，可以有效解决东北黑土因长期重用轻养而导致的土壤有机质衰减、耕层结构变差、肥力退化等问题。

（四）技术获奖情况

该技术获得 2019 年度国家科学技术进步奖二等奖 1 项，获得 2018—2020 年度吉林省农业技术推广奖一等奖 1 项；制定国家行业标准 1 项；获得发明专利 1 项。

二、技术要点

（一）秸秆还田

玉米进入完熟期后，采用大型玉米收获机进行收获，同时将玉米秸秆粉碎（长度≤20cm），并均匀抛撒于田间。玉米收获后用机械粉碎秸秆的，每亩喷施玉米秸秆腐解剂 2kg。采用液压翻转犁将秸秆翻埋入土（动力在 150 马力以上，行驶速度应在 6～10km/h 及以上，翻耕深度 30～35cm），将秸秆深翻至 20～30cm 土层，在翻埋后用重耙耙地，耙深 16～18cm，达到不漏耙、不拖堆、土壤细碎、地表平整达到起垄状态，耙幅在 4m 宽的地表高低差小于 3cm，每平方米大于 10cm 的土块不超过 5 个。

秸秆二次粉碎

田间深翻作业

秸秆田间分布

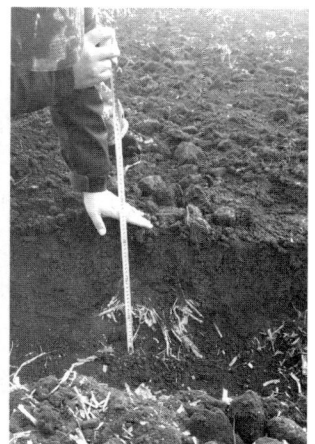

秸秆翻埋深度

如作业后地表不能达到待播状态，要在春季播种前进行二次耙地，当土壤含水量在 22%～24%时，镇压强度为 300～400g/cm²；当土壤含水量低于 22%时，镇压强度为 400～600g/cm²。

（二）播种环节

采用机械化平地播种方式，一次性完成施肥与播种等环节。当土壤 5cm 处地温稳定通过 8℃、土壤耕层含水量在 20% 左右时可抢墒播种，以确保全苗。出苗率应保证在 90% 以上，播种深度 3～5cm，在机械精量播种的同时，进行机械深施肥，施肥深度在种床下 3～5cm，选择玉米专用肥。播后对苗带及时进行镇压。

补水播种，播种期内土壤含水量低于 20%，可采用补水装置进行补水播种，播种时注意水流速度及水流方向，预防种子随水移动，造成种子堆积、断苗。

种植密度：低肥力地块种植密度 5.5 万～6.0 万株/hm²，高肥力地块种植密度 6.0 万～7.0 万株/hm²。

品种选择：选择中晚熟品种，玉米株型为紧凑型或半紧凑型较为理想，株高适合在 2.5～2.8m，穗位较低，抗倒防衰，适合机械收获。

补水装置

（三）养分管理

根据土壤肥力和目标产量确定合理施肥量。肥料养分投入总量为 N 180～220kg/hm²、P_2O_5 50～90kg/hm²、K_2O 60～100kg/hm²。氮肥 40% 与全部磷、钾肥作基肥深施。

追肥，在封垄前，8～10 展叶期（拔节前）追施氮肥总量的 60%。

（四）除草管理

视当季雨量选择苗前或苗后除草，若雨量充沛，应在降雨之后选择苗后除草；若雨量较小，选择苗前封闭除草。

播种后应立即进行封闭除草。选用莠去津类胶悬剂及乙草胺乳油，在玉米播后苗前土壤较湿润时进行土壤喷雾。

苗前除草效果差，可追加苗后除草，使用烟嘧磺隆和苯唑草酮以及与硝磺草酮·莠去津、溴苯腈混用可有效防除玉米田杂草。药剂用量严格按照说明书使用。

（五）病虫防治

玉米螟防治：于 7 月初释放赤眼蜂及新型白僵菌颗粒或粉剂，采用新型球孢白僵菌颗粒剂，应用无人机实施白僵菌颗粒剂田间高效投放技术，具有较好防治效果，防效达 70% 以上。

黏虫防治：按照药剂说明书使用剂量进行喷施丙环唑·嘧菌酯＋氯虫·噻虫嗪。

（六）收获环节

使用玉米收割机适时晚收。玉米生理成熟后 7～15d，籽粒含水率以 20%～

无人防控设备

25％为最佳收获期，田间损失率≤5％，杂质率≤3％，破损率≤5％。

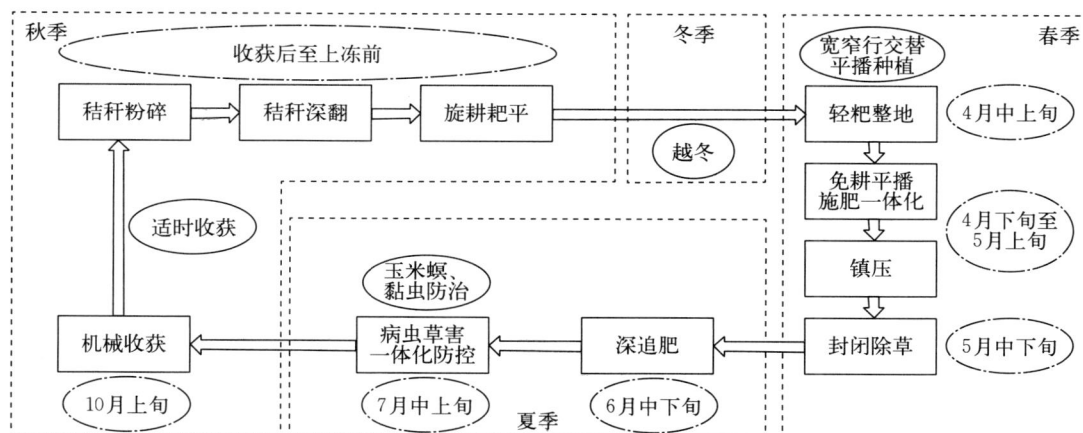

半湿润区玉米秸秆深翻还田地力保育技术模式流程图

三、适宜区域

该技术适宜降水量在 450～650mm 的地区，东北地区 35cm 以上表土层内无沙石、盐碱等障碍层、适合机械化作业的玉米生产区，应用前景广阔。

四、注意事项

其一，秸秆深翻还田操作宜在秋季收获后进行，避免春季动土散墒。

其二，深翻作业时要注意土壤水分，土壤水分过高时不宜进行，否则会造成土块过大、过黏，不利于春季整地。

其三，秸秆深翻条件下，注意玉米生长期的杂草控制，杂草过多不利于玉米苗期生长，同时对玉米中后期病虫害防治带来风险。

技术依托单位

吉林省农业科学院

联系地址：吉林省长春市生态大街 1363 号

邮政编码：130033

联 系 人：王立春　蔡红光　刘剑钊

联系电话：15584441606

电子邮箱：caihongguang1981@163.com

玉米控释配方肥免追高效施肥技术

一、技术概述

（一）技术基本情况

针对我国玉米生产中肥料投入量高、养分配比不合理、缺乏主产区专用肥料、机械化施肥水平不高等问题，依据我国四大玉米主产区（东北、黄淮海、西北、西南及南方）的土壤类型与养分特征、高产玉米的养分需求规律、水分管理和栽培技术等，采用高质量、低成本的控释肥料设计了我国玉米四大主产区的控释配方肥系列产品11种，申请发明专利1项。采用机械化种肥同播的方式，一次施肥免追肥为玉米提供全生育期所需养分，减少施肥次数与肥料用量，达到玉米高产稳产、减肥增效和节本增收。玉米控释配方肥免追高效施肥技术的应用，不仅很好地解决了因施肥不合理导致的资源环境问题，同时减少生产管理环节、节省劳动力，并协同提高玉米生产的农学、经济与环境效益，为提升我国玉米生产竞争力提供了切实可行的技术。

（二）技术示范推广情况

本技术于2016—2020年首先在国家玉米产业技术体系24个试验站进行了连续5年的田间试验示范；2018—2021年在国家玉米产业技术体系提高玉米生产竞争力的10个百亩示范方进行了连续4年的大面积实际生产示范；同时于2018—2021年在国家重点研发计划"化学肥料和农药减施增效综合技术研发"的黄淮海和南方山地玉米化肥农药减施技术集成研究与示范中进行了大面积应用。

（三）提质增效情况

在全国四大玉米主产区的24个试验站连续开展5年田间联网示范试验和10个百亩示范方连续4年示范应用。多年多点试验示范表明，应用该技术可实现平均亩产779kg，较常规技术增产6.7%；平均每亩总养分投入24.5kg，实现节肥21.9%；平均每亩施肥成本179元，节省施肥成本47元。同时，在主产区百亩示范方大面积应用中，该技术较常规技术显著降低了施肥导致的氧化亚氮排放25.7%、氨挥发29.3%和硝酸盐淋洗22.6%。该技术可在节省肥料投入的同时减少管理环节和工作时长，降低环境风险，显著提高农民收入，提高生态经济收益。

（四）技术获奖情况

无。

二、技术要点

（一）主产区专用控释肥料氮磷钾养分配比设计

玉米专用控释肥料氮磷钾养分配比的设计依据本团队2013年为农业农村部提供的玉米大配方与施肥建议，依据我国四大玉米主产区的土壤类型与养分特征以及高产玉米的养分需求规律、水分管理和栽培技术等，以"大配方、小调整"为技术思路研究制定。

（二）控释尿素释放期与添加比例的确定

控释尿素的养分释放期，以控释尿素在25℃静水中浸提开始至达到80%的累积养分释放率所需的天数（d）来表示。根据各主产区土壤类型与养分特征以及玉米的生育期长短、水分管理和产量水平，一般选用释放期 60d 的控释尿素，西南和南方的高降雨区域要同时选用 60d 和 90d 的控释尿素配合使用。

以产量水平和水分管理为控释尿素添加比例的确定依据。目标亩产大于 1 000kg，控释尿素占总氮肥的比例为 50％；目标亩产 600～1 000kg，控释尿素占总氮肥的比例为 30％。生育期降水（灌溉）量大于 400mm，控释尿素占总氮肥的比例为 50％；生育期降水（灌溉）量低于 400mm，控释尿素占总氮肥的比例为 30％。满足目标亩产量大于 1 000kg 或生育期降水（灌溉）量大于 400mm 中的一项即需选用 50％的控释尿素占总氮肥的添加比例。

（三）专用控释配方肥料用量

以玉米四大主产区的目标产量水平和 100kg 籽粒需氮量作为确定玉米控释配方肥料用量的主要依据。基于氮磷钾养分配比、控释尿素释放期与添加比例、配方肥料用量形成主产区玉米系列控释专用肥料配方，并结合区域玉米生产特征，提出具体的施肥建议。

主产区玉米系列控释专用肥料配方与施肥建议

主产区	系列产品特征			适用区域及土壤特征	施肥建议	
	推荐配方 （N-P$_2$O$_5$-K$_2$O）	控释氮/总氮 /％	释放期 /d		亩产水平 /kg	亩施肥量 /kg
东北区	29-13-10	30～50①	60	东北半湿润春玉米区； 黑土、黑钙土等	550～700	33～41
					700～800	41～47
					＞800	47～53
	27-12-8	30	60	东北温暖湿润春玉米区； 黑土、黑钙土、褐土等	＜550	27～33
					500～600	35～43
					600～700	43～49
	26-16-9	30	60	东北冷凉春玉米区； 黑土、黑钙土等	＞700	49～55
					＜500	29～35
西北区	28-15-8	30～50	60	北方灌溉春玉米区； 黄绵土、褐土、棕壤等	500～650	38～49
					650～800	49～57
	28-14-10	30～50	60		＞800	57～65
					＜500	30～38
	26-13-6	30	60	西北雨养旱作春玉米区； 楼土、黄绵土等	450～600	35～46
					600～700	46～54
					＞700	54～62
					＜450	27～35
黄淮海区	28-6-10	30～50	60	华北中北部夏玉米区； 棕壤、褐土、潮土等	450～550	35～43
					550～650	43～51
	28-7-9	30	60		＞650	51～58
					＜450	27～35
	26-10-13	30～50	60	华北南部夏玉米区； 潮土、砂姜黑土等	450～600	35～46
					600～700	46～54
	26-10-8	30	60		＞700	54～62
					＜450	27～35

（续）

主产区	系列产品特征			适用区域及土壤特征	施肥建议	
	推荐配方 （N-P$_2$O$_5$-K$_2$O）	控释氮/总氮 /%	释放期 /d		亩产水平 /kg	亩施肥量 /kg
西南及 南方区	26-12-13	30～50	60 或 60、 90 各 1/2②	西南及南方玉米区； 紫色土、红壤、黄壤等	400～500 500～600 >600 <400	35～45 45～55 55～60 30～35

① 长生育期、沙质土壤、高产等可适当提高控释氮占比。
② 生育期内降水量>400mm 时可选用释放期 90d 与 60d 的控释尿素配合。

（四）施肥机具选择与设定

根据四大主产区土壤耕作与栽培技术、土壤条件等，选择具备可调节施肥量和施肥深度功能的相关机具，且符合 GB/T 15369、GB/T 20346.1、GB/T 20346.2 和 GB/T 20865 等国家标准的规定。根据玉米控释配方肥料产品的设计用量，准确调整排肥器，使施肥机械满足肥料施入量要求。

（五）机械化施肥作业流程与质量控制

采用种肥异位同播，待土壤墒情适宜时进行播种与施肥操作。肥料在种子侧下方，肥料施入深度 8～10cm，种子播种深度 4～5cm，肥料与种子水平间距 8～12cm。在机械选择、深度调试和施肥机械用量设定后，一次性将玉米专用控释配方肥结合玉米播种同时施入土壤。施肥开始阶段，除去施肥行表土，用尺子测量施肥深度是否符合要求，早发现早调整；施肥过程中，随机抽查测量不少于 20 个样点，合格率 90% 以上即通过。

三、适宜区域

适宜在东北春玉米区、西北春玉米区、黄淮海夏玉米区、西南及南方玉米区等玉米主产区推广。

四、注意事项

其一，种、肥同播时注意排肥器和用量的设定，以及种、肥间距的设定。
其二，施肥后进行施肥质量的检查，早发现早调整。

技术依托单位

西南大学
联系地址：重庆市北碚区天生路 2 号
邮政编码：400715
联 系 人：陈新平 张务帅
联系电话：023-68251082 13910130705
电子邮箱：chenxp2017@swu.edu.cn

直播油菜轻简高效施肥技术

一、技术概述

（一）技术基本情况

技术研发推广背景：科学施肥是保障粮油安全供给、环境生态安全和农业可持续发展战略实施的关键技术。21世纪以来，我国油菜生产从育苗移栽转变为直播轻简化生产，传统施肥技术针对性差、施肥环节多、肥料利用率低，施肥成本比国外高一倍，严重制约了我国油菜生产效益和产量潜力的发挥，精准高效的施肥技术和轻简实用的专用肥料产品成为油菜产业健康发展亟待解决的关键难题。

能够解决的主要问题：针对油菜养分需求特性和土壤养分供应时空规律不清、精准高效施肥技术关键要素缺失等理论和技术问题，历经15年联合攻关，立足于我国冬油菜主产区土壤条件、轮作制度、种植方式和主导品种，创建了我国冬油菜养分精准调控的理论体系，创新了轻简高效施肥技术，创制了轻简节本高效的油菜专用肥系列新产品，优化建立了油菜高产和养分高效的综合技术模式并实现了规模化应用。技术突破了油菜产业对高产优质绿色高效需求的施肥技术瓶颈，实现了油菜施肥技术的精准轻简高效和应用的规模化及产业化目标，支撑了油菜产业健康稳定发展。

专利范围：获得授权发明专利6项，获得肥料登记证5个，制定农业行业标准1项和湖北省地方标准2项。

使用情况：本技术已成为我国油菜产业绿色高质高产高效发展的核心技术，累计推广应用1.172 3亿亩，其中，近3年累计应用4 428.3万亩，节本增收效益41.2亿元。

（二）技术示范推广情况

该技术自2008年起被农业农村部列为主要农作物科学施肥指导意见的重要组成部分在全国推广，直接支撑了全国测土配方施肥普及行动和化肥零增长行动；油菜专用缓释肥作为国家油菜产业技术体系"油菜全产业链绿色高效技术模式"的核心技术，自2014年起由中国农业科学院科技创新工程和国家油菜产业技术体系联合分别在全国多个油菜主产县市进行大面积示范和应用；自2015年起全国农业技术推广服务中心将该技术广泛地应用到油菜高产创建、绿色高效生产和油菜保护区建设等推广项目中。

（三）提质增效情况

与传统施肥相比，该技术平均降低化肥用量14.8%、肥料利用率增加9.0个百分点、每亩节省施肥用工0.3～0.5个，平均增产10.3%，省工节本增效显著。该技术近3年累计应用4 428.3万亩，新增菜籽51.11万t，节约化肥纯养分13.52万t，实现氮素环境减排5.36万t、CO_2减排98.92万t，节本增收效益41.2亿元。同时，轻简高效施肥技术应用扩大了长江流域稻田油菜种植，减少了冬闲田，提高了耕地冬季绿化覆盖率，生态和社会效益显著。

（四）技术获奖情况

相关技术获得 2020 年度湖北省科学技术进步奖一等奖（"油菜精准轻简高效养分管理关键技术创新及应用"），2020—2021 年度神农中华农业科技奖科学研究类成果二等奖（"直播油菜养分精准调控与轻简高效施肥关键技术"）。

二、技术要点

（一）核心技术

1. 选用油菜专用全营养配方肥或油菜专用缓释肥等高效专用肥

油菜专用全营养配方肥的养分配方为 21-10-9（$N-P_2O_5-K_2O$，含 0.15％～0.2％B、2％～3％MgO）或相近配方，采用一基一追的施用方式，根据土壤肥力状况及油菜目标产量水平，基肥每亩用量 30～45kg，在初苔期根据苗情追施尿素 5～10kg 和氯化钾 1～2kg。油菜专用缓释肥的养分配方为 25-7-8（$N-P_2O_5-K_2O$，含 0.15％～0.2％、2％～3％MgO）或相近配方，采用一次性基肥的施用方式，根据土壤肥力状况及油菜目标产量水平，每亩用量 40～60kg，一般不用追肥，在特殊情况下（如冬季雨水较多、秋冬季气温较高、播期较晚苗情较弱）根据苗情在初苔期每亩追施尿素 3～5kg 和氯化钾 1～2kg。

2. 基肥根区深施

机械播种基肥采用种子和肥料异位同播侧深施肥，施肥深度 7～10cm；人工播种在播种前整地时撒施基肥与表土混匀或用浅土覆盖肥料。追肥选择在雨前或雨后进行，人工撒施或无人机飞施。

（二）配套技术

1. 合理密植

每亩机械精量播种 200～300g，撒播 250～350g，播种量随播期推迟和海拔的升高适当增加，确保每亩成苗数 3.5 万～4.5 万株。

2. 墒情管理

一般厢宽 1.5～2.5m，沟深 25～30cm，做到厢沟、腰沟、围沟"三沟"相通，逐级加深，确保灌排通畅；播种后遇干旱天气且土壤含水量低于 25％时，在开沟后灌一次渗沟水，采取沟灌渗厢的方式灌溉，水深不过厢面，厢面宜保持湿润 3d 以上，确保一播全苗。

3. 控制杂草

主要采用油菜播种前或油菜播种后出苗前施药封闭除草方式，草害严重时采用芽前封闭和茎叶除草相结合的方式。

4. 病虫防控

在油菜生长期，根据虫害发生情况及时施药防治，可利用无人机喷施 10％的吡虫啉可湿性粉剂、4.5％的高效氯氰菊酯水乳剂分别防控蚜虫和菜青虫。在初花期采用无人机喷施 25％咪鲜胺乳油或 45％戊唑·咪鲜胺悬浮剂或 40％异菌·氟啶胺悬浮剂等低毒高效药剂 1～2 次防控菌核病。

三、适宜区域

适用于长江上游（四川、重庆、贵州、云南）、中游（湖北、湖南、江西）、下游（安徽、江苏）各冬油菜主产区。

四、注意事项

（一）油菜专用肥认定

油菜对缺硼十分敏感，油菜专用肥必须含有足够的硼养分；同时，我国冬油菜主产区土壤缺镁普遍，专用肥应该含有一定量的镁养分，在选用油菜专用肥时注意甄别。

（二）专用肥用量确定

应根据区域土壤肥力状况和油菜目标产量水平确定专用肥用量水平，旱地油菜酌情减少施肥量，前期作物为大豆、蔬菜、棉花等可减少施肥量30％左右，如果施用有机肥可减少施肥量15％～25％。

（三）施肥方法

机械播种时切忌将肥料与种子同时放入同一位置，种肥相隔5～8cm，以防止烧种烧苗。

（四）合理追肥

按要求施用油菜专用缓释肥的一般不用追肥，但遇到特殊情况导致苗情生长较弱或脱肥时要根据苗情适时补充追肥。

技术依托单位

1. 华中农业大学

联系地址：湖北省武汉市洪山区狮子山街1号

邮政编码：430070

联 系 人：鲁剑巍

联系电话：027-87288589　13507180216

电子邮箱：lujianwei@mail.hzau.edu.cn

2. 中国农业科学院油料作物研究所

联系地址：湖北省武汉市武昌区徐东二路2号

邮政编码：430062

联 系 人：廖　星

联系电话：027-86818709　13807163001

电子邮箱：liaox@oilcrops.cn

3. 全国农业技术推广服务中心

联系地址：北京市朝阳区麦子店20号

邮政编码：100125

联 系 人：张　哲

联系电话：010-59194506　18612969511

电子邮箱：zhangzhe@agri.gov.cn

黑土地肥沃耕层构建与保育技术

一、技术概述

（一）技术基本情况

针对黑土开垦后由于过度垦殖和用养失调，加之水土流失导致黑土层变薄、土壤有机质下降，耕作层变浅、犁底层上移增厚限制土壤中水、热、气传导和作物根系生长，土壤水养库容降低影响作物的水分和养分吸收利用及产量等问题，经系统研究形成了黑土地肥沃耕层构建与保育技术体系。通过该技术突破了玉米秸秆全量还田的技术瓶颈，通过增加还田深度解决了秸秆浅混还田土壤散墒影响下季作物播种质量导致缺苗和苗弱的问题；通过秸秆和有机肥等有机物料深混还田，提高全耕层土壤有机质及养分含量，构建肥沃耕层，增加土壤储水量能力及作物水分利用率。在白浆土上，通过一次性增施秸秆、有机肥和化肥，改良白浆层，实现白浆土快速培肥；针对暗棕壤黑土层薄的现状，提出了渐进式肥沃耕层培肥技术，通过逐步增加有机物料还田深度，实现全耕层培育。通过化肥农药减施保证作物品质、提高肥料利用率。该技术的应用实现了东北黑土地保护利用的农机农艺融合，提高了秸秆和畜禽粪污等综合利用，减少秸秆焚烧、畜禽粪随处堆放对环境造成的污染，实现了生态环境协调发展。

（二）技术示范推广情况

核心技术"肥沃耕层构建"作为其他技术的核心内容，2017年和2021年被遴选为农业农村部农业主推技术，同时作为主要内容之一建立的黑土地保护利用"龙江模式"被写入了《国家黑土地保护工程实施方案（2021—2025年）》。2015年以来作为黑龙江省黑土地保护利用试点项目的主推技术被广泛应用；同时，在辽宁、吉林和内蒙古东四盟等地也进行示范、推广，获得良好效果。2015—2019年，在黑龙江黑河的暗棕壤、海伦的中厚黑土、双城薄层黑土、富锦白浆土、龙江黑钙土，吉林公主岭草甸土，辽宁铁岭和大连的棕壤、阜蒙的褐土开展试验示范，采用该技术耕层土壤有机质、速效氮、有效磷和速效钾含量平均增加了1.85g/kg、20.16mg/kg、1.56mg/kg和17.20mg/kg，亚耕层较耕层进一步增加了2.09g/kg、12.06mg/kg、2.18mg/kg和3.84mg/kg。在黑龙江省海伦市的试验研究表明，采用该项技术显著增加了土壤总孔隙度，特别是通气孔隙增加了24.31%～43.43%，土壤饱和导水率提高了13.35%～26.71%，饱和持水量增加了9.84%～21.12%，促进了大气降水的入渗，增加了黑土持水能力，减少了地表径流发生的风险。目前，该技术正在东北黑土地保护利用试点县（市）推广应用。

（三） 提质增效情况

和常规技术相比，应用该技术土壤有机质含量提高5.6%以上，耕层厚度增加至30cm以上，耕地地力等级提高0.5～1个等级，大豆和玉米增产11.5%以上，水分利用率提高18.2%，节约化肥、农药用量5.5%以上，肥料利用率增加4.3个百分点，亩增收节支65元以上；同时，秸秆和有机肥还田在培肥土壤的同时，并可杜绝因秸秆焚烧和畜禽粪污随意堆放造成的环境污染。通过黑土肥沃耕层构建、提升耕地地力后减肥、减药，提高作物品质。

（四）技术获奖情况

"黑土地肥沃耕层构建关键技术创新及技术集成与应用" 2017 年获得黑龙江省科学技术进步奖一等奖；"黑土区耕地土壤快速培肥关键技术创新与应用" 2020 年获得黑龙江省科学技术进步奖一等奖；"东北黑土地退化机理与保护利用关键技术及应用" 获得 2020—2021 年度神农中华农业科技奖科学研究类成果二等奖。

行业标准：《东北黑土区旱地肥沃耕层构建技术规程》，NY/T 3694—2020，2020 年 8 月 26 日。

地方标准：《耕地肥沃耕层构建技术》，DB/T 1986—2017，2017 年 9 月 7 日；《白浆土厚沃耕层构建技术规程》，DB23/T 2671—2020，2020 年 9 月 11 日；《暗棕壤肥沃耕层培育技术规程》，DB23/T 2977—2021，2021 年 10 月 7 日。

二、技术要点

玉米收获：玉米进入完熟期，适时采用带有秸秆粉碎装置的联合收获机械收获，将秸秆自然抛撒在田块上，玉米留茬 15cm 以下。

秸秆处理：利用秸秆粉碎机对秸秆进行二次破碎，使长度＜10cm 的秸秆较为均匀地分布在田块上。

有机肥抛撒：秋季收获后利用有机肥抛撒机，将有机肥均匀抛撒在田面上，有机肥施用量为 22.5m³/hm² 以上。

玉米秸秆粉碎　　　　　　　　　　　　　　　有机肥抛撒

构建肥沃耕层：利用螺旋式犁壁犁在平铺秸秆或秸秆和有机肥的田块上进行土层翻转作业，土层翻转 60°～120°，作业深度为（32.5±2.5）cm；然后利用圆盘耙对地块进行秸秆深混和碎土平整作业。

整地：使用联合整地机械进行起垄或平作作业、镇压，使土壤达到待播种状态。

秸秆深混还田

三、适宜区域

东北黑土区黑土、黑钙土、草甸土、暗棕壤、白浆土、棕壤及其他具有相似性质的土壤类型。

四、注意事项

其一，黑土层 230cm 的旱地土壤，宜采用玉米秸秆全量一次性深混还田技术，以达到扩容耕层、构建肥沃耕层的目的。

其二，黑土层<30cm 的旱地土壤，肥力较低、物理性质较差的耕作土壤，宜采用秸秆配施有机肥深混还田构建肥沃耕层技术和有机肥深混还田构建肥沃耕层技术，以补充因熟土层和新土层混合后导致的土壤肥力下降。

其三，白浆土，在采用秸秆配施有机肥深混还田构建肥沃耕层技术的同时，应适当施用石灰调节土壤酸度，适当增施磷肥，以达到一次性改造白浆土白浆层的目的。

其四，位于缓坡区的旱地肥沃耕层构建应同时采取水土保持措施。

其五，肥沃耕层构建机械作业时间宜在秋季作物收获后、土壤封冻前、土壤含水量为20％左右实施。

技术依托单位

1. 中国科学院东北地理与农业生态研究所

联系地址：黑龙江省哈尔滨市哈平路 138 号

邮政编码：150081

联系人：韩晓增 邹文秀

联系电话：0451-86602940 13804533516

电子邮箱：xzhan@iga.cn

2. 黑龙江省农业环境与耕地保护站

联系地址：黑龙江省哈尔滨市珠江路 21 号

邮政编码：150090

联系人：马云桥 郭玉华 赵 雷 王云龙

联系电话：0451-82310527 13796679996

电子邮箱：82310527@163.com

坡耕地径流拦蓄与再利用技术

一、技术概述

（一）技术基本情况

坡耕地是我国重要的耕地资源，约占全国耕地总量的 35％，是广大丘陵山区农民赖以生存和发展的宝贵资源。坡耕地区降水时空分布不均，制约了农业发展和生态环境安全，一方面夏季暴雨径流引起的水土流失问题，加剧了水土流失和面源污染；另一方面季节性干旱问题突出，影响春季作物播种，严重时造成大面积减产。这些都成为坡耕地区可持续发展的制约因素。因此，控制夏季暴雨径流水土流失和缓解坡耕地季节性干旱，是提升坡耕地玉米、大豆、油菜等粮油作物产量，控制农业面源污染，促进农业绿色发展的重大需求。

坡耕地径流拦蓄与再利用技术是协同解决坡耕地水土流失和季节性干旱的关键技术措施，包括径流拦截和径流集蓄再利用两部分。其中，径流拦截为农艺措施，包括横坡垄作、等高种植、地面覆盖、等高植物篱等措施，主要通过切断坡面径流流线，延长径流在坡面上的滞留时间，从而降低坡面水流速度，增加入渗，以减少坡面侵蚀，实现保持土壤肥力和降低水土流失的目的；径流集蓄再利用为工程措施，借助工程手段将夏季富含氮、磷、泥沙的暴雨径流汇集、储存于集水池，在干旱季需水时期自流灌溉农田，实现径流的收集、叠加储存、自流灌溉和高效利用。这既解决了水土流失问题，又解决了干旱缺水问题，对提高玉米等旱地作物产量、提升水肥资源利用效率、降低坡耕地水土流失具有重要意义。

该技术知识产权归属清晰，技术先进、适用、安全，符合资源环境安全、绿色高产高效等高质量发展要求，已经制定了农业行业标准 NY/T 3827—2020《坡耕地径流拦蓄与再利用技术规范》，可操作性强，并得到了广泛应用。

（二）技术示范推广情况

该技术在云南、湖北、重庆、湖南、江西等长江经济带沿线各省份进行了大面积示范，农业农村部先后于 2015 年、2017 年、2019 年举行了 3 场全国现场观摩会，湖北、云南等省份也多次举办全省示范现场会，受到农业农村部、相关省市农业主管部门的高度认可，也获得了农民的高度好评。该技术作为主要工程技术措施被列入"十三五"《重点流域农业面源污染综合治理示范工程建设规划（2016—2020 年）》（农办科〔2017〕16 号）和《"十四五"重点流域农业面源污染综合治理建设规划》（农计财发〔2021〕33 号）。

（三）提质增效情况

第三方监测评价结果表明：云南、湖北等省份应用该技术后，一方面有效控制了水土流失和面源污染，土壤侵蚀模数平均降低 47％，氮、磷面源污染负荷降低 39％；另一方面极大缓解了季节性干旱问题，显著改善了作物的出苗状况，提高了玉米等旱地作物产量 13％，亩均经济效益增加 100 元以上。

（四）技术获奖情况

以该技术为核心的科技成果"南方典型区域农业面源污染防控关键技术与应用"，获得了 2020—2021 年度神农中华农业科技奖科学研究类成果一等奖。

二、技术要点

坡耕地径流拦蓄与再利用技术主要由径流拦截和径流集蓄再利用两部分组成。径流拦截包括横坡垄作、等高种植、地面覆盖、等高植物篱等措施，径流集蓄再利用包括建设集蓄系统和径流再利用技术。集蓄系统宜全部收集坡耕地翻耕至作物封垄前的径流，雨季结束前集水池宜处于蓄满状态，确保翌年春季作物的播种和保苗用水。

（一）径流拦截

1. 横坡垄作

作物起垄方向与坡面方向垂直，垄高宜为 10～30cm。原有顺坡沟垄改为横坡垄作时，应先翻耕，再横坡起垄种植。在南方多雨且土壤黏重地区，从上向下翻土起垄，且垄的方向和等高线的高程差与水平距离之比（比降）宜为 1％～2％。

坡耕地横坡垄作

2. 大横坡＋小顺坡

在坡面较长的坡耕地区，可采用"大横坡＋小顺坡"技术。沿坡面从上到下，宜每隔 1.5～8m 的顺坡坡长，建造横坡截流沟、地埂或采用横坡种植作物的方式形成大横坡。大横坡地块内，顺坡种植作物，形成小顺坡，顺坡坡长可根据坡度的增大而缩短。

3. 等高种植

沿等高线种植作物，作物的株距和行距可根据作物种类和地形条件确定。南方多雨且土壤黏重地区，种植方向宜与等高线呈 1％～2％ 的比降。

4. 地面覆盖

可采用秸秆覆盖和植物覆盖。前茬作物收获后的秸秆或异地收获的秸秆均匀覆盖在作物行间或休闲期农田，前茬作物秸秆宜全量覆盖农田，粗大秸秆宜先切段或粉碎后还田。作物行间可采用间作、套种等方式提高植物覆盖度，休闲期宜种植绿肥作物。

5. 等高植物篱

选择具有一定经济、生态和景观效益的草灌植物构建植物篱，带间距宜为 3～7m。

（二）径流集蓄再利用

1. 集蓄系统

汇流面：根据地形地势与已有的沟、塘、坝、库、窖分布等确定汇流面的范围和面积，单个汇流面南方宜为 0.5～1hm²，北方宜为 1～2hm²。

集水沟：包括截流沟和排水沟。尽量利用汇流面内已有沟渠、天然沟道，因地制宜修建沟，尽量少用水泥硬化沟。截水沟排水一端与排水沟相接，集水沟的终端连接沉沙池。

沉沙池：一般为矩形的柱状体，其宽度为集水沟宽度的 2 倍，长度为池体宽度的 2 倍，池深一般为 60～80cm。沉沙池应设溢流口，宜比集水池的进水口高 10cm。一般布设在集水池进水口的上端。

集水池：顶部设进水口和溢洪口，口宽宜为 40～60cm，深度宜为 30～40cm。距离集水池底部 30cm 处设置直通排水阀。集水池的位置宜高于灌溉农田的坡地，一般布设在坡脚或坡面低凹处。集水池容积的设计暴雨强度按 5 年一遇 24h 最大降水量取值。

坡耕地集水池

2. 径流再利用

在集水池底部排水阀处连接软管、沟等，或配套节水灌溉设施提水至田间进行灌溉。集水池蓄水宜通过自流方式灌溉下部农田，有条件的地区可采用滴灌、微喷灌等节水灌溉方式，微喷灌和滴灌系统首部应设置筛网式过滤器；也可通过泵站将蓄水输送至山坡坡面用于灌溉。

三、适宜区域

本技术普遍适用于我国 5°～25°的坡耕地区，特别是水土资源相对紧张的长江经济带沿线省份，适宜作物包括玉米、大豆、油菜等粮油作物。

四、注意事项

其一，及时检查集水沟、沉沙池和集水池，发现堵塞、破损，及时疏通和修缮。集水池宜保持适量存水，防止池底裂缝。

其二，集水池需设置护栏和步梯，并配备安全警示牌。

技术依托单位

1. 中国农业科学院农业资源与农业区划研究所

联系地址：北京市海淀区中关村南大街 12 号

邮政编码：100081

联 系 人：刘宏斌　翟丽梅　张富林　夏　颖

联系电话：010-821086737

电子邮箱：liuhongbin@caas.cn

2. 农业农村部农村经济研究中心

联系地址：北京市西城区西四砖塔胡同 56 号

邮政编码：100810

联 系 人：金书秦

联系电话：13810173603

电子邮箱：jinshuqin@126.com

3. 中国农业科学院农业环境与可持续发展研究所

联系地址：北京市海淀区中关村南大街 12 号

邮政编码：100081

联 系 人：刘恩科

联系电话：010-82109773

电子邮箱：liuenke@caas.cn

农田面源污染"五位一体"生态防控技术

一、技术概述

（一）技术基本情况

农田因施肥量大、施肥频繁、土壤氮磷残留累积量高，随降雨径流进入河道、湖泊等水体，引起水体富营养化，形成面源污染，威胁水体生态安全。农田面源污染"五位一体"生态防控技术旨在消减地表径流，通过植物吸收净化排水氮磷污染物，并进行安全回灌，实现污染零直排，有效控制农田径流引起的面源污染。技术已经获得国家专利（ZL 201920786521.2、ZL 202021860258.6等），专利范围包括秸秆吸脱沟、植草带、生态沟渠、过滤坝及净化塘建设技术。该技术2018—2021年在安徽颍上、江苏徐州及山东金乡等露天菜地推广应用，取得良好效果。

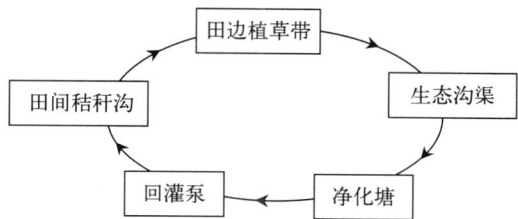

"五位一体"技术流程图

（二）技术示范推广情况

该技术已经在黄淮海露地蔬菜主产区实现大范围示范应用，建设核心示范基地2 420亩，累积推广应用13 374.5亩；培训农民及技术人员11 160余人次。

（三）提质增效情况

技术覆盖区化肥投入量降低30％以上，农药投入量降低15％以上，土壤残留累积氮磷降低41.5％～49.8％，水体氮磷污染负削减24.0％～31.1％，污染物残留降低30％，废弃物消纳利用率95％以上。

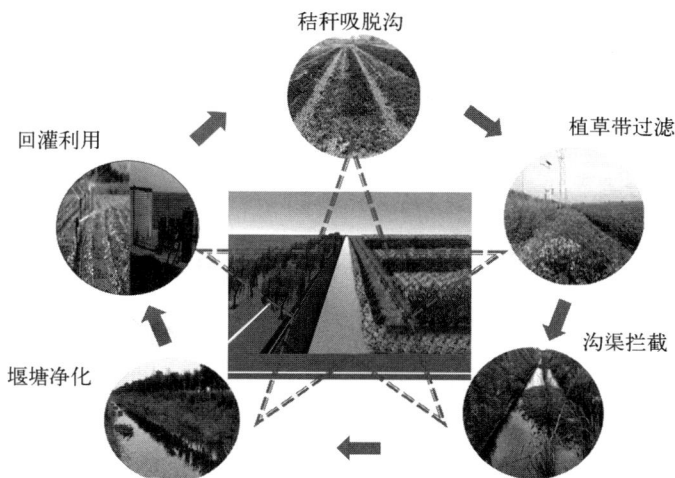

"五位一体"技术应用实效图

（四）技术获奖情况

技术成果获天津市科学技术进步奖二等奖。

二、技术要点

（一）秸秆吸脱沟建设

作物收获后，播种前，田块纵向间隔 2m 开沟，沟宽 30cm、深 25～30cm，填埋 2m 内尾菜或秸秆，玉米等长秸秆粉需碎成 5～10cm，填埋厚度 30～40cm，上面覆土，最终压缩形成 10cm 左右厚度的秸秆层。利用秸秆吸脱沟吸附排水及氮磷养分，减少径流。

（二）植草带建植

在田块与沟渠相邻的一端，预留 1.5～3.0m 宽的空地，播种或定植蜜源植物、中草药植物、绿肥植物等，也可选用具有一定景观效果的植物。常用的品种包括薄荷、波斯菊、除虫菊、多年生黑麦草、毛苕子等，形成草带，过滤排水泥沙及颗粒态氮磷。

（三）生态沟渠建设

对原有沟渠进行清淤、护坡等改造，清理沟渠淤泥，保证沟渠深度在 1.2～1.5m。

渠体设计：渠体的断面为等腰梯形，上宽 1.5m，底宽 1.0m，深 0.6m。边坡坡度（沟渠深度与边坡底宽的比值）为 1：0.42，渠壁、渠底均为土质。

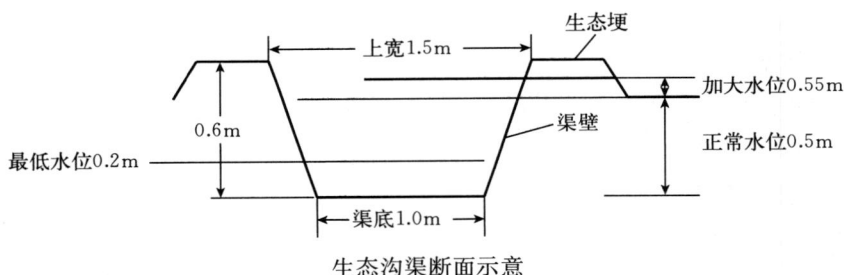

生态沟渠断面示意

节制闸坝设计：在生态沟渠的出水口用混凝土建造拦截坝，拦截坝的高度为 0.5m，低于排水沟渠渠埂 0.1m，拦截坝总长为 0.6m，总宽为 1.25m，并在拦截坝上建一个排水节制闸。排水节制闸的闸顶高程为 0.45m，闸底高程设计为 0.1m，闸孔净高设计为 0.35m，闸孔净宽设计为 0.4m，闸门采用直升式平面钢闸门。排水口底面离渠底 20cm，根据需要可将拦截沟渠的水位分为 20cm（旱作）、50cm（种植水稻及水生蔬菜）溢流 2 种状态。

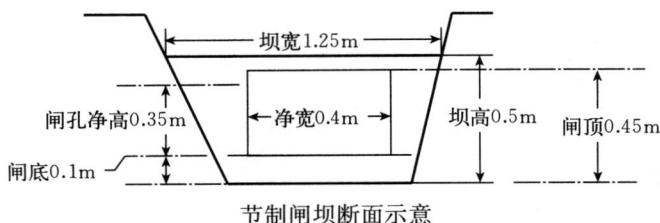

节制闸坝断面示意

透水坝设计：透水坝其剖面为梯形复式结构，与渠壁相接，用炉碴、碎砖等多孔材料建成渗漏型生态拦截坝，坝体横断面规格与沟渠相同。右图左下角设置直径（R）为 0.3m 的泄洪洞。坝体纵切面呈梯形，高 0.6m，上宽 0.3m，坝底 0.8m，边坡坡度为 1∶0.42。透水坝分布在沟渠中，起址坝离拦水节制闸坝前 1m，以后每间隔 50～100m 设 1 座。

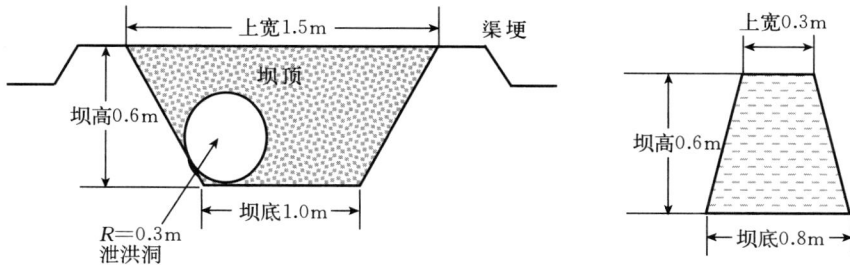

透水坝断面（左）和纵切面（右）示意

植物配置：沟底两侧单行扦插 8～10cm 灌木柳段，相距间隔 25～30cm。沟底中央分段种植茭白、香蒲、再力花及狐尾藻等水生植物，密度保持在 10～20 株/m²，后续根据稀疏度进行间除或收割。加设过滤坝，拦截吸附径流氮磷养分。沟渠播种狗牙根、沙地柏及五叶地锦等护坡植物。

（四）净化塘建设

在沟渠的末端，毗邻农田，利用原有水塘建设初期高浓度氮磷排水收集净化塘。水塘边坡与塘底处理通沟渠，四周扦插 8～10cm 灌木柳段，行距 40cm，株距 25～30cm。水塘中央分区定植茭白、香蒲、再力花等挺水植物，分区种植狐尾藻、睡莲等浮水植物。加设太阳能漂浮式曝气装置。

（五）回灌设施配置

在净化塘边缘底部挖设一个面积 1m²、深 1m 的方向深水池，四周砖混结构，放置潜水泵，上盖用 1cm×10cm 格栅封盖，定期将净化的尾水回灌菜地或农田。

三、适宜区域

技术适用于降雨集中、径流量大、农田氮磷流失系数较高、河网密集的平原和山区。

四、注意事项

秸秆吸脱沟的秸秆层保持在 10cm 左右厚度，上面覆土高度与地面齐平，不影响田面正常作业。

技术依托单位

1. 农业农村部环境保护科研监测所

联系地址：天津市南开区复康路 31 号

邮政编码：300191

联系人：张贵龙　李　洁

联系电话：022-23611819

电子邮箱：lijie@caas.cn

2. 农业农村部农业生态与资源保护总站

联系地址：北京市朝阳区麦子店街 24 号

邮政编码：100125

联 系 人：居学海

联系电话：010-59194176　13301020956

电子邮箱：juxuehai@163.com

黄淮海地区保护性耕作机械化技术

一、技术概述

（一）技术基本情况

1. 技术研发推广背景

20 世纪 30 年代，随着农业机械化大面积应用，连年地表翻耕导致土壤风蚀加剧，美国中西部多次发生严重黑风暴，造成 3 亿多 t 表土被卷进大西洋。1935 年，美国出台土壤保护法，开始研究免耕播种技术，1960 年大面积推广，后来逐步发展成为保护性耕作。目前，保护性耕作已成为美国、澳大利亚、巴西、阿根廷等国家主流耕作技术，应用面积占本国耕地面积的 40%～80%。

我国从 20 世纪 70 年代末开始研究关注免耕、秸秆覆盖、深松等相关技术。中国农业大学从 1992 年开始研制开发免耕播种机，并在山西省临汾市尧都区等地示范应用。从 2002 年起，国家安排保护性耕作专项资金，加大科研推广投入力度，在北方地区进行大范围试验示范。经过多年努力，我国保护性耕作技术模式总体定型，关键机具基本过关，已经具备在适宜区域进一步推广应用的基础。

黄淮海地区是我国小麦、玉米主产区，多年的传统耕作方式导致该地区土壤存在有机质含量降低、地力下降、土壤结构恶化等方面的问题。在当前中央大力推进"碳达峰、碳中和"的形势下，大力在黄淮海地区推广应用保护性耕作技术对推动农业生产固碳减排、保障粮食安全、实现农业现代化与生态文明建设的"双赢"具有重要的现实意义。

2. 解决的主要问题

实践证明，本项目提出的"黄淮海地区保护性耕作机械化技术"具有保护农田、减少扬尘、抗旱节水、培肥地力、提高单产、降低成本、增加收入等多种作用。

（二）技术示范推广情况

截至目前，黄淮海地区保护性耕作机械化技术已在山东、河南、安徽等省份进行了大面积推广应用，并形成制定了 NY/T 3484—2019《黄淮海地区保护性耕作机械化作业技术规范》，分小麦玉米两季作物秸秆全量覆盖还田、玉米青贮小麦秸秆覆盖还田、小麦秸秆离田玉米秸秆覆盖还田三种类型，对小麦、玉米的保护性耕作技术提出了具体要求。据统计，仅青岛市实施保护性耕作的面积达到 154 万亩，占全市小麦种植面积 28% 以上，覆盖乡镇 27 个，并在西海岸新区、胶州市、平度市、莱西市、即墨区建设保护性耕作示范区 28 个。全市小麦免耕播种机保有量 6 500 多台，玉米免耕播种机保有量 23 000 多台。

（三）提质增效情况

通过实施保护性耕作技术，年增产粮食 3 625 万 kg 以上，节省灌溉用水 1.36 亿 m^3，节省用工 532 万个，节约生产成本 7 259 万元，节本增收总效益达到 1.38 亿元；同时，有效减少了水土流失与 CO_2 等温室气体排放量，形成了十分显著的经济与生态效益。

一是节本增收效益明显。保护性耕作技术取消了铧式犁翻耕，采用机械化复式作业，一年可减少作业工序2～3道，降低作业成本20%以上，平均每亩节约作业成本30元，有效提高了农民种田收益。通过免耕、少耕与秸秆残茬覆盖，避免了耕作失墒，减少了土壤水分蒸发，大大提高了土壤含水量。

二是耕地质量大幅提高。小麦、玉米秸秆全部还田后，相当于每年每亩增加氮、磷、钾肥73.5kg，且降低了土壤的容重，增加了土壤透水透气性与蓄水保墒能力，土壤团粒结构发生变化，保持疏松状态，有效缓解了土壤易板结的问题。据2011—2013年三年观察测算，小麦玉米轮作区通过实施保护性耕作，麦田每年可增加土壤有机质0.1%～0.2%，玉米田每年可增加土壤有机质0.2%～0.3%。保护性耕作土壤蚯蚓明显多于常规，土壤微生物的数量明显增加，土壤酶活性提高，土壤物理（结构、水分等）、化学（养分和污染物）和生物学（生物、微生物）等性状逐步改善。从试验数据可以看出，保护性耕作培肥土壤的效果已初步显现。保护性耕作改善了土壤质量，提高了耕地质量。

三是生态环境效益显著。保护性耕作是解决秸秆焚烧、减少温室气体排放的重要措施。实施保护性耕作，采用机械化秸秆还田技术，为秸秆找到了出路，变废为宝。大面积实施秸秆还田，使碳元素以固态的形式存在于土壤中，从而减少了空气中二氧化碳气体的总量，减少温室气体排放；同时，还具有防治农田扬尘、水土流失和抑制沙尘暴的作用。

四是社会效益明显。通过项目的实施，可有效提高广大农民群众对保护性耕作技术的认知水平和接受能力，农民主动采用保护性耕作的步伐将大大加快，同时也可提高农民科学种田的意识，促进形成学知识、用技术的良好氛围，提高农业劳动力的整体素质。

（四）技术获奖情况

无。

二、技术路线及要点

（一）技术路线

黄淮海地区保护性耕作机械化技术主要包括小麦玉米两季作物秸秆全量覆盖还田、玉米青贮小麦秸秆覆盖还田与小麦秸秆离田玉米秸秆覆盖还田三种类型。技术路线如下：

1. 小麦玉米两季作物秸秆全量覆盖还田

夏季小麦收获和秸秆根茬处理→玉米免耕施肥播种→田间管理（节水灌溉、杂草控制与病虫害防治、追肥）→秋季玉米收获和秸秆根茬处理→深松作业→小麦免耕施肥播种→田间管理（节水灌溉、杂草控制与病虫草害防治、追肥镇压）→夏季小麦收获和秸秆根茬处理。

2. 玉米青贮小麦秸秆覆盖还田

夏季小麦收获和秸秆根茬处理→玉米免耕施肥播种→田间管理（节水灌溉、杂草控制与病虫害防治、追肥）→秋季玉米青贮收获和秸秆根茬处理→深松作业→小麦免耕施肥播种→田间管理（节水灌溉、病虫草害防治、追肥镇压）→夏季小麦收获和秸秆根茬处理。

3. 小麦秸秆离田玉米秸秆覆盖还田

夏季小麦收获和秸秆根茬处理（秸秆离田外运）→玉米免耕施肥播种→田间管理（节水

灌溉、杂草控制与病虫害防治、追肥)→秋季玉米收获和秸秆根茬处理→深松作业→小麦免耕施肥播种→田间管理(节水灌溉、杂草控制与病虫害防治、追肥镇压)→夏季小麦收获和秸秆根茬处理(秸秆离田外运)。

(二)技术要点

1. 深松整地

尽可能不翻耕、不旋耕、少动土。为打破犁底层,采用偏柱式或凿(铲)式深松机在前茬作物收获后、下茬作物播种前进行机械化深松,一般2~3年深松一次,适宜作业的土壤含水量为15%~25%,深松深度30~40cm,土壤膨松度≥40%,作业后地表平整、无漏松和重松,适度镇压。如采用凿(铲)式深松机,相邻两铲间距不得大于2.5倍深松深度,深松后的裂沟要合塥抹平。

深松联合整地

2. 免(少)耕播种

播种时不整地,利用免(少)耕播种机一次性完成开沟、播种、施肥、覆土和镇压作业,尽量不动土或少动土,动土率应小于40%,在秸秆覆盖条件下不拖堆、不拥堵,保证较高的播种精度和出苗率。夏季麦茬地播种玉米可采用凿铲型免耕精量播种机(如玉米清茬免耕施肥播种机、深松免耕施肥播种机)作业,秋季玉米茬地少免耕播种冬小麦可采用带状条耕小麦免(少)耕播种机作业。

玉米清茬免耕施肥播种机

深松免耕施肥播种机

3. 病虫草害防控

按农艺要求进行苗前和苗后除草,视病虫害发生情况进行正常防治。主要通过适用自走式高地隙喷杆喷雾机或无人植保机进行高效药剂喷施,采取播后苗前封闭、苗后除草、统防统治的方式进行化学防控。

4. 收获及秸秆还田

作物成熟后,采用自走式联合收割机(根据情况配备秸秆粉碎还田装置)进行适时收获。根据当地实际情况,因地制宜确定秸秆覆盖形式。需要秸秆粉碎还田的,采用联合收割机自带粉碎装置或单独使用秸秆粉碎还田机将粉碎后的秸秆全量均匀覆盖地表，玉米秸秆粉碎长度应不大于 10 cm，小麦秸秆粉碎长度不大于 15 cm，抛撒不均匀度不大于 20%。留茬高度根据当地农艺要求而定，一般留茬高度为 10 cm 左右。应尽量增加秸秆覆盖还田比例，秸秆有综合利用需求的地区可进行打捆离田，但应保证秸秆覆盖比例不少于 30%。

秸秆粉碎覆盖

（三）配套机具

配套机具主要包括小麦苗带浅旋免耕播种机、玉米免耕施肥播种机、玉米深松全层施肥免耕精量播种机、秸秆灭茬还田机、喷杆喷雾机或植保无人机、深松机和垂直耕作机械等。

三、适宜区域

黄淮海麦玉两熟地区。

四、注意事项

（一）低温问题

保护性耕作模式下，早春地温回升较慢，可能导致春播作物播种期延迟，出苗、保苗难，幼苗生长缓慢。

（二）杂草与病虫防治问题

保护性耕作不翻动土壤，杂草不能掩埋，多年生杂草有增加趋势，杂草的数量增多，杂草种类也发生着变化。同时，病害（主要是土传病害）和害虫（尤其是地下害虫）的发生概率提高，严重影响作物出苗率及生长发育。

（三）农家肥施用问题

保护性耕作不翻耕土壤，农家肥难以掩埋，目前还没有合适的农业机械可以将农家肥混入土中，农家肥如何施用成了一个问题。

（四）免耕播种机秸秆堵塞问题

要根据机具对秸秆和地表的适应能力，控制免耕播种机行进速度，宜慢不宜快，有秸秆拖堆、壅土现象及时排除，减少漏播、重播和漏压情况，保障播种质量。

技术依托单位

1. 农业农村部农业机械化总站

联系地址：北京市朝阳区东三环南路 96 号农丰大厦

邮政编码：100122

联 系 人：张树阁　徐　峰　程胜男

联系电话：010-59199056　13401133675

电子邮箱：moralzjxc@163.com

2. 青岛市农业技术推广中心

联系地址：山东省青岛市市南区燕儿岛路 10 号凯悦中心 2607

邮政编码：266071

联 系 人：朱宪良　尹诗洋

联系电话：0532-81707528

电子邮箱：ysy264300@163.com

3. 中国农业大学保护性耕作研究院

联系地址：北京市海淀区清华东路 17 号

邮政编码：100083

联 系 人：李洪文　王庆杰

联系电话：010-62737300

电子邮箱：wangqingjie@cau.edu.cn

东北地区玉米秸秆还田技术

一、技术概述

（一）技术基本情况

目前，我国秸秆肥料化利用主要包括秸秆直接还田和离田肥料化利用两种方式，直接还田约占整个秸秆综合利用的 2/3。秸秆还田事关农业绿色发展和耕地资源保护，推动农作物秸秆以更加合理、科学、高效的方式还田，是现阶段秸秆利用的一项重要任务。本技术是针对东北地区（辽宁省、吉林省、黑龙江省以及内蒙古东部地区）玉米秸秆处理困难、农田土壤侵蚀严重、土壤有机质含量持续下降、生产成本居高不下等问题研究形成的技术体系。通过该技术，实现了玉米秸秆还田，解决了土壤干旱退化、地力下降和作业成本高等问题，且有效避免了秸秆焚烧造成的环境污染问题。东北地区玉米秸秆还田技术主要是以覆盖还田、翻埋还田和碎混还田等技术为核心，实现了东北地区作物轮作、农机农艺融合、生产生态协调发展。

（二）技术示范推广情况

近 4 年来，东北地区秸秆还田面积达到 2 亿亩，直接还田量达 7 100 多万 t，为黑土耕地提供了大量的有机质、氮、磷、钾和微量元素，有力推动了"藏粮于地、藏粮于技"战略落实，为巩固东北黄金玉米带地位、保障粮食安全提供了基础支撑。黑龙江集贤、吉林梨树、辽宁铁岭、内蒙古科尔沁右翼前旗等秸秆还田土壤质量定点监测数据显示，2019 年土壤有机质含量较 2016 年平均增加了 0.3～0.5g/kg，覆盖还田使地表土壤径流降低 60％以上，切实保护了黑土地这一耕地中的"大熊猫"。中国科学院东北地理与农业生态研究所监测显示，连续实施 5 年后，表层 20cm 土壤有机质含量相对提高 10％，10 年后提高 21％，15 年后提高 52％，有机质含量从 28.28g/kg 增加至 43.02g/kg。东北地区监测显示，秸秆还田技术可降低农田扬尘 35％以上，降低地表径流 40％～80％，每亩可节省作业成本 50 元以上。2003—2014 年，黑龙江省先后在兰西、泰来、肇州等地布点试验，专门组建以机械化保护性耕作为核心的现代农机专业合作社近 20 个；2015—2016 年，黑龙江省建立 18 个旱田机械化保护性耕作示范县，每个县安排核心示范区面积 1 000 亩，且依托当地农机合作社建立 2 个示范基地进行典型示范。

（三）提质增效情况

与传统耕种方式相比，此项技术减少了春季清理秸秆、机械耕整地等作业环节，土壤水分充足、肥力提升，可降低作业成本 30％～40％，亩均节省作业成本 55 元，粮食增产幅度可达到 3％～8％，平均亩增产 30kg，按玉米平均市场价格 1.3 元/kg 计算，亩均增加产值 39 元，亩均节本增效 94 元。

（四）技术获奖情况

无。

二、技术要点

（一）核心技术

1. 覆盖还田

玉米收获后秸秆粉碎还田均匀覆盖地表，前茬没有深耕基础地块，采取条带深松覆盖还田，即秋季或翌年春播前使用深松碎土机沿垄体进行深松碎土，沿深松碎土带播种；前茬有深耕基础或易旱地块，采取条带归行覆盖还田，即秋季或翌年春播前采用秸秆归行机，将播种带秸秆归集到空闲带，沿秸秆清洁带播种；春旱重或易旱的川岗地块，采取原位覆盖还田，即在秸秆均匀覆盖地表原位不动状态下直接免耕播种。

深松碎土整地田间状态

玉米秸秆全量覆盖免耕播种

玉米秸秆还田垄沟深松后田间状态

深松整地覆盖还田技术流程：机械收获→秸秆粉碎→灭茬深松→播种→封闭除草→茎叶除草→垄沟深松→中耕培土→机械收获。

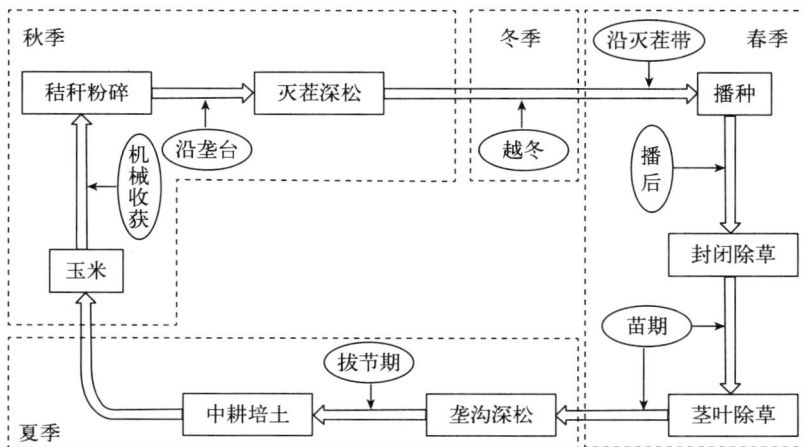

深松整地覆盖还田技术流程

秸秆归行覆盖还田技术流程：机械收获→秸秆粉碎→秸秆归行→播种→封闭除草→茎叶除草→垄沟深松→中耕培土→机械收获。

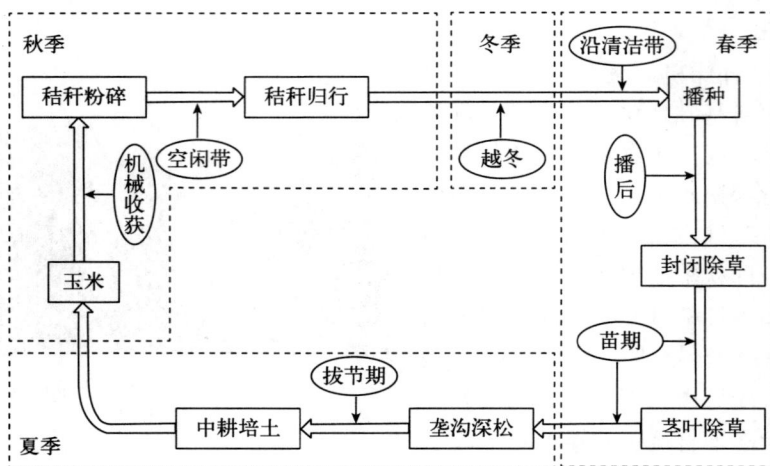

秸秆归行覆盖还田技术流程

覆盖还田免耕播种技术流程：机械收获→秸秆粉碎→原位覆盖→免耕播种→封闭除草→茎叶除草→垄沟深松→中耕培土→机械收获。

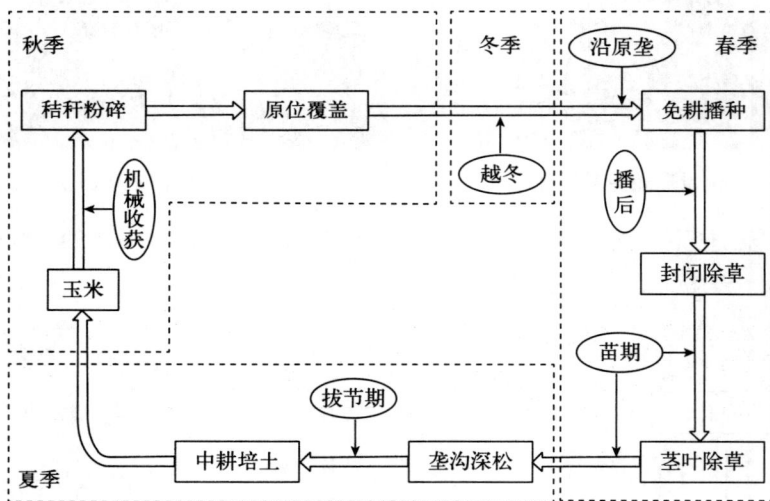

覆盖还田免耕播种技术流程

2. 翻埋还田

玉米收获后秸秆粉碎还田均匀覆盖地表，秋季翻耕整地将秸秆翻埋到土壤中，在东北北部厚层黑土区耙地后起垄越冬，春季垄上播种；在东北中部薄层黑土区耙地后整平，春季采用宽窄行或均匀垄平播播种。

秸秆翻埋还田垄作技术流程：机械收获→秸秆粉碎→翻耕整地→耙后起垄→播种→封闭除草→茎叶除草→垄沟深松→中耕培土→机械收获。

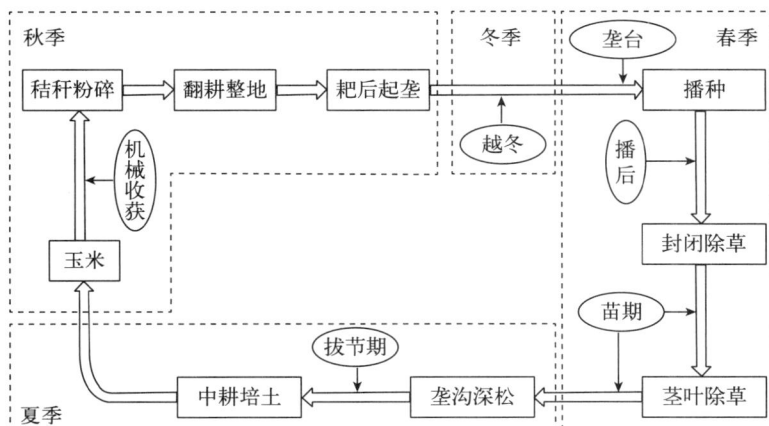

秸秆翻埋还田垄作技术流程

秸秆翻埋还田平作技术流程：机械收获→秸秆粉碎→深翻整地→旋耕耙平→平播、镇压→封闭除草→中耕追肥→病虫防控→机械收获。

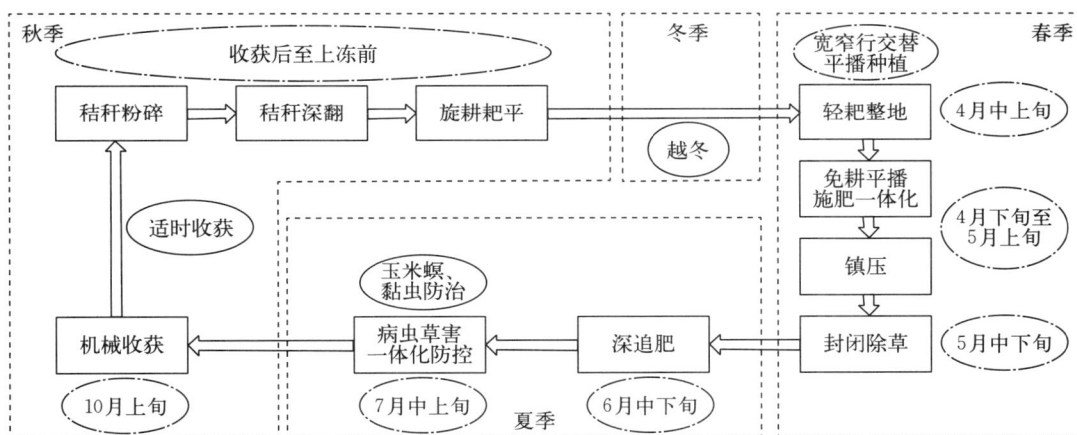

秸秆翻埋还田平作技术流程

3. 碎混还田

在有坐水种植或灌溉条件的地块，玉米收获后秸秆粉碎还田均匀覆盖地表，秋季进行耙茬深松或旋耕深松，起垄越冬，春季土壤墒情不足地区可采用坐水播种或播后灌溉。

碎混还田技术流程：机械收获→秸秆粉碎→耙茬深松/旋耕深松→起垄→坐水播种/播后灌溉→封闭除草→茎叶除草→垄沟深松→中耕培土→机械收获。

玉米秸秆碎混还田田间状态

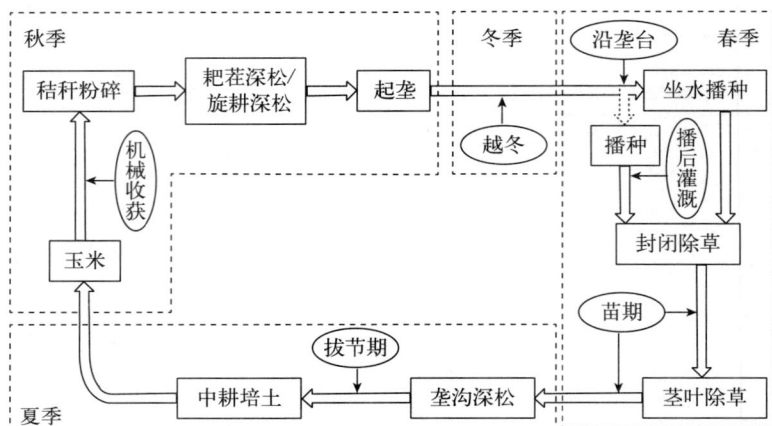

秸秆碎混还田坐水播种（或播后灌溉）技术流程

（二）配套技术

1. 玉米秸秆粉碎处理

作业要求与作业质量：秸秆粉碎作业时土壤含水量≤25％，秸秆粉碎长度≤15cm、呈撕裂状，平均留茬高度≤10cm，秸秆粉碎长度及留茬高度不合格率≤10％，抛撒不均匀率≤20％；抛撒均匀、无堆积。

机具选择与使用：选用具有秸秆粉碎装置的玉米联合收割机或秸秆粉碎还田机进行秸秆粉碎作业。

作业流程：采用具有秸秆粉碎装置的玉米联合收割机粉碎玉米秸秆，一次完成玉米收获和秸秆粉碎作业；玉米机械收获后，留茬过高、秸秆粉碎达不到要求时，应采用秸秆粉碎还田机再进行一次粉碎作业。

2. 土壤耕作措施

（1）翻耕 作业要求与作业质量：翻耕作业时土壤含水量≤25％、作业耕深≥22cm、耕深稳定性变异系数≤10％、立垡和回垡率≤5％、漏耕率≤2.5％、重耕率≤5％，地头横向翻地地边整齐。

机具选择与使用：选用悬挂式双向翻转铧式犁、圆盘耙完成翻地和耙地作业。

作业流程：在玉米完成收获和田间秸秆粉碎后及时秋翻地，翻后及时耙地，在土壤封冻前完成翻耙和辅助整地作业，待播状态越冬。在翻地前每亩撒施尿素 5～7kg，同时喷施秸秆腐熟剂，随翻地作业混入土壤。

（2）条带深松碎土 作业要求与作业质量：作业时土壤含水量≤25％，沿上茬作物垄台进行深松、碎土，深松深度 25～35cm，碎土宽度 30～35cm，深度 10～12cm，碎土率≥55％；地表秸秆归于垄沟，秸秆覆盖率≥40％。

机具选择与使用：采用深松灭茬整地机进行深松、碎土灭茬，一次完成作业。

作业流程：在玉米完成收获和田间秸秆粉碎后及时沿上茬作物垄台进行深松、碎土灭茬，在土壤封冻前完成整地作业，需要春季整地的田块，在播种前随整地随播种；可在整地前喷施秸秆腐熟剂。

（3）秸秆归行 作业要求与作业质量：播种前不进行整地作业。在秸秆粉碎还田均匀抛撒覆盖地表状态下，秋季或翌年春播前将播种带秸秆归集到空闲带，作业时土壤含水量≤25%，播种带清除秸秆宽度≥60cm、空闲带秸秆覆盖宽度≤70cm，播种带秸秆残留率≤20%。

机具选择与使用：选用秸秆归行机或搂草机。

作业流程：在田间玉米秸秆粉碎后，秋季或翌年春播前采用秸秆归行机或搂草机，将播种带秸秆归集到空闲带，实施 40/90 宽窄行种植（苗带窄行距 40cm、宽行距 90cm），秸秆在宽行内；可在播种前喷施秸秆腐熟剂。

3. 秸秆还田后的农艺管理

施肥：根据当地测土配方结果确定化肥用量，种肥采取侧深分层施肥，施于种子侧向 5～6cm，深度为种下 5～6cm 和 10～11cm 两层，各占 50%。东北南部地区一般每公顷施纯 N 120～160kg、P_2O_5 80～85kg、K_2O 95～100kg 的缓释复混肥；东北中部地区一般每公顷施入纯 N 135～165kg、P_2O_5 80～100kg、K_2O 70～90kg；东北北部地区一般每公顷施纯 N 100～150kg、P_2O_5 75～112kg、K_2O 60～75kg。

中耕管理：在作物苗期进行垄沟或行间深松，结合追肥中耕培土 1～2 次。

水分管理：作物遇旱时适时灌溉。

施药：农药选择、使用，应按照 GB/T 8321、NY/T 1276 及农药产品标签的规定使用农药。应选用低残留对下茬作物安全的除草剂，采取播后封闭和苗期喷施茎叶除草剂两次化学除草。在病情、虫情预测预报的指导下，及时防治病虫害。

三、适宜区域

东北旱作区。

四、注意事项

其一，需要秋整地的地块，在土壤含水量≤25%时进行整地作业效果较好；无法完成秋整地的地块需要进行春整地，要随整地随播种。

其二，秸秆覆盖还田地块，要求春季降水量不宜过多，土壤含水量不宜过高。进行碎混还田的地块要求有与之配套的灌溉补水设施。

其三，选择与本地积温相适应的玉米品种，施肥量与当地农户施用量相同即可。

其四，喷施封闭除草剂时，秸秆覆盖作业地块较其他地块晚 2～3d，除草效果更好。

技术依托单位

1. 东北农业大学

联系地址：黑龙江省哈尔滨市香坊区长江路 600 号

邮政编码：150030

联 系 人：龚振平

联系电话：13936495248

电子邮箱：gzpyx2004@163.com

2. 吉林省农业科学院

联系地址：吉林省长春市生态大街 1363 号

邮政编码：130033

联　系　人：蔡红光

联系电话：0431-87063128

电子邮箱：caihongguang1981@163.com

3. 农业农村部农业生态与资源保护总站

联系地址：北京市朝阳区麦子店街 24 号楼 13 层

邮政编码：100125

联　系　人：薛颖昊　孙仁华

联系电话：010-59196384

电子邮箱：stzzstnyc@163.com

秸秆饲料化加工利用关键技术

一、技术概述

（一）技术基本情况

近几年我国畜牧业快速发展，人畜争粮等问题日益明显。2014—2019 年，我国饲料玉米消费由 1.97 亿 t 增长到 2.29 亿 t，增长 0.32 亿 t，增长率为 16.24％；全国玉米籽粒将近 70％用于饲料。我国是农业大国，作物秸秆资源丰富，2020 年秸秆总量 8.56 亿 t，可收集量为 7.22 亿 t，秸秆饲料化利用率占比为 15.4％（约 1.11 亿 t）。在控制秸秆加工成本的前提下，改善秸秆适口性、提高消化率，在牛羊等反刍动物日粮中提高粗饲料的利用率可达到玉米减量的目标。本成果主要围绕秸秆饲料化利用加工技术、低成本养殖技术、家畜健康安全养殖技术等方面进行技术攻关，研制了秸秆专用发酵菌制剂、菌酶复合制剂、秸秆膨化发酵饲料、秸秆全混合颗粒饲料等，推进秸秆资源的饲料化利用，解决了家畜粗饲料资源短缺的难题，降低了养殖业生产成本，并实现秸秆资源高效与循环利用，同时大大减少了秸秆焚烧造成的资源浪费和环境污染的问题。

（二）示范推广情况

通过研发秸秆专用发酵菌制剂，集成秸秆生物发酵技术、秸秆膨化发酵（调制）技术、秸秆颗粒饲料加工技术及其牛、羊饲喂技术，有效改善秸秆适口性，提高了消化率，实现了"农加＋牧饲""农区秸秆进牧区"，显著提高了养殖户经济效益。目前，全国建立示范基地 25 处，覆盖黑龙江（齐齐哈尔市）、吉林（公主岭市、农安县、辽源市）、辽宁（沈阳市、朝阳市）、新疆（喀什麦盖提县）和内蒙古（兴安盟、通辽市、呼伦贝尔市、赤峰市、锡林郭勒盟、乌兰察布市、巴彦淖尔市、呼和浩特市）等地，技术覆盖肉羊 120 万只、肉牛 30 万头。

（三）提质增效情况

1. 研发秸秆专用发酵菌制剂，集成改进了秸秆生物发酵技术，突破了秸秆纤维物质消化率低的技术瓶颈问题

筛选和分离出降解秸秆纤维物质、提高消化率的菌种和酶制剂，探索出不同载体、不同水分含量下菌体的活性与存放时间等关键参数，研发出菌制剂、菌酶复合制剂的生产工艺，加工生产了秸秆专用发酵制剂，显著提升玉米秸秆发酵的效果，使其消化率提高了 8.96％。

2. 通过加工调制技术，改善秸秆适口性，提高利用效率

针对秸秆适口性差、营养价值低、消化率低问题，通过膨化发酵（调制）技术、颗粒加工技术，配方创新，研发了秸秆生物发酵饲料、秸秆膨化发酵饲料、秸秆全混合发酵饲料、秸秆颗粒饲料、秸秆全混合颗粒饲料等产品，改善了秸秆适口性，弥补了秸秆营养不平衡性，提高了家畜采食量和饲料利用率。

3. 通过制粒压块，减小体积，提高秸秆资源的流通性

为实现秸秆的远距离运输，根据不同需求，搭配其他农副产品和地源性饲料资源，设计秸秆颗粒饲料、秸秆全混合颗粒饲料、双颗粒（秸秆＋精）饲料等配方及制粒加工参数，

秸秆专用发酵菌制剂

形成秸秆颗粒压块等产品，促进秸秆资源的商品化运输，提高流通性。

4. 通过营养平衡和科学配比，提高采食量，降低养殖成本

以玉米秸秆每吨为 300～400 元计算，调制加工秸秆颗粒饲料后成本为 700～800 元，与羊草 1 600 元/t、国产苜蓿 2 300 元/t 的价格（2021 年）相比具有明显的价格优势。以每只羊每天采食 1.5kg 粗饲料计算，如果玉米秸秆替代 30%～50% 的粗饲料，那么一只羊一天可以节约饲料成本（与羊草相比）0.48～0.54 元，一只羊一个枯草季节（以 11 月到翌年 4 月计算）可以节约 86.4～97.2 元，按照饲养 200 只基础母羊的养殖户计算，每户一年可以节约饲料成本 1.73 万～2.0 万元。秸秆生物发酵饲料节本效应更为明显。

5. 通过生物转化，过腹还田，促进生态恢复，减少环境污染

建立"农加＋牧饲"模式，推进秸秆膨化发酵技术、颗粒加工技术，推进农区秸秆进牧区，减少牧区冬春季节放牧，促进草原生态恢复，减少了农区因秸秆资源过剩而发生的秸秆焚烧现象，降低了资源浪费和环境污染。

（四）获奖情况

1. 地方标准 2 项

DB15/T 1441—2018《肉用羊全混合生物发酵饲料制作规程》，DB15/T 1440—2018《育肥羊全混合日粮颗粒饲料配制及饲喂技术规程》。

2. 获奖

"全株玉米及秸秆菌酶发酵技术"获得 2021 年度第二十三届中国国际高新技术成果交易会优秀产品奖。

二、技术要点

针对秸秆适口性差、消化率低、营养价值低、运输不便等问题，创制膨化技术、膨化发酵技术、营养元素平衡调制技术、制粒压块技术和饲喂技术，研发了秸秆膨化发酵饲料、秸秆营养草料复合颗粒饲料等产品，提出了农区秸秆加工离田、向牧区供应调运的利用思路，建立"农加＋牧饲"模式，解决北方牧区及农牧交错区冬季越冬母畜粗饲料不足的难题。

（一）秸秆膨化发酵饲料

将秸秆除尘除杂，铡短（1～3cm）、粉碎或揉碎，再用膨化设备膨化后，补水加菌调制后打捆裹膜，入库发酵。膨化是依靠秸秆与挤压腔中的螺套壁及螺杆之间相互挤压、摩擦作用，产生热量和压力，当秸秆被挤出喷嘴后，压力骤然下降，从而使秸秆体积膨大的操作工艺。秸秆膨化发酵饲料一般水分含量控制在 50%～60%，菌制剂添加量为秸秆重量的0.1%，拉伸膜包裹一般为 4 层。

秸秆膨化加工及膨化发酵饲料

（二）秸秆颗粒饲料

秸秆除尘除杂，铡短、粉碎成粉末，烘干，经过制粒机压制形成的一定形状和大小的颗粒。调制水分含量应控制在 14%～17%，物料温度控制在 70～90℃，入机蒸汽应减压至 220～500kPa，入机蒸汽温度控制在 115～125℃，调节机器压缩比为 1：（5～6）。加工玉米秸秆颗粒应选用加厚型环模，并根据饲喂对象选择环模规格，羊用颗粒料选择环模孔径 4～6mm，牛用颗粒料选择环模孔径 6～8mm。颗粒长度为直径的 2～5 倍。

（三）秸秆全混合颗粒饲料

根据不同生长时期的牛、羊营养需要量，在粉碎好的秸秆中添加适宜比例的碳氮原料（非蛋白氮、玉米、麸皮、维生素、矿物质、糖蜜）、黏合剂等进行调制，经过完全搅拌混合，利用制粒设备加工成为秸秆全混合颗粒饲料。制粒工艺条件同上。

秤秆全混合颗粒饲料

（四）秤秆饲料饲喂技术

根据秤秆饲料的实测营养成分含量，结合家畜不同生长时期营养需要量，配以精饲料、矿物质及其他牧草等制定饲喂计划和日粮配方，降低精饲料使用量。秤秆饲料建议饲喂量：母羊 800～1 000g/d；育肥羊育肥前期的日粮中秤秆占比约 40%，育肥后期的日粮中秤秆占比约 30%。奶牛 4 000～5 000g/d；育肥牛 1 500～2 000g/d。

膨化发酵饲料饲喂育肥肉羊

秤秆全混合颗粒饲料饲喂育肥肉羊

秤秆饲料饲喂技术

三、适宜区域

北方农区、农牧交错区和北方牧区，包括黑龙江、吉林、辽宁、内蒙古、山东、山西、河北、河南、宁夏、甘肃、新疆等地区。

四、注意事项

其一，秤秆饲料化利用中除尘除杂是关键环节，建议采用"茎穗兼收"方式，在收获籽粒的同时秤秆不落地直接打捆，从源头解决秤秆离田带土的问题，避免尘土较多，影响牲畜采食适口性和健康。

其二，发酵饲料存放期间防止鼠害、鸟害，定期检查有无进水等。

技术依托单位

1. 内蒙古自治区农牧业科学院

联系地址：内蒙古自治区呼和浩特市玉泉区昭君路 22 号

邮政编码：010031

联 系 人：薛树媛

联系电话：13947189385

电子邮箱：shuyuanxue@163.com

2. 中国科学院东北地理与农业生态研究所

联系地址：吉林省长春市高新区盛北大街 4888 号

邮政编码：130102

联 系 人：钟荣珍

联系电话：13620790036

电子邮箱：zhongrz1685@163.com

3. 中国农业科学院饲料研究所

联系地址：北京市海淀区中关村南大街 12 号

邮政编码：100081

联 系 人：屠 焰

联系电话：13641207606

电子邮箱：tuyan@caas.cn

秸秆种植赤松茸高值化循环利用关键技术

一、技术概述

（一）技术基本情况

我国是农业大国，秸秆产量丰富。突破秸秆高值化利用技术难关，创新利用模式，发展多级循环利用，大幅增加经济效益，是调动群众秸秆利用积极性的关键。为此，山东省组织有关专家，探索并成功推广了利用作物秸秆种植赤松茸、菌渣（还田）养殖蚯蚓、蚯蚓粪肥田的三物循环高值化秸秆利用新技术，亩消化秸秆达 10t、增加效益超 2 万多元，极大提高了秸秆利用的经济效益。

赤松茸又称大球盖菇，是我国近年来兴起的一种食用菌，菇体色泽艳丽，食味清香，具有"素中之荤"之称，市场潜力大。我国大多数地区均可种植赤松茸。栽培原料宽泛，玉米秸、麦秸、稻草、棉秆等农作物秸秆，生姜、大蒜、茄子、辣椒等蔬菜秸秆，以及果树剪枝等都能作为种植原料。栽培用料不苛刻，既可以采用发酵料栽培也可以采用生料栽培。每亩地用料 6 000～10 000kg，栽培料用量大。

在收获赤松茸高效益的同时，出菇后的菌渣可以作为优良的有机肥料直接还田；更进一步利用，还可用来养殖蚯蚓，蚯蚓粪翻地肥沃土壤，可有效改善土壤结构，提高土壤肥力，提高作物抗逆性，减少化肥农药使用量，提高作物产量和品质。该技术经济、生态和社会效益显著，尤其是在果园林下种植，充分利用果园土地、空间资源，发展林下生态循环经济，可有效解决果园土壤酸化问题，从根本上修复果园土壤，对提高果品产量品质意义重大。

（二）技术示范推广情况

该技术简单易学，种植原料丰富，农户种植成功率高，易于推广。种植方式因地制宜，灵活多样，可利用温室大棚种植冬季出菇，价格高，效益好；可以利用桑园、葡萄园及果园（苹果、梨树、桃子、樱桃、核桃、板栗等）、林地等进行林下间作套种，也可以在黄瓜、番茄、茄子行上套种。

本技术自 2015 年以来，在山东省济宁、德州、泰安建立林下食用菌栽培示范基地 10 余个，推广到菏泽、临沂等全省 16 地。并在河南、贵州、四川、重庆、河北、辽宁、黑龙江、甘肃等省份陆续推广，累计 10 万余亩。2021 年秋冬季，上海市投资 4 000 万元在全市推广本技术。

2020 年 12 月，山东农学会组织专家对本技术进行成果评价，认为该技术达到国内领先水平。本技术被《中国农业年鉴》2021 卷"科教兴农"专版收录；2021 年 9 月，在第三届乡村振兴暨脱贫攻坚典型案例交流会上，被全国高等学校新农村发展研究院协同创新战略联盟评为典型案例。

（三）提质增效情况

经济效益显著。根据山东省 10 多个地区推广统计，一般每亩消耗秸秆 6 000～12 000kg，生产赤松茸鲜菇 2 000～4 000kg，平均亩产 2 352kg，养殖蚯蚓 1 000～1 500kg，产生蚯蚓粪（或菌渣）4～10t，亩综合收益可达到 2 万～3 万元。农民增收效果显著。

提高土壤有机质效果明显。出菇后的菌渣是优质的有机肥料，每亩有 4 000～10 000kg 菌渣还田，土壤改良效果明显。通过菌渣还田，土壤有机质及氮、磷、钾等养分含量可提高 30%～110%；林地真菌、细菌群落多样性指数明显提高，好氧细菌、丝状真菌、放线菌三大类群提高 60%～210%，其他主要的功能微生物类群数量显著增加，土壤生物量碳增加。尤其是秸秆种菇-菌渣养殖蚯蚓-蚯蚓粪还田模式，改土效果更加明显，连续三年可使土壤有机质达到 4% 以上。

改良盐碱土效果明显。盐碱地栽培赤松茸可有效改良盐碱土。菌渣就地还田后，盐碱土 EC 值降低 44.19%～87.68%，含盐量降低 50.00%～89.44%，水稳性团聚体增加 58.54%～123.82%，有机质提高 88.64%～558.58%，有效磷提高 378.14%～1 018.03%，碱解氮提高 69.42%～446.63%；生物量碳含量提高 95.86%～313.18%；土壤真菌群落丰富度和 Alpha 多样性显著提高；此外，对于解决连年大量使用化肥导致的土壤连作障碍、病虫害加重、土壤盐渍化、酸化和板结，以及作物产量、品质下降等问题也具有明显效果。

促进秸秆综合利用。该技术将秸秆高值化循环多次利用，转化秸秆量大，综合效益好，提高了农民利用秸秆的积极性，杜绝了秸秆随意堆弃和田间焚烧，改善了农村生活居住环境，是发展生态、循环、高效农业的最佳途径之一。

（四）技术获奖情况

无。

二、技术要点

（一）生料栽培赤松茸

1. 种植季节

林下种植，一般 8 月中旬至 11 月底种植。大棚种植最好在 10 月之前，冬季出菇，价格高。

2. 配料

秸秆 70%＋木屑 30%。木屑是粉碎的果树枝条及杂木枝条。

3. 秸秆处理

麦秸、稻草、大蒜和大姜秸秆不用加工处理；玉米、棉花秸秆切段至 3～5cm 为宜。秸秆打捆收集或黄贮的不用再处理。茄子、辣椒秸秆需打碎，其他秸秆根据以上秸秆情况参照处理。

秸秆处理

4. 原料预湿

一般需预湿 2～3d，使原料充分吸足水；种植面积大，秸秆量大，不易预湿的，可以干料直接铺床。铺料量一般为 15～25kg/m²，厚度 20～25cm。如果加木屑，应铺好秸秆后按比例撒上木屑，铺上喷淋水带，喷水。每天喷水 3 次，3d 后秸秆基本吸足水分，再将木屑用钩子扒一遍，使木屑漏至料内。

5. 播种

穴播：先把菌种掰碎至枣子大小，不要搓碎；每平方米用菌种 1～2 袋。撒播：将菌种均匀撒于料面，用钩子松动一下让菌种掉入料内。

6. 覆土盖草

覆土厚度 2～3cm，能用开口机覆土的地方用开口机，不能用开口机的可以人工覆土。覆土后，盖树叶或草，以利于保湿。大棚安装喷淋设备的可以不用覆盖。

赤松茸播种（撒播）

7. 发菌期管理

发菌期一般 50d 左右，发菌适宜温度 20～28℃。其间，应保证覆土层潮湿不干，一般不需要喷水。

8. 出菇管理

一般 55d 左右开始出菇，出菇气温 10～26℃，适宜温度 15～22℃。出菇时，加大喷水量，湿透土层，根据覆土湿度决定每天的喷水次数。大棚种植，喷水后要通风。冬季气温低时，中午喷水通风。保证棚内空气新鲜。

9. 采收

赤松茸采摘的大小，根据市场收购的要求进行采摘，但均不能开伞。

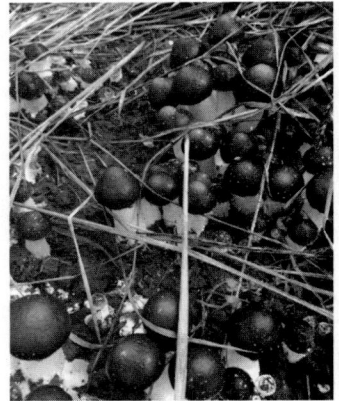

赤松茸出菇

（二）发酵料栽培赤松茸

1. 就地取材，选用科学栽培配方

以当地最为丰富的农作物秸秆为主料，选用科学栽培配方。

配方 1：稻壳 50%，玉米芯（秸）30%，木屑 19%，生石灰 1%。

配方 2：稻壳 70%，木屑 29%，生石灰 1%。

配方 3：杨木屑 49%，玉米芯（秸）25%，稻壳 25%，石灰 1%。

配方 4：棉秸 49%，玉米芯（秸）25%，稻壳 25%，石灰 1%。

配方 5：玉米芯（秸）99%，石灰 1%。

配方 6：麦壳（秸）70%，木屑 29%，石灰 1%。

配方中所用玉米等秸秆类和木屑，需粉碎至 1～2cm，并进行碾压处理。

2. 栽培料发酵处理技术

（1）预湿　将准备好的新鲜无霉变的配料暴晒 2～3d，拌料前 1d 加 1% 石灰水预湿12～24h，备用。

（2）拌料　将预湿的各种配料拌匀，可人工也可以机械拌料，并调湿，要求培养料含水量为 75% 左右。

（3）建堆　将各种原料拌均匀后，建成底宽 1.5～3m、高 1.5m 左右、长度适宜的发酵堆，起堆要松，每隔 40cm 打一个透气孔。

（4）翻堆　当料堆内温度达到 60℃ 以上，保持 24～48h，开始第一次翻堆，重新建堆后仍打透气孔。经过 2～3 次翻堆后，检查培养料发酵程度。当料呈茶褐色，料中有大量白色高温放线菌，无酸臭味，质地松软即发酵结束。

3. 作畦、铺料、播种

作畦：栽培地播种前深翻并浇水一次，然后作畦。畦床宽 1～1.3m，床间距 40cm，畦面呈中间略高的龟背形，铺料前在畦床面上撒一层石灰粉。

铺料播种：每平方米用干料 15～25kg、菌种 0.4～0.6kg，底层铺料厚度为 15cm 左右，将菌种掰成 3cm 左右大小的块状，播种穴距 10～12cm，上层铺料厚度为 5cm 左右。

4. 覆土覆盖

覆土：铺料播种后可覆土，选用腐殖质含量较高且肥沃、疏松、保水强的沙壤土为宜，覆土厚度 3cm 左右，覆土后在菌床上间隔 40cm 左右打透气孔。

覆盖保湿：覆土后在料畦面上加覆盖物保湿，覆盖物可选用散稻草、麦秸、草帘、树叶等，厚度 1～2cm。冬季温度较低时，应在覆盖物上再覆一层塑料薄膜保温。

5. 发菌出菇管理技术

发菌期间料内温度控制在 20～28℃，培养料含水量保持在 65%～70%。出菇期应保持覆土表面湿润，空气相对湿度控制在 85%～95%，温度应在 10～25℃。子实体生长期间保持充足的散射光，避免直射光照射。

当子实体的菌盖呈钟形尚未平展，菌幕未破裂时，及时采收。

（三）菌渣返田技术

出菇后用耙将菌床上菌渣翻散在地面，令其风干，于 6 月雨季来临前进行深翻。根据不同土壤类型，深翻深度 15～35cm。在雨季高温环境下，经土壤微生物的作用，完成菌渣的腐熟和转化，达到改良土壤的作用。

菌渣养殖蚯蚓

（四）菌渣养殖蚯蚓

林下种植：一般在 5 月底，赤松茸收获完毕，将自繁蚯种 100kg 接入菌渣中，蚯蚓养殖管理技术同常规林下养殖蚯蚓。养殖 3 个月后，蚯蚓长大收获。

三、适宜区域

全国各地秸秆资源丰富的地区，特别适合林下种植和果园种植。

四、注意事项

其一，要求农作物秸秆无虫无霉变，玉米、棉花等秸秆预湿前要碾压，以利于水分吸收和发酵。菌渣还田要在 6 月雨季来临前进行深翻。

其二，生料栽培，秸秆在播种前应浸泡 2d，或在铺边后充分浇水。在高温天气下，原料应预发酵 2～3d，翻转散热后用于栽培。培养物含水量应达到 70％～75％。当边缘表面干燥时，也应洒水湿润。要求雾状水湿润涂层，且水不得进入材料。

其三，林下种植，为不影响树木的生长，蘑菇床可建在两棵树的中间或稍微靠近边界的一侧，以便于果园管理。

其四，种植床宽度应为 80～90cm，厚度应为 25～30cm。过宽过厚，温度高时容易使种植床中间部分温度过高，造成烧菌不出菇。

技术依托单位

1. 山东农业大学植物保护学院
联系地址：山东省泰安市岱宗大街 61 号
邮政编码：271018
联 系 人：姜淑霞
联系电话：13583801198
电子邮箱：jsx6206@163.com

2. 山东省农业技术推广中心社会事业部
联系地址：山东省济南市闵子骞路 21 号
邮政编码：250100
联 系 人：徐建堂　刘四敬
联系电话：13505414327　15306414915
电子邮箱：450083127@qq.com

冬小麦节水省肥优质高产技术

一、技术概述

（一）技术基本情况

针对华北平原水资源紧缺，冬小麦现实生产中水肥高投入导致地下水超采、环境污染、经济效益低的突出问题，研究形成节简化栽培技术。本技术以冬小麦（晚播）—夏玉米（晚收）种植体系为整体，采用"大群体、小株型、高收获指数"高产栽培途径，建立了"储墒节灌"（三种节灌模式，足墒播种：春季不灌溉、春灌1水、春灌2水）和"集中施肥"相结合的水肥管理模式，组配关键调控技术，实现了小麦水肥高效和优质高产的统一。其主要技术原理是：①发挥2m土体的水库功能，夏储春用，高效利用周年水肥资源。小麦季充分利用土壤水，减少灌溉水，提高当季水分利用率；麦收后腾出较大库容接纳夏季多余降水，减少水氮流失，提高周年水肥利用率。②发挥适度水分亏缺对作物的有益调控作用，构建高效低耗群体结构并促进籽粒灌浆。拔节前水分调亏促根控叶，改善株型，减少无效生长和水氮损耗；灌浆后期上层水分亏缺，加速灌浆，并改善籽粒品质。③发挥综合技术的协调补偿作用，补偿阶段性干旱胁迫对产量形成的不利影响。通过增加基本苗补偿晚播和前期水分亏缺对穗数的不利影响；通过肥料集中基施促进壮苗，并通过中期因墒补灌稳定粒数；通过增苗扩大种子根群和增穗扩大非叶片光合面积，发挥种子根深层吸收和非叶器官（穗、茎、鞘）光合耐逆机能，补偿后期上层供水不足、叶片功能下降对粒重的不利影响。

冬小麦节水省肥高效灌溉与施肥模式

生育过程	播种→越冬	返青→拔节前	拔节→开花	灌浆→成熟
土壤水分调控目标	水分适宜、晚播增苗增穗、安全越冬	表层水分调亏、促根控叶	水分适宜、保穗稳粒	上层水分调亏、深层吸水、加快灌浆
灌溉模式	浇足底墒水	保墒免灌	因墒补灌（0~2次水）	腾出土壤库容接纳夏季降雨
施氮模式（每亩总氮量10~14kg）	集中基施（70%~100%）		因苗补氮（0~30%）	

（二）技术示范推广情况

本技术2015—2021年连续7年被农业农村部推介为农业主推技术，持续在华北地区大面积推广应用。2018年，以本技术为核心内容的"小麦节水保优生产技术"又被农业农村部列为全国十大引领性农业技术之一。"十三五"期间，本技术与节水品种配套应用，累计推广面积1.1亿多亩，累计节水40亿m³以上，累计节省氮肥（N）约3亿kg，为促进我国小麦绿色增产增效、为华北地区地下水超采治理和农业面源污染防治做出了重要贡献，2020年被农业农村部遴选为"十三五"十大农业科技标志性成果之一。

（三）提质增效情况

在华北中上等肥力土壤上实施该技术，正常年份足墒播种春浇 2 次水（每次灌水 60～75mm）亩产 500～600kg 或以上，春浇 1 次水亩产 450～500kg，春不浇水亩产 400kg 左右，并保优增效，比传统高产栽培方式每亩减少灌溉水 50～100m^3，节省氮素 15％～20％，水分利用效提高 15％～20％，降低温室气体 N_2O 累积排放量 20％～32％。技术措施简化，农民易掌握。

（四）技术获奖情况

本技术获 2010—2011 年度中华农业科技奖科研成果一等奖。

二、技术要点

（一）储足底墒

播前浇足底墒水，以底墒水调整土壤储水，使麦田 2m 土体的储水量达到田间最大持水量的 85％～90％。底墒水的灌水量由播前 2m 土体水分亏额决定，一般在常年 8 月、9 月降水量 200mm 左右条件下，小麦播前灌底墒水 75mm，降水量大时灌水量可少于 75mm，降水量少时灌水量应多于 75mm，使底墒充足。

播前浇足底墒水

（二）优选品种

选用早熟、耐旱、穗容量大、灌浆快的节水优质小麦品种。熟期早可缩短后期生育时间，减少耗水量，减轻后期干热风危害程度；穗容量大的多穗型品种利于调整亩穗数及播期；灌浆强度大的品种籽粒发育快，结实时间短，粒重较稳定，适合应用节水高产栽培技术。精选种子，使种子大小均匀，严格淘汰碎瘪粒。

（三）集中施肥

节水有利于节氮，在节水和节氮条件下，增加基肥施氮比例有利于抗旱增产和提高肥效。节水栽培以"限氮稳磷补钾锌，集中基施"为原则，调节施肥结构及施肥量。一般春浇 1～2 次水亩产 400～600kg，亩用纯氮量 10～14kg，全部基施；或以基肥为主，拔节期少量追施，适宜基：追比 7：3。基肥中稳定磷肥用量，亩施磷（P_2O_5）7～9kg，补施钾肥（K_2O）7～9kg、硫酸锌 1～2kg。

（四）晚播增苗

早播麦田冬前生长时间长，耗水量大，春季需要早补水，在同等用水条件下，限制了土壤水的利用。适当晚播，有利节水节肥。晚播以不晚抽穗为原则，越冬苗龄 3 叶是个界限，生产上以苗龄 3～5 叶为晚播的适宜时期。各地依此确定具体的适播日期。晚播需增加基本苗，以增苗确保足够穗数，并增加种子根数。在前述晚播适期范围内，以亩基本苗 30 万株为起点，每推迟 1d 播种，基本苗增加 1.5 万株，以亩基本苗 45 万株为过晚播的最高苗限。

（五）精耕匀播

为确保苗全、苗齐、苗匀和苗壮，要求：

1. 精细整地

秸秆应粉碎成碎丝状（<5cm）均匀铺撒还田。在适耕期旋耕 2～3 遍，旋耕深度要达13～15cm，耕后适当耙压，使耕层上虚下实，土面细平。

| 前茬秸秆粉碎还田 | 旋耕整地要细平 |

2. 窄行匀播

播种行距不大于 15cm，做到播深一致（3～5cm），落籽均匀。严格调好机械、调好播量，避免下籽堵塞、漏播、跳播。地头边是死角，受机压易造成播种质量差和扎根困难，应先横播地头，再播大田中间。

提高机械播种质量确保出苗均匀

（六）播后镇压

旋耕地播后应强力镇压一遍。应选好镇压机具，待表土现干时，均匀镇压。

播后务必均匀镇压

（七）适期补灌

一般春浇 1～2 次水，春季只浇 1 次水的麦田，适宜浇水时期为拔节至孕穗期；春季浇 2 次水的麦田，第一次水在拔节期浇，第二次水在开花期浇。每亩每次浇水量为 40～50m³。在地下水严重超采区，可应用"播前储足底墒，生育期不再灌溉"的储墒旱作模式，进一步减少灌溉用水。

小麦节水示范田群体长势

三、适宜区域

华北年降水量 500～700mm 的地区，适宜土壤类型为沙壤土、轻壤土及中壤土类型，不适于过黏重土及沙土地。

四、注意事项

强调"七分种、三分管",确保整地播种质量;播期与播量应配合适宜;播后务必镇压。

技术依托单位

1. 中国农业大学

联系地址:北京市海淀区圆明园西路 2 号

邮政编码:100193

联 系 人:王志敏　张英华

联系电话:13671185206

电子邮箱:cauwzm@qq.com

2. 河北省农业技术推广总站

联系地址:河北省石家庄市裕华区裕华东路 212 号

邮政编码:050011

联 系 人:王亚楠　曹　刚

联系电话:0311-86678024

电子邮箱:478958695@qq.com

3. 全国农业技术推广服务中心

联系地址:北京市朝阳区麦子店街 20 号

邮政编码:100125

联 系 人:梁　健

联系电话:010-59194508

电子邮箱:liangjian@agri.gov.cn

植 保 综 合 技 术

ZHIBAO ZONGHE JISHU

水稻鳞翅目害虫性诱控害技术

一、技术概述

(一) 技术基本情况

1. 技术研发推广背景

水稻二化螟、三化螟、稻纵卷叶螟、大螟、台湾稻螟、稻螟蛉、东方黏虫等鳞翅目害虫是我国水稻上发生范围最广、面积最大、危害最严重的一类害虫，常年导致水稻减产 10%～30%，严重时可达 80%以上，甚至绝收。防治鳞翅目害虫的传统方法为施用化学药剂，长期单一使用农药以及每季用药次数过多，造成抗药性上升、害虫再增猖獗、稻田生态破坏、农残超标等一系列负面影响。

采用仿生的昆虫性信息素在稻田环境释放，诱杀靶标害虫，是国际公认的安全绿色防控技术。我国从 20 世纪 90 年代开始研究和试验性诱技术，受当时基础研究和技术发展水平的制约，诱杀对象仅限于二化螟，诱杀效率低，无专用诱捕器，难以实现大面积应用。

从 2005 年开始，针对我国稻区常发的二化螟、三化螟等鳞翅目害虫，通过科研、生产、推广多部门的协作，研发了利用昆虫性信息素防治水稻多种鳞翅目害虫的高效性信息素化合物组分和工业化生产工艺，诱芯的稳定和缓释技术，专用干式蛾类诱捕器，以及田间释放关键技术，大幅度提高了水稻多种鳞翅目害虫的控害效率，并可应用于我国各生态类型稻区。

2. 能够解决的主要问题

一是可高效诱杀靶标害虫，替代化学农药控害。昆虫性信息素诱杀害虫，具有专一性、无残留污染、操作简便、成本低等特点，在生产上用于防治水稻靶标害虫，可高效诱杀各代次的二化螟、三化螟、稻纵卷叶螟、大螟、台湾稻螟、稻螟蛉、东方黏虫等鳞翅目害虫成虫，通过降低害虫交配率，减少田间落卵量和幼虫量，实现控制危害的目的。性信息素诱杀从害虫越冬代或迁入代开始应用，将防治关口前移至成虫发生期，降低了田间幼虫量，常规发生程度时，可不需施药防治害虫，起到了完全替代或部分替代农药的作用。

二是通过昆虫性信息素监测害虫发生期，指导精准施药，提高农药防治效果。昆虫性信息素监测成虫发生期，比传统的灯光、扫网等方法灵敏度高，可更精准预测靶标害虫的卵期和低龄幼虫期，为实施释放寄生蜂、喷施农药等防治措施提供准确的窗口期，从而提高天敌和生物农药防治的效率。

三是使水稻全程绿色防控成为可能。昆虫性信息素有效解决了水稻生长初期害虫的非化学防治问题，避免了过早施用农药杀伤自然天敌，丧失自然控害能力。应用昆虫性信息素的田块，可按常规应用农艺栽培、水肥管理、天敌释放、生物防治等措施，从而全程减少化学农药，实现病虫害的可持续治理。

3. 专利范围及使用情况

发明专利：一种稻纵卷叶螟性信息素的抑制剂及其诱芯（专利号：CN 201510063389.9）；一种新型固体迷向诱芯（专利号：CN 201510795459.X）；一种合成（Z,Z,E)-7,11,13-十六碳三烯醛的改进方法（专利号：CN 2015100623079）；昆虫诱芯缓释载体材料的制备方法及其应用（专利号：CN 201510062336.5）。

实用专利：一种害虫诱捕器（专利号：CN 201220169331.4）；一种全封闭式飞蛾类诱捕器（专利号：CN 201520185580.6）；用于昆虫的性信息素缓释装置（专利号：CN 201720770062.X）；一种双漏斗开放式昆虫诱捕器（专利号：CN 201921825347.4）。

（二）技术示范推广情况

该技术体系从 2005 年开始，在我国北方、长江中下游、西南、华南等 20 多个省份的水稻产区开展示范和推广应用，大面积防治水稻二化螟、三化螟、稻纵卷叶螟、大螟、台湾稻螟、稻螟蛉、东方黏虫等鳞翅目害虫，2016—2021 年累计应用面积 2 800 万亩。该技术体系为 2008—2016 年农业部农业主推技术，2008—2021 年全国水稻重大病虫害防控技术方案主推绿色防控技术。

（三）提质增效情况

全国各稻区多年示范应用结果显示，利用昆虫性信息素诱杀靶标害虫，从害虫越冬代成虫发生始期或迁飞性害虫迁入代成虫始见期开始设置，至当季末代成虫历期末结束设置，对靶标害虫的总体防治效果达到 72.0%～96.1%，与现行化学农药的防治效果相当，每季可减少化学用药 1～2 次，防治成本每亩平均下降 18～36 元。同时，应用性信息素防治害虫的稻田，自然天敌得到有效保护和利用，稻飞虱等其他害虫防治用药明显减少，稻谷农残显著降低。

（四）技术获奖情况

以该技术体系为核心内容的"鳞翅目主要害虫性诱监测防控技术研发与产业化应用"项目获 2018—2019 年度神农中华农业科技奖一等奖；"水稻蛾类害虫性信息素产业化关键技术研究与应用（科学研究类）"项目获 2020 年度中国植物保护学会科学技术奖一等奖；"基于昆虫性信息素的四川主要害虫绿色防控技术体系构建及应用"项目获 2021 年度四川省科学技术进步奖一等奖；"重大农业害虫性诱监控技术研发与集成应用"项目获 2011 年度广西壮族自治区科学技术进步奖一等奖。

该技术体系还形成了 3 个行业标准：NY/T 3686—2020《昆虫性信息素防治技术规程水稻鳞翅目害虫》、NY/T 2730—2015《农作物害虫性诱监测技术规范（螟蛾类）》、NY/T 3253—2018《农作物害虫性诱监测技术规范（夜蛾类）》。

二、技术要点

（一）专用昆虫性信息素诱芯（也称挥散芯）

根据本地水稻常发鳞翅目害虫种类和所需的控害期，选择专一性的昆虫性信息素诱芯，诱芯种类包括：天然橡胶、合成橡胶、PVC 灌液结构、PVC 固体凝胶诱芯；持效期为 1 个月、2 个月、3 个月、6 个月。

（二）专用干式飞蛾诱捕器

选择稻田鳞翅目害虫专用干式飞蛾诱捕器。

（三）性信息素设置时间

本地越冬害虫，包括二化螟、三化螟、大螟、稻螟蛉、台湾稻螟、显纹卷叶螟，从越冬代成虫羽化始期开始设置；迁飞性害虫，包括稻纵卷叶螟、东方黏虫，从迁入代成虫始见期开始设置，宁早勿迟。各靶标害虫至当季末代成虫期结束为止。

（四）应用面积和设置位置

昆虫性信息素应用连片面积越大效果越好。同生态类型稻区，应集中连片应用，最小应用面积不少于 150 亩。平原地区上风口位设置数量多，借风力扩散性信息素，外密内疏；山区和丘陵稻区依据地形，除设置在稻田内和周边，还应在背风处设置。有稻草堆积的村庄周围，可围村设置。

（五）放置密度和高度

平均每亩设置 1 套诱芯和诱捕器，按外密内疏方式排列，上风口多，下风口少。水稻生长前期，诱捕器底端距地面 50cm，中后期随植株生长调整高度，诱捕器底端距水稻叶冠层上下 20cm 内。

（六）诱捕器清洁和回收

当诱捕器内诱集的害虫达到一半时，或者每个代次结束时，及时清理死虫，每季结束时回收诱捕器，洗净避光存放，翌年可重复使用。

三、适宜区域

适宜我国北方、长江中下游、华南、西南等各水稻种植区。

四、注意事项

其一，昆虫性信息素诱芯不能单独使用，应与专用诱捕器配合施用。每个诱捕器内安装一枚诱芯。不同靶标害虫诱芯不能安装在一个诱捕器中。安装不同靶标害虫诱芯的诱捕器田间设置间隔 20m 左右。

其二，昆虫性信息素诱芯运输时不得与有毒、有异味货物混装，温度以 10～27℃为宜，避免高温、日晒和雨淋。在夏季高温季节，可以采用装有冰袋等降温措施的保温箱低温运输。未使用的诱芯需储存在 -15～-5℃的条件下。

其三，更换不同种类害虫的诱芯时，需用肥皂洗手。

技术依托单位

1. 全国农业技术推广服务中心

联系地址：北京市朝阳区麦子店街 20 号

邮政编码：100125

联 系 人：朱景全　卓富彦

联系电话：010-59194542

电子邮箱：zhuofuyan@agri.gov.cn

2. 浙江大学

联系地址：浙江省杭州市西湖区余杭路 866 号

邮政编码：310012

联 系 人：杜永均

联系电话：13567890921

电子邮箱：yongjundu@zju. edu. cn

3. 宁波纽康生物技术有限公司

联系地址：浙江省宁波市北仑区白云山路 68 号

邮政编码：315807

联 系 人：张素丽

联系电话：18305175658

电子邮箱：zhangsuli2021@163. com

基于水稻抗瘟性的稻瘟病绿色防控技术

一、技术概述

（一）技术基本情况

稻瘟病是我国一类农作物病虫害，每年在我国发病面积超过 6 000 万亩。目前，我国稻瘟病的防控还是以化学农药为主，每年通过施用化学杀菌剂防控稻瘟病的面积为 2.3 亿亩次。频繁、过量施用化学农药可导致农产品质量安全、生态破坏、环境污染等问题，已引起社会广泛关注。为在稻瘟病防控中充分利用抗瘟品种、减少化学农药用量，中国农业大学与辽宁省农业科学院、黑龙江省农业科学院、黑龙江省植检植保站、广东省农业科学院、四川农业大学和全国农业技术推广服务中心等单位合作，经过 10 多年的研究，依据稻瘟菌群体无毒基因频率与对应抗瘟基因介导的水稻品种田间病情指数存在显著负相关关系，建立了基于稻瘟菌群体优势无毒基因的抗瘟基因布局技术、基于群体抗菌株谱阈值的抗瘟水稻品种鉴定技术和基于品种抗瘟性的杀菌剂精准施用技术，并制定了 NY/T 3257—2018《水稻稻瘟病抗性室内离体叶片鉴定技术规程》和 NY/T 3685—2020《水稻稻瘟病抗性田间监测技术规程》等农业行业标准，集成了基于水稻抗瘟性的稻瘟病绿色防控技术体系，指导培育和鉴定了近 100 个抗瘟品种。该技术在辽宁、黑龙江、四川等省大面积示范应用取得了显著成效。通过充分发挥抗瘟品种的作用，该技术显著减少了化学杀菌剂的用量，提高了稻瘟病的绿色防控水平，并可在我国各稻区推广应用。

（二）技术示范推广情况

本技术在辽宁、黑龙江、四川等省进行了大范围示范应用。其中，辽宁省利用基于稻瘟菌群体优势无毒基因的抗瘟基因布局技术、基于群体抗菌株谱阈值的抗瘟水稻品种鉴定技术培育和鉴定抗瘟水稻品种 70 余个，抗瘟品种和基于品种抗瘟性的杀菌剂精准施用技术的累计应用面积 3 602.3 万亩，减少水稻产量损失 306.2 万 t，新增经济效益 71.9 亿元。黑龙江省自 2018 年以来测定了 43 个县市稻瘟菌群体的无毒基因频率，明确了 5 个在黑龙江省有效的抗瘟基因，并利用基于稻瘟菌群体优势无毒基因的抗瘟基因布局技术和基于群体抗菌株谱阈值的抗瘟水稻品种鉴定技术鉴定品种抗瘟性 20 余个，并测定了 100 余个品种的抗瘟性，大面积推广和应用稻瘟病绿色防控技术体系，取得了显著的经济效益和生态效益。其中，2019 年应用面积 1 513.82 万亩，2020 年推广应用面积 2 469.6 万亩。近 3 年来，辽宁、黑龙江两省累计新增纯效益 91.8 亿元。四川农业大学利用基于稻瘟菌群体优势无毒基因的抗瘟基因布局技术，培育了抗瘟恢复系雅恢 2115 及其超级杂交稻宜香优 2115，宜香优 2115 每年在西南稻区种植面积 200 余万亩。

（三）提质增效情况

应用本技术可使水稻平均每亩增产 70～85kg；平均每亩减少杀菌剂施用 1.5 次，亩节本增效 42 元（农药费 30 元，人工费 12 元）。该技术的推广与应用还帮助农户创立绿色大米品牌，显著提高了农户收益。此外，该技术的推广与应用由于显著减少了化学农药的用量，极大地改善了生态环境，促进了水稻绿色高效生产。

（四）技术获奖情况

以本技术为核心的"基于优势无毒基因型的水稻抗瘟育种及布局技术"获得第十一届大北农科技奖；"基于优势无毒基因型的稻瘟病绿色防控技术与应用"获 2021 年度辽宁省政府科学技术进步奖一等奖。利用此技术还培育抗瘟新品种 10 余个，其中"多抗高品质超级稻恢复系雅恢 2115 的创制与应用"获得 2018 年度四川省科学技术进步奖一等奖，"高抗优质超级稻恢复系雅恢 2115 的创制与应用"获 2018—2019 年度神农中华农业科技奖科学研究类成果二等奖；"耐盐高抗水稻新品种盐粳 456 选育及应用"获得 2015 年度辽宁省科学技术进步奖三等奖和 2014—2016 年度全国农牧渔业丰收奖。

二、技术要点

（一）核心技术

1. 基于优势无毒基因型的抗瘟品种筛选技术

以县（市或农场）为单位，选取稻瘟病常年发病严重的田块区域 1～2 个建立病圃。在病圃内种植普感水稻品种"丽江新团黑谷"，于叶瘟或穗颈瘟高发期从不同病斑采集、分离不少于 300 个稻瘟菌单孢菌株。采用离体叶片划伤接种技术测定所有单孢菌株在 24 个抗瘟水稻单基因系品种上的抗、感反应，计算稻瘟菌群体中各无毒基因的出现频率，并确定无毒基因出现频率大于 70％为优势无毒基因。基于"基因对基因"理论，明确稻瘟菌群体优势无毒基因所对应的抗瘟基因为该县（市或农场）抗瘟育种可选用（或布局）的抗瘟基因。利用可鉴定 24 个抗瘟基因的鉴别菌系或 PCR 从水稻种质资源库中筛选含有相应抗瘟基因的核心亲本。利用常规杂交和分子辅助育种技术，可将一个或多个抗瘟基因从核心亲本中定向导入到目标水稻品种。

2. 基于群体抗菌株谱阈值的抗瘟品种鉴定技术

采用离体叶片划伤接种技术测定单孢菌株在待测水稻品种上的抗、感反应，每个县（市）测定 300 个以上菌株，按照如下公式计算得出待测水稻品种的抗菌株谱，抗菌株谱＝（形成抗病病斑的菌株数÷总接种菌株数）×100％。参照如下标准评价当地待测水稻品种的抗瘟性：抗菌株谱≥70％，高抗；50％≤抗菌株谱＜70％，中抗；30％≤抗菌株谱＜50％，中感；抗菌株谱＜30％，高感。

（二）配套技术——基于水稻抗瘟性的精准用药防控技术

按照"高抗品种不用药，中抗品种遇适宜发病条件用药 1 次，中感品种用药 1～2 次，高感品种用药 2 次以上"的原则，在确定某地区水稻品种抗菌株谱的基础上，配套形成精准用药的绿色减药防控技术体系。

种植高抗品种区域在一般年份条件下不施药防治，播种前采取 45％咪鲜胺水乳剂、70％甲基硫菌灵可湿性粉剂浸种的种子处理措施即可。

种植中抗品种区域在种子处理的基础上，遇到适宜温湿条件，可优先选用 1 000 亿孢子/g 枯草芽孢杆菌可湿性粉剂、4％春雷霉素水剂等生物农药防治。

种植中感品种区域如遇适宜发病条件，在初见病斑或发病株时，可选用 75％三环唑可湿性粉剂喷雾防治，间隔 7～10d 再防一次。

种植高感品种区域，要加强监测并在田间出现稻瘟病病斑或发病株时应立即开展喷药防治，药剂除上述药剂外还可选用肟菌·戊唑醇、咪铜·氟环唑、嘧菌酯等，连续施药 2～3 次，间隔 7d。

三、适宜区域

本技术适合我国各主要稻区。

四、注意事项

在有些地区，稻瘟菌群体中优势无毒基因的频率可能在 50%～60%，应加强抗病品种的引进应用，在育种上应采用抗谱互补的多个主效基因进行聚合育种。

在进行划伤接种鉴定时，每次接种均应接种普感品种作为对照，普感品种充分发病时，接种有效；对于发病不充分或抗感反应不清晰的，应进行重复接种确定。

技术依托单位

1. 中国农业大学植物保护学院

联系地址：北京市海淀区圆明园西路 2 号

邮政编码：100193

联 系 人：彭友良　赵文生

联系电话：010-62732541　13910009781　15901249245

电子邮箱：pengyl@cau.edu.cn　mppzhaws@cau.edu.cn

2. 全国农业技术推广服务中心

联系地址：北京市朝阳区麦子店街 20 号

邮政编码：100125

联 系 人：朱晓明　赵中华

联系电话：010-59194542

电子邮箱：zhuxiaoming@agri.gov.cn

3. 辽宁省农业科学院盐碱地利用研究所

联系地址：辽宁省盘锦市兴隆台区惠宾街 101 号

邮政编码：124010

联 系 人：李振宇

联系电话：0427-2836077　13314276668

电子邮箱：lyskjb@126.com

水稻病虫草害全生育期综合防控技术

一、技术概述

（一）技术基本情况

病虫草害是影响水稻稳产、高产、优质的重要因素之一。我国水稻病虫草害年均发生面积超过 3 000 万 hm²，对水稻生产造成重大经济损失。近年来，受全球气候变化、水稻抗病抗虫品种少、轻简化耕作和机械跨区域作业、主要病虫草害抗药性逐年增长等因素影响，水稻病虫草害呈现逐年加重的趋势，严重威胁我国口粮绝对安全。

当前，推广应用的水稻病虫草害防控技术多以单虫、单病或水稻部分生育期病虫害防控为主，单一技术多、集成技术少，广大种植户难以统筹应用，造成施药次数多、农药用量大、防治成本增加、防治效率低下。生产上迫切需要针对水稻全生育期病虫草害的综合解决方案，为基层种植户提供全套的病虫草害防治方案，提高病虫草害防治效率和效果，促进农业高质量发展。

本技术聚焦水稻全生育期病虫草害防控，以水稻 4 个关键生育时期为防控节点，即苗期、分蘖期、破口期和齐穗期，结合不同生育时期发生的不同病虫草害，重点采取带药育秧、封杀结合除草、病虫综合防治等精准用药技术，统筹制定综合解决方案。经多年试验示范与推广应用，该技术可帮助基层种植户有效防控水稻病虫草害，减少防治次数和农药用量，提高水稻产量和品质，增加种植户收益，经济效益、社会效益和生态效益明显。

（二）技术示范推广情况

从 2003 年开始，该技术先后在长江流域稻区、东北稻区、华南稻区等进行了示范和推广应用，基本涵盖全国水稻主产区。2021 年，该技术在全国推广应用面积约 2 500 万亩。

（三）提质增效情况

根据 2021 年在全国 8 个省份 13 个点的示范结果，使用本技术方案防治水稻病虫草害，比种植户常规防治方案平均每亩减少防治用药 1.2 次，农药用量降低 13.2%，平均每亩增产约 119kg、增幅约 16%，平均每亩增加效益约 150 元。本技术得到水稻种植户的广泛认可，在保护天敌和社会生态效益方面得到行业专家的一致认同。

（四）技术获奖情况

无。

二、技术要点

本技术以水稻苗期、分蘖期、破口期和齐穗期等 4 个关键生育时期为防控节点，结合不同生育时期发生的不同病虫草害，重点采取带药育秧、封杀结合除草、病虫综合防治等精准用药技术，实现水稻全生育期病虫草害防控。

（一）苗期用药方案

采用种子包衣＋干籽育秧模式。使用 62.5g/L 精甲·咯菌腈、11% 氟唑环菌胺·咯菌腈·精甲霜灵组合进行种子包衣处理，包衣处理后干籽直接播种育秧。使用该技术育出的秧苗，防治水稻恶苗病、立枯病、绵腐病等苗床三大病害效果优异，秧苗素质好、抗逆性强。同时，与传统育秧方式相比，省去了浸种、催芽、晾芽等过程，具有省工、省力、省心育壮苗的特点。组合包衣及配套技术的使用，可以实现"四减一增、绿色防控"育壮苗，育苗环节可减少 50％用工量、减少农药用量 50％～70％、减少因浸种而产生的废弃药液 100％，有效提高农药利用率，增加种植户经济效益。

（二）分蘖期用药方案

1. 杂草防除

坚持"封杀结合"。在水稻插秧后、杂草出苗前，使用 30％丙草胺进行封闭除草，压低草龄、降低基数，有效遏制未出土杂草，达到科学高效除草的目的；后期使用 3％氯氟吡啶酯持续防治稻田杂草。通过科学使用丙草胺和氯氟吡啶酯等两种不同作用机理的除草剂，起到封杀双控、杀草谱广、安全高效、使用方便的作用，兼具速效性快和持效期长的特点。

2. 病虫害防治

使用 32.5％苯甲·嘧菌酯＋20％三氟苯嘧啶＋6％阿维·氯苯酰药剂组合，防治水稻纹枯病、稻飞虱和稻纵卷叶螟等主要病虫害。且该组合用药持效期长，可实现一次用药、长期有效的防治效果，减少农药使用量，增加水稻有效穗数，为水稻优产高产打好基础。

（三）破口期用药方案

破口期，水稻穗期病虫害发生较为严重。使用 18.7％丙环唑·嘧菌酯＋6％阿维·氯苯酰＋50％吡蚜酮药剂组合，防治稻曲病、纹枯病、稻纵卷叶螟、稻飞虱、穗腐病等病虫害。在有效防控主要病虫害的同时，该用药方案可提高花粉减数分裂期成功率，减少花粉败育，促进水稻植株扬花，提高灌浆结实率和穗粒数，降低减产风险。

（四）齐穗期用药方案

使用 30％苯甲·丙环唑防治水稻纹枯病等病虫害，通过保护功能叶延缓植株衰老，促进叶青籽黄、活秆成熟，降低籽粒空瘪率，增加千粒重，保护好水稻丰收大局。

三、适宜区域

长江流域稻区，包括江苏、安徽、湖南、湖北、江西、四川、浙江、上海等省份的早、中、晚稻；东北稻区，包括黑龙江、吉林、辽宁等省份的一季稻；华南稻区，包括广东、海南、云南、广西等省份的早、晚稻。

四、注意事项

其一，水稻病虫草害全生育期综合防控技术是一种技术集成模式，强调在水稻 4 个关键生育时期（苗期、分蘖期、破口期、齐穗期）可能需要采取的防治措施，并不是指必须开展 4 次防治。各地应根据实际的病虫发生情况确定具体方案，病虫发生不重的地区可省去不必要的环节，但苗期、分蘖期杂草防除和破口期用药建议保留。

其二，根据综合防控技术，具体防治时期和防治措施，建议在当地植保技术专家的指导下进行；如使用无人机防治请注意防范飘移药害，确保天敌昆虫和水源等安全。

其三，为延缓病虫害对药剂产生抗药性，应避免一季水稻连续多次使用同一种或相同抗性机制的药剂，一般一季水稻仅使用 1 次，最多不超过 2 次。

技术依托单位

全国农业技术推广服务中心

联系地址：北京市朝阳区麦子店街 20 号

邮政编码：100125

联　系　人：郭永旺

联系电话：010-59194523

电子邮箱：guoyongwang@agri.gov.cn

水稻病虫害全程简约化绿色防控技术

一、技术概述

（一）技术基本情况

针对水稻病虫害灾变规律新特点、农药减量化新要求和水稻高质高效生产新标准，在分析稻米农药残留风险关键控制点和农药施用对稻米品质影响的基础上，研究形成"种苗处理＋生态调控＋科学用药"的全程简约化绿色防控技术。该技术以抗性品种为基础，水稻种子种苗处理和水稻生长后期绿色用药为核心，水稻生长中期生态调控为辅，大幅减少水稻全程农药用量和防治次数，保障了稻米品质和质量安全。通过种苗处理，长效控制水稻前中期病虫危害，移栽后到破口期减少2～4次用药，实现病虫害源头压制；通过穗期统筹绿色用药，显著降低稻米农药残留检出率，提升稻米营养品质；通过中期生态调控，实现内源性害虫不用化学农药，一般年份迁飞性害虫少用药，降低化学农药用量达30％以上；通过水稻病虫害智能化监测预警，实现水稻病虫害监测智能化、趋势预警精准化、信息发布网络化；通过农药有效性、抗药性和安全性联合监测评价，实现全程精准选药，可结合植保无人机施药，提升防控效率和效果。

（二）技术示范推广情况

水稻病虫害全程简约化绿色防控技术单独或作为其他技术的核心内容，2017年被遴选为江苏省农业科学院主推技术、2018年被遴选为江苏省农业重大技术推广计划。2017年在江苏全省范围内进行示范、推广，建立示范区1 465个，核心面积270万亩，示范区农药减量、省工效果极显著。2018年，镇江4个家庭农场共计1 100余亩稻田应用该技术，大田用药减少4次，降低农药投入量50％。2017—2020年在江苏的推广规模分别是985.36万亩、1 607.53万亩、2 222.02万亩和2 291.08万亩，年新增纯收益分别为11.01亿元、17.59亿元、24.42亿元和25.66亿元，四年累计推广应用规模7 105.99万亩。在安徽农垦集团方邱湖农场、浙江、江西等区域示范22.5万亩。目前，该技术正在江苏全省水稻种植区推广应用。

（三）提质增效情况

与传统病虫害防控技术相比，应用该技术可实现农药使用量降低30％以上，稻米农药残留检测合格率100％。2017—2020年，应用该成果，农药使用次数平均减少3.1次，亩用工成本平均减少39.1元，加权平均单位规模新增纯收益177.3元，总经济效益达59.7亿元，推广投资年平均收益率19.7元/元。2019年典型调查，水稻病虫害全程简约化防控示范区，百穴蜘蛛量平均796.3头，较2016年同地点田块增加356.4头，百穴稻田绿盲蝽量平均305.7头，较2016年增加158.5头，有效维护农田生态平衡、稻田生态系统中有益生物的恢复和整个生态系统的稳定，经济效益、社会效益和生态效益显著。

（四）技术获奖情况

该技术为核心的科技成果："优质粳稻全程安全用药规范化技术"入选2017年江苏省农业重大技术推广计划；"基于种子处理的水稻病虫害简约化防控技术"入选2017年江苏省农业科学院第一批主推技术；"水稻病虫害简约化防控技术"入选2018—2019年江苏省农业重

大技术推广计划;"水稻病虫害全程简约化防控技术集成与推广"2020年获第九届江苏省农业技术推广奖一等奖;DB32/T 3784—2020《种子处理防治水稻病虫害技术规程》,江苏省地方标准;DB32/T 4134—2021《水稻病虫害防治用药有效性监测评价技术规范》,江苏省地方标准。

二、技术要点

(一)核心技术

1. 种子种苗处理技术

针对不同稻区水稻病虫害的发生特点,制定水稻种子种苗处理用药方案。在做好恶苗病、干尖线虫病等种传病害种子处理的基础上,同时拌种控制前中期纹枯病、稻纵卷叶螟、稻飞虱及螟虫,推荐用药方案为噻呋酰胺+氯虫苯甲酰胺+三氟苯嘧啶,根据病虫发生程度选用药量。同时因地制宜,采用苗期送嫁药的方式喷施三环唑、稻瘟酰胺等药剂防治稻瘟病;籼稻区可加三氯异氰尿酸浸种,移栽前喷施噻唑锌、噻菌铜、叶枯唑、氯溴异氰尿酸等送嫁药预防细菌性病害。

2. 穗期病虫"无人化"绿色用药技术

水稻穗期以稻瘟病防控为核心,统筹防控稻曲病和稻纵卷叶螟。重点抓好破口初期稻瘟病的防治,兼治稻纵卷叶螟、稻曲病,基于水稻病虫害智能化监测预警系统,选择兼治稻纵卷叶螟及破口前5~7d防治稻曲病。穗期可结合植保无人机施药,药剂配方以三环唑及其复配剂为主,结合防治稻曲病,推荐应用三环唑+戊唑·嘧菌酯(或苯甲·丙环唑、咪铜·氟环唑、噻呋·嘧菌酯、啶氧·丙环唑等)混用,可与稻瘟酰胺、吡唑醚菌酯微囊悬浮剂等交替应用。

3. 分阶段的"X+ΔY+Z"水稻病虫害全程简约化绿色防控技术模式

针对不同稻区水稻生长三阶段采取"X+ΔY+Z"全程简约化防控技术模式。X阶段为前期(播种至移栽期),防控模式为1次种子处理+1次送嫁药。ΔY阶段为中期(返青期至孕穗期),主要采取生态调控措施,同时根据病虫害实际发生情况,因地制宜选用化学药剂达标防治,具体防治指标分别为:五(3)代稻纵卷叶螟百穴虫卵量100头·粒;褐飞虱百穴虫量,五(2)代、六(3)代1 000头;纹枯病病穴率5%;防治适期虫害选择卵孵-2龄幼(若)虫;不同稻区化学农药使用次数控制在2次以内。Z阶段为穗期(破口期至乳熟期),防控模式为统筹防治。

(二)配套技术

1. 水稻抗性品种的选择

根据当地推广的水稻品种,选择抗病性好、综合性状好的水稻品种。粳稻品种选择以中抗、中感条纹叶枯病和稻瘟病的品种,籼稻品种选择抗细菌性条斑病的品种为主,可减少水稻病虫害发生。

2. "一防二压三诱"生态调控技术

水稻生长中期(返青期至孕穗期),应用"一防"即生物药剂(苏云金杆菌、短稳杆菌、印楝素、苦参碱、井冈霉素、春雷霉素、枯草芽孢杆菌、蛇床子素等)防病治虫技术,"二压"即释放赤眼蜂压低稻纵卷叶螟、螟虫技术和种植土壤熏蒸植物(高硫苷含量的芥菜型油菜)压低土壤病菌技术,"三诱"即性诱剂诱捕鳞翅目害虫技术、香根草诱杀螟虫技术、稻田综合种养田块杀虫灯诱杀害虫技术,降低病虫危害程度,减少化学农药用量。同时,根据病虫害实际发生情况,对达标病虫因地制宜选用化学药剂达标防治。

水稻病虫害全程简约化绿色防控技术

生育期	X（前期）			ΔY（中期）		Z（穗期）		
	播种期	秧苗期	移栽期	分蘖期	拔节孕穗期	破口抽穗期	齐穗灌浆期	乳熟期
主控对象	恶苗病、干尖线虫病	稻瘟病、稻纵卷叶螟、蝗虫、灰飞虱		纹枯病、稻瘟病、稻纵卷叶螟、稻飞虱、蝗虫		穗颈瘟为核心，兼治稻曲病、稻纵卷叶螟、褐飞虱等		
防治措施	种子处理＋送嫁药			生态调控-生化防控，化学药剂防治次数 A≤2		统筹生化防控		
	赤眼蜂寄生＋性信息素诱杀＋香根草诱杀＋灯光诱杀-稻田综合种养							
备注（按地方植保部门指导选用）	**防治策略**：前防、中控、后保 **品种选择**：选用高产优质品种 **种苗处理**：杀螟丹・乙蒜素 200 倍液或氰烯菌酯・杀螟丹 800 倍液浸种后，每 4kg 稻种用噻呋酰胺 20～60mL＋氯虫苯甲酰胺 10～30mL＋三氟苯嘧啶 15～30mL 拌种防治前中期病虫，移栽前因地制宜喷施三环唑、吡唑醚菌酯微囊悬浮剂、稻瘟酰胺等药剂防治稻瘟病等；籼稻区可加三氯异氰尿酸浸种，移栽前喷施噻唑锌、噻菌铜、叶枯唑、氯溴异氰尿酸等送嫁药预防细菌性病害 **控苗调控**：针对插秧株距进行调节，在适当范围内减少基本苗数 **肥料调控**：实施"早促、中控、后补"精确定量施肥模式，科学减施氮肥，亩纯氮总量控制在 18kg 以内 **种植芥菜型油菜**：冬春季种植高硫苷芥菜型油菜，春季打碎全量还田耕翻后上水，杀灭土壤中病菌，防控水稻病害，同时作为肥料 **种植蜜源植物**：田埂边种植花期较长的芝麻、大豆、黄秋葵、硫华菊等蜜源植物，为天敌提供栖息环境及补充食物、促进天敌增殖 **香根草、茭白诱集**：田埂边种植香根草诱集水稻螟虫产卵，从而杀灭大螟、二化螟；沟渠种植茭白，诱集螟虫，利用集中防治 **赤眼蜂寄生**：鳞翅目害虫成虫始盛期开始，按每亩每次释放赤眼蜂 1 万头，根据发生程度每隔 3～5d 释放 1 次，共放蜂 2～3 次 **性诱剂诱杀**：螟虫、稻纵卷叶螟发生区在水稻移栽后，按每亩放置一套害虫性诱剂诱捕器，定期更换诱芯 **科学用药**：优先选用井冈霉素 A、多杀霉素、短稳杆菌、苦参碱、金龟子绿僵菌等生物农药与噻呋酰胺、氟环唑、氯虫苯甲酰胺、四氯虫酰胺、三氟苯嘧啶、呋虫胺、烯啶虫胺等高效低毒低残留农药；推广应用高效植保机械-新型成膜农药助剂							
适用范围	适用于长江中下游单季稻种植区域							
绿色控害要求	①科学性、有效性、安全性相结合；②不使用中等毒以上农药；③至少使用 1 项农业、物理或生物防治技术控制目标病虫草害；④化学农药使用比常规减少 3 次以上；⑤农药使用不超范围、不超剂量，同一种农药同一生长季节使用不超 2 次，确保安全间隔期；⑥开展农药使用警示制度及包装废弃物回收处理							

水稻病虫害全程简约化绿色防控技术模式图

3. 精准选药技术

通过开展水稻病虫害抗药性监测，制定风险农药淘汰标准，及时发现并淘汰高水平抗性药剂；通过开展农药有效性监测，及时掌握新型及常用药剂的田间实际防效；通过农药安全性监测，筛选出高效低残留农药品种。

水稻生长中期田间生态调控

三、适宜区域

长江中下游单季水稻种植区。

四、注意事项

做好病虫害智能化监测预警及高效化学药剂筛选工作，为突发病虫害的应急防控提供指导。

技术依托单位

1. 江苏省植物保护植物检疫站

联系地址：江苏省南京市鼓楼区凤凰西街 277 号

邮政编码：210036

联 系 人：朱 凤

联系电话：025-86263340

电子邮箱：596495764@qq.com

2. 江苏丘陵地区镇江农业科学研究所

联系地址：江苏省句容市华阳镇弘景路 1 号

邮政编码：212400

联 系 人：束兆林

联系电话：0511-80978079

电子邮箱：shuzl2005@163.com

3. 江苏省农业科学院

联系地址：江苏省南京市玄武区钟灵街 50 号

邮政编码：210014

联 系 人：余向阳

联系电话：025-84391229　13951951337

电子邮箱：yuxy@jaas.ac.cn

小麦镰刀菌毒素全程管控技术

一、技术概述

（一）技术基本情况

小麦是我国最重要的粮食作物之一，其质量安全关乎国计民生。近年来，由产毒镰刀菌侵染小麦引致赤霉病过程中产生的镰刀菌毒素次生污染已成为我国小麦生产面临的重大难题。镰刀菌毒素种类繁多，已报道的有160余种，其中，呕吐毒素是影响我国小麦产品质量安全最主要的风险因子，该毒素具有细胞和免疫毒性可造成呕吐、厌食等病症。2010年、2012年、2015年、2016年全国小麦样品中呕吐毒素超标率超过20%，其中江淮麦区超过45%，部分麦区呈现出"赤霉病越防，镰刀菌毒素污染越严重"的现象。受镰刀菌毒素污染的小麦，不仅难以用作粮食原料，连饲料企业都望而却步，导致小麦"丰收带毒、有害无用"，严重影响小麦产业可持续健康发展，威胁我国粮食安全。

为彻底消除小麦"丰收带毒、有害无用"的产业痛点，亟待解决镰刀菌毒素产生风险难预警、控病保产与减毒增效难兼顾、监测成本与时效性难协调等产业突出问题：

第一，当前小麦赤霉病预测预报主要依靠基层植保部门开展的稻桩子囊壳丛带菌率及其成熟度调查，调查人力成本高、耗费时间长、判定标准长期难以统一。为实现小麦赤霉病及镰刀菌毒素污染发生时期和发生程度的精准预测，本技术利用引起产毒镰刀菌产毒化学型分化的代谢通路前序基因多态性，创制产毒镰刀菌种群、产毒化学型分子鉴定及快速（30min）、现场可视化LAMP鉴定技术，实现小麦赤霉病及镰刀菌毒素的全产业链实时精准预测。围绕镰刀菌毒素实时预警技术授权国家发明专利3项（ZL 201510001950.0、ZL 201310580088.4、ZL 201310707580.3）；发表研究论文25篇，其中SCI论文21篇；制定江苏省地方标准1项（DB32/T 3681—2019）。利用该技术，构建覆盖我国12个小麦生产省份的产毒镰刀菌资源库，库容超过12 000株，探明我国小麦主产区40余年间产毒镰刀菌种群结构及产毒化学型时空演变规律，为我国不同麦区镰刀菌毒素污染风险研判与治理策略提供关键科学依据。

第二，当前以控病保产为目标的小麦赤霉病防控策略，可以显著挽回产量损失，但部分地区出现了"赤霉病越防，小麦镰刀菌毒素污染越严重"的现象。本技术创立了"控病减毒协同"的防控新理念，并利用自主研发的具有强黏着、高渗透、耐雨淋等特征的高效表面活性剂9708，创制了控病保产与减毒增效协同的40%丙硫菌唑·戊唑醇悬浮剂，获批农药登记证（PD20190014）。相关科研成果授权国家发明专利4项（ZL 201510709980.7、ZL 201510224428.9、ZL 201010266489.9、ZL 200810122672.4）；发表研究论文43篇，其中SCI论文16篇。

第三，当前小麦中镰刀菌毒素污染监测主要集中于收储运环节，且大多依赖高效液相色谱、高效液相色谱串联质谱等大型仪器设备，存在检测成本高、耗费时间长、结果应用时效性差等问题。为实现小麦全产业链呕吐毒素的快速筛查与精准监管，本技术基于呕吐毒素污染籽粒外部变化特征，开发了可以快速（1min内）、精准（准确率>90%）、现场预测呕吐毒素污染等级的 Android 手机检测软件，结合免疫学快检产品实现呕吐毒素污染水平的实时精准监测。围绕小麦镰刀菌毒素全产业链实时精准监测技术授权国家发明专利 3 项（ZL 201010556627.7、ZL 201510335395.5、ZL 201910401015.1），实用新型专利 3 项（ZL 201720753427.8、ZL 201820982553.5、ZL 201920800336.4）；软件著作权 6 个；发表研究论文 15 篇，其中 SCI 论文 7 篇。该技术在江苏、安徽、河南、山东、北京等多家农产品质量安全部级质检机构、江苏三零面粉有限公司及江苏苏微微生物研究有限公司等企业应用，为新收获小麦中镰刀菌毒素实时精准有效监管提供强有力技术手段。

第四，集成镰刀菌风险预警、药剂防控、风险识别等核心技术，品种利用、栽培管理、收获干燥、仓储环控等配套技术，制定了农业行业标准 NY/T 3856—2021《小麦中镰刀菌毒素管控技术规程》，国内首次实现了小麦中镰刀菌毒素的标准化管控。相关科研成果制定农业行业标准 1 项（NY/T 3856—2021），其核心内容列入农业农村部防控指导建议，入选农业农村部 2022 年粮油生产主推技术、2022 年江苏省农业重大技术协同推广计划、2022—2023 年江苏省绿色防控联合推介技术、2018—2019 年江苏省农业重大推广技术。

（二）技术示范推广情况

小麦中镰刀菌毒素全程管控技术：2016 年至今，在江苏、安徽、河南、湖北等地累计推广 4 500 余万亩，新增效益超 50 亿元。

小麦镰刀菌毒素实时监测技术：2016 年至今，在江苏、安徽、河南、山东、北京等多家部级农产品质量安全质检机构、江苏三零面粉有限公司及江苏苏微微生物研究有限公司等企业应用，新增效益超过 3 000 万元。

（三）提质增效情况

小麦镰刀菌毒素实时监测技术：与传统的大型仪器设备检测相比，检测时长由仪器检测的 2h 降低至 1min 以内，每份样品可节约材料成本 480 元。

小麦中镰刀菌毒素全程管控技术：与常规防控技术相比，赤霉病穗防效提高 25% 左右，镰刀菌毒素管控效果提高 30% 以上，减少投入品使用 10% 以上，亩产增收 30kg 以上。

（四）技术获奖情况

小麦镰刀菌毒素污染风险形成机制及管控关键技术研发与应用，2020 年度江苏省科学技术奖一等奖（主持）；农产品质量安全过程管控技术创新与集成应用，2020—2021 年度神农中华农业科技奖科学研究类成果二等奖（主持）；小麦赤霉病及其毒素控制技术集成与推广，2019—2021 年度全国农牧渔业丰收奖（参与）；食品中重要真菌毒素标准物质制备及应用，2020—2021 年度神农中华农业科技奖科学研究类成果二等奖（参与）；食品加工中真菌毒素控制创新技术及应用，2018 年度江苏省科学技术奖一等奖（参与）；小麦镰刀菌毒素的成灾机制与风险评估研究，2018 年度江苏省农业科学院科学技术奖二等奖（主持）。

二、技术要点

（一）核心技术

1. 风险预警技术

基于产毒镰刀菌生活史特点，应用孢子收集器、产毒镰刀菌分子检测试剂盒等，动态监测稻桩子囊壳丛带菌率及其成熟度、子囊孢子数量以及抽穗扬花及后期穗部籽粒样品中产毒镰刀菌种群及产毒化学型等，精准预测小麦全产业链赤霉病及镰刀菌毒素污染发生时期和发生程度，为赤霉病及其镰刀菌毒素的科学防控提供技术支撑。

2. 控病减毒技术

基于风险预警结果及历年镰刀菌毒素污染基础数据，坚持"预防为主、主动出击"的防治策略，采取"适期防治、见花喷药"的防控措施，在小麦始花期第一次用药，5~7d 第二次用药，两次用药要选择作用机理不同的药剂品种轮换使用。对生育期极不整齐、花期遇多阴雨天气的田块，还应适当增加用药次数；如小麦扬花期遇雨，可选择雨隙或抢在雨前施药，药后 6h 内遇雨应及时补治，确保防效。江淮及长江中下游地区，要统筹开展防控，推广应用氰烯菌酯·戊唑醇、丙硫菌唑·戊唑醇、氟唑菌酰羟胺·丙环唑等高效、低毒、低残的环境友好型农药，药剂防治应兼顾麦田周边杂草。黄淮以北地区，防控药剂仍可使用多菌灵及其复配剂，推荐使用氰烯菌酯·戊唑醇、丙硫菌唑·戊唑醇、氟唑菌酰羟胺·丙环唑等与多菌灵及其复配剂交替使用。防治药械可选用机动弥雾、静电喷雾或自走式喷杆喷雾药械均匀喷洒，机动弥雾、静电喷雾亩用水量 15~20kg，喷杆喷雾机亩用水量 40~60kg，提高防效。

3. 实时监测技术

基于毒素污染籽粒表观变化特征，利用 Android 手机检测软件，对种收储运等多环节、多场景小麦样品中的赤霉病病麦粒进行无损、快速识别，实时预测呕吐毒素污染水平。针对疑似呕吐毒素含量超过国家限量的样品，采用免疫学快检产品，精准判别呕吐毒素污染水平。对于高于限量值的小麦要及时分离、单独存放，并通知相关部门处理。

（二）配套技术

1. 健康栽培技术

前茬作物秸秆采用运离、深埋等方式处理，降低田间表层产毒镰刀菌基数；确保田间沟渠畅通，创造不利于病害流行的生态环境。

2. 品种选择技术

长江中下游地区，种植品种推荐使用苏麦、宁麦、扬麦、镇麦、扬辐麦等部分具有一定抗赤霉病、抗镰刀菌毒素累积的品种，严禁跨生态区引种。黄淮以北地区，选用通过国家或地方审定并在当地试验、示范成功的小麦品种。

3. 种子处理技术

根据当地小麦种（土）传病害发生特点，科学合理选择经过试验示范、高效安全的对路种衣剂。可选用 27% 苯醚·咯·噻虫悬浮种衣剂 20mL 兑水 180mL 拌种（包衣）10kg 麦种；32% 戊唑·吡虫啉悬浮种衣剂 40mL 兑水 200mL 拌种（包衣）10kg 麦种。

4. 基肥施用技术

在小麦生产过程中按照测土配方数据合理定量施肥，增施磷钾肥，适当控制氮肥施用量，促进小麦生长健壮，提高抗病能力。

5. 收获干燥技术

在小麦蜡熟末期至完熟初期，籽粒含水率低于 22% 时，及时采用联合收割机进行收获。如遇持续高温高湿天气，应抢晴收获。收获小麦应及时干燥，长江中下游地区籽粒含水率应控制在 12.5% 以内，其他地区控制在 14% 以内，必要时应采用机械烘干设备烘干，机械干燥过程小麦允许受热温度控制在 45℃ 以内，出机粮温小于环境温度 +5℃。

6. 仓储环控技术

小麦入库储藏和初加工前，可采用风选、色选、重力分选等方式去除病瘪粒，入库小麦病粒率控制在3%以内。储藏期间，应定期监测小麦储藏场地温度、湿度及籽粒含水率，根据籽粒含水率适时调节储藏温度和湿度。应定期检测小麦中镰刀菌毒素含量，对于超过限量的小麦应予以分离、单独存放，并及时通知相关部门处理。

7. 面粉加工技术

原料进厂前，严格检验，确保小麦病粒率在3%以内，镰刀菌毒素含量符合国家限量标准要求。加强小麦制粉前的清理工序，将病瘪粒等挑拣干净。加工过程中磨辊温度控制在55℃以下，采用清洁加工工艺。加工成品应存放于宽敞、清洁、通风、阴凉、具备控温控湿措施的仓库，定时检测成品中镰刀菌毒素含量，发现超标批次，应予以分离、单独存放，并及时通知相关部门处理。

三、适宜区域

本技术适用于我国各小麦主产区的镰刀菌毒素全程管控。

四、注意事项

其一，严格掌握种子处理剂使用的药量、浓度，不得随意增减药量和浓度。严禁超量、超范围使用，防止药害事件发生。要确保种衣剂（拌种剂）均匀覆盖在种子表面。未在当地试验示范的种衣剂（拌种剂）不得推广应用，不得使用不合格种衣剂产品，确保用药安全和作物出苗安全。

其二，在小麦抽穗扬花期，应停用甲氧基丙烯酸酯类药剂，如嘧菌酯和吡唑醚菌酯等。

其三，多菌灵抗药性产毒镰刀菌群体频率超过10%的地区，不应单独使用多菌灵。

技术依托单位

1. 江苏省农业科学院

联系地址：江苏省南京市孝陵卫钟灵街50号农产品质量安全与营养研究所

邮政编码：210014

联 系 人：史建荣　徐剑宏　董　飞

联系电话：13912996663　13851942421　15996267622

电子邮箱：shiji@jaas.ac.cn　xujianhongnj@126.com　feidong1985@126.com

2. 江苏省植物保护植物检疫站

联系地址：江苏省南京市凤凰西街277号

邮政编码：210036

联 系 人：田子华　朱　凤

联系电话：13770922137　13951685095

电子邮箱：tzh210036@126.com　596495764@qq.com

3. 南京农业大学

联系地址：江苏省南京市浦口区点将台40号

邮政编码：210031

联 系 人：梁　琨

联系电话：18751882013

电子邮箱：kliang@njau.edu.cn

冬小麦主要气象灾害防灾减损技术

一、技术概述

（一）技术基本情况

冬小麦是横跨春夏秋冬四季的粮食作物，生育期长达 8 个月，旱、涝、霜、冻、雹、风时有发生，对高产、稳产、优质、增效威胁很大。季节性干旱、拔节期"倒春寒"、抽穗扬花期连阴雨、灌浆期干热风、成熟期穗发芽和"烂场雨"是小麦典型的气象灾害，采取针对性的防御措施对减轻灾害损失、提升小麦生产水平、保障国家粮食安全意义重大。冬小麦主要气象灾害防灾减损技术针对小麦关键生育时期常见的气象灾害提出了综合防范措施，为小麦安全生产保丰收提供了解决方案。

（二）技术示范推广情况

本综合技术和单项技术适用于全国冬小麦各生产区，并已在全国主要小麦产区示范推广。近些年，实施单位在黄淮海冬麦区、长江中下游冬麦区、西北冬麦区、西南冬麦区的11 个小麦主产省份开展技术应用和集成示范，通过科普书籍、出版挂图、农业农村部网站、国内主流报刊、微信公众号等渠道广泛宣传，促进技术入户。

（三）提质增效情况

近年来，气候异常变化导致极端气候事件增加，灾害频繁发生，小麦气象灾害的影响涉及范围广，持续时间长，受灾损失巨大。如按照本技术推广实施，能做到正常年增产增收、轻灾年稳产增效、重灾年保产减损，每年不仅能挽回数十亿千克以上的小麦经济损失，还能保障受灾区小麦产品质量安全，对提高农户种粮收益、促进生产生态可持续发展均起到重要作用。

（四）技术获奖情况

以气象灾害防灾减损技术为重要内容的"小麦高产稳产优质抗逆栽培技术集成推广"和"稻茬小麦'三调三控'绿色高效栽培技术体系示范推广"获江苏省农业技术推广奖一等奖，"稻茬小麦'两主体三配套'精准栽培技术体系集成与应用"获 2017 年度中国作物科技奖。

二、技术要点

（一）季节性干旱防范技术要点

黄淮海、西北冬麦区生长季与干旱季节高度重合，全生育期自然缺水率达 30％～60％，秋、冬、春季均可能出现严重干旱危害。旱害造成的冬小麦减产率一般在 5％～20％，重者达 40％以上。

1. 适选品种

不同地区应根据各自生态条件选择适合当地种植的综合性状好、抗逆性强的品种，干旱常发区要突出选择耐旱性和抗寒性均强的小麦良种。

2. 足墒精播

西北一熟区，在麦收后夏闲季采用深耕深松蓄墒、耙压覆盖保墒、沟垄集雨增墒等耕作方式，充分利用全年降水储积底墒。黄淮海两熟区，通过调节土壤水库和秸秆覆盖保储夏季雨水，并通过小麦播前补充灌溉造墒，确保小麦播种时有良好的墒情。同时做好精细整地，机械匀播，提高播种质量，壮苗抗旱。

3. 中耕镇压

播后对耕层坷垃较多、秸秆还田后地暄不实的地块镇压，可以促进种子与土壤的紧密接触，保证出苗整齐，保墒提墒、防旱防寒，是应对秋冬季干旱和冻害的重要技术措施。早春回暖后结合划锄及时镇压，切断土壤毛细管，减少水分蒸发，同时疏松土壤，增加降水渗入，消灭杂草，减少水分与养分非生产消耗。

4. 沟系配套

长江流域和西南稻茬麦区重点在播种前后做好内外"三沟"配套，确保能灌能排；黄淮海和西北地区根据实际情况配套抽水灌水设施，如灌水管、微喷带、水肥一体装备等，确保干旱时及时灌溉。

5. 节水灌溉

对冬前干旱麦田，在日平均气温降至 $3\sim5℃$ 前，浇好越冬水。返青起身期对轻度干旱麦田，以镇压提墒为主，尽可能推迟浇水；对重度干旱麦田，则在日平均温度回升到 $5℃$ 后适时补水灌溉。拔节到开花期或籽粒灌浆前期保证土壤适宜水分，偏旱麦田按照测墒补灌的方法测定土壤相对含水量和计算灌水量，适时灌溉。

（二）拔节期"倒春寒"防范技术要点

"倒春寒"是指在春季天气回暖的过程中，因寒潮侵入，使气温骤然大幅降低，地表温度降至 0 以下，对小麦生长造成危害，主要发生在 3—4 月小麦拔节期至孕穗期，早播旺长麦田易受害，一般减产 $10\%\sim30\%$，重者达 50% 以上。

1. 培育壮苗，提高抗性

各麦区根据当地生态条件选用耐寒品种，强化适期、适墒、适量机械播种，做好肥水运筹，培育适龄壮苗，实现叶龄进程与季节进程同步。

2. 提早预防，分类管理

早春要注意天气预报，提前做好"倒春寒"防控准备。在低温天气来临前，对土壤暄松、尚未拔节的麦田进行镇压，弥补土壤缝隙，防止透风跑墒，亦可控制旺长；对缺墒的麦田，寒潮到来前提前灌水，改善土壤墒情，调节土壤温度和近地层小气候，缓冲降温影响，预防冻害发生；对已孕穗抽穗小麦可通过根外喷施尿素或磷酸二氢钾及生长调节剂，减轻低温影响。

3. 以肥促长，分类补救

寒潮过后 $2\sim3d$，及时调查幼穗受冻情况，采取追肥、叶面喷肥等措施，分类施肥补救，促进恢复生长，争取高位分蘖成穗、小蘖赶大蘖、大蘖多成穗。对拔节期仅叶片受冻或主茎幼穗冻死率 10% 以内的麦田，不必施肥；对冻死率 $10\%\sim30\%$ 的麦田，亩施尿素 $5kg$ 左右；对冻死率 $30\%\sim50\%$ 的麦田，亩施尿素 $7\sim10kg$；对冻死率 50% 以上的麦田，亩施尿素 $12\sim15kg$。对孕穗期前后的小麦，亩补施 $3\sim4kg$ 尿素，或用 $50kg$ 水兑尿素 $750g$ 或磷酸二氢钾 $150\sim200g$，并加入适量生长调节剂混合喷施。注意拔节孕穗肥还需正常施用。

小麦"倒春寒"　　　　　　　　　　　　早春镇压

（三）抽穗扬花期连阴雨防范技术要点

小麦开花期连续遇雨或空气湿度过大，会引起花粉粒吸水膨胀而破裂，降低结实率；同时，连阴雨天气极易导致赤霉病的发生与扩展，严重影响小麦的产量和品质。

1. 选用抗（耐）病品种

要大力推广抗（耐）赤霉病的小麦品种，降低连阴雨对小麦抽穗扬花期的不利影响。

2. 清沟理墒防渍害

连阴雨导致麦田土壤和空气湿度大，常发生湿（渍）害，影响小麦开花结实与粒重形成。要注意及时清沟理墒、疏通田内外沟系，保证排水畅通，做到雨止田干、沟无积水。

3. 提前调控防冷害

连阴雨常伴随阶段性低温，要注意适时适量追施拔节孕穗肥，提高植株生产能力与抗性。低温来临前喷施增强植株抗逆性的生长调节剂，减轻连阴雨低温冷害影响。

4. 适期喷药防赤霉病

小麦开花期遇连续阴雨天气，日平均温度在 15℃ 以上，相对湿度在 85％ 以上，连续 2d 以上湿热，会引起赤霉病的流行，并加重白粉病、锈病等的发生和蔓延，要及时喷药预防。一是适期防治。赤霉病药剂防治的关键时期是在小麦开花期，要坚持"适期防治、见花施药"，过早、过迟防治效果变差。二是适量用药。喷药次数要根据品种、天气情况等而定，首次用药须掌握在小麦扬花初期，做到"见花打药、扬花一块、防治一块"；第一次药后 5d 左右开展第二次防治，药后 6h 内遇雨要及时补治。三是合理配药。药剂选择上应注意选择高效药剂，轮换使用不同作用机理的药剂品种，延缓病菌抗药性产生；同时，药剂配置上以赤霉病预防为中心，兼顾蚜虫、锈病、白粉病防控和营养补充，实施"一喷三防"。

（四）灌浆期干热风防范技术要点

小麦生长后期，常发生干热风灾害，导致小麦粒重降低，叶片加速衰老死亡。一般认为，若同时出现气温≥30℃、相对湿度≤30％、风速≥3m/s 的气象条件，即为发生了干热风。轻级干热风会使小麦千粒重下降1～3g，减产5％～10％；重级干热风会使小麦千粒重下降4～5g，减产10％～20％。

1. 选好品种，调整播期

不同麦区要根据各自生态条件选用耐后期高温或籽粒前期灌浆速率快的品种。同时适当调整播期，让小麦籽粒灌浆快增期避开高温，减轻不利影响。

2. 实时调墒，浇灌浆水

土壤墒情差的麦田，在小麦灌浆初期浇水，满足小麦灌浆生长对水分的需求，同时增加土壤湿度，改善田间小气候，预防干热风危害。

3. "一喷三防"，综合调控

在小麦灌浆初期和中期，各喷一次磷酸二氢钾溶液，提高小麦抗御干热风的能力。将杀虫剂、杀菌剂与磷酸二氢钾等混配施用，可实现一次施药达到防病、治虫、防干热风的目的。干热风来临前，每亩喷3～5m³清水，也可起到降低干热风危害的作用。

小麦干热风

"一喷三防"

（五）成熟期穗发芽和"烂场雨"防范技术要点

穗发芽是指小麦收获前籽粒在穗上萌动发芽的现象，会造成小麦产量下降，出粉率低，品质变差。"烂场雨"是指小麦脱粒后来不及晾晒入库即遭遇阴雨天气，导致发芽和霉变，影响品质。

1. 因地选种，防穗发芽

在小麦生育后多雨、易穗发芽的地区，要根据生产实际，选择适宜当地种植的防穗发芽或相对早熟的小麦品种。

2. 农机准备，适时收获

提前做好收、烘、晒的机械与场所准备工作，根据收获期降雨情况，争取在蜡熟末期至完熟初期、抢在大雨来临前收获，预防穗发芽，并为下一季播种创造良好的茬口条件。

3. 雨前抢晒，颗粒归仓

江淮、黄淮中东部、华北东部等地夏季易出现强对流天气地区，收获后要密切关注天气预报，抢晴晾晒，预防"烂场雨"，确保颗粒归仓。

小麦穗发芽和"烂场雨"

三、适宜区域

适宜在全国冬小麦主产区推广应用。

四、注意事项

第一，各地气候、土壤和生产条件不同，不同年份灾害发生情况不同，且多种灾害可能共同发生，因此，要因地因时制宜调整优化防灾减损措施，重视综合防控，建设高标准农田和培育壮苗是共性基础性措施。

第二，遭遇冻害后，要根据天气、土壤墒情、小麦生长情况等施肥补救，防止过度施肥。

第三，小麦遭遇"倒春寒"后，抵抗能力下降，此时要特别注意病虫害的预防。

第四，小麦遭遇连阴雨，预防赤霉病大发生是重中之重，要坚持"一喷三防"措施的应用。中后期连阴雨易造成小麦倒伏，要注意防倒措施的合理使用。

技术依托单位

1. 全国农业技术推广服务中心

联系地址：北京市朝阳区麦子店街 20 号

邮政编码：100125

联系人：梁　健　鄂文弟

联系电话：010-59194509

电子邮箱：liangjian@agri.gov.cn　ewendi@agri.gov.cn

2. 扬州大学农学院

联系地址：江苏省扬州市邗江区文汇东路 48 号

邮政编码：225009

联 系 人：郭文善　朱新开

联系电话：13013745701　13952528600

电子邮箱：guows@yzu. edu. cn　xkzhu@yzu. edu. cn

3. 中国农业大学

联系地址：北京市海淀区圆明园西路 2 号

邮政编码：100193

联 系 人：王志敏

联系电话：010-62732557

电子邮箱：cauwzm@qq. com

西南地区玉米主要病虫害绿色防控技术

一、技术概述

（一）技术基本情况

西南地区属温带和亚热带湿润、半湿润气候带，雨量丰沛，水热资源丰富，光照条件较差，全年阴雨寡照天气在 200d 以上。玉米生长期高温高湿的气候特点导致了玉米病害不仅种类多、危害重，且有日益加重的趋势。病害是影响该区玉米高产稳产与品质最严重的生物胁迫因素。近年来，由于品种更换、滥用氮肥、免耕和秸秆还田等栽培方式的变化以及气候变化，西南区玉米病害有整体加重的趋势，纹枯病、穗腐病、大斑病和小斑病普遍发生；灰斑病作为西南区玉米新病害迅速扩展蔓延，已给局部地区玉米生产带来极大危害，一般减产达 10%～40%。本技术以"抗性品种培育与种植为核心，抗源多元化品种布局为举措，药剂科学防治技术为保障"对西南玉米产区重要病害进行防控，保障玉米生产高产稳产、优质安全和环境友好。

（二）技术示范推广情况

本技术自 2009 年开始不断进行田间试验与技术优化，逐步形成以多抗品种应用与布局为核心、以种子处理与后期药剂防控的"一拌一喷"科学用药为保障的技术体系，2015—2018 年在四川、云南、贵州、湖北、重庆等玉米产区 875 个示范点累计推广 9 966.1 万亩，新增粮食产量 250.6 万 t，总经济效益 54.3 亿元。本技术于 2020—2021 年连续 2 年被遴选为四川省农业主推技术。

（三）提质增效情况

本技术与常规防治技术相比，每亩减少人工费 30.0 元，选用新的、优质的抗病品种每亩增加种子投入 5.0 元。推广区平均每亩综合节约成本 36.0 元。应用本技术推广区比对照平均每亩增产 19.3kg，增产率 5.7%，新增玉米产值 77.6 元。社会经济效益显著，有力地推动了四川及西南地区玉米绿色防控技术发展，保障了玉米安全生产。

（四）技术获奖情况

以本技术为核心成果获奖情况：2017 年度四川省科学技术进步奖一等奖，2018 年度全国农牧渔业丰收奖农业技术推广成果一等奖。

二、技术要点

以多抗品种应用与布局为核心，以种子处理与后期药剂防控的"一拌一喷"科学用药技术为保障。

分区域布局抗病品种：冷凉山区推广种植抗大斑病、灰斑病品种，如西抗 18、五谷 1790、中玉 335 等；高温高湿平丘区推广种植抗纹枯病、穗腐病品种，如西抗 18、川单 99、正红 505 等。

"一拌一喷"科学用药：播种时，用 48%噻虫胺＋35%精甲·咯菌腈、40%吡虫啉＋

4.23％种菌唑·精甲等种衣剂进行种子包衣处理，防控土传病害和虫害；在冷凉山区，必须以6％戊唑醇进行种子包衣防控玉米丝黑穗病。在玉米喇叭口期喷施20％氯虫苯甲酰胺（每亩8g）＋18.7％丙环嘧菌酯（每亩50mL）或25％吡唑醚菌酯（每亩30mL）防控后期叶斑病、穗腐病及玉米螟等病虫害，做到病虫一次清。配合使用热雾机可比常规喷雾器效率提高64.4％；平均每亩用水量4.8kg，省水89.9％，防效提高10.8％。

三、适宜区域

本技术适宜西南地区各玉米产区。

四、注意事项

第一，注意区分不同产区的主要病害，配合种植相对应的抗病品种。

第二，种衣剂处理时严格按照产品推荐剂量使用，避免产生药害。

第三，注意把握药剂防治最佳时期，在喇叭口期施药可达到提前预防病害发生的效果。

技术依托单位
四川省农业科学院植物保护研究所
联系地址：四川省成都市锦江区净居寺路20号
邮政编码：610066
联 系 人：李　晓　邹成佳
联系电话：028-84590082
电子邮箱：lixiaomaize@163.com

大豆苗期病虫害种衣剂拌种防控技术

一、技术概述

(一)技术基本情况

大豆苗期普遍受到疫霉根腐病、镰孢根腐病、猝倒病、立枯病和拟茎点种腐病等多种土传与种传病害及蚜虫、烟粉虱、蓟马和叶蝉等害虫危害,这些病虫害导致大豆出苗率低、幼苗死亡、植株早衰等问题,限制品种潜力表现,制约大豆单产提升。该技术采用防治主要病原卵菌与真菌及刺吸类害虫的内吸性悬浮种衣剂和"干式拌种法"对大豆进行拌种,操作简单,可随拌随播,适宜各种播种方式,安全性高,不影响种子出芽率和出芽时间,同时降低了中后期农药的施用量与施用次数。

经悬浮种衣剂不加水拌种的大豆

拌种的大豆出苗整齐、长势良好

(二)技术示范推广情况

该技术依托国家大豆产业技术体系、国家重点研发计划等项目平台,近年在东北、黄淮海、南方、西北等大豆主产区进行了大面积应用示范和推广,连续取得良好效果。

(三)提质增效情况

与大豆"白籽下地"的常规栽培方式相比,每亩有效株数提高30%以上,根腐病等病虫害发生率下降60%以上,农药施用量降低20%以上,增产10%以上(近5年核心示范区增产32%~41%)。

(四)技术获奖情况

相关技术获大北农科技奖植物保护奖(2017年)、黑龙江省科学技术进步奖二等奖(2017年)、江苏省农业重大科技进展(2021年)等科技成果奖励。

二、技术要点

(一)种子筛选

做好品种抗性鉴定,选择抗疫霉和镰孢根腐病、拟茎点种腐病等病(虫)害的大豆品种。做好种子的带菌检测（疫），严格选用未见病斑和霉腐的优质种子。

（二）种衣剂选择

选用含精甲霜灵·咯菌腈等成分的悬浮种衣剂防治大豆苗期的卵菌（疫霉根腐病、猝倒病等）和真菌（镰孢根腐病、立枯病和拟茎点种腐病等）病害。蚜虫、烟粉虱、蓟马和叶蝉等害虫发生严重的地区，添加含噻虫嗪等成分的悬浮种衣剂一起拌种。选用在大豆上取得国家农药登记的正规产品。

（三）拌种方法

严格按照说明书确定药剂的使用量，以 6.25％精甲霜灵·咯菌腈悬浮种衣剂为例，每千克大豆种子拌 3～4mL 种衣剂。种衣剂不必加水稀释，根据播种量使用拌种机、干净容器或塑料袋进行拌种，拌种过程控制在 1min 以内，避免种子过度膨胀及受损。可按需随拌随播，干爽通风条件下一般可不用专门做晾干处理。

利用拌种机对大量种子进行拌种　　　　　　　　利用干净容器对少量种子进行拌种

（四）播种方式

拌种后的大豆种子可使用播种机（器）或人工等播种方式进行播种。

（五）生长期防控

及时监测病虫害的发生情况，初花期前后或结荚期酌情喷施含嘧菌酯、苯醚甲环唑悬浮剂等成分的杀菌剂，以及含噻虫嗪、氯虫苯甲酰胺、高效氯氟氰菊酯等成分的杀虫剂，预防中后期病虫害引起的早衰等问题。宜利用高杆喷雾机或植保无人机进行防治。

三、适宜区域

各大豆生产区均适用。

四、注意事项

合理轮作，防止积涝。

技术依托单位

1. 南京农业大学

联系地址：江苏省南京市玄武区卫岗 1 号

邮政编码：210095

联 系 人：王源超　叶文武

联系电话：13815882576　13770681681

电子邮箱：yeww@njau.edu.cn

2. 吉林农业大学

联系地址：吉林省长春市新城大街 2888 号

邮政编码：130118

联 系 人：史树森　高　宇

联系电话：13039147363　13578788042

电子邮箱：sss-63@263.com

花生主要土传病害综合防控技术

一、技术概述

（一）技术基本情况

花生是我国总产量和种植业产值最大的大宗油料作物，然而受生产规模扩大、连作加重、气候变化加剧等因素的综合影响，全国各产区多种土传病害的发生范围和危害程度不断扩大，包括青枯病、白绢病、果腐病、黄曲霉等土传病害引起的产量损失、品质下降、食品安全风险已成为制约花生产业绿色高质量发展的关键问题，年经济损失上升到 100 亿元。与其他农作物一样，花生土传病害的病原菌存在于土壤中而难以根除，多种土传病害混合交错发生且互相促进，防治难度总体上远远大于其他病害（如叶部病害），加上新时期轻简免耕栽培技术的普及和秸秆禁烧、肥药"双减"等绿色化发展要求的落实，对防治技术的要求越来越高。

在上述背景下，中国农业科学院油料作物研究所等单位利用创制的发明专利"一种快速鉴定病原真菌的方法"，鉴定和明确了不同产区土传病害病原菌的种类和分布。在此基础上，研究建立了花生主要土传病害的综合防控技术体系，针对各产区土传病害的种类及危害特点，有效集成了"一选二拌三垄四防五干燥"的优化模式并在多个综合试验站进行了示范。其中，"一选"为选择抗病抗逆性优质高产品种，并精选种子，显著降低病害危害程度，尤其可减轻重点疫区青枯病、果腐病等毁灭性病害的发生，抗病品种的培育利用了发明专利"一种温室苗期白绢病抗性鉴定方法"和农业行业标准《花生种质资源抗青枯病鉴定技术规程》；"二拌"为在选种的基础上针对实际需要进行拌种处理，以防治播种后发芽出苗阶段的病虫害，以提高出苗率保障基本苗；"三垄"为实行起垄种植，减少田间渍水风险，降低白绢病和果腐病严重度；"四防"为根据实际需要在生长中后期适度喷洒杀菌剂防控叶部病害

药剂拌种提高花生出苗率

花生起垄种植

和土传病害；"五干燥"为收获后迅速将荚果水分降到 10％以下，以降低黄曲霉毒素污染风险。该综合防控技术可以有效减少农药的使用，降低花生产量损失，保障质量安全和食品安全，具有绿色、节本、增效、安全的特点。

花生中后期病害防控

花生收获后利用风干囤进行荚果干燥

（二）技术示范推广情况

所建立的"花生主要土传病害综合防控技术"2014 年以来结合国家花生产业技术体系、国家重点研发计划、中国农业科学院科技创新工程、国际合作等研发任务及推广工作，在湖北、江西、安徽、江苏、山东、河南、河北、辽宁、吉林、广东、广西、四川等省份进行示范和推广。一是在长江流域及其以南的花生青枯病疫区推广高抗青枯病高产系列品种，由于

选择抗土传病害的品种

多数抗青枯病品种也兼具果腐病和黄曲霉抗性，所以较好地解决了青枯病疫区的主要病害问题。二是在黄淮产区针对麦茬夏播花生的苗期冠腐病、根腐病和茎腐病及后期的白绢病和果腐病，集成抗病品种辅助药剂拌种和起垄防渍栽培技术显著降低了上述主要病害的危害。三是在东北产区针对前期温度较低易引起苗期病害和后期局部产区果腐病严重的问题，集成的药剂拌种、起垄防渍、灌溉调控技术取得了良好的防治效果。上述综合防控技术总体上操作简便，不需要额外增加劳动力和成本，能有效降低土传病害的危害，已在全国推广 3 500 多万亩，提高了农户收益。

"一选二拌三垄四防五干燥"技术在田间大面积示范应用

（三）提质增效情况

花生主要土传病害综合防控技术 2014—2022 年在各主产区进行了系统试验示范，并获得良好结果。在湖北襄阳示范基地采用综合防控技术，花生出苗率平均提高 12.03%，荚果亩增产 20.57%，平均亩增收 138 元。在安徽合肥示范基地，花生出苗率提高 20.45%，荚果亩增产 24.35%，亩增收 126 元。2019—2022 年，在河南开封示范基地，花生出苗率提高 4.5%，荚果亩增产 10.51%，亩增收 208 元。2019—2022 年，在山东潍坊示范基地，花生出苗率提高 6.5%，荚果亩增产 13.8%，亩增收 376 元。与常规技术相比，应用该技术可增产花生 10% 以上，降低农药用量 15% 以上，亩增收节支 100 元以上，利用复合拌种剂可同时减轻地下害虫的危害，减少虫果率，降低荚果腐烂和黄曲霉毒素污染的风险，能同时显著提高花生的产量和品质，保障产品质量安全。

（四）技术获奖情况

与本技术相关的兼抗青枯病、烂果病和黄曲霉的中花 6 号等品种获 2017 年度国家科学技术进步奖二等奖；抗病高油高产花生新品种及配套生产技术获 2020 年度湖北省科学技术进步奖一等奖；花生青枯病特异抗性种质发掘与创新利用获 2021 年度中国农业科学院青年科技创新奖。

二、技术要点

（一）选择抗病优质高产花生新品种

根据各产区当地的生态条件，选择适宜本地种植的抗病优质高产的花生新品种。青枯病区一定要选用高抗青枯病品种，推荐选择高抗青枯病的高油酸新品种中花 29、中花 30、桂花 37 等；非青枯病区可以选择抗其他土传病害的品种；产量达到当地的高产品种要求；出仁率适中；抗倒伏、抗旱、耐涝。

（二）药剂拌种防治苗期病虫害

各产区均建议采用。花生播种前带壳晒种 2～3d，剥壳后挑选饱满成熟的种子（剔除出芽、病斑、虫斑和不饱满的种子）。通过多年拌种剂试验，已筛选出如下高效拌种药剂配方：①25％噻虫·咯·霜灵，300～700mL 拌种 100kg；②40％萎锈·福美双＋60％吡虫啉拌种，400mL＋300mL 拌种 100kg。上述两种药剂任选其一，均具有较好的防病兼杀虫效果，在生产上广泛应用。花生拌种后需晾干，建议即拌即用（当天播种），不宜在拌种后长时间存放。

（三）起垄种植减少渍害和病害

各产区均建议采用。花生种植推荐采用起垄种植。各地根据种植习惯，单垄或者双垄种植。单垄垄距为 50～60cm，垄高 10～12cm。双垄垄距为 80～90cm，垄高 10～15cm，垄面 50～60cm，一垄双行；或者垄距为 60～80cm，垄高 10～15cm，垄面 45～55cm；双行种植播种行离垄边≥10cm，行距 25～40cm。

（四）因地制宜防控中后期病害

根据当地花生生长中后期主要发生的土传病害，如青枯病、白绢病、果腐病和黄曲霉毒素污染，分别采取相应的防控措施。主要技术要点是：①采用起垄栽培种植，防止田间渍害，减轻白绢病和果腐病发生；②合理灌溉，在干旱胁迫下灌水是增加产量和减少黄曲霉毒素污染的有效措施，但要避免在白天温度最高的时段浇水，也要避免浇灌温度较低的地下水，否则容易增加果腐病的发生概率；③实施膜下滴灌时要保障土地的平整，避免局部长时间渍水，否则会增加果腐病风险；④以花生专用肥为基肥、平衡营养成分，增施土壤改良剂、改善土壤 pH，有机肥要充分腐熟，减少带菌量；⑤针对白绢病目前尚无高抗品种的情况，重病地在花生封垄前喷施 24％噻呋酰胺或者 50％菌核净·福美双，间隔 2 周交替喷施一次，防治中后期的白绢病；⑥叶斑病或网斑病较重的产区，在播种后 70d 起可灵活实施药剂防治 1～3 次。

（五）收获后及时干燥降低黄曲霉毒素污染风险

花生应在天晴收获。收获期如遇连续降雨，要及时抢收，晾晒、风干或者烘干。少雨天气推荐采用两段式收获，花生拔起后田间晾晒 5～7d，机械摘果后太阳下继续晒果 2～3d 或者利用通风囤或者干燥设备烘干。花生荚果含水率低于 10％，放置通风干燥处保存。

三、适宜区域

全国花生四大主产区：华南产区、长江流域产区、黄淮产区、东北产区。

四、注意事项

其一，花生药剂拌种建议即拌即用，尽量当天播种。

其二，花生灌水应避免在中午高温下进行，减少烂果发生。

其三，施用防控白绢病药剂建议在花生封垄前喷施，增加药剂与茎基部及附近土壤的接触面，降低菌核的萌发率。

技术依托单位

1. 中国农业科学院油料作物研究所

联系地址：湖北省武汉市武昌区徐东二路 2 号

邮政编码：430062

联 系 人：廖伯寿　晏立英

联系电话：027-86712292　13871149030　027-86812725　13545037233

电子邮箱：lboshou@hotmail.com　yanliying@caas.cn

2. 河南省作物分子育种研究院

联系地址：河南省郑州市金水区花园路 116 号河南省农科院作物创新大楼

邮政编码：450099

联 系 人：董文召

联系电话：13653979960

电子邮箱：dongwzh@126.com

3. 山东省花生研究所

联系地址：山东省青岛市李沧区万年泉路 126 号山东省花生研究所

邮政编码：266199

联 系 人：曲明静

联系电话：13455277580

电子邮箱：13455277580@163.com

花生病虫害全程绿色防控技术

一、技术概述

（一）技术基本情况

近年来，由于秸秆还田和花生连作面积不断扩大以及水肥条件改善、有机肥施用量减少等原因，花生根茎腐病、白绢病、青枯病、果腐病、叶斑病和甜菜夜蛾、棉铃虫、斜纹夜蛾、小造桥虫、蓟马、新黑地蛛蚧等病虫害频发、重发，给花生生产构成了严重威胁。然而，目前花生抗病品种相对缺乏，病原种类复杂，症状隐蔽，病虫害防治水平较低，导致花生产量和品质受到较大影响。

针对以上问题，经过多年试验研究，形成了以产出高效、产品优质、资源集约、环境友好为导向，覆盖花生生产的时空全过程，集成应用农业防治、物理防治、生物防治、生态调控及科学用药等多项措施的花生病虫害全程绿色防控技术体系。通过深翻改土，提高土壤通透性和改善土壤微生物菌落结构，减少越冬病虫数量，有效减轻花生生长期病虫危害；通过合理轮作、选种抗（耐）病品种、适时播种、起垄栽培、合理密植、合理排灌及清洁田园等农业防治和生态调控措施创造有利于花生生长而不利于病虫发生的环境条件，有效降低病虫危害概率；通过播种前杀虫杀菌一体化种子处理，可有效防治花生苗期根茎腐病、蚜虫和蛴螬等地下害虫，确保花生正常出苗和幼苗健康生长；通过在花生生长期科学用药，减少了化学农药施用量，降低了农药残留，保证了花生品质。该技术体系实现了花生生产农机农艺融合、良种良法配套、生产生态协调。

（二）技术示范推广情况

2019—2021 年在豫南南阳市方城县券桥乡、社旗县郝寨镇和豫东商丘市民权县人和镇、宁陵县逻岗镇以及豫西济源市五龙口镇对"花生病虫害全程绿色防控技术"进行核心示范，三年示范面积均为 1.42 万亩，采用该技术花生田病虫害发生率控制在 5%～8%，出苗率 95%以上，成苗率 96%以上，平均亩产 450kg 以上。2020—2021 年在豫北鹤壁市浚县善堂镇河南丰盛农业开发有限公司花生种植基地示范推广该技术 1.1 万亩，病虫害发生率在 3%以下，出苗率达 100%，成苗率 98%以上，实收亩产 475kg 以上。目前，该技术已在河南南阳、驻马店、商丘、周口、郑州、济源、新乡、鹤壁、濮阳等地进行了大面积推广应用。

（三）提质增效情况

和常规技术相比，应用该技术可使花生田病虫害发生率控制在 3%～8%，出苗率 95%以上，成苗率 96%以上，增产 11%以上，减少农药施用 3～5 次，降低农药用量 15%以上，亩增收节支 50 元以上，同时大大改善了土壤结构，减少了花生中农药残留，提高了花生品质，提升了花生产业化水平和市场竞争力，经济效益、生态效益和社会效益均十分显著。

（四）技术获奖情况

该技术被河南省农业农村厅（豫农文〔2021〕101 号）列为河南省 2021 年农业主推技术。作为河南省地方标准 DB41/T 2216—2022《花生主要病虫害综合防治技术规程》已于

2022 年 1 月 13 日发布，将于 2022 年 4 月 12 日实施。河南省植物保护植物检疫站（豫保〔2022〕3 号）已将该技术列入河南省农作物病虫害绿色防控技术规程（模式）推荐名录，以进一步加大推广力度。

二、技术要点

（一）深翻改土

连续旋耕 2～3 年后，在花生种植前或收获后深翻 30～35cm，降低田间病菌和害虫基数。冠腐病、茎腐病、根腐病、青枯病、白绢病和果腐病等土传病害严重发生区，宜 1～2 年在花生收获后或种植前深翻一次，减少侵染源。

根据土壤肥力，每亩施用复合肥 40～50kg；连作土壤可增施生物菌肥 1～3kg 或土壤改良剂 30～50kg。防治果腐病宜在耕地前每亩撒施 20～30kg 生石灰对土壤进行消毒，并补充土壤钙肥；防治缺铁性黄化病可在耕地前每亩撒施或集中条施 2.5～3kg 硫酸亚铁；蛴螬发生较重的地区或田块，亩施 30％毒死蜱微囊悬浮剂 0.5kg 加 200 亿孢子/g 卵孢白僵菌粉剂 0.5kg。

小麦秸秆免灭茬深耕

（二）合理轮作

小麦—花生一年两熟种植区，实施小麦—玉米或小麦—大豆等种植模式轮作倒茬。病虫轻发生地块 3～5 年轮作一次；重发生地块 2～3 年轮作一次，减少土壤中病虫基数。

（三）选用抗病虫优质高产花生品种

根据当地病虫害种类和发生特点，种植适合当地的高产、优质、抗病虫品种。如花生青枯病发生严重区，选用高抗青枯病的远杂 9102 等；叶斑病和根腐病严重区，可选用豫花 22 和豫花 23 等。

（四）杀虫杀菌一体化种子处理

精选种子，保证种子发芽率。采用杀虫剂与杀菌剂混合拌种或种子包衣防治花生病虫害。蛴螬发生严重地块，可用 18％氟腈·毒死蜱悬浮种衣剂 1：（50～100）药种比进行种子包衣。花生根茎腐病、蚜虫、蛴螬等混合发生严重田块，用 25％噻虫·咯·霜灵悬浮种衣剂（100kg 种子 300～700mL）、38％苯醚·咯·噻虫悬浮种衣剂（100kg 种子 288～432g）、35％噻虫·福·菱锈悬浮种衣剂（100kg 种子 500～570mL）等进行种子包衣，或 30％吡·菱·福美双种子处理悬浮剂（100kg 种子 667～1 000mL）、27％精甲霜灵·噻虫胺·咪鲜胺铜盐悬浮种衣剂（1.5～2kg 药浆：100kg 种子）进行拌种。

（五）适时播种，起垄栽培，合理密植

春播露地栽培花生适宜播期为 4 月下旬至 5 月上旬；麦垄套种花生适宜播种时间为麦收前 10～15d，高水肥地可适当晚播，旱薄地适当早播；夏直播花生应在前茬作物收获后抢时播种，宜于 6 月 20 日前播种完毕。

春播和夏直播宜采用机械起垄种植。一垄双行，垄高 12～15cm，垄宽 75～80cm，垄面宽 45～50cm，垄上行距 25～30cm，播种行至垄面边距≥10cm。

春播每亩种植密度 9 000～11 000 穴；麦垄套种每亩种植密度 11 000～12 000 穴；夏直播每亩种植密度 12 000～13 000 穴。每穴 2 粒，播种深度 3～5cm。

起垄栽培

（六）合理排灌

田间应沟渠配套，灌排通畅。雨后应及时排除田间积水。雨后及时排除田间积水。根据花生对水分的需求，采用喷灌、滴灌等节水措施，适时适量灌水。

喷灌

滴灌

（七）生长期科学用药

花生生长后期注意防治褐斑病、黑斑病、网斑病等叶部病害，宜于发病初期均匀喷施吡唑醚菌酯、戊唑醇单剂或烯肟·戊唑醇、唑醚·氟环唑、苯甲·嘧菌酯、唑醚·代森联等复配制剂进行防控，隔7～10d喷1次，连喷2～3次。防治红蜘蛛，可喷施阿维菌素＋哒螨灵（扫螨净）、唑螨酯＋螺螨酯或噻螨酮防治；苗期注意防控蓟马、粉虱等，可喷施呋虫胺、噻虫胺、噻虫嗪等新烟碱类杀虫剂或乙基多杀菌素、螺虫乙酯、阿维·虱螨脲等；防治棉铃虫、斜纹夜蛾、甜菜夜蛾、造桥虫等蛾类害虫，宜在1～2龄期喷施氯虫苯甲酰胺、甲氨基阿维菌素苯甲酸盐、茚虫威、虫螨腈、苦皮藤素或其复配制剂等。

有条件的地区，每30～50亩安装一盏杀虫灯，悬挂高度为1.2～2m，可诱杀金龟子、棉铃虫、甜菜夜蛾等害虫的成虫。在平原地区和无障碍物遮挡的空旷地带，可适当加大布灯间距，降低挂灯高度。也可在成虫羽化前，每亩悬挂3套棉铃虫、甜菜夜蛾或斜纹夜蛾性诱捕器诱杀成虫；在8月上旬至收获期，每亩悬挂1套诱捕器诱杀金龟子。诱捕器悬挂高度为1～1.5m。

（八）清洁田园

播种前，清除花生田残留的作物秸秆、病残体及其周边的杂草等；花生生长期，及时清除田间杂草和病死株，避免病虫草扩散；病田用的农机具、工具等应及时消毒。收获后，及时清除病残体并对其周围土壤进行消毒；病虫害发生严重的地块，避免秸秆还田。

（九）科学收获与储藏

荚果成熟后适时收获，减少荚果损伤。白绢病、果腐病、根结线虫病和新黑地珠蚧等重发田，宜就地收刨、单收单打。收获后及时晾晒，剔除破损果，待荚果水分降至10%以下时，妥善储藏，防止黄曲霉、黑曲霉菌侵染而导致花生种子霉变。

三、适宜区域

全国花生种植区。

四、注意事项

注意叶面喷施农药后24h内遇雨，需补喷。

技术依托单位

河南农业大学

联系地址：河南省郑州市金水区文化路95号

邮政编码：450002

联 系 人：周　琳

联系电话：0371-63555076　13643851328

电子邮箱：zhoulinhenau@163.com

新型高效生物农药防治粮油作物重要害虫技术

一、技术概述

（一）技术基本情况

技术研发推广背景：目前，我国粮油作物害虫防治面临诸多问题，如长期过量使用化学杀虫剂导致的小菜蛾抗性问题，高毒化学农药禁用导致的黄曲条跳甲危害加重；针对具有较强迁飞和繁殖力的重大入侵害虫草地贪夜蛾，生物农药产品和配套技术匮乏，因而对目前应用的化学农药产生抗药性风险极大。在化学农药零增长的前提下，以微生物农药苏云金芽胞杆菌（*Bacillus thuringensis*，Bt）为核心的绿色防控技术，为有效控制粮油作物害虫的危害提供了有效的手段。

解决的主要问题：Bt 工程菌 G033A，商品名禁卫军，由中国农业科学院植物保护研究所创制，武汉科诺生物技术股份有限公司负责农药登记；专利权（ZL 200310100197.8）许可武汉科诺生物技术股份有限公司及天津国林企业管理有限公司，负责生产和销售。工程菌 G033A 采用不同时空表达的启动子实现了 *cry3Aa7* 基因与野生菌株 G03 中 *cry1* 类等基因的共表达，成功构建了对小菜蛾、棉铃虫、草地贪夜蛾、水稻二化螟、斜纹夜蛾、番茄潜叶蛾等鳞翅目害虫和大猿叶甲、黄曲条跳甲、马铃薯甲虫等鞘翅目害虫具有高活性的多价 Bt 基因工程菌。该产品扩大了杀虫谱、提高了防治效率，对草地贪夜蛾、棉铃虫等鳞翅目害虫和黄曲条跳甲等鞘翅目害虫的田间防效达到 85％以上，同时，减少和替代了化学农药的使用，延缓害虫抗性产生，开辟了我国微生物农药研发的新纪元。

探索和建立工程菌使用技术规程，针对鳞翅目叶面害虫，采用传统的器械喷施，同时也发展了无人机喷施技术；针对跳甲幼虫在土壤中生存的特点，开发了菜心、油菜种子包衣技术，将 Bt 工程菌首次通过包衣用于地下害虫防治，同时在作物生长期内，通过滴灌技术进行灌根处理，双管齐下，提高了防治效果。

专利范围及使用情况：为了获得市场竞争优势，在不同的维度上对涉及的核心技术进行了开发和保护。专利涵盖了 G033A 工程菌质粒载体构建方法、质粒载体产品、工程菌株构建方法、工程菌株产品及其应用（授权号：ZL 200310100197.8）。对 G033A 中的 Vip3A 蛋白质进行活性研究，发现对草地贪夜蛾具有良好的杀虫活性，遂以已知物质新用途的方式申请了该蛋白质在草地贪夜蛾防控中的应用专利（已经获得授权，授权号：ZL 201910970852.6）；进一步地研究发现，工程菌株 G033A 对番茄潜叶蛾具有良好的杀虫活性，因此，以已知物质新用途的方式申请了该蛋白质在番茄潜叶蛾防控中的应用（已经获得授权，授权号：ZL 201910970856.4）。在一定程度上延长了 G033A 工程菌专利的保护期限，扩大了保护范围，同时将该产品相关专利技术牢牢地掌握在自己手中。该工程菌株可以用于同时防治多种鳞翅目和鞘翅目害虫，与其他 Bt 基因/组合相比具有显著的优势。

（二）技术示范推广情况

在广东、广西、云南、湖北、安徽、新疆等 16 个省、自治区、直辖市，累计推广示范并辐射 120 万亩，G033A 产品可有效控制水稻、玉米、花生、油菜等粮油作物害虫的危害，对草地贪夜蛾、小菜蛾、棉铃虫、黄曲条跳甲等田间防效达到 85% 以上，展示出良好的应用前景。在云南、广西等草地贪夜蛾周年繁殖区，在玉米田的防效达到 85% 以上；在山东等地，G033A 产品对危害花生的叶面害虫棉铃虫、斜纹夜蛾的防效超过 89%，毒杀速度和毒力均与化学杀虫剂相当，而且花生长势优于化学农药防治，显示出 Bt 等生物农药对环境友好的强大优势；在贵州等省份，工程菌 G033A 与绿僵菌 CQMa421 组合，建立了针对水稻害虫的全程生物农药防治技术体系，对螟虫的防效达到 90%，对稻飞虱的防效达到 85% 以上。作为国内登记的第一个防治鞘翅目害虫的 Bt 产品，G033A 对包括油菜、萝卜、菜薹等十字花科作物严重危害的黄条跳甲防效超过 85%。其中，针对萝卜主要虫害的生物防控技术示范，结果表明施用"禁卫军"产品不仅防治效果好，且较常规化学防治技术增产达到 14.8%，品质得到很好提升，商品优良率高达 90%，比常规方法提高 12%。

（三）提质增效情况

工程菌 G033A 是国内首个获批登记的可同时防治多种鳞翅目和鞘翅目害虫的 Bt 产品，扩大了杀虫谱，减少施药种类和次数，可显著降低防治成本和人工成本。防治黄曲条跳甲，可降低化学农药使用 50% 以上，每年挽回造成的损失 8%～15% 及以上，每亩增产 100kg 以上，蔬菜产品因品质提高增值 5% 以上。

以 Bt 工程菌 G033A 为核心，与绿僵菌 CQMa421、昆虫病毒等生物农药联合使用，提高防治效果，减少用药量，充分展示出 Bt 产品的杀虫速效性和绿僵菌、病毒杀虫的持效性。针对甜玉米、鲜食玉米，减少和替代化学农药，提高玉米的品质，提升其商品价值，实现提质增效增收。针对水稻害虫，与绿僵菌 CQMa421 联合使用，可减少化学农药使用 50% 以上，水稻增产增值 10% 以上。对天敌、非靶标生物，如青蛙、蜘蛛等有益生物和鱼虾没有不良影响，保护了水体、土壤等环境，维持了田间的生态平衡，带来了显著的社会效益和经济、生态效益。

Bt 工程菌 G033A 与甲氨基阿维菌素、乙基多杀菌素等化学杀虫剂混配，体现这些组合对草地贪夜蛾的协同增效作用。在 Bt 工程菌 G033A 与化学农药用量都比常规用量减半的情况下，7d 后田间防效仍能达到 85% 以上。使用 Bt 工程菌 G033A 能有效降低防治成本，减少化学农药用量，提升产品质量。

通过创制 Bt 工程菌 G033A 颗粒剂产品，提高杀虫效果，延长药效，可进一步减少施药次数，同时采用无人机撒施，代替人工施药，提高作业效率和精准率，对草地贪夜蛾防效可达 90% 以上，并能有效杀死三龄以上幼虫，显著提高了防治效果，节约用药成本和人工成本。

微生物农药 Bt 工程菌 G033A 产品的推广使用，不仅为合理减替、取代化学农药提供有效解决途径，同时也对我国无农药残留的绿色农产品生产和消费以及出口创汇提供强大物质保障。

（四）技术获奖情况

工程菌 G033A 产品先后荣获第十四届中国农药工业协会创新贡献奖技术创新奖一等奖、

第十二届大北农科技奖二等奖、中国农业科学院 2021 年度重大产品创制。并作为主要产品分别入选农业农村部重大引领性技术（2021 年）、广东省农业主推技术（2020 年），荣获广东省农业技术推广奖二等奖（2019 年）。

二、技术要点

针对草地贪夜蛾幼虫危害心叶的特性，研发了适用于无人机撒施的 G033A 颗粒剂新剂型。与可湿性粉剂相比，颗粒剂沉降在心叶底部，可有效减少紫外线降解 Bt 杀虫蛋白；颗粒剂溶解后可在局部形成高浓度环境，对三龄以上的高龄幼虫也能表现出很好的防治效果。

针对跳甲幼虫在土壤中生存的特点，开发了菜薹、油菜种子包衣技术，将 Bt 工程菌首次通过包衣用于地下害虫防治，同时在作物生长期内，通过滴灌技术进行灌根处理，双管齐下，将 Bt 产品持效期从 1 周延长至 3~4 周，极大地减少施药次数，降低了防治成本，提高了防治效果。

Bt 与低毒化学农药、杀虫僵菌、昆虫病毒、微生物杀菌剂、天敌昆虫等产品组合，通过喷施、撒施、种子包衣和颗粒剂等技术集成，形成了综合防控技术规程。同时，G033A 可湿性粉剂产品耐热性能良好，50℃ 高温对其杀虫活性无影响。

三、适宜区域

以苏云金芽胞杆菌基因工程菌 G033A 为核心的粮油作物害虫绿色防控技术已在我国广东、广西、新疆、安徽、河南、湖北、长春等 16 个省份推广应用并辐射 120 万亩，对气候、地域、土壤等条件无特殊要求，适用于水稻、玉米、花生和油菜全部种植区。

四、注意事项

其一，G033A 可湿性粉剂选择无风无雨的阴天或晴天傍晚施药，效果最佳，施药后 24h 内遇大雨应重施。

其二，G033A 可湿性粉剂可存放于常温库房中，应防止阳光直射暴晒。

技术依托单位

1. 中国农业科学院植物保护研究所

联系地址：北京市海淀区圆明园西路 2 号

邮政编码：100193

联 系 人：张　杰　耿丽丽

联系电话：010-62812642

电子邮箱：genglili@caas.cn

2. 广东省农业科学院植物保护研究所

联系地址：广东省广州市天河区金颖路 7 号

邮政编码：510640

联 系 人：李振宇

联系电话：020-87590030

电子邮箱：lizhenyu@gdaas.cn

3. 安徽省农业科学院植物保护与农产品质量安全研究所

联系地址：安徽省合肥市农科南路 40 号

邮政编码：230031

联 系 人：徐丽娜

联系电话：0551-65160902

电子邮箱：caasxln@163.com

植保无人机精准施药及数字化管理技术

一、技术概述

（一）技术基本情况

无人机已成为我国新兴战略产业，特别是在农业上的应用已成为近年来发展最快、规模最大的热点，利用植保无人机开展施药、撒肥、播种作业等方面都得到广泛应用。黑龙江省在农业生产上，体现连片种植、规模化经营的特点，存在着劳动强度大、劳动力不足突出问题。植保无人机具有操作简便、作业效率高、适应能力强等优点，高度契合黑龙江省农业生产特点，能够快速有效控制重大病虫害的发生与危害，因而在黑龙江省得到迅速普及与推广应用。2015 年起在农业病虫害防治上，试验示范推广应用植保无人机，当年应用面积就接近 100 万亩次。至 2021 年，黑龙江全省航化作业 2.33 亿亩次，其中，植保无人机作业 2.08 亿亩次，在航化作业中的占比已高达 89.3％。仅短短 7 年时间，植保无人机已成为航化作业的主导，累计作业面积已达 4.15 亿亩次，并继续维持着高速增长态势。在植保无人机保有量上，从 2015 年不到 300 架，发展至 2021 年黑龙江全省已拥有各类植保无人机近 1.7 万台，约占全国总量的 17％。黑龙江省已连续三年在植保无人机保有数量和作业面积两项指标上位居全国首位。

在植保无人机的应用过程中，也存在着以下突出问题：一是药液飘移问题。植保无人机喷出的雾滴粒径通常小于 $200\mu m$，药液飘移极为严重，以致在无人机航化除草作业中，屡屡出现因除草剂药液飘移导致邻近敏感作物产生药害的事件。二是缺少系统完善的作业指标体系。相比较地面机械作业，农业无人机通常在距地面（或作物）2～4m 空间作业，受机器性能、温湿度和风速等气象条件以及作物特点影响较大，在喷雾质量、喷洒均匀度、雾滴飘移等方面还存在一定的差距，应用技术也更为复杂。针对不同作物、不同作业类型、不同气象条件、不同药剂，如何选择适宜的作业参数，对无人机施药的精准性影响很大。三是缺少有效的作业监管与评估手段。植保无人机由于药箱容积的限制，每次作业仅能完成 10～15 亩，作业季节需要频繁起降。一次作业任务，可能需要几百甚至上千次起降，采用传统人工调查作业质量效果要消耗大量人、财、物力，且准确性极差。

黑龙江省植检植保站从 2017 年起，组织教、科、研、企相关单位，针对有效解决植保无人机药液飘移、航化除草安全性和有效性、作业质量评估等方面开展系统研究，构建了药、剂、机三位一体的植保无人机精准施药技术体系，合理制定了植保无人机施药量化指标和作业质量评估指标，研发了《黑龙江省植保无人机作业质量监测管理平台》，2018 年和 2021 年先后主持制定了《农用植保无人机施药技术规程》和《植保无人机水稻精准施药技术规程》两项地方标准，系统组装了植保无人机精准施药及数字化管理技术，有效解决了植保无人机施药的安全性和精准性问题，在国内首次实现了省级植保无人机大规模、大范围统防精准作业管理及验收，有效提升了植保无人机社会化服务整体质量，也促进了黑龙江全省数字化植保的创新发展。

（二）技术示范推广情况

该技术从 2019 年首先在黑龙江全省重大病虫统防统治项目中全面使用，并在省内进行了大规模的推广应用，应用规模达到 9 000 万亩次以上，全面提升了黑龙江省无人机应用技术水平，有效控制了农业病虫草害危害。

（三）提质增效情况

一是节约成本。根据连续 3 年田间实际测算，应用植保无人机精准施药及数字化管理技术平均每亩减少化学农药用量 40～45g，节水 9～14L，平均每亩减少投入成本 2 元左右。二是提质增收。2019—2021 年田间测产显示，通过应用该技术平均每亩挽回粮食损失 37.8kg，增收 56.7 元。三是保护生态环境。有效减轻作物药害的同时，通过减少化学农药用量，保护了生态环境中各类生物种群数量和天敌数量，减轻了生态环境中的化学农药污染。

（四）技术获奖情况

未获奖。制定 2 项黑龙江省地方标准，获新型实用专利 3 项，发表各类技术文章 8 篇，专著 2 本。

二、技术要点

1. 精确划定作业地块

①根据地块复杂程度划分。整齐划一地块可采取 AB 点模式，复杂地块利用手持 RTK 精确划定，更高效地使用航拍机测绘。②划定地块时，要同时标明地块中的障碍物，特别是电线等。③划定地块时，还应了解掌握作物的长势和生育期、种植密度等。

2. 合理制定用药方案

①根据防治对象合理选择药剂。优先选择混配性好的药剂，如纳米农药，实现一喷多防。②选择适宜剂型的农药。适用于无人机航喷的农药剂型：油剂、水剂、纳米农药、悬浮剂、干悬剂、水乳剂、微乳剂、水分散粒剂、乳油等；粉剂和可湿性粉剂则不适用。③使用航化专用助剂。植保无人机航化作业，均需在药液中按 0.3％～0.5％添加航化专用助剂，以减少飘移和蒸发，促进展着和吸收，有效提高防治效果。

3. 合理制定作业计划

①根据作业量和时间要求，合理搭配大、小型无人机。②根据气象预报安排作业时间，必要时采取夜航。光照：强光照会加剧作物蒸腾及雾滴的蒸发，加大飘移并减少着液量，一般 10:00—15:00 最好不要施药。风力和风向：应采取侧向风施药或迎风施药，不可采取顺风施药，风速≥3m/s 应停止施药。一般 7:00 前、17:00 后风才较小。湿度和降水：适宜的降水、湿度有利于药效发挥，空气相对湿度低于 60％（减少蒸发）时应停止施药。温度超过 27℃不宜作业。③根据作物生育期合理安排，要避开花期施药。

4. 合理确定作业参数

（1）施药液量　根据作物生育时期、防治对象合理确定。每亩喷液量最少应 1L，化学除草至少要 1.5L，玉米中后期防治三代黏虫和草地贪夜蛾要达到 2～3L。

（2）飞行速度　飞行过快增加飘移，飞行过慢影响作业效率。飞行速度一般在 1～

6m/s，最大不应超过 7m/s，比较理想范围 4～6m/s。航化除草宜适当降低飞行速度至 4～5m/s。

（3）飞行高度　作物冠层上方 1～3m，应根据机型确定适宜的飞行高度。一般 10L 容量的电动多旋翼植保无人机可定在 1～1.5m，20L 及以上容量的可定在 1.5～3m，油动无人机一般要定在 3m 左右。

（4）有效喷幅　实际作业中，应根据机型、飞行高度及靶标生物确定合理的喷幅。有效喷幅要以国家级检测中心如浙江方圆检测集团股份有限公司、江苏省农业科学院植物保护研究所出具的检测报告标明的为准。作业中则要根据机型、飞行高度及应用作物合理确定。一般情况下，10L 容量的电动多旋翼植保无人机在 1.5m 的飞行高度下，其合理喷幅为 3～4m；20L 以上电动或油动植保无人机，在 2～3m 的飞行高度下，其合理喷幅可以达到 6～9m。

（5）喷头的选择　应根据防治对象及作业要求选择适宜的喷头。通常对于雾滴分布均匀性要求较高的作业，应优先选择离心式喷头；对穿透性要求较高的作业，应优先选择压力式喷头。旱田苗后茎叶除草考虑使用 TEEJET AI 110-015、LECHLER IDK 90-01、LECHLER IDK 90-015 等低飘喷嘴，不但施药均匀，且可较大幅度减少飘移。水田封闭除草考虑使用 TEEJET SJ 7A-015、TEEJET SJ3-015 及 LECHLER FS-015 喷射型喷嘴。

（6）作业飘移控制　植保无人机作业受风力及风向影响较大。一般情况下，当风速 1.5～2m/s 条件下，植保无人机作业喷幅至少偏移 0.5～1 个喷幅（3～6m）。作业时要根据风向进行调整，以免漏喷或重喷。

5. 作业质量技术评价指标

以黑龙江省 2018 年和 2021 年出台的《农用植保无人机施药技术规程》《植保无人机水稻精准施药技术规程》两项地方标准为主要技术评价依据，制定如下评价指标：指标 1，亩喷液量平均要达到 1L 以上，向下误差率不得大于 5%，即至少平均要达到每亩 0.95L 以上；指标 2，实际作业面积，必须达到规定面积的 100%；指标 3，平台上显示的总作业条数中，违规作业条数不应超过总数据条数的 15%。注：违规作业是指在作业中，凡未遵守作业前制定的技术规程而产生的作业数据，包括超出飞行参数范围和允许作业气象条件的作业条数。

6. 数字化监测管理平台

黑龙江省植保无人机作业质量检测平台、大疆农服和极飞智慧农业三个平台。其中：大疆农服用于监管大疆各型号植保无人机，极飞智慧农业用于监管极飞各型号植保无人机，以上两个平台监管无须安装智能追踪器；黑龙江省植保无人机作业质量检测平台用于监管非大疆和极飞型号的其他无人机，监管方式可采取加装智能追踪器或平台推送的方式进行监管。

三、适宜区域

适用黑龙江全省各地，承担重大病虫统防作业的地区为重点，也适用于其他县级组织开展区域性统防监管。

四、注意事项

植保无人机农田作业属低空范围，虽然起飞前不用提前申请空域，但因飞行速度较快，要特别注意作业中的人员安全。

技术依托单位

黑龙江省植检植保站

地址：黑龙江省哈尔滨市香坊区珠江路 21 号

邮政编码：150036

联系电话：13504840635

联 系 人：林正平

电子邮箱：hljyaoxie@126.com

粮油生产中重大有害生物"一加两提"飞防施药技术

一、技术概述

(一)技术基本情况

农用植保无人机因其具有作业效率高、适用性好、节水、节药和省工等优点而在农作物病虫害防治中发挥着越来越重要的作用。目前,植保无人机喷雾日益成为病虫害快速、高效防治广泛选择的作业模式。

与传统地面常规植保装备相比,植保无人机更为灵活、便于控制、不损伤作物,且适用于地面机械难以进入的各种复杂作业环境。随着植保无人机硬件设备和飞控系统的快速发展,植保无人机喷雾均匀性和稳定性进一步提升,操控更为智能和简便。但植保无人机飞行速度快、喷头距作物冠层高,一般在 1.5~3.0m,小雾滴从喷头喷洒后在下落过程中,一方面在高温作业环境下,尤其是在南方地区,更容易蒸发而造成农药流失;另一方面受环境风速和植保无人机风场的影响,小雾滴更容易发生飘移。蒸发和飘移直接影响喷施药剂在有效靶标区的沉积,从而无法保证对病虫害的防治效果,同时飘移也是影响喷施作物周围环境因子包括村庄、水源和养殖区等非靶标作物区域安全的重要因素。因此,蒸发和飘移问题是制约植保无人机快速发展的技术瓶颈。

基于产业背景,立足于行业需求,围绕植保无人机施药技术的关键环节和技术难点,以植物油或改性植物油、乳化剂、润湿剂、黏结剂、pH 调节剂、增重剂及凝聚成分为主要材料研发了系列具有抗蒸发性、抗飘移和增效性能的飞防助剂,申请并获得国家发明专利;研究建立了悬滴法、风洞法、理化测定和大田小区试验相结合的飞防助剂评价方法。首次报道了在无人机施药中加入雾滴蒸发抑制剂可以提高玉米雌穗上的雾滴沉积密度和对亚洲玉米螟的防治效果,用视频光学接触角测量仪 OCA 在悬滴模式下明确了研发助剂对雾滴蒸发的抑制作用,在风洞试验条件下明确了研发助剂对植保无人机喷雾飘移的抑制作用。研发的助剂产品在小麦赤霉病和白粉病、小麦蚜虫、棉蚜及水稻病虫害防治方面进行了广泛的应用,有效地改善了植保无人机喷雾过程中施药效果,农药利用率提高 10%~20%,防治效果提高 20%~30%。

该推荐技术可概括为"一加两提"飞防施药技术,即植保无人机施药过程中添加飞防助剂,提高农药利用率,提高防治效果。该技术很大程度上解决了制约植保无人机发展的技术瓶颈问题,该技术拥有相应的国家发明专利并实现专利权转让和产业化。产业化的飞防助剂产品因优越的抗蒸发、抗飘移和增效性能及高性价比受到市场的广泛认可,销售量累计达到 2 000 多 t,实现销售收入 1.22 亿元。

(二)技术示范推广情况

"一加两提"飞防施药技术有效解决了飞防中存在的雾滴易飘移、蒸发快等问题,农药利用率提高 10%~20%,防治效果提高 20%~30%,极大缓解了农药对环境的污染。目前已经在黑龙江、吉林、辽宁、湖南、湖北、广西水稻病虫综合防治,河北、河南、宁夏小麦病虫防治，山东、黑龙江玉米食心虫防治，新疆棉花脱叶，内蒙古甜菜病虫害防治，湖北油菜菌核病防治，山西苹果黄蚜和江西柑橘木虱防治中累计推广应用近 1.96 亿亩次。

（三）提质增效情况

1. 节约成本

"一加两提"飞防施药技术在我国应用推广 1.96 亿亩次，按照按我国人工成本每天 120 元/人计算，地面人工施药作业效率平均每天 50 亩/人，航空植保施药作业效率平均每天 300 亩/人，则采用无人机施药技术每亩地节约 2.0 元的人工成本；1.96 亿亩次可以节约人工成本 3.92 亿元。

按照每亩地平均用药量为 30g，每亩节约农药用量 20%左右，则每亩地节约 6g，1.96 亿亩次节约农药 1 176t，按平均每吨药剂 20 万元计算，则可以节约农药成本 2.352 亿元。

2. 经济效益

"一加两提"飞防施药技术的相关飞防助剂产品 2016—2021 年销售量累计达到 2 000 多 t，实现销售收入 1.22 亿元。

3. 社会效益

（1）促进植保无人机行业的快速发展，为我国植保现代化护航　植保无人机的使用和普及加速了我国植保现代化的进程，该推荐技术很好地解决了植保无人机施药过程中的雾滴蒸发、飘移问题，提高了农药利用率和防治效果，促进了农药施药技术的发展，为我国植保现代化进行保驾护航。

（2）实现农药减量增效，提高农药利用率，加快美丽乡村建设　农药使用带来的环境污染是制约"美丽乡村"建设的重要因素，该推荐技术的应用面积达 1.96 亿亩次，可减少农药用量 20%～30%，向土壤中投入农药制剂减少 1 176～1 764t，极大地缓解了农药对环境的污染，加快了美丽乡村的建设。

（3）带动统防统治行业发展，缓解劳动力短缺压力　本推荐技术的应用带动了以植保无人机为主要施药器械的统防统治合作社的蓬勃发展，解决了农村劳动力短缺的难题。

（四）技术获奖情况

一种雾滴蒸发抑制剂，2021 年度第二十二届中国专利优秀奖；飞防助剂在植保无人机施药中的增效和飘移风险控制作用，2020 年度中国植物保护学会科学技术奖三等奖；飞防专用助剂的研究开发与应用，2019 年度中国农药工业协会第十二届农药创新贡献奖；飞防专用助剂的研究开发与应用，2019 年度中国化工集团技术发明奖三等奖。

二、技术要点

"一加两提"飞防施药技术的核心是通过在植保无人机施药过程中添加飞防助剂，提高农药利用率，提高防治效果。其配套技术是植保无人机施药参数（速度、高度和施药液量），"一加两提"飞防施药技术实施前要根据作物特性、病虫害特征以及防治药剂的特点来确定飞防助剂添加剂量、植保无人机飞行速度、高度和施药液量，以达到最佳的药液兼容性、最少的农药用量和最佳的防治效果，最大程度解决制约植保无人机发展的技术瓶颈问题，在促进植保无人机行业快速发展的同时保护生态环境，建构美丽乡村。

三、适宜区域

东北地区：包括辽宁、吉林、黑龙江三省及内蒙古东四盟（市），用于水稻、玉米、大豆、马铃薯等粮油作物病虫害，特别是玉米螟、玉米大斑病，稻瘟病，马铃薯晚疫病，草地螟、黏虫的防控。

黄淮海地区：包括北京、天津、河北、河南、山东及安徽与江苏淮北地区、山西与陕西中南部地区，用于小麦、夏玉米病虫害，特别是小麦蚜虫和吸浆虫、条锈病、赤霉病、纹枯病，玉米螟、草地贪夜蛾、二点委夜蛾、玉米南方锈病，黏虫、棉铃虫的防控。

长江中下游地区：包括上海、浙江、江西及江苏、安徽、湖北、湖南大部，主要用于稻麦、稻油轮作区病虫害，特别是水稻"两迁"害虫、稻瘟病、二化螟，小麦赤霉病、条锈病，玉米草地贪夜蛾，油菜菌核病的防控。

华南地区：包括福建、广东、广西、海南等 4 个省份，用于双季稻和玉米病虫害，特别是玉米草地贪夜蛾，水稻"两迁"害虫、稻瘟病、纹枯病、南方水稻黑条矮缩病的防控。

西南地区：包括重庆、四川、贵州、云南、西藏及湖北、湖南西部，用于稻麦（油）两熟区、春播马铃薯主要病虫害，特别是水稻"两迁"害虫、稻瘟病，玉米草地贪夜蛾，小麦条锈病，马铃薯晚疫病的防控。

西北地区：包括陕西、甘肃、宁夏、青海、新疆和山西中北部及内蒙古中西部地区，用于马铃薯、春玉米、小麦、棉花等作物病虫害，特别是小麦条锈病，玉米红蜘蛛、蚜虫、草地贪夜蛾，草地螟、棉铃虫，马铃薯晚疫病和马铃薯甲虫的防控。

四、注意事项

该推荐技术中飞防助剂产品使用前要测试助剂和不同药剂的兼容性，不应和波尔多液同时使用进行飞防施药作业。

技术依托单位

1. 中国农业科学院植物保护研究所

联系地址：北京市海淀区圆明园西路 2 号

邮政编码：100193

联 系 人：袁会珠　闫晓静

联系电话：13621001605　13810948296

电子邮箱：yuanhuizhu@caas.cn　yanxiaojing@caas.cn

2. 河北明顺农业科技有限公司

联系地址：河北省石家庄市高新区天山大街 266 号

邮政编码：050000

联 系 人：韩申五　王澄宇

联系电话：17703217167　13810594963

电子邮箱：hanshenwu7167@163.com　13810594963@163.com

3. 北京广源益农化学有限责任公司

联系地址：北京市海淀区高里掌路 3 号院 24 号楼 3 层 101

邮政编码：100095

联 系 人：张春华

联系电话：010-82381935　18911404508

电子邮箱：zhangchunhua@bjagrochem.com